# 人机交互研究理论与方法

柯　青　著

科　学　出　版　社
北　京

## 内 容 简 介

本书遵循“基本理论—研究方法—应用实践—研究趋势”的框架，基本理论模块按照人、计算机、交互三要素分别介绍人机交互的相关理论基础及最新研究进展；研究方法围绕着如何实施一项人机交互研究项目介绍了常见的人机交互用户研究方法并开展实例分析；应用实践聚焦于人机交互的核心概念可用性，全面阐述了可用性的概念、测试流程以及工业标准；研究趋势展望了人机交互未来的研究走向及可能面临的挑战。

本书适合计算机科学、工效学、心理学、社会学、信息系统以及信息资源管理学等学科的工作者，包括高等院校教师、研究生、高年级本科生等作为教材或参考书，也可以为广大的从事人机交互界面设计和评估、人机交互用户调研、产品可用性测试等实践业务的工作人员提供参考。

**图书在版编目(CIP)数据**

人机交互研究理论与方法 / 柯青著. —北京：科学出版社，2024.6

ISBN 978-7-03-074306-0

Ⅰ. ①人…　Ⅱ. ①柯…　Ⅲ. ①人-机系统—研究　Ⅳ. ①TB18

中国版本图书馆 CIP 数据核字（2022）第 240344 号

责任编辑：惠　雪 / 责任校对：郝璐璐
责任印制：张　伟 / 封面设计：许　瑞

科学出版社出版
北京东黄城根北街 16 号
邮政编码：100717
http://www.sciencep.com
天津市新科印刷有限公司印刷
科学出版社发行　各地新华书店经销
*
2024 年 6 月第　一　版　开本：787×1092　1/16
2024 年 6 月第一次印刷　印张：18
字数：427 000
**定价：99.00 元**
（如有印装质量问题，我社负责调换）

# 前　言

人机交互（human-computer interaction，HCI）是一门研究人类与计算机交互系统的设计、评估和实现相关现象的学科。人机交互在很大程度上是一个交叉领域，计算机科学、工效学、心理学、社会学、信息系统、信息资源管理学等学科从不同的视角共同致力于这一领域的理论和实践研究，它正逐渐成为一个具有庞大的研究队伍和广阔的研究前景的专业领域。尽管人机交互领域在学科体系中扮演着重要的角色，但对于以信息资源管理学为代表的信息科学，在人机交互相关的研究问题上，存在着明显的知识差距和对研究方法的依赖。

21 世纪以来，兴起了一场针对传统的图书情报学（library and information science，LIS）教育改革的“信息学院运动”（information schools movement，iSchools 运动），其宗旨与人机交互领域的理念不谋而合，致力于探讨人和技术的关系，研究取向上对人类角色赋予了前所未有的重视。通过对 iSchools 成员院校开设的相关课程的调研，我们发现很多 iSchools 成员院校除了将人机交互作为一门核心基础课程外，还开设了带有鲜明的信息学科导向的人机交互方向的课程。人机交互领域的核心知识模块也嵌入原有的课程体系中，如可用性、用户行为与体验、交互设计等概念，但是从课程名称来看，紧紧地结合信息科学这个学科背景，如“信息系统的可用性和有用性”“信息系统和服务的可用性”等课程。信息科学与人机交互的结合，强调如何从人机交互视角来研究传统的图书情报学科主题，如信息搜寻或检索行为、数字图书馆、网络学习、问答系统等。

2022 年 9 月 14 日，国务院学位委员会第三十七次会议审议通过并发布了《研究生教育学科专业目录（2022 年）》，明确原一级学科“图书情报与档案管理”更名为“信息资源管理”。“信息资源管理”是“图书情报与档案管理”的传承与发展，也是与时代发展相呼应的重大跃迁。如何在守正与创新中书写历史，赢得未来，对科研工作者而言，当决心或者已经在从事与人机交互教学和科研有关的工作时，至少会面临着以下的挑战和困惑。

首先，如何将已有的知识背景和知识体系融合到人机交互的视域下。信息资源管理学科人员对用户不会感到陌生，最初的图书馆的读者服务工作，在与读者打交道的过程中产生了研究读者及其行为的需要。这也是图书情报学科中一个重要的研究方向——信息行为的起源。然而从读者发展到用户，不仅仅是服务对象的扩大，而且预示着一个崭新的生态环境。支撑传统图书馆学研究的理论知识体系在新的技术环境和社会环境的冲击下需要被重新审视，在继承和发展并举的要求下，既需要保持信息资源管理学科的初心，也需要拥抱新环境，扩大学科视野。

其次，如何看待人机交互研究是技术导向还是人文导向。前者侧重于界面的构建和开发，而后者侧重于以用户为中心的分析思维，两者之间的研究范式和研究方法存在差异，在对待参与研究的用户数量和背景、工具或界面的开发以及结果方面有不同的期望。从人机交互研究方法体系来看，当前主要有三个研究方向：一是以计算机科学为代表的算法研究，注重界面研究的实际结果；二是以管理信息系统为代表的结构化研究，注重理论模型的检验和解释；三是以社会学领域为代表的探索性研究，注重人文思想。一直以来，信息资源管理学科是作为人文社会学科的一员，却走着技术和人文兼容并蓄的路线。十几年前，作者曾分析了以香农（Shannon）"信息论"为理论基础的系统中心研究范式对图书情报学发展带来的局限性，以及德尔文（Dervin）、贝尔金（Belkin）、泰勒（Taylor）、库尔梭（Kuhlthau）等所构建的以用户为中心的研究范式的理论起源，提出图书情报学应在技术开发和行为研究两者之间找到重心，将信息作为用户自身构建的对象，探究用户信息处理过程，理解用户所处的情境和需求，重视用户的体验和参与过程，从而来构造新的信息服务模式和设计用户满意的服务系统。技术导向和人文导向一直在信息资源管理领域人机交互研究方向中同时存在，这是值得关注的现象。

最后，如何建立信息资源管理学科背景下的人机交互教学体系。建立一个明确的知识结构和有效的课程设计方法是一项具有挑战性的工作。随着科技的发展和社会的要求，自 20 世纪 90 年代以来，越来越多的著名大学开设了与人机交互相关的课程。其中，计算机科学、工业设计学等学科很早就将人机交互作为其课程体系的一个基本模块，而作为一门涉足人机交互时间不长的信息资源管理学科，其课程体系要在基本学科主旨的引导下，吸收和接纳相关学科的人机交互教学的经验和资源，做到既能兼收并蓄、博采众长，又能自成一体、守正创新，这无疑是一条探索之路。

这些困惑和挑战多年来影响着信息资源管理学者在研究人机交互领域的纵深发展。为了能从信息科学的视角为人机交互的教学科研提供借鉴，作者结合自己多年实践经验对信息资源管理学科视域下的人机交互的若干基本问题提出一些思考。

第一，人机交互课程的教学目标。信息资源管理学和人机交互两个领域分别承担着各自的学科使命，是仅将人机交互作为信息资源管理学科过去的信息服务和用户研究的新发展机遇，还是信息资源管理学科以开放的态度全面吸收人机交互的思想和方法，重新构建学科培养目标？在作者看来，缺少对人机交互领域系统完整的了解是无法真正做到两者相向而行与融合发展的。因此，人机交互课程的总目标是全面系统地理解人机交互的思想、理论和方法，具体目标有：①了解人机交互的起源、发展、特点，了解推动人机交互领域诞生的重要人物和历史事件；②了解认知心理学理论对人机交互的贡献，特别是信息加工过程和情感认知概念，理解人类行为背后的认知心理因素；③掌握人机交互的基本模型，包括用户模型、任务模型的建模方法，能有效对人机交互过程进行分析；④分析不同人机交互形式的特点，能科学地预测未来人机交互的趋势；⑤理解可用性等基本概念，有能力分析可用性场景和用户角色，提高分析、综合、评估和应用人机交互的知识和技术，诊断和改进常见的可用性问题；⑥学习和掌握常见的人机交互方法、技术和工具，能独立完成人机交互产品评估项目。

第二，人机交互的理论知识体系。一个交叉领域的知识体系吸收了相关学科的核心知识，包罗万象又纵横关联。人机交互以设计、评估、实现为核心任务，在每一个任务框架下，不同背景的相关人员具有不同的知识结构。人机交互的知识体系包括基础模块和高级模块，其中，基础模块面向入门级的人机交互学习，在知识的广度和深度之间保持平衡；高级模块面向对人机交互有浓厚的兴趣，希望将人机交互作为自己未来职业发展方向的学习者。基础模块诸如人机交互的历史、认知心理学对人的信息加工的相关理论、用户模型、交互形式、可用性、任务分析、评价方法。对计算机科学、工业设计等学科背景下的人机交互知识体系强调产品的设计和实现技术，如交互式设计、界面设计、可用性工程等。对信息系统、信息资源管理学等学科背景下的人机交互知识体系更强调从用户使用产品的角度分析和评估人机交互过程，因而在知识体系上强调科学、合理的研究方法，如可用性用户测试、实地研究、任务分析等。本书在构建人机交互知识体系时，遵循“基本理论—研究方法—应用实践—研究趋势”的框架，基本理论模块按照人（human）、计算机（computer）、交互（interaction）三要素，分别介绍人机交互的相关理论及进展；研究方法围绕如何实施一个人机交互研究项目，介绍常见的人机交互研究方法并进行实例分析；应用实践聚焦于人机交互的核心概念——可用性，全面阐述可用性的概念、方法以及工业标准；研究趋势展望人机交互未来的研究方向及可能面临的挑战。通过这一知识体系，既践行人机交互的核心目标，又突出信息资源管理学科的特色。

第三，人机交互方向的培养模式。对于培养人机交互方向的人才，传统的课堂教学效果有限，还需采取多种方式。开展项目导向的教学方法是一种提高学生实践能力的有效方法。本书的每个知识模块都给出思考与实践，这些思考题能启发读者自主学习，查阅相关参考资料，思考问题的解决方案。这是将理论学习和实践训练相结合的一项有益的尝试，希望读者能够认识到在实践中理解和应用知识体系更重要。

人机交互理论与实践相结合的培养模式重在体现以用户为中心，以理解交互过程中人类的行为和心理为导向。结合不同的人机交互场景分析不同的用户研究方法，分析不同的人机交互用户模型，有助于读者深刻理解以用户为中心的研究范式，提高对人机交互式设计思想的领悟力和判断力。

本书旨在帮助读者获得如下内容：通过历史回顾人机交互的起源、演变和发展，了解人机交互的基本面貌，提高对人机交互的兴趣，激发对人机交互领域的深层研究动机；通过掌握认知心理学，特别是人类信息加工处理过程以及情感交互理论，增强理解人机交互中的用户心理特征，丰富用户研究的理论基础；通过比较分析人机交互形式，引导读者探索未来人机交互的主流方向和趋势，增强对人机交互前沿技术的关注；通过人机交互中用户研究方法的梳理，培养独立从事人机交互项目用户研究的能力，适应未来人机交互职业要求；通过项目实践的可用性评估，增强对交互产品设计决策可用性效果的敏感性，培养设计思维，增强对未来从事人机交互相关职业的信心。

光阴荏苒，岁月如梭，从我尚在南京大学攻读博士学位时第一次听到人机交互（HCI）这一令我为之着迷的词汇，到2008年第一次为本科生开设人机交互课程，近二十年春秋已过。回想起来，一路曲折，砥砺前行。为了构建教学内容，我吸收和借鉴了无数学者在人机交互领域中的丰硕研究成果。例如，诺曼（Norman）所著的《设计心理学》生动有趣、深入浅出地描绘了日常生活的设计问题，被誉为设计人员的“黄金宝典”，我极力推荐给我的学生作为入门必读书目，并要求写出个人感悟；Dix等所著的*Human-Computer Interaction*，其英文影印版是国内出版的最早的人机交互外文教材；Rogers，Sharp和Preece

撰写的经典教材 *Interaction Design: Beyond Human-Computer Interaction*，是国外人机交互课程使用最广泛的教材；以及中国学者在人机交互领域耕耘的成果，如孟祥旭和李学庆所著的《人机交互技术——原理与应用》，董士海等所著的《人机交互》等优秀著作。本书的构思过程因其受益良多，请恕无法一一表达敬佩和感激之情。

在探索信息资源管理领域的人机交互教学和研究的路上，我逐渐萌发了出版一本属于信息资源管理领域的人机交互著作的梦想，无奈这个计划一直被搁浅。一方面，是心怀怯意，总想着再深造几年才敢将拙作奉献给读者；另一方面是事务繁杂，没能找到一个时间静下来思考出书计划。直到 2019 年有机会去澳大利亚访学一年，抛开国内的工作，在异国他乡安静地思考这本书的内容，于是一气呵成，用近两年的时间终将其付梓。在此，感谢所有帮助和关心出版本书的朋友、同事、学生。感谢南京大学信息管理学院以及科学出版社对本书出版工作的支持，感谢博士研究生孙浩东、硕士研究生曹雅宁对本书的校对工作。千里之行，积于跬步；万里之船，成于罗盘，唯愿本人多年的坚持能为信息资源管理学科视域下人机交互的教学和研究贡献绵薄之力。

限于本人学识水平，书中难免存在不足，恳请专家与读者批评斧正。

作　者

2023 年 7 月

# 目　　录

# 第1章　人机交互概述

## 1.1　人机交互的起源

从广义上讲，人机交互是一门研究人类和周围物品之间关系的学科。生活中，人类无时无刻不与身边的物品发生各种联系，例如，打开电视观看节目、拨通手机和朋友联系……，当我们使用这些物品时，便产生了一种人机关系，或者说人和人造物关系。作为一个专业学科，唯物辩证法的思想可以解释人机交互产生和发展的哲学渊源，即事物内部矛盾双方的统一和斗争是发展的源泉和动力。从这个角度来看待人机交互的起源，它首先来自人类和人工制品（artifacts）的矛盾。

科学发展的历史规律告诉我们一个事实：用科学的方法探讨人类这一特殊对象的时间起点要远远晚于用科学的方法研究物体。这一结论可以从很多方面来证明，此处仅以两位著名的科学家来佐证。众所周知，艾萨克・牛顿（Isaac Newton，1643～1727年）是人类历史上最伟大、最有影响力的物理学家之一，他的著名论文《自然哲学的数学原理》描述了万有引力和三大运动定律。这篇论文为此后3个世纪的物理世界研究奠定了科学观点，成为现代工程学的研究基础。可以说牛顿是倡导用科学的方法研究事物运动规律的一位杰出代表。另一位著名科学家是德国心理学家威廉・冯特（Wilhelm Wundt，1832～1920年），他是科学心理学的创始者，被称为实验心理学之父。冯特于1879年建立世界上第一个心理实验室，将心理学确定为一门新的科学，并为之划定研究领域和宏观框架，此后心理学才成为一门实验科学，并且由冯特将实验方法引入这门新兴学科。冯特的贡献表明在用科学的方法研究人方面他是当之无愧的开拓者和代表人物。我们再来比较牛顿和冯特的生平年代，牛顿几乎要比冯特早出生近200年，由此可以在一定程度上认为用科学的手段研究人类起步要晚于研究物体。

起步较晚是导致人机矛盾产生的一个因素，此外，另一个因素是人的复杂性，也使得对人类的研究成果远不如对物体的研究成果那样丰硕。作为地球上最不平凡的生物，综观当今各种涉及人类研究的学科，从生理学到心理学，从民族学到社会学，从考古学到宇宙研究等，无不希望从不同的角度完善对人类奥秘的探索。然而从古至今，人类的起源和宇宙中是否存在外星人等一系列问题始终困扰着人类。人类的高度复杂性导致我们对人的了解程度远远比不上对物体的了解程度，直接使得人和物之间失去平衡关系，产生各种矛盾。

这种人机关系和人机矛盾的演变和发展大体上可以分为以下三个历史时期。

第一个时期是漫长的石器时代、青铜时代和农耕时代。这一时期，经历了原始社会、封建社会，生产力水平低下，人们主要从事男耕女织的简单体力劳动，人们使用的工具都是手工制造的各种类型的粗糙制品。劳动工具对人类并没有很大的约束力，人类如果举家搬迁，仍能就地取材制造劳动工具。因此，这一时期人机关系呈现出一种“柔性”，即工具对于使用者而言是一种“身外之物”，没有很大的“束缚力”，是“我的工具”这种个体意义的工具，这一阶段人机关系中人占主导地位。

第二个时期是工业革命时代。发源于英国的工业革命是一场以机器取代人力，以大规模工厂化生产取代个体农场手工生产的生产与科技革命。18 世纪中叶，英国人瓦特（Watt）改良蒸汽机之后，由一系列技术革命引起了从手工劳动向动力机器生产转变的历史性飞跃，形成了社会化的大工业生产方式和组织方式。工业革命使得“器物”的工具演变为具有动力和计算能力的机器，机器的强大“束缚”人的动作，影响和决定了人的工作效率和生活素质。因此，这一时期人机关系是一种“刚性”关系，出于提高人类动作效率的目的，这一时期开始产生了研究人的需要。

第三个时期是数智时代。从 20 世纪 50 年代末计算机逐步普及开始，信息成为一种重要的资源，信息量爆炸式增长，信息传播和处理的速度加快，并且对社会的影响程度日益加深。以电子和信息技术普及应用为标志的科技革命之门已经打开，随着互联网技术的普及和人工智能技术的发展，人机关系经历了一次重大的演变，机器开始具有同人交互的智能，当机器的智能水平达到一定程度的“自主性”，机器将变得能适应人。因而，这一时期将逐渐演变为一种相互适应的人机关系，即人机关系具有“弹性”，研究人机之间的交互成为一种主流趋势和迫切需要。

## 1.2　人机交互的发展

### 1.2.1　人机交互的历史阶段

人类文明发展的历程也折射出人机交互的不同历史阶段。在人机交互还没有成为一门正式的学科时，古代智慧的劳动人民的发明创造就体现出对人类思想的重视。例如，明朝的工匠在家具设计中考虑了人体尺度和生理特征，在制作椅子时将靠背做成与脊柱相适应的 S 形曲线，且使靠背具有近乎 100°的背倾角。人机交互作为一门研究人机关系的学科，其历史可追溯到科学史上研究人机关系的相关学科和领域。

19 世纪 80～90 年代，西方资本主义世界兴起的工业运动中涌现了许多经典管理思想和管理理论，不约而同地体现了对人类因素的重视。

泰勒是美国古典管理学家，科学管理之父。在米德维尔工厂的经历使他想了解工人们为什么普遍存在怠工的现象，为此，泰勒开始探索科学的管理方法和理论。泰勒重点研究工厂内部具体工作的效率，他不断在工厂进行实地试验，系统研究和分析工人的操作方法和动作所花费的时间，逐渐形成后来享誉世界的管理体系——科学管理原理。泰勒的主要著作《科学管理原理》使人们认识到管理不仅仅是经验性的，而且是一门建立在明确的原理、条文和原则之上的科学。

如果从人机交互的角度看泰勒的科学管理思想，泰勒是最早进行人和机器匹配问题研究的学者之一，提出了管理转变必须考虑人性的观点。在他管理的工厂，泰勒开展了著名的铁锹实验。实验前，工人们拿同样的铁锹干不同的活，铲不同的东西，且每锹铲的重量不一样。泰勒希望通过实验找到一个效率最高的重量，这个数值最终被确定为 22 磅，并且铲不同的东西用不同的铁锹可提高生产效率。研究结论的效果是非常惊人的，堆料场的工人从 400～600 人减少为 140 人，平均每个工人每天的操作量从 16t 提升到 59t，日工资从 1.15 美元提高到 1.88 美元。

吉尔布雷思（Gilbreth）夫妇为泰勒的学生，两人开展了时间和动作的研究，即在最舒服的位置上，用最少的动作以提高生产效率。他们实施了美国建筑工人砌砖作业的试验，用快速摄影机拍摄下工人的砌砖动作并进行分析，去掉多余无效的动作来提高动作效率。这项试验使工人砌砖速度由当时的 120 块/h 提高到 350 块/h。吉尔布雷思还有一个著名的想法是在外科手术中专门设一个人来负责传递手术工具，这样医生可以将注意力更集中在手术的操作过程中，提高手术的准确率和效率，直至今日，这种做法一直在医院中延续。

总结古典管理思想时期的研究特点：人机交互虽然没有被正式提出，但是在管理学研究中，人开始成为主要的研究对象，研究人员希望通过改变人的动作来提高管理效率。

1945～1960 年，人因工程学和人类工效学诞生。第二次世界大战期间，军事学家统计发现被击落的飞机要比因飞行员误操作而发生事故的飞机少得多。这表明无论人的能力如何提高，行为如何改善，都很难完全跟上机器的操作要求，设计不良的机器和得不到很好训练的操作员都可能导致操作事故。产品设计研究开始转向如何使产品适应人的特点，即设计更好的控件来减轻操作员的精神压力和身体压力，进而改进人机系统的性能。第二次世界大战之后的十几年，这种试图让机器适应操作员技能和心身压力等问题的工作已发展成为一个新的研究领域。在北美学术社区，这一新的研究领域称为人因工程（human factors），在欧洲则称为人类工效学（human ergonomics），ergo 指工作，nomics 指法则和知识，源于希腊的一个单词。这些学科与我们今天所学习的人机交互学科有着紧密的关联，甚至有学者认为它是人机交互学科的前身。一系列国际学术组织开始涌现，1949 年，英国人类工效学研究学会（Ergonomics Research Society）成立；1957 年，美国人因工程学会（Human Factors and Ergonomics Society）成立；1959 年，国际工效学协会（International Ergonomics Association）成立，时至今日仍然是人机交互领域的重要学术团体。这些学术组织虽然名称各异，但是都关注在任何系统下，无论是计算机、机械、还是手动环境中用户的表现。这一时期的研究特点是从事这一领域工作的人通常具有航空科学或工业工程的背景，同时吸收生理学家和医生的知识帮助理解工作环境中人的能力和局限性，如压力的影响、心理运动能力、感知敏锐度、心智处理负荷。

1960～1980 年是人机工程学迅速发展时期，这虽然离不开美国和苏联的军备竞赛的背景，但也呈现一些其他的研究特点。首先，人机关系研究在军事领域继续发展，并在太空竞赛中得到促进。提出了宇航员在太空失重情况下如何操作、如何感觉等新的宇航技术领域的研究问题。其次，从军事领域逐渐转向民用领域。计算机、互联网等一系列我们今天广泛使用的技术，最初都是出于军事的需要，而随着战争的结束，各国开始进行战后重建和经济调整计划，这些军事装备和技术产业开始转移部分产能以满足民用市场的需求。然后，特殊人群逐渐受到关注。战争带来了大量的伤残军人，保障残障人士公平使用现代科技产品的权利成为人机关系的一个研究方向。最后，系统论、控制论、信息论的出现推动了科学技术和思维方式的发展，为现代新学科的出现奠定了坚实的基础，人机工程学中结合“三论”理论研究成为一种趋势和必然。

1980 年后，带有工程色彩的人机工程学开始朝人机交互方向发展。现代计算机的飞跃发展使人机交互、人机界面、可用性研究、认知科学等新的研究领域产生。对这个新的研究领域有学者主张采用“个人同机器交互”（man-machine interaction），后来又特指为“人类同计算机交互”（human-computer interaction）来更为形象地表征计算机逐渐成为交互的中心。另一个影响人机交互发展的研究领域是信息系统学科。信息技术的引入对信息的存储、访问以及利用的方式有意义深远的影响，在组织和工作环境中都有显著的效果。传统上，信息系统分析与设计领域一直集中关注信息技术在工作场所中的应用，使技术符合工作的需求和限制，这些方面同样是人机交互所关心的。由此也决定了人机交互是一门以计算机科学和信息系统科学为主的跨学科研究领域，同时也吸引了来自心理学、认知科学、设计学等多学科的关注，跨学科知识的融合共同推动了这个领域的发展。

进入 21 世纪后，人机交互技术成为当代信息产业竞争的一个焦点，世界各国都将其作为关键技术进行重点研究，以人机交互为核心的学科群将在未来科技发展中占有重要的地位。早在 1999 年，美国总统信息技术顾问委员会发布的《21 世纪的信息技术报告》中将软件、人机交互和信息处理、信息基础结构及高端计算列为新世纪 4 项重点发展的信息技术，人机交互的目标是研制“能听、能说、能理解人类语言的计算机”，并指出“更好的人机交互将使计算机易于使用，并使使用者更愉快，因而可提高生产率”。人机交互及其相关技术一直以来都是我国国民经济和社会发展规划的焦点，从虚拟现实到增强现实，直至在 2020 年 10 月通过的《中共中央关于制定国民经济和社会发展第十四个五年规划和二〇三五年远景目标的建议》中提出重点发展脑科学，脑机接口有望成为键盘、鼠标、触摸屏后的下一代人机交互方式。《中国制造 2025》等一系列国家战略部署的出台，强调需要用到自然、智能、高效的人机交互技术，融入了语音、眼控、体感，甚至脑控的新型交互方式已成为各种重点攻关领域的关键技术创新的基础。未来的人机交互将向着人机融合、更具智能化、更自然的方向发展。

### 1.2.2 人机交互发展的重要人物和事件

自 1946 年第一台真正意义上的数字电子计算机埃尼阿克（electronic numerical integrator and computer，ENIAC）问世以来，人机交互技术与计算机始终相伴相生，计算机的发展不仅体现在处理器速度、存储器容量的飞速提高，而且也表现在人机交互技术不断改善进步。各种人机交互技术，如鼠标器、窗口系统、超文本等，已对人类使用计算机的方式产生深远的影响，而且还将继续影响整个人类的生活。在这一演变历程中涌现出许多杰出的科学家，或因其璀璨的思想成为人机交互前进的灯塔，或因其发明创造改变着人类和计算机的交互方式。限于篇幅，本书介绍其中重要的人物和事件。

### 1. 布什和 Memex

布什（Bush）是美国国家科学基金会（National Science Foundation，NSF）以及国防部高级研究计划局（Defense Advanced Research Projects Agency，DARPA）机构的创始人，也是一位著名的工程师、发明家和科学家（图 1-1）。他的著名论文《诚如所思》（*As we may think*）于 1945 年发表在 *Atlantic Monthly* 上，至今被认为是人机交互的经典之作。

第二次世界大战期间，布什领导了一个由 6000 名美国科学家组成的团队，致力于科学在战争中的应用。但是布什敏锐意识到和平时期将科学应用于更崇高、更人道的事业的可能性。他的著名论文 *As we may think* 中描述了一种称为 Memex 的设备来导航知识迷宫，这个系统能够存储所有记录、文章和通信，内存巨大，按索引、关键词、相互参照获取信息，相互连接管理（图 1-2）。布什的灵感来源于电话交换系统，他形容为密封在薄玻璃容器中的金属蜘蛛网（即真空管），这个蜘蛛网能用于链接人脑中的信息和个人的经验。

图 1-1　1945 年布什登上 *Time* 杂志封面

图 1-2　Memex（Bush，1945）

Memex 的设想是一个能实现将传统的图书馆馆藏文献的储存、查找机制与计算机结合起来的台式个人文献工作系统，是一个能存储、记录和通信的装置。尽管在布什所生活的时代，这个设想没有实现，但是他所倡导的自由使用机器的描述令人鼓舞，直到 90 年代后这一愿景才得以实现。

### 2. 利克莱德和人机共生

利克莱德（Licklider）是一位行为心理学家和计算机科学家，被誉为 Internet 先驱人物之一。20 世纪 50 年代，他在麻省理工学院著名的半自动地面防空系统（semi-automatic ground environment，SAGE）项目中研究人性因素，设计了一个能够根据搜集到的苏联轰炸机的实时信息做出相应决策的防空系统。1960 年，利克莱德根据项目实验结果撰写了一篇具有划时代意义的论文——《人机共生》（*Man-computer symbiosis*），提出计算机系统应该做到：不依赖预定程序，支持人机协同决策，控制复杂情形。在该论文中，利克莱德探讨了人类和机器之间关系的三个阶段。

第一阶段，人机交互。机器是工具，是手臂和眼睛的延伸。利克莱德总结了取得进步的要求：更好的输入和输出技术，更好的交互语言。在 1965 年出版的《未来图书馆》（*Libraries of the Future*）中，他提供了更详细的描述。

第二阶段，人机共生。“这将涉及合作关系的人与电子成员之间的非常紧密的耦合”，“将认为没有人曾经用我们今天所知道的信息处理机器思考的方式来思考和处理数据”。

第三阶段，超智能机器。一些研究人员确信，比人类更智能的机器将要到来，“在未来智能机器将占据主导地位”。

利克莱德提到有许多人机系统，但是还没有人机共生系统，计算机是“一种快速的信息检索和数据处理机器”，具有更大作用的“人机共生”的主要目的之一是使计算机有效地参与到技术问题，不依赖预定程序，支持人机协同决策，控制复杂情形。利克莱德所设想的人机共生需要快速、实时交互，受当时技术所限，程序的运行是依靠批处理方式，不能支持这种交互。1962 年，利克莱德和克拉克确定“在线人机系统”的要求（Grudin，2016）：用户对计算机的分时共享；电子输入输出界面来显示、传输符号和图形信息；交互式、实时的编程和信息处理支持；大规模信息存储和检索系统；促进人类合作。两人还预见到语音识别和自然语言理解更难实现，随后数十年人机交互领域的发展证明了他们的设想是正确的。

1962 年，利克莱德受邀到美国国防部高级研究计划局（DARPA）领导行为科学，与一些一流的计算机科学研究机构，如斯坦福大学、加利福尼亚大学洛杉矶分校、麻省理工学院和加利福尼亚大学伯克利分校合作。他称这个研究组为“星际计算机网络”（Intergalactic Computer Network），这些研究者后来成为实现 ARPANET 的中坚力量，ARPANET 为互联网的前身。利克莱德随后离开 DARPA，把他的想法留给了继承者去实现。ARPANET 体系结构的负责人“互联网之父”拉里 • 罗伯茨（Larry Roberts）正是在阅读了利克莱德的论文后开始着手建立一个将世界上所有的计算机连接起来的网络，即互联网。

#### 3. 萨瑟兰和 Sketchpad

萨瑟兰（Sutherland）生于美国内布拉斯加州黑斯廷斯，计算机科学家，在卡内基技术学院（今卡内基梅隆大学）取得学士学位，于加州理工学院取得硕士学位。1962 年，他在麻省理工学院着手进行自己的博士论文，受到布什的 Memex 系统的启发，开始创作 Sketchpad 程式，香农担任他的指导教授。这篇博士论文也是人机交互历史上最有影响力的文献之一。因为这个成就，萨瑟兰在 1988 年获得图灵奖，2012 年获得京都奖，被公认为“计算机图形学之父”和“虚拟现实之父”。

萨瑟兰认为，迄今为止，人与计算机之间的交互大多数因为需要减少键盘输入错误而减慢速度。这种方式是在给计算机写信而不是在和计算机商谈。使用 Sketchpad 时不需要键入命令，用户不是在给计算机“写信”，而是用光电笔绘制对象，调整大小、抓取并移动、扩展、直接删除来绘制图形。可视的图样能及时存入计算机中并能被重新调用（图 1-3）。Sketchpad 是最早的人机界面，被认为是现代计算机辅助设计（computer aided design，CAD）的始祖。它采用了早期的电子管显示器，以及当时刚刚发明的光电笔。Sketchpad 还是第一个交互式电脑程序，是之后众多交互式系统的蓝本。

(a) Sketchpad

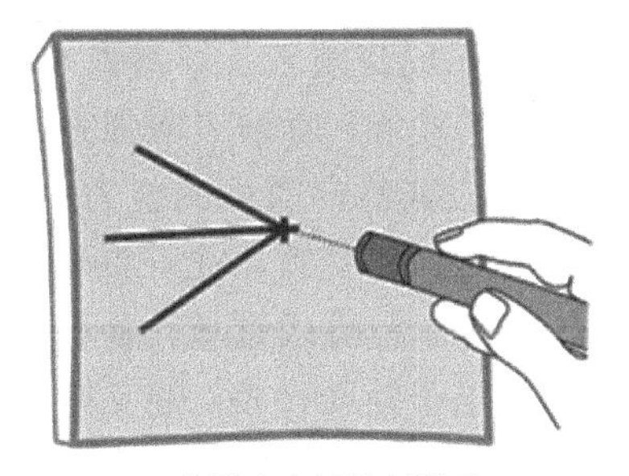

(b) 使用光电笔绘制图形

图 1-3　最早期的人机界面（MacKenzie，2013）

4. 恩格尔巴特和鼠标

1960 年，美国科学家恩格尔巴特（Engelbart）博士发明了鼠标，用于“屏幕选择”。鼠标是科学界公认的 20 世纪最重要的发明之一，被电气与电子工程师协会（Institute of Electrical and Electronics Engineers，IEEE）列为计算机诞生 50 年以来世界计算机界最重大的事件之一。恩格尔巴特博士被公认为“鼠标之父”，曾先后获得“冯·诺伊曼奖”和美国“国家技术奖”，被 *BYTE* 杂志评为在个人计算机发展史中最具影响的 20 位科学家之一。恩格尔巴特既有“计算机界爱迪生”的美名，又被人们称之为“技术怪人”，还有人称他为“人机交互大师”。恩格尔巴特在当时的斯坦福研究院（Stanford Research Institute）任职期间，共获得了 21 项专利发明。他的小组是人机交互的先锋，开发了超文本系统、网络计算机，并致力于倡导运用计算机和网络，来协同解决世界上日益增长的紧迫而又复杂的问题。

恩格尔巴特发明的世界上第一只鼠标器见图 1-4，外壳是木质的，整个鼠标器只有一个按键，底部安装有金属滚轮，用以控制光标的移动。1967 年 6 月 21 日，恩格尔巴特将鼠标用“X-Y 定位器”的名称申请了专利。鼠标的发明使得人类的输入不再主要依赖键盘命令，用户可以操纵鼠标来控制屏幕上的跟踪符号或者光标来发送控制命令。有趣的是，恩格尔巴特发明鼠标时是在 20 世纪 60 年代初，而鼠标的商业化应用直到 80 年代才开始。

图 1-4　恩格尔巴特发明的世界上第一只鼠标器（MacKenzie，2013）

1962年，恩格尔巴特发表了《增强人类智慧：一个概念框架》，提出了把计算机作为人类智慧放大器的观点。所谓“增强人类智慧”，是指增强一个人应对复杂问题的能力，增强理解以适应其特定需要的能力，以及解决问题的能力……，对于“复杂的情形”，包括专业问题、外交官、企业高管、社会学家、生命科学家、物理学家、律师、设计师……，指的是一种集成领域，各种处境、强大的概念、精简的术语和符号、复杂的方法以及大功率电子辅助设备。他支持和鼓励工程师和程序员们做出重要的贡献，和布什、利克莱德等先驱一样，恩格尔巴特看到了计算机成为人们可以选择交互使用的同类工具的潜力。

鼠标只不过是恩格尔巴特所有成果中的一个小发明，也是广为世人所知的最著名的发明。恩格尔巴特利用美国国防部高级研究计划局提供的资金构思并提出了很多其他有趣的思想，包括视窗、文字处理系统、在线呼叫集成系统、共享屏幕的远程会议、超媒体、电脑交互输入设备、群件、层次超文本、多媒体等。这些非凡的改进思想在1968年旧金山的一次会议上用现场直播的方式展示出来，这场直播活动也被后人称为“演示之母”（The Mother of all Demos），至今还能从网上访问。然而，恩格尔巴特支持人为因素的同时也忽视了人的经验对使用的影响，他认为人们是愿意通过接受培训和学习来使用新的发明的，结果，美国政府部门在使用一些新发明时，因缺乏经验而学习成本太高，于是终止了对恩格尔巴特的资助，导致后来恩格尔巴特的研究小组解散，人员纷纷出走。

#### 5. 凯和个人电脑

凯（Kay），美国计算机科学家，主要贡献为面向对象编程和窗口式图形用户界面。凯在投身计算机行业之前，曾经是职业音乐家，他的演讲有很强的感染力和号召力。他的一句名言广为流传：“The best way to predict the future is to invent it”（预测未来的最好方式是发明它）。时至今日，凯依然活跃在科学舞台上，用其思想鼓舞着一代代人，在2020年北京智源大会的最后一场主旨演讲，凯从宏观和未来的角度，介绍人类社会面临的12个重大挑战，并指出解决它们的关键来自打破常规的思维模式。

凯是笔记本电脑最早的构想者和现代 Windows 图形用户界面的建筑师，被称为“个人电脑之父”。早在1968年凯就提出电子书（dynabook）的概念，认为未来的电脑应该是一款如同书籍般，既具备可携式且具备互动功能的多媒体个人式电脑。为了发展 dynabook，凯提出了面向对象（object-oriented）这个术语以及第一个完全面向对象的动态计算机程序设计语言 Smalltalk，能实现使用一组独立的互相通信的对象来解决问题，它是主流编程语言 C ++、Java 和 C#的前身，因为上述成就，凯获得了2003年的图灵奖。

#### 6. 施奈德曼和直接操纵

施奈德曼（Shneiderman），美国计算机科学家，马里兰大学人机交互实验室教授，在人机交互领域提出了许多新的思想、方法和工具，例如，直接操纵界面和八条黄金设计原则。他在人机交互方面的著作丰富，仅列举部分：《软件心理学：计算机和信息系统中的人因》（*Software Psychology：Human Factors in Computer and Information*，1980版）、《设计用户界面：有效的人机交互策略》（*Designing the User Interface：Strategies for Effective Human-Computer Interaction*，1987版，2010版）、《信息可视化中的阅读：使用视觉思考》（*Readings in Information Visualization：Using Vision to Think*，1999版）、《莱昂纳多的笔记本电脑：人类需求与新计算技术》（*Leonardo's Laptop：Human Needs and the New Computing Technologies*，2002版）等。

施奈德曼于1982年提出的直接操纵概念（direct manipulation）是人机交互的重要思想之一。这一概念的基本思想是用鼠标、光电笔、触摸屏等指点设备直接从屏幕上获取形象化的命令与数据。直接操纵用户界面更多地借助物理的、空间的或形象的表示，而不是单纯的文字或数字的表示。施奈德曼认为这种交互形式具有下述特点：①该系统是对真实世界的一种扩展。系统将用户所熟悉的对象和操作简单地复制并呈现在屏幕上，以方便用户在熟悉的环境中以熟悉的方式工作，将注意力集中在要解决的任务上，而非工具。一些不熟悉的系统物理构造被隐藏起来，不会干扰用户。②持续的可见，即用户对操作和对象一直可见。Hatfield（1981）将这种特点称为“所见即所得”（what you see is what you get，WYSIWYG）。③快速反馈操作结果。即操作的结果以直观的形态显示在屏幕上。④可逆性鼓励探索。当用户发现操作是错误的或者没有达到预期时，能够方便地撤销。一个典型的体现直接操纵的例子是文本编辑器，新建一个文档，类似于人类现实生活中桌上的一张纸（真实世界的扩展），用户可以对文档进行整体浏览（持续的可见性），可以快速地编辑文档内容，并立即看到结果（快速反馈操作结果）。在出错的时候，用户可以进行修改，或撤销操作（可逆性鼓励探索）。

### 7. 诺曼和多模态用户界面

诺曼（Norman）是一位享誉全球的认知心理学家。他是美国认知科学学会的发起人之一，关注人类社会学、行为学的研究。代表作有《设计心理学》（*Design of Everyday Things*，1990版）、《情感化设计》（*Emotional Design：Why We Love（or Hate）Everyday Things*，2004版）等，尤其是《设计心理学》一书，可能是最广为流传的人机交互著作，已成为设计人员的必备经典。诺曼曾担任美国西北大学计算机科学、心理学和认知科学的教授，加利福尼亚大学圣地亚哥分校的名誉教授。

诺曼提倡以人为本的设计原则。在《设计心理学》中诺曼认为：要设计一个有效的界面，不论是计算机或门把手，都必须始于分析一个人想要做什么，而不是始于有关屏幕应该显示什么（诺曼，2010）。诺曼的目标不仅是制造出满足人们的理性需求的产品，更要制造出满足情感需求的产品。他认为，一个良好开发的完整产品，能够同时增强心灵和思想的感受，能够使用户怀着愉悦的感觉去欣赏、使用和拥有它。

诺曼的观点实际上体现出人机交互的一个重要概念：多模态用户界面。模态是人类交流的通道，如视觉通道、听觉通道、触觉通道。多模态用户界面即为采用各种语音识别、视线跟踪、手势输入、动作识别技术，使用户可自然地采用多种形态或多个通道和计算机协作、并行交互，计算机能整合多个通道精确和非精确的信息，快速捕捉用户的交流意向，从而有效地促进人机交互过程。

## 延伸阅读：诺曼和设计心理学

诺曼是加利福尼亚大学圣地亚哥分校的一位认知科学家，他于1980年成立了一个大型学术性人机交互研究小组。他介绍了认知工程术语，并在1983年的一篇学术会议论文中基于使用速度、易于学习、所需知识和错误来定义“用户满意功能”。他于1985年提出“以用户为中心的系统设计”思想影响长远。他的代表性著作《设计心理学》(*The Psychology of Everyday Things*)(1988版)标志着从形式方法向实用可用性的转变。1990年这本书以*Design of Everyday Things*为名再次出版。他曾在苹果公司担任用户体验架构师和高级技术副总裁。2004年，他在著作*Emotional Design: Why We Love (or Hate) Everyday Things*中强调了美学在情感设计中的作用。2014年，他成为加利福尼亚大学圣地亚哥分校设计实验室主任，致力于引导设计以人为中心。

诺曼在提到日常品的设计问题时指出：“人的大脑是一个绝妙的器官，我们总是在试图了解周围的一切。最令人沮丧的情况是：在一些变化无常、毫无规律的物品面前，我们费力地寻找其使用方法。更糟糕的是：当我们不了解一个物品的作用，使用时就容易犯错”。

这正是诺曼决定撰写《设计心理学》一书要改变的状态，这本书重点在于分析人以及人和客观事物的相互作用，这种相互作用是由我们的生理、心理、社会和文化特性所决定的。在设计中，要考虑以下方面：

保证用户能够随时看出哪些是可行的操作（利用各类限制性因素）；

注重产品的可视性，包括系统的概念模式、可供选择的操作和操作的结果；

便于用户评估系统的工作状态；

在用户意图和所需操作之间、操作与结果之间、可见信息与对系统状态的评估之间建立自然匹配关系。

——诺曼《设计心理学》(2010版)

8. 尼尔森与超文本技术

尼尔森（Nelson），1937年出生于美国纽约，1958年获得斯沃斯莫尔学院哲学学士学位，1960年获得哈佛大学社会学硕士学位。1960年，尼尔森组织协调万维网协会（World Wide Web Consortium）和Internet工作小组（Internet Engineering Task Force）共同合作研究，构思了一种通过计算机处理文本信息的方法，最终发布了一系列的命令请求（request for command，RFC），其中最著名RFC 2616定义了今天普遍使用的一个HTTP协议版本——HTTP 1.1。由于尼尔森对HTTP技术的发展做出的突破性历史贡献，他被称为“HTTP之父”。

尼尔森最具影响力的成就是提出并实现超文本。在他创造了术语“超文本”的两年后，继续发表了一篇著名的论文，呼吁通过分布式的系统实现高度的互联，扩展数字对象网络。再往前追溯，超文本的概念源于前面提到布什在20世纪40年代提出的Memex的设想，他预言了文本的一种非线性结构，希望在有思维的人和所有的知识之间建立一种新的关系。1981年，尼尔森再次描述了这一想法：创建一个全球化的大文档，文档的各个部分分布在不同的服务器中，通过激活称为链接的超文本项目，例如，研究论文里的参考书目，就可以跳转到引用的论文。超文本是用超链接技术将位于不同空间的文字信息组织在一起而形成一种网状文本。超文本更是一种用户界面范式，用以显示文本及文本之间的关系。

9. 维瑟和普适计算

普适计算最早起源于 1988 年施乐公司帕洛阿尔托研究中心（Palo Alto Research Center，PARC）一系列研究计划。在该计划中工作的马克·维瑟（Mark Weiser）首先提出普适计算的概念，随后 Weiser（1999）在 *Scientific American* 上发表文章 *The Computer for the 21st Century*，正式提出了普适计算或泛在计算（ubiquitous computing）。普适计算所描述的场景具有丰富的计算资源和人机通信能力，能够在需要的任何时间和任何地点为人类提供信息和服务，这个环境与人们融为一体。计算机被嵌入到各种类型的设备中，人类在生活空间内可以随时进行计算，人们能够在任何时间、任何地点、以任何方式获取与处理信息，从而极大地提高个人的工作效率以及与他人合作的效率。维瑟作为普适计算之父，有以下两段经典的描述。

为每间办公室的每个人提供成百上千的无线计算设备对操作系统提出了更高的要求，例如，用户界面、网络、无线、显示器等。这种工作被称为“普适计算”，它不同于个人数字助理、便携式笔记本电脑或是掌上电脑。它是不可见的，是一种无处不在的计算，并且不依赖于任何形式的人工设备。

计算机经过近三十年的界面设计的发展已经成为一种非常“魔性”的机器。计算机的最低设想是使计算机如此存在、完美、有趣，以至于我们离不开它；最高设想是“不可见”的，它的最高目标是深埋的、合适的、自然的，以至于我们在使用时并不考虑它的存在。我相信在未来的二十年第二条道路将成为主流。但是这并不容易，我们现在使用的系统将不能幸存。过去的四年，PARC 实验室已经在小型、中型、大型计算机上建立了基层的译本，它们是制表符、便签和公告板。这些原型有时能成功，但是更多的时候在“不可见”上失败了。

### 1.2.3 人机交互的诞生

以什么事件作为人机交互诞生的里程碑？有人提出，1983 年是人机交互诞生的起点，这一年发生了三件重要的事件，标志着人机交互研究从其他学科领域中分离出来（MacKenzie，2013）。

第一件事是第一届美国计算机协会人机交互课程发展特别兴趣小组（Association for Computing Machinery Special Interest Group on Computer-Human Interaction，ACM SIGCHI）会议于 1983 年召开。在这次会议上，ACM 指出该特别兴趣小组是“世界上最大的研究和实践人机交互的专业组织，这个跨学科组织由计算机科学家、软件工程师、心理学家、交互设计师、图形设计师、社会学家、人类学家等组成，他们汇集在一起，共同分享和理解设计有用的和可用的技术，相信能够有力量改变人类的生活”。直到今天，每年由 ACM SIGCHI 举办的人机交互会议仍是全球最有影响力的学术活动之一，吸引学术界和工业界的人参加。

第二件事是 Card、Moran 和 Newell 三人联合出版著作《人机交互心理学》（*The Psychology of Human-Computer Interaction*）（图 1-5）。这是第一本关注人类感觉输入、认知和运动输出的著作，建立了心理学和计算机科学之间的桥梁，尤其是 Card、Moran 和 Newell 所描绘的人类信息处理模型，将人类对信息的处理过程类比计算机系统的信息处理。时至今日，这本书仍能在亚马逊网站上找到，并被经常引用。此前，Card 等（1980）首次提出了人机交互（human-computer interaction）这一术语，但是 1983 年这本书的出版，使得人机交互开始广为流传。2008 年，ACM SIGCHI 会议专门举办了该书出版 25 周年的庆祝活动，Card 和 Moran 谈到这本书的历史和挑战，他们如何将心理学应用于交互式计算系统的设计，与会者则畅谈这本书如何影响他们在人机交互领域的研究。

第三件事是苹果公司 1984 年发布 Macintosh 计算机（图 1-6），这是苹果公司继 Apple Lisa 之后第二款具有图形用户界面的个人电脑产品，也是世界上首款将图形用户界面成功商业化的个人电脑。和同时代的其他个人电脑对比，Macintosh 具有图标和电脑桌面、使用鼠标进行“双击”“拖曳”等操作，所见即所得，能播放声音并配备 3.5 英寸（1 英寸 = 0.0254m）软盘。Macintosh 开启图形用户界面的新时代，界面简单直观，任何人都能轻易使用。

图 1-5　著作《人机交互心理学》

图 1-6　Macintosh 计算机

### 1.2.4　人机交互的发展浪潮

自 20 世纪 80 年代人机交互诞生以来，人们普遍认为其主要经历了三次发展浪潮（Bannon，1991；Bødker，2006；Sengers et al.，2009），第四波发展浪潮是否兴起仍在探索中。关于前三波人机交互的发展浪潮，学界进行了激烈的讨论，主要争论的焦点是下一代发展究竟是否会对前一代产生影响，是对前一代理论方法的直接对抗，还是继承延续？一些学者认为，由于第一代和第二代人机交互关注的领域有区分，因此第一代人机交互几乎没有对第二代人机交互产生较大的影响力，但是第二代和第三代人机交互浪潮由于出现了更多的重叠，因而不同的理论基础、技术范式、方法体系会存在冲突。Bødker（2006）甚至认为从第二代人机交互过渡到第三代或第三次浪潮，从理论上和技术上来说，可能是与第二次浪潮的决裂。

1991年，Bannon指出人类活动研究将逐渐取代人因研究。人因即人类因素，强调的是一个被动的、支离破碎的、非个性化的、无动机的个体，人类活动则意味着是一个主动的、具有控制力的个体。过去的人因研究尽管毫无疑问是具有价值的，并且对现有的技术系统产生了许多改进，但就其对人的观点而言，其作用有限。人因研究将人简化为一个系统组件，具有某些特征，如有限的注意力持续时间、记忆错误等，并将这些特征用于系统的设计中。但是其局限性在于忽视了个人动机、工作社区的成员关系以及活动环境的重要性。通过将人类活动作为新的取代，强调了在一个环境中行动人的整体性和人自治性，而不仅仅是人机系统中的被动元素。Bannon的观点被认为很好地描述了从第一代人机交互向第二代人机交互演变的七个特点，即从产品到强调研究和设计过程、从个人用户到群体协作、从实验室研究到关注工作场合、从关注新手用户到专家用户、从强调分析到强调设计、从用户为中心到用户参与性设计、从用户需求文档到迭代式原型设计。

在2006年CHI会议上，Bødker（2006）发表了主旨论文——《当第二波人机交互遭遇第三波人机交互的挑战》（*When second wave HCI meets third wave challenges*），从硬件和应用程序的多样性、跨情境和社区的使用、非工作场合使用、情感和体验设计等视角对第二代人机交互理论的现状进行系统的梳理，以及预测第三波发展浪潮给人机交互带来的挑战。他认为：第二波浪潮中，人机交互的理论焦点是工作环境和成熟的实践社区内的互动。情境行动、分布式认知和活动理论是理论反思的重要来源，情境等概念成为人机交互分析和设计的焦点。以前严格的指导方针、正式的方法以及系统的测试被抛弃，取而代之的是积极主动的方法，例如，各种参与式的设计、原型设计和情境式询问。到了第三波浪潮时，使用情境和应用类型被进一步拓展和混合，计算机越来越多地用于个人和公共场合，技术从工作场所传播到家庭、日常生活和文化中。这时的人机交互研究吸收了很多新的人类生活要素，例如，文化、情感和经验，研究关注的是文化层面上，如美学、认知向情感的扩展或者注重体验的实用主义、文化历史观。在方法论上，第三波浪潮已经部分从“对用户承诺”（a commitment to users）转向“接受或离开”（take-it-or-leave-it），设计人员从使用中寻求设计思想。

2009年，Sengers等（2009）分析了可持续发展的第三波人机交互的四个主题以及对应的技术文化方法。第一个主题是对社会文化环境的反映。鼓励用户和设计人员不仅在个人或技术层面上思考解决方案，而且在更大的文化驱动力下思考环境问题。第二个主题是关注局部日常生活中围绕技术的文化和价值观问题。人类日常层面上的微观决策都受到一系列文化力量的影响——购买哪些产品、是否驾驶汽车、使用什么电器以及如何使用。这表明信息技术应用程序在处理日常的、对个人有意义的环境问题的微观决策时可以发挥作用，设计的重点为局部的日常体验，着眼于在可管理和个人意义的层面上阐明更系统的问题，即“全球思考、局部行动”。第三个主题为从“设计者作为专家”（designer-as-expert）和“技术作为使用仲裁者”（technology-as-arbiter-of-use）的模式转向开放空间的多种解释，允许用户在局部环境中采用有意义的方式使用适当的技术和信息。

这种转向提出了人机交互第三波浪潮的方法转变，即从依托 IT 人工制品模型传达关于环境或环境行为的单一客观事实转向使用主观和客观数据作为开放式个人和社区解释及讨论的发起者。个人在日常生活、自身经历和价值观上形成具有个人意义的特定立场。第四个主题为从以任务为导向转变为关注提高围绕技术发生的日常体验的质量。通过魅力和个人兴趣而非内疚感来支持对环境的参与，目标是保持积极的体验，并为积极的环境行为创造更有效的激励因素。

当技术在长足的发展，移动设备和社交媒体越来越普遍应用于日常生活中。2015 年，Bødker 再次对人机交互的三次浪潮，特别是第三波浪潮中的“参与和共享”（Third-wave HCI，10 years later—participation and sharing）进行探讨。他认为第三波浪潮的研究挑战了第二波中与技术相关的价值观（如效率），并吸收了体验和意义建构。十年后的第三波浪潮对第二波的挑战是围绕着如何利用跨领域的技术、经验和用户的结合来实施设计。从事专业研究的人员和日常生活的用户共享和平等地参与到设计领域，当共享成为一个通过多个共同的人造物品（common artifacts）与其他用户互动的问题时，人们会多样性地参与，进行意义的建构和结果创造，一起开发使用人造物品。

综观对三次人机交互发展浪潮的讨论，可以看到第一波发展浪潮是在人机交互诞生的初期，其主要理论基础是人类工效学和人因工程。研究的重心是一些大型机器的控制面板，因此这一时期的研究也称为人机界面（man-machine interface，MMI）。机器控制面板界面设计的目的是减少操作人员的失误和提高操作的效率，通过心理学家的帮助，设计人员能理解判断用户的期望、决策和行为。第二波发展浪潮爆发于 20 世纪 90 年代，其主要理论基础是认知心理学。随着个人桌面系统的普及，人机交互的研究考虑的不仅是计算机本身，还要对用户使用计算机的环境予以关注，需要将多学科知识融合交叉，全面认识环境和用户。第三波发展浪潮普遍认为始于 21 世纪初，其主要理论基础是现象学矩阵。其主要特点是情境中的交互被看作个人意义建构的关键；普适技术、增强现实、小界面、有形界面等技术的出现改变了人机交互的本质，研究注重产品和文化价值、体验与创造力的结合；人机交互从面向任务的信息交流转变为对用户的思维、感觉、感知和关联的全面理解。

## 1.3 人机交互研究内容

### 1.3.1 ACM SIGCHI 报告

自从 Shackel（1959）发表了世界上第一篇关于界面设计和交互的计算机工效学会议论文，这一领域随之吸引了许多学者的目光，涌现出许多研究人类和信息技术关系的领域，如人因工程学、信息系统设计、人机交互、人机工效学、信息管理、计算机辅助协同工作等。正是意识到有必要在高等院校、科研机构开展人机交互方向的教育，美国计算机协会人机交互课程发展特别兴趣小组（ACM SIGCHI）专门成立课程发展小组。1992 年，发布 HCI 课程报告（Thomas et al.，1992），推荐基本的人机交互教育方法、课程内容和学习目标。该报告确定人机交互的研究内容涉及六大类、十六小类并推荐四门入门课程：

用户界面设计与开发（CS1）、人机交互现象和理论（CS2）、人机交互心理学（PSY1）、信息系统的人因方面（MIS1）。这些课程可以从广义角度分为面向技术的课程（CS1\CS2）和面向用户的课程（PSY1/MIS1），也可以分为面向业务或实践的课程（CS1\MIS1）和面向更专深研究的课程（CS2\PSY1）。同时，在修完这些入门课程后，还建议选修一些后续课程，如人机交互实验类课程、计算机辅助协同工作、图形设计课程。这部研究报告为当时众说纷纭的人机交互学科的发展指明了方向，也预示着人机交互在人类学科教育体系中有了一席之地。

人机交互源于计算机科学，但是在随后的发展中，越来越具有跨学科性，不同的学科关注的重点不同。计算机科学注重人机界面的应用程序设计和工程，心理学强调认知过程的理论和用户行为的实证研究，社会学和人类学则探讨技术、工作和组织之间的交互，工业设计领域涉足交互式产品设计。ACM SIGCHI 报告中，用图 1-7 展示了人机交互的研究内容。

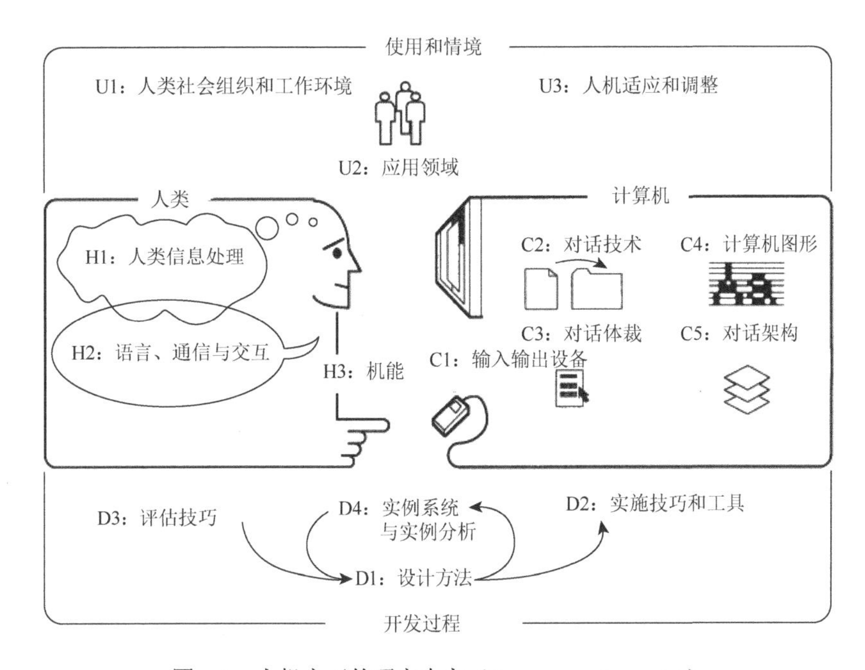


图 1-7 人机交互的研究内容（Thomas et al.，1992）

报告中认为人机交互主要研究五个相关主题：人机交互的本质（N）、计算机的使用和情境（U）、人类特征（H）、计算机系统和界面架构（C）以及开发过程（D）。人机交互既要关注计算机系统，又要关注人类社会。计算机系统存在于人类社会组织和工作环境中（U1），我们希望在各种应用领域使用计算机（U2），但是将计算机投入使用的过程意味着应用环境下的人类、技术和工作必须通过人类学习、系统可定制或其他策略来相互适应和调整（U3）。除了计算机的使用和社交环境外，我们还必须考虑到人类信息处理（H1），语言、通信与交互（H2）和身体机能（H3）。各种技术已经用于支持计算机和人类的互动，包括将人与机器连接起来的输入输出设备（C1）、对话技术（C2）、对话体裁（C3）、计算机图形（C4）。复杂的对话导致需要考虑系统架构支持可互连的应用程序、窗口、实时响应、网络通信、多用户和协作界面以及对话对象的多架构（C5）。最后，开发过程（D）包含人机对话的设计方法（D1）、实施技巧和工具（D2）、评估技巧（D3）以及许多经典的实例系统与实例分析（D4）。

ACM SIGCHI 是当之无愧的人机交互教育的开拓者和推行者。这份报告成为开展人机交互教育的基石，在实践探索中，不同的学科围绕着自身的学科特色，围绕着人与信息技术之间的关系这个共同宗旨，从报告中借鉴有价值的成分，又不断地创建自己独特的蓝图，形成了人机交互教育的多样化。在 ACM SIGCHI 主办的一个专门开展人机交互研究的网站 HCI Bibliography（www.hcibib.org）上列出了目前全球加入 ACM 并且提供 HCI 教育计划的主要机构名单。这些研究机构中，提供本科、硕士和博士层次的 HCI 课程，还有机构是以实验室形式面向不同层次的对象开展学历或者非学历教育。由于 HCI Bibliography 调查的是全世界范围内的人机交互教育情况，不难发现，实施人机交互教育的学科背景主要是计算机科学、心理学、工程学以及信息科学。有些高校意识到人机交互教育所需要的知识难以用一个学科来涵盖，建立了一个面向全校的跨专业人机交互教育计划，例如，英国巴斯大学设置的人类交流和计算（human communication and computing）教育计划就是心理学和计算机科学交叉。还有些高校在不同的院系分别提供人机交互方向的教育，如德雷克塞尔大学在其计算机科学学院和信息科学技术学院下都有人机交互研究方向，前者有本科、硕士和博士三个培养层次，后者则只是在博士阶段有人机交互研究方向。Chan 等（2003）曾经调查了若干英语系国家本科生人机交互类课程的开设情况，发现该领域下各个学校开设的课程名称各异，人机交互（human- computer interaction）、机人交互（computer-human interaction）、人因学（human factors）、可用性（usability）是最常见的课程名称。此外，还有许多课程虽然没有采用上述常见的课程名，但是通过对其提供的课程描述内容来看，也是与人机交互领域高度相关的。在这项研究中，Chan 共确认了 149 门本科人机交互课程，并且按照学科和国别进行了归类。调研结果为：近一半的人机交互课程都是在计算机科学背景下开设（68），余下则分布于工程（32）、心理学（16）、信息科学（11）等领域；有的学校建立了院系一级的人机交互教育体系，如卡内基梅隆大学的人机交互学院；按照人机交互课程开设国别来看，89 门课程属于美国（59.7%），稳居首位，英国和加拿大则依次排后；单看信息科学背景下开设的人机交互课程情况，11 门相关课程全部开设在美国高等院校。

### 1.3.2　人机交互的相关学科支撑

从人机交互的起源和发展历程来看，人机交互是一门年轻的学科，然而这个学科却吸引了多个领域的关注，来自计算机科学、工程、心理学、艺术设计、人体工效，甚至社会学、信息系统等学科领域的学者，共同探讨人类和计算机设备之间的使用和交互现象。ACM SIGCHI 报告中对人机交互的定义为："一门研究人类所使用的交互式计算系统的设计、实施、评估及相关主要现象的学科"。在英文术语 human computer interaction（HCI）中，H（human）和 C（computer）分别是指人机交互中研究的两个对象——人类和计算机，I 既指人类和计算机之间交互模式（interaction），也指交互的界面（interface）

(图 1-8)。前者表示的是执行任务时的人类行为以及与计算机通信的抽象模型，后者指技术的现实形式，如硬件设备、平台或者软件系统。一个人机交互系统由用户、任务、工具和情境 4 个主要要素构成。

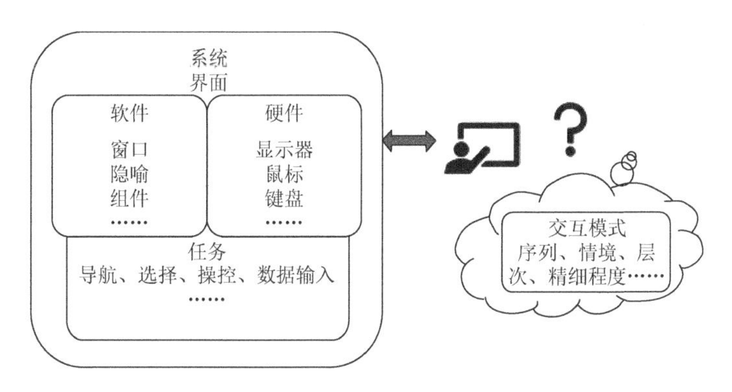


图 1-8　系统界面和交互模式

作为一个具有鲜明的跨学科特性的研究领域，人机交互的研究阵营主要有计算机科学、人因和工效学、信息系统以及以图书情报学为主的信息科学（图 1-9）。不同学科的研究角度和侧重点有所不同。在计算机科学领域，一般采用的是 CHI（computer-human interaction）的表述，前面介绍的 ACM SIGCHI 以及由 ACM 主办的每年的 CHI 会议即是沿袭了这一术语，以计算机科学为主的 CHI 研究人员关注的是设计产品。人因和工效学（human factors & ergonomics，HF&E）是 1992 年由原来的 human factors society 更名为 human factors and ergonomics society（HFES）而来，以关注硬件产品为主。信息系统（information system，IS）将技术看作一种工具，如何应用技术，它属于管理学或者商学门类，更常见的学科名称为管理信息系统（management information system，MIS）。在信息系统学科，也有一个和人机交互有关系的学术组织——信息系统协会人机交互特别兴趣小组（The Association for Information Systems Special Interest Group on Human Computer Interaction，AIS SIGHCI），以区别于计算机学科的 ACM SIGCHI。图书馆学情报学科（library and information science，LIS）则是一个传统的研究领域，在其学科发展中人机交互逐渐成为一个重要的研究方向。

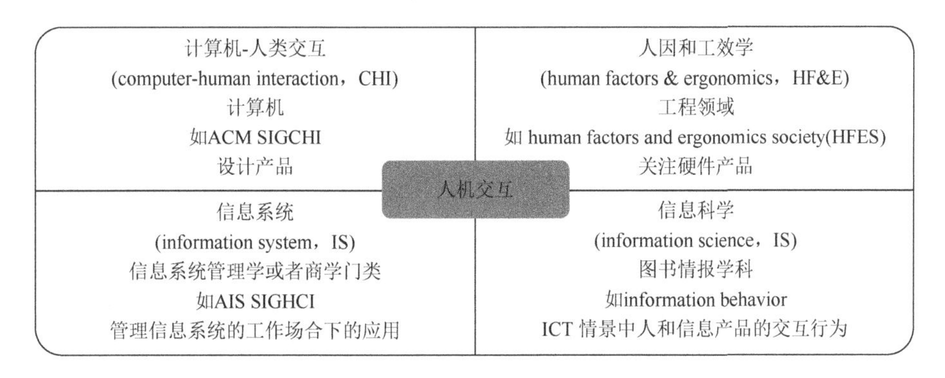


图 1-9　人机交互的相关学科支撑

### 1.3.3 信息学科视野下的人机交互研究

在人机交互这个跨学科领域，以图书情报学科为代表的信息科学又承担着一个怎样的角色？这里，从信息科学领域图书馆学科的发展、情报学从图书馆学科中的分离和iSchools运动说起。

1. 图书馆学科的起源与发展

图书馆学是在长期的文献收集、整理、存储和利用实践经验上产生的一门现代科学分支。1808年，德国学者、近代图书馆学的创始人之一施雷廷格（Schrettinger，1772～1851年）出版《图书馆学教程》和《图书馆学概览》两部著作，最早提出“图书馆学”这一概念，他将图书馆学的研究对象概括为藏书的整理，包括图书配备和目录编制内容。19世纪末，信息的压缩存储、组织和传播技术在实践中蓬勃发展，出现索引卡、文件夹、文件柜、计算机图标显示等影响20世纪早期信息组织和管理的重要发明。这一时期，打字机、复写技术的发明也促进了信息的传播，而将存储在穿孔卡片上信息制成机电式机器的技术被业界广泛应用于信息处理。图书馆学研究中一个很重要的内容是建立索引卡片（index card），这个概念最早出自科幻作家韦尔斯（Wells）在1905年的小说*A Modern Utopia*，被描述为“一种透明的、在需要时能立刻提供一份图片副本，包含一个可以随时插入载有最后报告信息的附件，很多人都日夜在这个索引卡片上工作，信息源源不断地上传，有专门的过滤器对信息流进行分类，还会有人更正、保存副本、并传送给下一个节点”。

20世纪之初，随着纸张、印刷品和运输成本的下降，信息传播和图书馆职业呈爆炸式增长，美国图书馆协会（Library Association）成立，杜威十进制和国会图书馆分类系统被开发，图书馆的资助经费大幅提升。此时，复杂的读者需求和图书馆资源共享的压力促进了人们对将技术应用于索引、编目和检索信息的需要，比利时人保罗·奥特莱（Paul Otlet，1868～1944年）用杜威十进制分类法创建了一个索引卡目录库，提供图书标题与简介，并按作者姓名和主题分类。这个索引卡被命名为Mundaneum，是一个比Google更早的搜索引擎雏形，当用户提交查询请求时，符合要求的参考文献和描述从Mundaneum的母卡复制到子卡上，然后传递给用户。

## 延伸阅读：知识的形状——Mundaneum

“人类正处于历史的转折点，获得的大量数据令人震惊。我们需要新的工具来简化它，浓缩它，否则智慧将永远无法克服强加在它身上的困难，也无法实现它所预见和期望的进步。”

——Paul Otlet，*Treaties on Documentation*，1934

在信息技术和万维网出现之前，一个项目具有综合了将所有人类知识集中在一个单一的、可访问的地方的必要性，以及提供一个有效的系统具备远程有效检索所有这些信息的能力。这个项目就是Mundaneum。

由比利时法学家，现代文献和索引技术之父 Paul Otlet 和 1910 年诺贝尔和平奖获得者亨利·拉方丹（Henri La Fontaine，1854～1943 年）所构想的 Mundaneum 被认为是基于网络的知识系统和互联网本身的先驱。

作为巨大的文献和交流中心，Mundaneum 旨在通过大学、政府机构和个人之间的联系，容纳所有人类知识并促进全球共享，与此同时，体现促进国家间和平的理念。这些信息将被分类在 Otlet 开发的国际十进位分类下的索引卡上，这些机构将把书架和印刷文档与屏幕和电话合并，让世界各地的用户提问。该项目的第一个版本在 1919 年实现，并在比利时政府提供的辛昆特奈尔宫（Palais du Cinquantenaire）的 150 个房间内进行托管。

Otlet 对 Mundaneum 有更大的规划：一座专用建筑，其架构能够反映信息网络化组织的逻辑。通过 Otlet 的多个草图和注释（图 1-10），我们能了解项目的基本部分，即相互连接的八角形单元，包括存储的信息链接到每一侧的可视文档。这一选择与 Otlet 的长期研究有关，该研究旨在了解特定图像以直接方式显示复杂信息的能力。

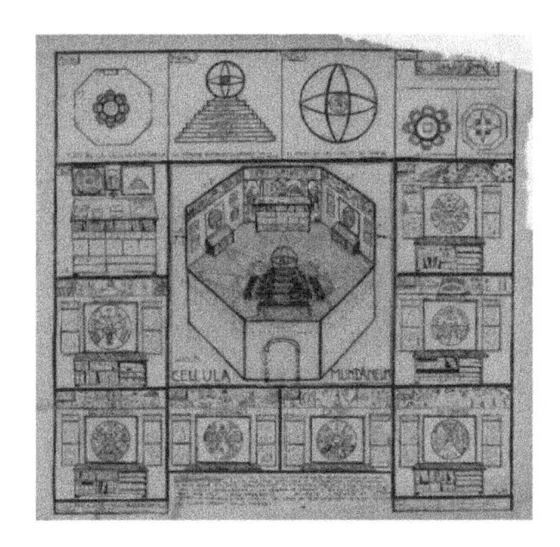

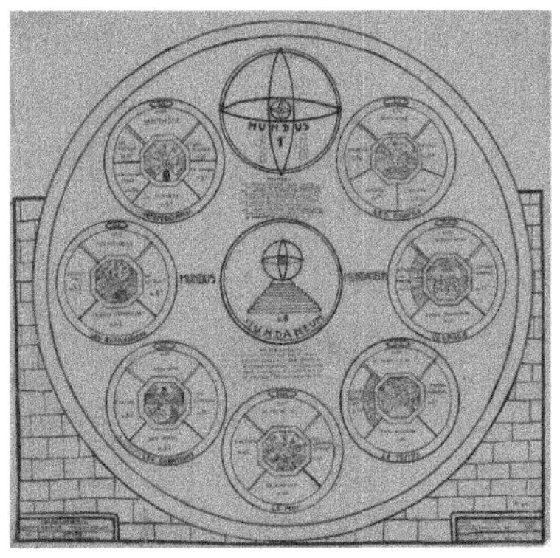

图 1-10　Mundaneum

该项目将形成民主的集体记忆和知识，同时实现一个外部化的集体心理过程。Otlet 联系了几位建筑师，为其最终项目提供了形式，特别是勒·科尔比西耶（Le Corbusier），他认为这是一座靠近日内瓦的之字形纪念碑，后来又联系了比利时现代派建筑师莫里斯·海曼斯（Maurice Heymans）。后者与 Otlet 密切合作，从 1934 年到 1938 年，开发了一个详细项目的三个版本，在 Otlet 的草图中描述的知识组织和建筑空间的实际组织之间进行类比。从外观上看，Mundaneum 就像一座柏拉图式金字塔形状的神圣纪念碑。在内部，它将以一个房间系统为特色，该系统将成为“一个展示 Otlet 宇宙和认识论秩序的现代主义记忆剧场”。

但是，Otlet 从未能够完全实施他的计划，1940 年，Mundaneum 的书籍和索引卡被纳粹军队摧毁。今天，一家总部位于比利时蒙斯的非营利组织经营着一个档案馆和一个展览空间，以纪念原始 Mundaneum 的遗产。

1926 年，在卡耐基基金会的支持下，芝加哥大学成立了世界上第一所招收图书馆学研究生的研究学院（Graduate Library School，GLS），被认为是世界图书馆学发展史上的一个里程碑，标志着图书馆学成为一门学科而诞生，此后的 20 年，芝加哥大学一直是唯一在图书馆学研究中能授予博士学位的大学（于良芝，2003）。GLS定位为人文社科领域，很少提到信息技术，直到20世纪60～70年代，信息科学、信息技术、信息爆炸开始进入人们的视野，图书馆学科的一个显著变化是对信息持积极和欢迎的态度。一些文献工作者看到，数字内存成本的下降使得计算引擎成为信息处理的核心技术，在图书馆学科中树立了一面技术导向的旗帜。

2. 情报学从图书馆学科中的分离

情报学是我国学界对information science（信息科学）的翻译。“信息科学”这一术语按照《韦氏词典》的解释可追溯到1960年，由佐治亚理工学院在1961～1962年举办的信息专家培训科学会议将信息作为一种技术转移到将信息作为一种新兴科学。1963年，化学领域专家同时也是目录文献学家的法拉丹（Farradane）教授在伦敦城市大学开设了第一个信息科学课程。

1960～1980年，共有15所美国图书馆学院关闭，一些大学图书馆学院系纷纷在名称中加上information，成为图书情报（library and information science）学院。1970年，匹兹堡大学图书情报学院开设第一个信息科学博士项目，宣称“人类将是理解信息现象的核心因素”（Aspray，1999），这个项目将心理学、语言学、传播学等行为科学和技术科学如计算机科学汇聚融合，并在3年后正式建立信息科学专业。信息科学逐渐从传统的图书馆学中独立出来，得到了大力的发展。1980年，时任雪城大学信息学院院长的泰勒（Taylor）设立信息资源管理的第一个高级学位，1986年，他还发表了一篇以用户为中心的“增值过程”模型（value-added process model）的论文，将用户主要限定为图书管理员和信息专业专家。马克卢普（Machlup）和曼斯菲尔德（Mansfield）在1983年合作出版的《信息研究：跨学科通信》（*the Study of Information：Interdisciplinary Messages*）描述了人文导向和技术视角的研究融合趋势。到1995年，出现了5所单独的信息学院（Schools of Information）。

一些学术组织和研究机构也随之呼应。1968年，美国文献工作学会（American Documentation Institute，ADI）改名为美国信息科学协会（American Society for Information Science，ASIS），而后在2000年增加技术的含义，更名为ASIS&T（Association for Information Science & Technology），面向全球的信息科学人员。1970年，一本文献学领域的期刊*American Documentation*更名为*Journal of the American Society for Information Science*。1978年，ACM信息检索特别兴趣小组出现，后来成为信息检索领域最重要的会议组织方。1984年，美国图书馆协会（the American Library Association）更名为图书馆与信息科学教育协会（Association for Library and Information Science Education，ALISE）。1965～1972年，福特和卡内基基金、美国国家科学基金会、美国国防部高级研究计划局、美国报纸出版商协会共投资超过3000万美元来创建一个“未来图书馆”的线上项目，建立一个多达50个索引字段的在线目录，将书籍和论文的全文转换成缩微胶卷，可通过显示器显示和阅读。

从1988年开始的几年里，匹兹堡大学、雪城大学、德雷塞尔大学和罗格斯大学的院长们每年都会聚集在一起，分享他们解释和管理多学科的方法。尽管如此，Cronin（1995）

还是将 LIS 描绘成一种“深度的职业不适”，他建议完全放开图书馆管理，使学校与认知科学和计算机科学建立联系。对于从图书馆学科分离出的信息科学，Cronin 认为信息领域的重点是信息获取，涵盖知识、物理、社会、经济和空间、时间因素。从传感器和人类输入中获取信息，信息通过网络流动，并被聚合、组织和转换。信息的路径和管理在企业内部和更具渗透性的组织边界上都在不断发展。

互联网技术的兴起催生了数字图书馆研究热潮。硬盘的容量和昂贵的价格是数字图书馆发展的瓶颈，直到 1995 年，一种新型的硬盘驱动技术问世才带来了硬盘价格的急剧下降以及大容量存储设备的普及。20 世纪 90 年代初期，Gopher 作为一个用于索引、搜索和检索文档的结构化系统，引起了人们的关注。而随着互联网的出现，信息传播转型加速，虽然对 Gopher 系统是一个冲击，但是对图书馆和信息科学研究则是一个发展机遇。1994～1999 年的 5 年间，由美国国家科学基金会、美国国防部高级研究计划局、美国国家航空航天局、美国国家医学图书馆、美国国会图书馆、美国国家人文基金会和美国联邦调查局联合赞助的“数字图书馆”研发激励项目奖金高达 2 亿美元。1997 年，“数字图书馆”奖授予了斯坦福大学的一名博士生拉里·佩奇（Larry Page），而他在 1998 年成立了 Google 公司，并提出了一种著名的网页排名算法。

### 3. iSchools 运动

21 世纪以来，一场针对传统的 LIS 教育改革的信息学院（information schools，iSchools）运动兴起。2003 年，美国 7 所著名的图书情报学院的院长齐聚位于教堂山的北卡罗来纳州大学，探讨 21 世纪的图书馆学情报学教育、研究及事业发展。一年后，19 所美国 LIS 及与 LIS 有关的学院共同创建了 iSchools 联盟，随后吸引了越来越多的与信息研究有关的院校加入，最新的 iSchools 联盟成员名单可从官网（https://www.ischools.org/members）查询。到 2010 年，加入 iSchools 联盟的信息学院的数量已经是 2005 年的 2 倍。这些成员的组成学科形式多样，更多的是基于自身背景，而不是一个衍生的计划。有几所 iSchools 成员是由图书馆和情报学之外的一些学科领域主导，主要为计算机，也有管理学、教育学和通信学。

iSchools 章程指出：iSchools 是由对信息、技术和人之间的关系有兴趣的学院组成，以承诺探讨与理解在人类所有活动中信息的作用为特点。iSchools 运动认为社会、商业、教育和文化的进步需要各种类型的信息专业知识，如信息的特性、信息的利用、信息用户、信息技术等。旧有的 LIS 课程体系已难以满足 iSchools 运动的宗旨，各学院开始从其他学科中汲取成分，适时调整课程体系。在此背景下，起源于第二次世界大战之后的人机工程学科，以及发展和形成于 20 世纪 80 年代的人机交互学科因为其强调理解用户如何在特定的工作场合执行特定的任务，以及利用对用户的理解来设计更有用和可用的技术这个学科目标与 iSchools 运动不谋而合。

通过对一些 iSchools 成员开设的人机交互方向下相关课程的调研，我们统计了最常见的课程名称（表 1-1）。iSchools 运动背景下人机交互方向的课程带有鲜明的信息学科导向，除了将人机交互作为一门核心基础课程外，开设最多的为“信息架构”这类早被 LIS 领域作为介绍信息组织、信息表示及信息设计等知识的课程。此外，人机交互领域的核心知识模块也出现在 iSchools 的课程体系中，如可用性、用户行为与体验、交互设计等概念，但是从课程名称来看，反映出信息科学背景，如开设“信息系统的可用性和有用性”“信息系统和服务的可用性”等。

**表 1-1　主要人机交互方向课程名称**

| 排名 | 课程名 | 涵盖课程 |
|---|---|---|
| 1 | 人机交互 | HCI、HCI 职业准备和实践、人-机器人交互、HCI 基础、HCI 形式和意义、公民交互、信息检索人机交互 |
| 2 | 信息构建 | 信息构建、互联网服务信息构建、Web 信息构建、信息构建中以用户为中心评估项目、信息构建与设计 |
| 3 | 交互设计 | 交互系统设计、界面和交互设计、交互设计、人机交互设计理论、交互设计实践、交互媒体设计导论、普适交互设计、交互系统的人机交互设计基础 |
| 4 | 可用性 | Web 可用性、信息系统的可用性和有用性、可用性工程、可用性分析、需求和可用性评估、可访问性和可用性、可用性分析与测试、信息系统和服务的可用性、高级可用性 |
| 5 | 用户行为 | 人类信息行为、人类行为信息系统、人类行为基础、信息搜寻行为、情景中的信息行为 |
| 6 | 信息可视化 | 信息可视化、可视化与检索 |
| 7 | 界面设计 | 信息系统用户界面设计、用户界面设计和开发、信息界面设计、用户界面设计 |
| 8 | 用户体验 | Web 服务和游戏中的用户体验设计与评估、用户体验设计、体验设计、用户体验研究 |

除了常规的学位培养体系外，人机交互实验室或研究中心逐渐承担人机交互方向教育的支撑功能。表 1-2 是一些 iSchools 成员建立的开展人机交互人才培养和研究工作的实验室或研究中心。在 iSchools 联盟的指导下，人机交互研究领域的实验室和研究中心带有明显的信息科学特征，同时也体现将人机交互领域的核心思想融入信息科学。例如，可用性、用户体验、普适计算这些被视作人机交互领域核心的概念出现在实验室名称中。在研究领域方面，强调如何从人机交互视角来研究传统的 LIS 主题，如信息搜寻或检索行为、数字图书馆、网络学习、问答系统等。而受到 iSchools 运动宗旨的影响，技术与人、社会的关系也成为人机交互实验室的一个研究热点，表 1-2 中有不少实验室都关注了在线社区、社会媒体、计算机技术如何在社会环境中影响用户行为等主题。

**表 1-2　HCI 方向实验室或研究中心**

| iSchools | 实验室或研究中心 | 主要研究领域或宗旨 |
|---|---|---|
| 威斯康星大学密尔沃基分校 | 信息智能和建构实验室 | 信息分析；系统设计；数字图书馆；数据挖掘和应用；可用性研究 |
| 田纳西州立大学 | 用户体验实验室 | 启发式评估；用户测试；眼动跟踪；脑电图测试；便携式用户测试；可用性训练；焦点小组 |
| 北卡罗来纳大学 | 信息和可视化实验室；交互设计实验室 | 数字图书馆；可视化；人机交互；数据库；电子出版物；分布式课程；合作工作空间 |
| 密歇根大学 | 信息行为和交互研究组；交互生态组；交互和社会计算 | 可靠性评估和网络搜索中的认知权威；日常生活中的信息搜寻和使用可靠性判断；在线内容贡献者的可信度构建；在线信息素质游戏开发；合作信息搜寻；工作场合中的用户信息行为；社会问答服务的社会搜索；网络搜索的社会标签；搜索式学习；用户医学信息行为；支持终端用户配置的复杂环境和工具，使设计人员能够快速原型和测试无处不在的计算应用 |

续表

| iSchools | 实验室或研究中心 | 主要研究领域或宗旨 |
| --- | --- | --- |
| 马里兰大学帕克学院 | 人机交互实验室 | 在线社区；设计过程；数字图书馆；教育技术；物理设备；公共访问；可视化 |
| 加利福尼亚大学欧文分校 | 普适计算和交互实验室 | 移动计算和移动用户界面；社会-技术行为模式；普适计算技术设计和构建 |
| 雪城大学 | 行为，信息，技术和社会实验室 | 开发尖端应用、工具和软件，研究人类如何使用信息和通信技术，以及如何影响社会 |
| 宾夕法尼亚州立大学 | 人机交互中心 | 软件和信息设计；终端用户编程和设计；设计原理；设计创新；培训和教学设计；基于案例的学习与协作学习；开源软件；电子科研网格；基于网络的合作系统；在线社区；无线社区网络；决策支持；信息分析支持；社区医疗应用；地理信息系统；计算和信息技术公平和可获得性；人机交互中可用性工程方法和理论 |
| 密歇根州立大学 | 行为信息技术实验室 | 安全模式；众筹；算法治理；在线社区；隐私 |
| 佐治亚理工学院 | 交互计算研究实验室 | 人工智能和机器学习；以人为中心的计算和认知科学；学习科学&技术与计算教育；社会计算&计算新闻；虚拟和增强环境；地理，图形&动画；信息可视化&可视化分析；机器人和计算感知；普适性和可穿戴计算 |
| 查尔斯特大学 | 数字图书馆可用性实验室 | 可用性测试；研究和设计用户友好界面 |

2006年，在第一次iConference会议上，有许多人机交互组织应邀参加，如人因和工效学会（Human Factors and Ergonomics）、信息系统协会（Information System）和计算机-人类交互学会（Computer-Human Interaction）。iSchools运动经过10年发展，与人机交互的关系越来越密切。伊利诺伊大学厄巴纳-香槟分校的图书情报学院院长在其主办的iConference 2010欢迎致辞中提到许多iSchools院系的前沿领域中就有人机交互这个方向。LIS学科强调用户与信息系统的关联，一些核心LIS研究内容，如信息检索、自然语言处理以及数字图书馆技术都需要研究用户以及用户与信息技术的关系，这同样也是人机交互领域的研究主题。密歇根大学信息学院将人机界面专家列为该学院的培养对象之一。加利福尼亚大学伯克利分校信息学院将人机交互作为开展信息职业者的五个方向之一。对用户的重视，以及致力于研究用户与技术的关系成为联系iSchools宗旨和人机交互教育的共同纽带。

在iSchools举办的历届iConference会议上，无论是会议议题还是在会议上宣读的论文，不少都与人机交互领域有关，体现出iSchools运动和HCI在研究主题方面的交叉。例如，iConference 2012会议主题为“文化、设计、社会”，该届会议还设有“交互式设计”（interaction design）、“iSchools可访问性”（accessibility in the iSchools）及“信息学，人类和设计研究”（information studies，the humanities and design research）等分议题。iConference 2015的三个分会主题为“在线交互开发”（developing online interaction）、“可视化与交互”（visualization and interaction）及“设计服务与产品”（designing services and products），都将研究兴趣投向HCI领域。有几届iConference会议还成立与HCI领域有关的工作组，集中宣读与设计、可用性、可视化等研究主题有关的论文，平均每年都保持一定的比例，如“界面文化：与本土社区的协同设计和信息管理”（culture at the interface：collaborative design and information management with indigenous communities）、“信息学院中的设计学院：人机交互与设计研究”（the d-school in the i-school：HCI and design research）及“人类信息行为和人机交互：不同领域的共同兴趣”（HIB and HCI：common interests in different communities）等。

## 1.4　人机交互的研究原则

人机交互领域旨在为人类提供高可用性的、有效的、安全的交互产品。虽然人机交互的学科发展历史并不很长，研究人员仍积累和建立了一些人机交互研究和实践的原则。Kim（2015）总结了以下人机交互的基本原则，这些原则具有一定的通用性，且符合常识，几乎能适用于所有的人机交互项目研究中。

第一个原则是洞悉用户（know the user）。是指交互模式和界面应该满足产品的目标用户的需求和能力。早在 1971 年，Hansen 就提出了“know the user”的观点，这个原则强调了在人机交互中理解用户研究的重要性。例如，在做产品设计时，需要采集完整的目标用户的人口特征信息（如年龄、性别、教育水平、社会地位、计算机技能、文化背景），从而能够准确地描述其偏好、倾向、能力和水平等。这些信息能被用于为用户建立合适的交互模式和交互界面。用一个统一的交互界面来应对不同年龄、技能和文化背景的用户需求，这种通用可用性（universal usability）的产品虽然对当前多文化的社会具有吸引力，但实际上很难达到这个目标。例如，很多政府网站都会提供不同语言版本的页面以满足使用不同语言的访问用户。本书将在第 2 章和第 3 章中分别介绍人类的认知和情感特征，这是对洞悉用户原则的很好诠释。

第二个原则是理解任务（understand task）。任务是用户使用交互系统要完成的目标，理解任务的原则和洞悉用户的原则是相关联的，对用户的了解过程常伴随着对用户要执行的任务的分析。例如，新手用户和专家用户对任务执行的心智模式是不同的，建立合适的任务描述模型以映射到用户与界面的交互模式中，这是人机交互需要重视的一个问题。本书的第 4 章将对人机交互中的任务分析予以介绍。

第三个原则是减轻记忆负荷（reduce memory load）。人类记忆容量的有限性决定了交互过程带来高强度的记忆负荷影响到任务的执行效率和用户的使用体验。如果一个交互界面能做到减轻记忆负荷，用户执行任务会更快、准确率也更高。这个原则能很好地应用于界面设计实践，例如，使菜单项或深度保持在小于某个数量的水平，以保持用户对正在进行的任务的良好意识，或者在整个交互过程中采用向导方式，提供提醒和状态信息机制的做法能够减轻记忆负荷。本书将在第 2 章介绍人类的记忆系统。

第四个原则是一致性（strive for consistency）。一致性原则也是对减轻记忆负荷原则的支持。当跨系统、跨平台应用越来越普遍时，如果类似的任务能保持一致的交互模式，用户不需要付出更多的努力去记忆，对提高工作效率是有利的。常见的保持一致性的设计方案的例子是文档编辑的快捷键，如复制、粘贴等能在不同的应用场景下保持一致，提高了编辑的效率。

第五个原则是用户提醒和记忆刷新（remind users and refresh memory）。任务执行的过程中系统可提供重要的信息以刷新用户的记忆，这一原则无论是对单一的任务还是多任务处理的情景都适用。举例说明，在一个在线购物应用中，要求用户输入不同类型的信息：商品选择、送货方式、地址、信用卡号、商品数量等。以便用户保持对购物过程的了解，并进一步引起正确的响应。这些重要的提醒，短暂或持续的反馈都将刷新用户的记忆，并帮助用户轻松完成任务。其中一个提供反馈的例子是在用户完成在线购物后，界面上会呈现重要的信息（如该用户的送货地址）并告知用户购物过程已经结束。

第六个原则是错误预防或恢复（prevent errors and reversal of action）。交互界面应尽可能避免用户产生困惑或者心理负荷，从而导致错误。一个可行的策略是只向用户展示相关和需要的信息。例如，交互式菜单设计就是这类技术。而在错误不可避免要发生时，如果系统能够轻松地恢复正常，能给用户带来更轻松的体验。

最后一个原则是追求自然（naturalness）。自然交互指人机交互是按照人们习以为常的习惯来进行的，如自然语言应答系统。追求自然真实的交互是人机交互的目标，实现的过程也面临诸多挑战，现在人们使用的是对现实生活进行隐喻建模的技术。而无论是自然交互还是建模技术，都需要具有示能性（affordance），一种吸引用户天然的感知和认知的属性，从而使得界面或者交互非常直观，几乎不需要学习。

## 思考与实践

1. 阅读ACM SIGCHI报告，选择一个具体的角度描述你认为未来人机交互的方式或者计算机界面的形式。

2. 从人机交互发展历史上的重要人物或者事件中选取一个感兴趣的，分析其贡献。

3. 人机交互诞生的标志事件是什么？

4. 比较支撑人机交互研究领域的相关学科的研究特色，调查分析信息资源管理学科是如何涉足人机交互研究领域的。

5. 分析人机交互发展经历的三次浪潮。

6. 阅读《设计心理学》，体会设计思维。

7. 如何理解人机交互的研究原则。

## 参考文献

唐纳德·诺曼. 2010. 设计心理学. 3版. 梅琼，译. 北京：中信出版社.

于良芝. 2003. 图书馆学导论. 北京：科学出版社.

Ashby S，Hanna J L，Matos S，et al. 2019. Fourth-wave HCI meets the 21st century manifesto//The Halfway to the Future Symposium 2019（HTTF 2019）. New York：ACM.

Aspray W. 1999. Command and control，documentation，and library science：the origins of information science at the university of pittsburgh. IEEE Annals of the History of Computing，21（4）：4-20.

Bannon L. 1991. From human factors to human actors：the role of psychology and human-computer interaction studies in system design//Greenbaum J，Kyng M. Design at Work：Cooperative Design of Computer Systems Table of Contents. Mahwah：Lawrence Erlbaum Associates：25-44.

Bødker S. 2006. When second wave HCI meets third wave challenges//the 4th Nordic Conference on Human Computer Interaction：

Changing Roles. New York：ACM.

Bødker S. 2015. Third-wave HCI，10 years later—participation and sharing. Interactions，22（5）：24-31.

Bush V. 1945. As we may think. The Atlantic Monthly，176：101-108.

Card S K，Moran T P，Newell A. 1980. The keystroke-level model for user performance time with interactive systems. Communications of the ACM，23（7）：396-410.

Chan S S，Wolfe R J，Fang X W. 2003. Issues and strategies for integrating HCI in masters level MIS and e-commerce programs. International Journal of Human-Computer Studies，59（4）：497-520.

Cronin B. 1995. Shibboleth and substance in north American library and information science education. Libri，45（1）：45-63.

Grudin J. 2016. From Tool to Partner：the Evolution of Human-Computer Interaction（Synthesis Lectures on Human-Centered Informatics）. San Rafael：Morgan & Claypool Publishers.

Hatfield D. 1981. The coming world of "what you see is what you get" //The Joint Conference on Easier and More Productive Use of Computer Systems (Part-Ⅱ)：Human Interface and the User Interface. New York：ACM.

Kim G J. 2015. Human-Computer Interaction：Fundamentals And Practice. Boca Raton：CRC Press.

Mackenzie I S. 2013. Human-computer interaction：an empirical research perspective. Waltham：Morgan Kaufmann Publishers.

Nelson T H. 1965. Complex information processing：a file structure for the complex，the changing and the indeterminate// Proceedings of the 1965 20th national conference (ACM '65). New York：ACM：84-100.

Sengers P，Boehner K，Knouf N. 2009. Sustainable HCI meets third wave HCI：4 themes. Boston：CHI 2009 Workshop on Defining the Role of HCI in the Challenges of Sustainability.

Shackel B. 1959. Ergonomics for a computer. Design，120：36-39.

Thomas T H，Ronald B，Stuart C，et al. 1992. ACM SIGCHI Curricula for Human-Computer Interaction. New York：ACM.

Weiser M. 1999. The Computer for the 21st Century. http://www.ubiq.com/hypertext/w (uci.edu). [2021-07-01].

# 第2章　人的信息加工和认知系统

在与计算机的交互过程中，人的注意力在多任务之间的分配是由认知系统承担的。认知是一个抽象的概念，它涵盖许多具体的心理活动：思考、记忆、学习、白日梦、决策制定、阅读、书写、谈论等。诺曼（2010）认为存在两种认知模式：体验性的和反射性的认知。前者指我们感知、行动、对周围事情做出有效的反应的一种心智状态，如开车、阅读等；后者则包括思考、比较、决策制定，这种认知能产生新思想和创造性，如设计、学习、著作等。

认知心理学理论能帮助我们洞悉人类是如何感知周围的事物和信息，如何存储感知的信息、如何加工处理信息，如何解决问题的过程的。本章将依据经典的认知心理学理论探讨人类的信息加工处理过程，人类的主要认知活动特征以及这些特征如何影响人机交互过程，并结合人类的认知特征分析交互设计案例。

## 2.1　人类信息加工处理过程

1967年，乌尔里克·奈塞尔（Ulric Neisser，1928～2012年）出版了心理学史上第一部专门系统研究人类认知活动的著作《认知心理学》，标志着认知心理学作为心理学的重要分支学科的诞生。奈瑟指出认知是感觉输入的转换、简化、存储、恢复和运用的所有过程，而认知心理学可以认为是一门研究人类如何接收信息、学习知识、存储知识和运用知识过程即人类认知活动的学科。人类的认知活动涵盖的范围非常广泛，信息检测、模式识别、记忆、注意、学习推理、知识表征、概念形成、问题解决、言语表达等均属于认知活动。

信息加工理论是认知心理学的重要思想流派，该理论将人类认知系统比作计算机，认为人类的加工认知活动类似于计算机的信息加工过程，两者之间的相似性如表2-1所示。人类信息加工处理系统与计算机信息加工处理系统非常类似，也包括存储器、输入、输出和处理器等，其核心都是信息加工处理模块。在计算机系统中，它包括操作系统，编译器、应用程序等，而在人类信息加工处理系统中，人利用掌握的专业知识和技能，通过思考、判断、决策等解决问题。

**表2-1　计算机信息系统VS人类信息系统**

| | 计算机信息系统 | 人类信息系统 |
|---|---|---|
| 输入设备 | 键盘、触屏、鼠标、声音识别设备 | 眼睛、耳朵、鼻子、嘴等感觉器官 |
| 存储器 | 寄存器、主存储器、外存储器 | 感觉记忆、短时记忆、长时记忆 |
| 处理器 | 操作系统、编译器、应用程序 | 思考、判断、决策、知识和技能 |
| 输出设备 | 显示器、声音系统、打印机 | 手、声音、眼动、姿势 |

基于对人类认知活动的不同关注点，各种人类信息加工处理系统模型相继被提出，其中较有影响的是 Card 等（1983）提出的人类处理器模型（model human processor，MHP），集合了认知心理学和人机交互的观点对人类信息加工处理过程进行解释，后来经过 Wickens 等（2015）的补充，形成完整模型如图 2-1 所示。

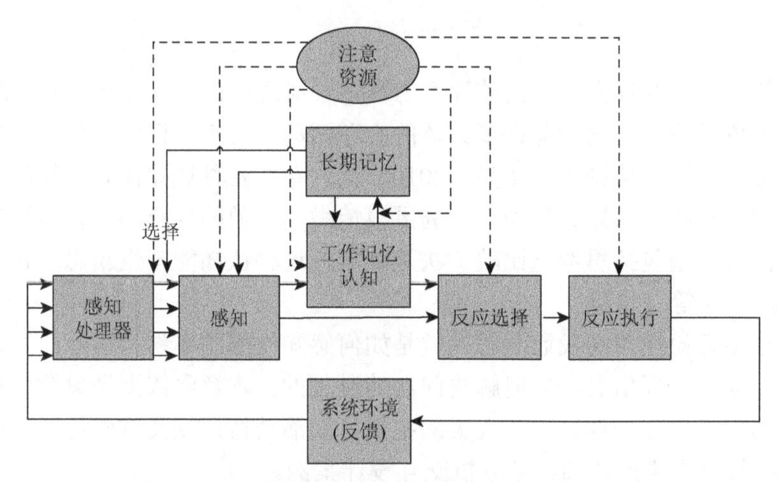


图 2-1　人类信息处理模型（Wickens et al.，2015）

正如计算机系统拥有存储器和处理器，人类的大脑也有不同的记忆形式和不同的处理系统。人类信息处理模型描述三个子处理系统：①感知系统，处理来自外部世界的感官刺激，充当信息的输入通道；②运动神经系统，做出反应选择，由人的大脑控制肌肉动作，充当信息的输出通道；③认知系统，用于连接感知系统和运动神经系统，充当信息的加工处理器。在某些情况下，三个子系统是序列加工（serial processing）模式，即信息处理的各个阶段依一定的顺序起作用。例如，当人执行看见光亮后按键响应任务时，首先人的感知系统必须接收到光源刺激，并将这种刺激信息传递给认知系统，其次认知系统决定采取何种合适的反应，并将其传递给运动神经系统，最后由运动神经系统执行正确的行动命令。在这个过程中，各子系统是采取序列加工模式，前一个阶段的输出作为后一个阶段的输入。然而，在一些复杂的任务活动中，如转录时能够一边听声音一边转录为文字，此时三个子系统往往需要并行处理。

除了三个子系统外，人类信息处理模型还描述几种记忆阶段和注意过程。首先来自环境的刺激通过感知器官的输入被存储在短时记忆中，就好比计算机硬件系统中的帧缓冲器，存储来自单一输入感知通道的信息。感知系统获取到感觉输入后试图识别其中的符号：字母、单词、音素、图标等，这一识别过程是借助长时记忆的帮助，长时记忆是一个海量的信息存储库，存储所知道的所有的符号。认知系统获取感知系统识别的符号，进行比较和决策，并将感知到的内容过滤到记忆中，形成短时记忆，也称工作记忆，它完成大部分人类的“思考工作”。运动神经系统接收来自认知系统的信号并指示肌肉执行，其中隐含反馈过程：动作的效果（不管是对身体的位置还是对世界的状态）可以通过感官观察来持续纠正。最后，人类信息处理模型还有一个注意组件，这是 Wickens 等（2015）对原始 MHP 模型的增加，类似计算机系统中的线程控制模块。

人类信息处理模型既描述人类的信息处理过程的活动环节，又揭示人类信息处理时的认知过程，是本章学习人类生理特征和信息处理活动以及认知活动的基础。人类信息处理模型的局限性是认为基于模型的心智活动仅发生在人脑内，没有充分考虑人类如何和计算机交互以及和现实世界中的其他设备交互。

# 2.2　人的视觉感知

一个人同外部世界的交互是通过接收和发送信息（输入和输出）发生的。人类主要通过感觉器官实现信息输入，而人的输出是由感觉器官的运动神经控制的。人类感知系统主要由视觉、听觉、触觉、味觉和嗅觉五种感觉器官构成。前三种对于人机交互是最重要和主要的信息输入通道，味觉和嗅觉因其复杂性，目前在人机交互中的应用尚处于初级阶段，但已在食品加工、产品质量的检测等人机交互场景中得到研究。人的运动器官包括四肢、手指、眼睛、头和发声系统等，如手指通过击键或控制鼠标输出信息。

人类的视觉活动非常复杂，却是一般人的主要信息来源，所谓“百闻不如一见”，外界大约 80%的信息都是通过视觉感知得到的，迄今为止还没有任何一个计算机系统或网络工作站机群的认知速度和能力能与人的视觉系统相当。人类的五种感觉器官处理信息的速度分别为 1000 万 bit/s（视觉）、10 万 bit/s（听觉）、100 万 bit/s（触觉）、10 万 bit/s（嗅觉）、1000bit/s（味觉），视觉是处理信息速度最快的（Płużyczka，2018）。视觉分为对外部世界刺激的物理接收和人脑对接受刺激的处理、解释两个阶段，因而受到一系列物理和感知的限制。当生理器官发生故障时就影响物理接收阶段的效果，如近视眼的形成；而当个体差异存在时，对接收刺激的处理和解释也呈现不同，如不同人阅读同一部文学作品时会产生不同的联想。

## 2.2.1　人的眼睛构造

视觉始于光，而眼睛是一种接收光线并将其转换为电能的机制。光线反射自世界中的物体，物体的像倒立地聚焦在眼睛的后部，眼睛的感光细胞将其转换为电信号，送至大脑。人眼结构图如图 2-2 所示。

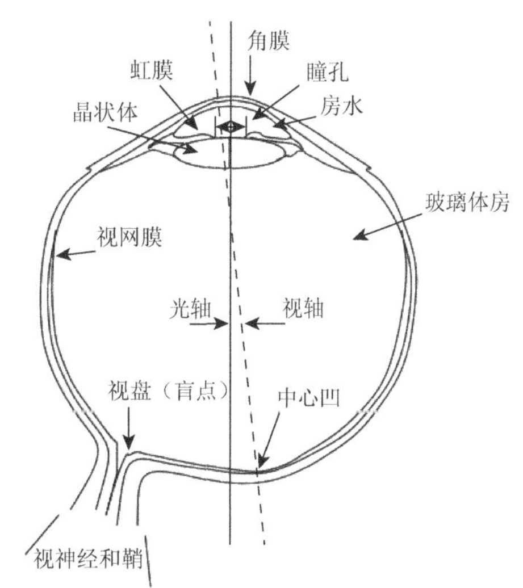


图 2-2　人的眼睛结构图

眼睛有许多重要的组成部分。位于眼睛前方的角膜和晶状体将光线聚焦在眼睛后部，即在视网膜上聚焦成鲜明的图像。视网膜含有两类感光细胞：视杆细胞和视锥细胞。视杆细胞对光高度敏感，使我们在低度光照下也能看见东西。可是，它们不能辨别细节并且受光的饱和度支配，当我们从暗室走到阳光下会短暂失明。每只眼睛大约有 1.2 亿个视杆细胞，主要分布在视网膜的边缘，因此，视杆细胞主导着外围视野。视锥细胞对光线不如视杆细胞敏感，主要作用是分辨颜色。每只眼睛大约有 600 万个视锥细胞，集中在中央凹区内。眼睛的视网膜上还有一个盲点，盲点上没有视杆细胞和视锥细胞，但我们的视觉系统对此作了补偿，正常情况下我们都不会有所觉察。

视网膜的结构和功能影响人类的视觉认知过程。首先，由于对象的识别主要是由处于中央凹区的视锥细胞负责，因此视觉注意主要是由视网膜的中央凹区所接收的信息来完成。其次，中央凹区是视网膜上极小的一块区域，无法通过单一的注视来获得周围环境的表示，而是通过眼球的快速转动使环境中的对象持续进入中央凹区，这一过程称为扫视（saccadic）。由于视觉注意点的位置和扫视之间的紧密联系，这种快速的眼球运动被认为是注意的转移。尽管视觉注意主要与中央凹区信息有关，但是视网膜周围的视杆细胞能提供关于对象情境的信息，丰富对象细节。

### 2.2.2 视觉信息加工模式

视觉是人类感知外界的主要途径，视觉信号通过视网膜传递到大脑中进行加工处理，最终形成人类对视觉信号的认知。在这一过程中，眼睛接收视觉刺激，大脑对信息进行编码、解析、分类、整合、联想、赋意等，从而能辨认出视觉对象的形状或色彩，理解对象的含义，完成视觉模式的识别，实现视觉信息加工。目前在视觉信息加工模式研究中主要有以下理论来指导和支撑设计领域。

1. 格式塔（Gestalt）心理学

格式塔心理学是认知心理学中的一个重要理论，在我国又译成完形心理学，在德语中“形状”和“图形”是 Gestalt。该理论诞生于 1912 年，是由德国心理学家组成的研究小组用来描述人类视觉的工作原理。他们观察了许多重要的视觉现象并对它们编订了目录，发现人类视觉是整体的，即人类的视觉系统会自动构建视觉输入结构，在神经系统上感知形状、图形和物体，而非只看到互不相连的边、线和区域。格式塔虽然起源于视觉领域的研究，但它的应用范围远远超过视觉感觉经验的限度，被认知心理学家视为描述性的框架，而不是解释性和预测性的理论，为人机交互界面设计提供了支撑基础。主要的格式塔原理如下。

（1）接近性原则：某些距离较短或互相接近的部分，容易组成整体。如图 2-3 所示，左边的星相互之间在水平方向上比在垂直方向上靠得更近，倾向识别为三行；右边的星在垂直方向上更接近，倾向识别为三列。

图 2-3　成行的星与成列的星

网站上表格的设计是接近性原则的一个应用案例。图 2-4 为某网站首页局部截图，图中网站的“搜索”（search）功能与网站的主要导航栏位于同一行。但是，主导航和搜索之间的额外空白表明它们属于不同的组，因此具有不同的功能。这种设计利用了接近性法则，较远的间隔清晰地为功能进行分组，人脑不需要付出更多的认知努力。



图 2-4　网站应用接近性原则

（2）相似性原则：人们倾向于将看起来相似的物体看成一个整体。图 2-5 显示了如何利用相似性原则组织好界面中的信息和层级关系。形状和颜色的相似性能区分不同的信息，和信息层级无关，大小相似性既可以进行分组，又可以区分不同的信息层级。

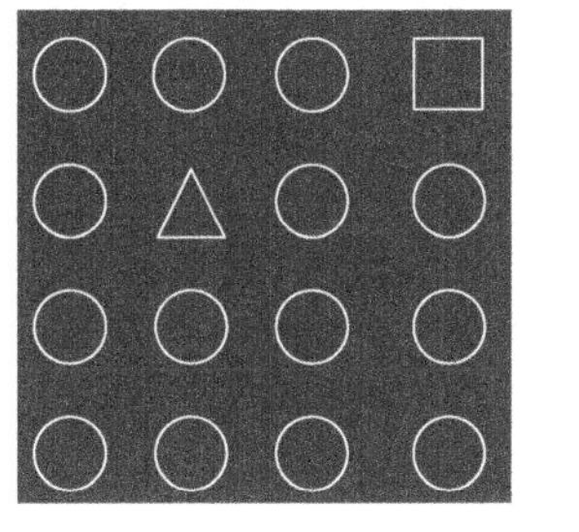
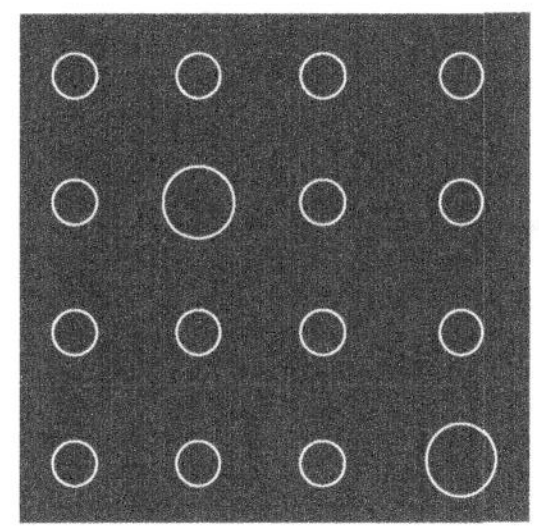

图 2-5　形状分组和大小分组

有些软件界面的设计也利用了形状相似性原理。如在建立联系人信息表单输入时，将姓名和地址组、电话号码组以及其他信息输入组设置为相似的形状。

（3）连续性原则：连续性原则是指对线条的一种知觉倾向，人们在观察事物时会很自然地沿着物体的边界，将不连续的物体视为连续的整体而不是离散的碎片。例如，图 2-6 中我们多半把它看成两条线，一条从 a 到 b，另一条从 c 到 d。由于从 a 到 b 的线条比从 a 到 d 的线条具有更好的连续性，因此很少有人产生线条从 a 到 d 或者 c 到 b 的知觉。但如果数据隔断过大，人眼重建的视觉感知可能与实际数据不相符，引起错误的感知（图 2-7）。

（4）闭合性原则。在某些视觉映像中的物体可能是不完整的或者不是闭合的，然而格式塔心理学认为，只要物体的形状足以表征物体本身，人类的视觉系统倾向于自动将开放的图形关闭起来，从而将其感知为完整的物体而不是分散的碎片。例如，图 2-8 中，人们很容易地从轮廓线中获得“IBM”图标的视觉感知，而图中未闭合的特征并不影响人们识别这种事物。

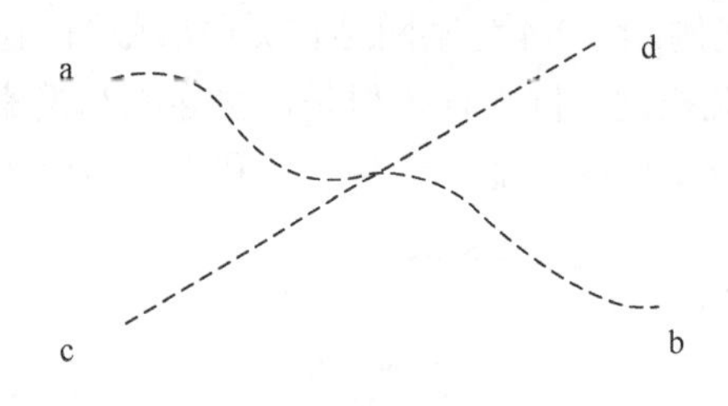


图 2-6　将离散点识别为连续线

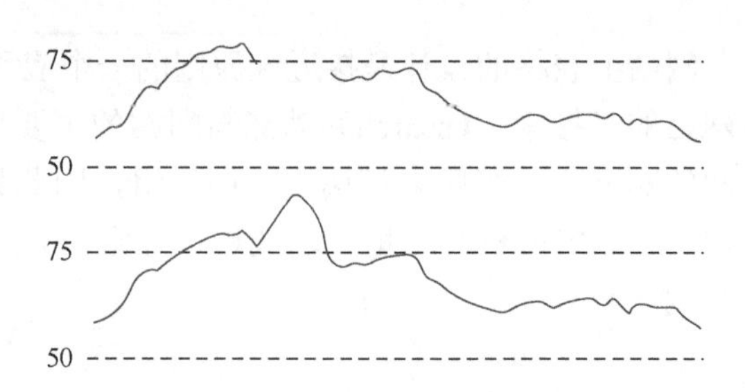


图 2-7　应用连续性原则导致感知错误

可视化方法中词云背景的设计也经常看到封闭性原理的应用。例如，图 2-9 是对南京大学官方网站“南大简介”内容的词云。虽然词云的背景图并不是连续的曲线，但仍能让用户从整体上感知到是一幅南京大学校徽的轮廓。

图 2-8　“IBM”图标

图 2-9　南京大学官方网站“南大简介”的词云

（5）对称性原则。在建筑设计理论中，对称被认为是一个黄金标准。格式塔的对称性原则反映了人们知觉物体时倾向于分解复杂的场景来降低复杂度。当对视觉区域中的信息存在不同的解析方式时，人类会自动选择对称性这种简单的方式，因为对称意味着稳定和有序。Google 的首页设计就是一个使用对称布局的示例（图 2-10）。

图 2-10　Google 搜索页面中轴的对称布局

（6）主体/背景。该原理指出大脑将视觉区域分为主体和背景，主体指一个场景中吸引主要注意力的元素，人类将这些元素视为主体，而将其余的元素看作背景。场景的特点会影响视觉系统对场景中主体和背景的识别，当一个小物体与更大的物体重叠时，我们倾向于认为小的物体是主体而大的物体是背景。此外，观察者注意力的焦点也是一个影响因素。埃舍尔（Escher，1898～1972 年）是荷兰科学思维版画大师，他创作的二义性画作中主体和背景随着注意力的转换而交替变化（图 2-11）。

在界面设计和网页设计中，主体/背景原理常用来在主要显示内容之后放置背景信息。背景可以传递信息（用户当前所在位置），或者暗示一个主题，品牌或者内容所表达的情绪。例如，百度文库登录的时候，弹出登录对话框后，后面的网页内容虽然变暗了，但还是可见，这种设计能够帮助用户理解他们在交互中所处的环境。

（7）共势原则。共势原则与前面的相似性原则和接近性原则相关，都影响着我们感知的物体是否成组。共势原则指如果一组物体沿着相似的光滑路径运动或具有相似的排列模式，人眼会将它们识别为同一类物体。图 2-12 显示了一堆杂乱的字母，但人眼下意识地识别出具有相同布局的字母并自动识别语句 MY GIRL。

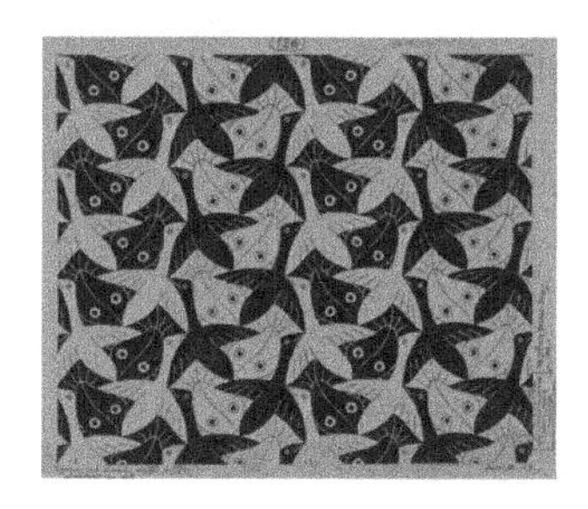

图 2-11　埃舍尔在他的作品中利用了主体/背景二义性　图 2-12　具有相似的排列模式

GapMinder 是瑞士 Gapminder 基金会开发的一个统计软件，在官网上可以形象地看见用世界银行提供的数据绘制的世界各国各项发展指数，它用一种动态的方法展示了各个国家历年的各项发展指数。图 2-13 是 GapMinder 上一幅动态图像的截屏，用代表国家

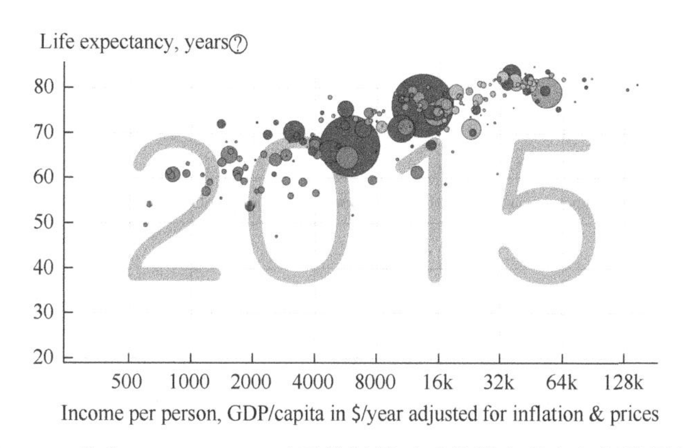


图 2-13　共势：GapMinder 动画模拟显示哪些国家具有相似发展规律

https://www.gapminder.org/

的点模拟经济发展的多个因素随着时间的变化，一同运动的国家具有相同的发展规律。

2. 模板匹配理论

模板指的是一种模式识别的内部结构，当模板与感觉刺激匹配时就能识别对象。认知心理学家指出：我们的生活经验创造了大量的模板，每一个模板都具有一个意义。模板匹配理论对一个形状（如几何形状）的视觉识别过程这样描述：反射到某种形状物体上的光落在视网膜上，并转换为神经能，然后传送到大脑。大脑对现有的模板进行搜索，如果发现了与神经模式相匹配的模板，就能识别该物体的形状，进一步加工和解释。

模板匹配理论的实际应用却面临质疑。首先，按照这种理论，只有当“外部”物体与其模板表征是 1∶1 匹配时才可能识别，哪怕只有微小的不一致，物体也不会被识别。这样就需要形成无数个模板，它们分别与我们所看到的各种对象及这些对象的变形相对应。为了储存这些模板，我们的大脑会非常大，这种能力从神经系统来说却是不可能的。即使可能，在记忆中无数的模板也会需要一个耗费大量时间的搜索程序，从模式识别来说是不符合常识习惯的。其次，当识别不熟悉的形体和形状（如图 2-14 中标准字母 R 的变形），人类的识别能力并没有大幅度的偏差，这个事实表明如果要求外部物体和内部的模板 1∶1 匹配加工是不甚准确的。基于上述分析，模板匹配理论在解释人类模式识别现象时存在局限性。

R　*R*

图 2-14　字母 R 及其变形

3. 原型匹配（prototype matching）理论

原型匹配理论是取代模板匹配的另一种模式识别理论。该理论认为，人类视觉系统不是对要识别的千万种不同模式形成各种对应的模板，而是把模式的某种抽象特征储存在长时记忆中，形成原型，通过对照原型检查发现外部物品和原型具有一定程度的相似性，模式就能被识别。

例如，这种理论认为，图 2-14 中的字母“R”，不管它是什么形状，不管它出现在哪，它都和过去知觉过的“R”有相似之处。按照这种模型，我们可以形成一个理想化的字母“R”的原型，它概括了与这个原型类似的各种图像的共同特征（如一条垂直线，一条大约 45°角的斜线以及一个半圆形），这就使我们能够识别与原型相似的所有其他的“R”。我们能识别不同大小、不同方位的“R”，并不是因为它们整齐地装到大脑的框框里，而是因为它们有共同的特点。如果出现的不是“R”，而是其他字母，由于不相匹配的程度很大，就不能把这些字母当作“R”来识别了。这时，就需要再寻找更符合这个字母的原型。

4. 特征分析

特征分析是模板匹配理论和原型匹配理论的发展，它认为刺激是一些基本特征的组合。例如，对于英文字母 R，特征可能包括垂直线，大约 45°角的线以及半圆线。模式识别时，人们把识别对象的基本特征与存储于记忆中的特征进行匹配，判断特征是否符合。

1959 年，塞尔弗里奇（Selfridge）提出关于知觉模式识别的特征觉察学说，即“鬼域”假说（图 2-15）。该假说把视觉识别过程分为不同的层次，每一层次依次承担不同职责的特征分析机制，最终组合完成对视觉对象的识别。

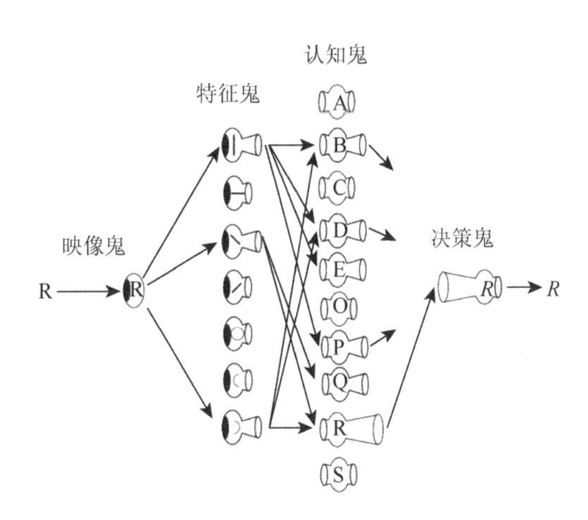


图 2-15　“鬼域”假说

如图 2-15 所示，在“鬼域”中有很多执行不同的信息分析任务的“小鬼”。其中，第一级水平的“小鬼”是“映像鬼”（image demon），它们只是简单地记录外部的简单信号，其作用类似于“感觉登记”。第二级水平是“特征鬼”（feature demon），它们从“映像鬼”所得到的表象中寻找一定的特征。每一个“特征鬼”都寻找不同形式的信息。例如，对于字母 R，一个“特征鬼”寻找垂直线，另一个寻找水平线，再一个可能寻找斜线等。当某一个“特征鬼”找到了它们正在寻找的特征刺激时，它便喊叫或者标记出刺激特征是有用的。第三级水平是“认知鬼”（cognitive demon），它们专注于来自“特征鬼”的信息。每一个“认知鬼”专注于特征的一种特殊模式，当它发现了这一特殊模式时，便开始喊叫，它发现这种模式的特征越多则喊叫得越凶。第四级水平是“决策鬼”（decision demon），它听取所有的“认知鬼”的声音并且决定哪一声音信号最大，从而做出识别决策。

### 2.2.3　视觉感知偏差

视觉器件接收到的信息必须经过过滤并传送给处理元件，以便我们能认出一致的场景，消除相对距离的模糊性并区分颜色。但是因为视觉器官的局限性，视觉感知也存在局限和误差，在设计界面时应引起注意。这种视觉感知偏差主要受到过去的经验、当前的环境和目标的影响。

1. 经验影响感知

即过去的经历会以某种方式影响现在的感知。“先入为主”是许多人惯有的思维方式，下面这张素描图就是一个著名的例子（图 2-16）。大部分人对它的第一印象是随手泼出的墨点。然而，当提示这是一只嗅着地面的斑点狗之后，视觉系统就会把影像组织成一幅完整的画面。不仅如此，一旦你看到了这只狗，就很难再把这张素描看成随机无序的点。这正是反映“先入为主”影响了其后的视觉感知。

图 2-16　著名的斑点狗

用户使用各种平台和系统时，有经验的用户总是对界面和交互反应有所期待。例如，访问一个新网站，用户期待能看到网站的名字和标志、导航条、链接、搜索框等内容。对这些常规的界面元素，用户经常不仔细看就能判断位置。“同一控件在各页面的位置要保持一致”是一个常见的用户界面设计准则，而图 2-17 中，如果其中一个页面将“前进”和“后退”按钮交换位置，很多人不会立刻注意到。同一个网站上不同页面上提供的相同功能的控件和数据显示应该摆放在每一页的相同位置上，而且还应该具有相似的外观。这种一致性能让用户很快地找到和识别目标。

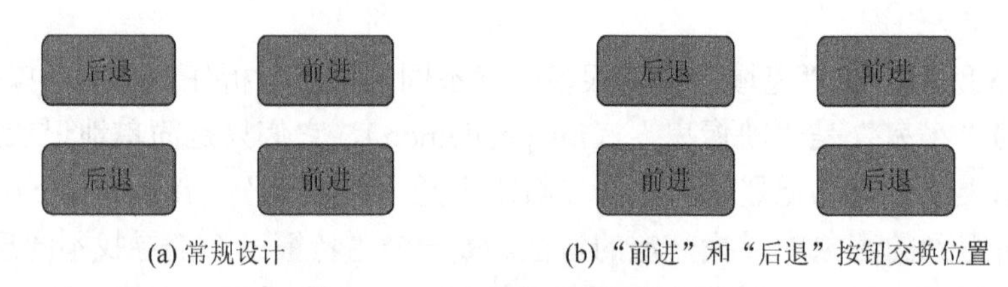


(a) 常规设计　　(b) “前进”和“后退”按钮交换位置

图 2-17　按钮的位置应保持一致

当交互中同样的动作重复出现时，如网站上经常出现闪烁的广告条，用户访问网站的经验会产生一种习惯性，他们会在习以为常后反射性选择忽视或者关闭广告条。2015 年全球网络指数（global web index）显示，Facebook 的活跃用户登录频率下降了 9%。国内的主流社交媒体如微信、豆瓣、知乎也都出现过资深用户逃离的现象。学者将这种现象称为“社交媒体倦怠”（social media fatigue，SMF）。Luqman 等（2017）指出，越来越多的用户有过减少使用社交媒体甚至停止使用的行为。导致社交媒体倦怠的因素很多，用户的习惯性是其中一个。社交媒体新用户一开始对利用社交媒体来分享动态的创新体验感到兴奋，但长久习惯使用之后迟早会感到疲惫不堪，表现出如不愿再耗费时间阅读朋友圈发的各种琐碎事情的倾向。

2. 环境对感知的影响

阅读是阅读主体对所读材料的认知、理解、吸收和应用的过程，是人们信息加工获取知识的重要途径。认知心理学家提出两种主要的阅读过程模式：自下而上模式（bottom up）和自上而下模式（top down）。前者是将边、线条、角度、弧线和纹路等基本要素组成图案并最后形成有意义的事物，如阅读先识别字母、接着组合成单词，再将单词组合成句子。后者相反，阅读时运用已有的材料阅读背景知识与在阅读进程中所建构的关于文章本身的意义来理解词句意义、段落意义、篇章意义。两种阅读模式相互作用，例如，图2-18显示的图标中间字符采用自下而上模式识别时会被识别为字母“B”或数字“13”，而后采用自上而下模式时会受到附近字母的影响而将其确定为“B”。

图2-18　字符识别受其附近字母的影响

视觉错觉的发生是环境因素和心理状态影响的结果。光、形、色等环境因素的干扰，物体自身部分之间的相互作用以及透视感等将改变物体的形态。再加上自身心理状态的影响，视觉感知“错觉”（illusion）现象具有普遍性。图2-19为一些著名的视错觉示例。

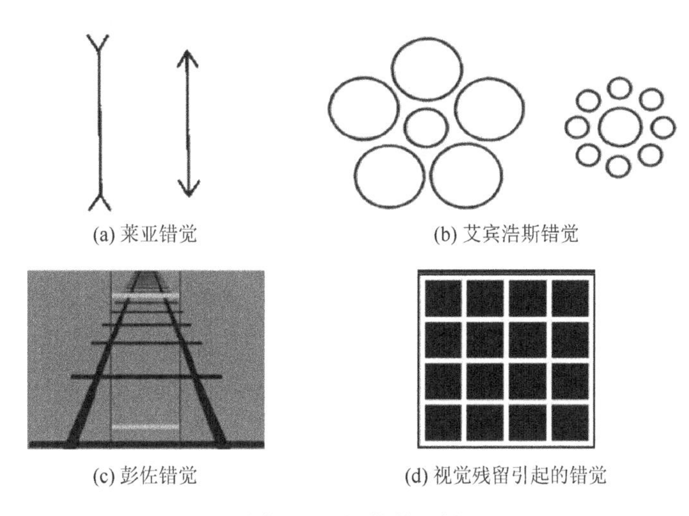


图2-19　视错觉示例

总之，识别任何物体，都包含了由环境刺激产生的神经信号的输入。这个环境包括感知到的当前相邻对象和事件以及环境激活的对以往感知到的对象和事件的回忆。

3. 目标影响感知

人们要达到的目标引导感觉器官从周围的环境中采集需要的信息，并且进行过滤，与目标无关的事物在被意识到之前就被过滤掉，这意味着目标也会影响我们对事物的感知和认识。例如，当你想要了解国外某所大学的入学申请信息时，你并不会阅读所有该大学网站上提供的内容，而是快速而粗略地扫描页面上与入学申请有关的线索。此外，目标还会过滤其他感官（如听觉）的感知，这称为“鸡尾酒效应”（cocktail party effect）。一项对空中交通管制员的研究发现，当控制室的扩音器中传出不同的飞机上的飞行员的喊话时，空中交通管制员仍能够与某个特定的飞行员进行对话。

目标影响感知的机制主要有两个。首先，目标会影响人们的注意系统，使得人们主动去感知。通过移动眼睛、耳朵、手、脚、身体和注意力去寻找周围与我们正在做或者正要做的事情最相关的东西（Ware，2004）。其次，在寻找目标时，大脑预先启动感官，使得我们的感知系统对要寻找的东西的某些特性变得更加敏感。例如，在一个大型停车场寻找你的白色爱车时，颜色是高度敏感的特性，白色的车会在我们扫视场地时跃然而出，而其他颜色的车几乎不会被注意。

目标对感知的影响还与年龄群体有关。一项比较儿童与成年人的网站可用性的研究（Sabina，2013）发现，成年人比儿童对目标更专注，儿童更容易被刺激驱使，目标较少过滤他们的感知。因此儿童会表现出比成年人更容易分心，但也会使得他们能观察到环境中更多的信息。在上网行为研究中，成年人上网主要是为了获取不同的信息，去购物，或是与家人、朋友以及业务上的熟人保持联系。成年人上网时通常非常专注并且具有目标导向性；而儿童上网的原因不是那么的严肃和认真。他们主要的目标就是娱乐，他们也会去寻找具有某些特性的内容，这些内容一般都非常轻松，如游戏、笑话，或者是关于他们偶像的信息。目标的不同对于用户的体验有着巨大的影响。在网页中使用动画和音效对成年人来说是一种干扰；然而，对儿童来说，他们沉浸在网页的娱乐效果之中，反而可能会欢迎此类设计。这一研究说明目标对感知的影响还需要考虑年龄这类调节因素的效应。

## 2.3　人的记忆系统

记忆是过去的经验，如曾经经受的事物，曾经思考过的问题，曾经体验过的情绪或者曾经做过的动作在人脑中的反映。记忆过程包括信息的编码、储存和提取三个环节，可能涉及回忆刚发生的或者多年以前的事件，从日常生活经验和教育中获得的知识，或从完成复杂的感知运动任务的过程中学习的规则等。记忆可分为不同的类型，情景记忆（episodic memory）指对一个特定事件的记忆，如昨晚看的一场电影；语义记忆（semantic memory）指的是一般的知识，如电影是什么；陈述性记忆（declarative memory）是可以言说的记忆，是具体情况的信息或知识；程序性记忆（procedural memory）是难以言说的记忆，是关于如何做某事的信息或知识。告诉你的朋友你的新电话号码属于陈述性记忆，而游泳的方法则为程序性记忆。如果一个人被要求判断某个特定的项目或事件是否发生在某个特定的场景，那么记忆被认为是显式的（explicit memory）；如果要求做出判断，如一串字母是单词还是非单词，那么该记忆是隐式的（implicit memory）。

心理学家一般根据记忆保持时间的不同将记忆分为感觉记忆（sensory memory）、短时记忆或工作记忆（short-term memory or work memory）、长时记忆（long-term memory）。Atkinson 和 Shiffrin（1968）提出一个表征记忆多阶段的模型，如图 2-20 所示。该模型认为，当刺激发生时先在感觉器官中留下印记，但是刺激在感觉器官中储存的时间相当短，不到 1s 就会消失，这个阶段称为感觉登记，也就是后来大多数心理学家所称的感觉记忆；一部分信息在注意的帮助下由感觉记忆进入短时记忆，存储时间可以达到数十秒。短时记忆的信息经历复述进入到长时记忆阶段。

### 2.3.1　感觉记忆

感觉记忆是感官接收到刺激的缓冲区，刺激作用于人的感官，引起感觉，刺激停止

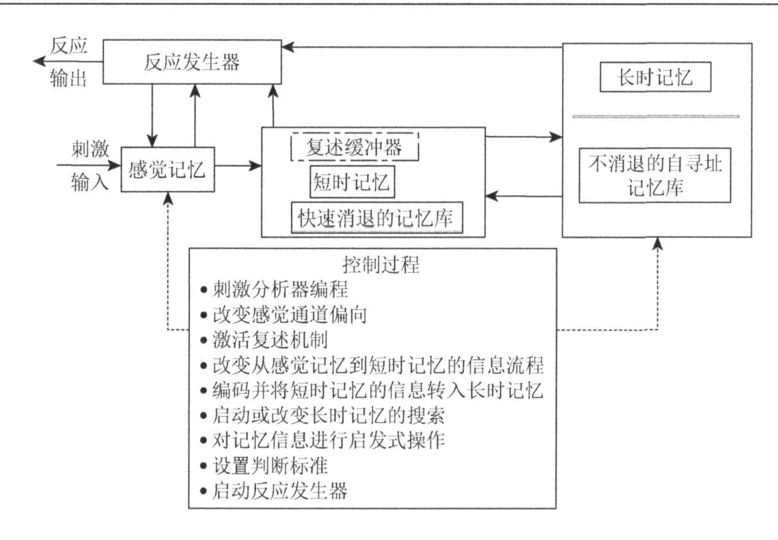


图 2-20　记忆的多阶段模型（Atkinson and Shiffrin，1968）

后，感觉并不会立刻消失，而是残留极短暂的瞬间，形成感觉记忆。例如，利用人的感觉记忆视觉生理特性可制作出具有高度想象力和表现力的动画影片。每个感觉通道都有一个感官记忆，即对视觉刺激有影像记忆、对听觉刺激有回声记忆、对触摸刺激有触觉记忆等。

感觉记忆的特点是：①作用时间短。有学者通过实验发现视觉记忆为 0.25～1s，听觉记忆虽可超过 1s，但也不长于 4s；②感觉记忆的容量要大于短时记忆，甚至有人认为感觉记忆包括刺激的所有物理属性，其信息量几乎是无限的；③信息完全依据它所具有的物理特性编码，具有鲜明的形象性；④当有新的信息来到感觉通道时，原有的感觉记忆痕迹很容易衰退或者被覆盖；⑤因为感官和智力的局限性，将刺激过滤为只在某个给定时刻感兴趣的东西，从而实现感觉记忆到短时记忆的过渡。

感觉记忆容量大且保持时间又极短，是否对人类信息加工过程影响甚微呢？事实上，有许多心理学家认为感觉记忆是非常重要的一种记忆类型。戈尔茨坦（2015）认为感觉记忆至少有三个方面的作用：一是搜集信息以用于加工；二是在最初的加工过程中保持信息；三是填补因刺激断断续续出现而造成的空白。Solso 等（2008）认为，正是由于感觉记忆储存了完整的感觉印象，人类才能够通过扫描选择那些最显著的刺激，并将它们送进复杂的记忆系统。人类的阅读活动就是通过感觉印象帮助我们从视野中提取有意义的特征，忽略多余的、无用的特征。

### 2.3.2　短时记忆

短时记忆或工作记忆是用来暂时回想信息的“便签本”，用于存储只是一瞬间需要的信息。感觉记忆中的信息得到注意后就进入短时记忆，它是人类认知系统进化的重要成果。依靠短时记忆，人类个体才能将最重要的少数刺激提取出来进行精细加工。短时记忆最重要的特点是信息保持时间相当有限，大部分信息在短时记忆中通常仅能保持 5～

20s，最长不超过1min。就像人们查电话号码后立刻拨号，往往通话完毕，电话号码也就即刻忘掉。

1956年，米勒（Miller）最早对短时记忆进行了定量研究，发现年轻人的记忆幅度大约为7个单位，称为组块（chunk）。后来的研究认为记忆幅度与组块的类别有关，例如，阿拉伯数字为7个，字母为6个，单词为5个。这就是“神奇的数字：7±2”效应。在生活学习中是熟悉的字词或数字，短时记忆容纳的就不只是7个。如A-u-s-t-r-a-l-i-a-n，这个单词有10个字母，学过英语的人知道这个单词的意思是“澳大利亚人”，并能很好地回忆出来。这似乎违背短时记忆的“7±2”效应。事实上，这恰恰反映了另一个神奇的现象。因为短期记忆的信息单位“组块”本身的含义并不固定，可以是一个字母，也可以是多个字母组成的字词，甚至可以是几个小单元联合成的较大的单元。并且，对知识的熟练程度也会对短时记忆产生影响，例如，“人工智能”对于刚开始学识字的儿童来说是4个组块，对于听说过、有一定日常阅历的人是2个组块——人工＋智能，对于从事这方面专业的人就是1个组块。因此无论组块是什么，短时记忆的容量的一般规律是7±2个组块，而若想提高短时记忆的能力，可以对信息采取分段的方法。

短时记忆还存在闭合（closure）效应。一个信息段的圆满形成称为闭合，指人们完成或结束保存在短时记忆中的任务时会给自己一个友善的鼓励：“完成啦！”这时，人们心理上就有一种为了继续做下面的工作，把刚才需要完成工作的短时记忆清除的意向。如果没有考虑到短时记忆的闭合效应，则可能导致用户犯错。例如，我国绝大多数ATM的使用流程是插卡—输密码—取钱—退卡，客户取款后才退卡。有些国家ATM的使用流程被设计为插卡—退卡—输密码—取钱。从短时记忆的闭合效应来看，前者更容易发生客户忘记退卡的事故，因为客户认为用ATM机取钱是主要任务，当取钱的主要任务完成后，他们认为任务已经告一段落，有一种心理上如释重负的感觉，释放短时记忆，而忘记最后退卡的动作。

### 2.3.3　长时记忆

长时记忆主要存储事实性信息、经验性知识、行为的程序性准则——事实上就是我们所“知道”的一切。长时记忆是个体经验积累和认知能力发展乃至整个心理发展的前提。按照心理学家詹姆斯（2013）的说法，长时记忆构成了一个人“心理上的过去”，它储存的信息是过去的所见所闻。

长时记忆和短时记忆的不同如下。一是容量极大，一个人一生可以记住无数的事情，学到无数的知识，掌握到无数的技能，心理学家一般认为长时记忆的容量几乎是无限的；二是访问时间相对较慢，大约是十分之一秒；三是在长时记忆中如果有遗忘，也会发生得更加缓慢；四是信息从短时记忆过渡到长时记忆是通过复述这种方式；五是长时记忆几乎没有衰退，信息一旦以长时记忆方式存在，几分钟后的回忆和几小时或几天后的一样。

上述记忆多阶段模型认为记忆有不同的种类或者阶段，它们在处理、储存和保持信息的方式上是不同的，信息的保持时间也是不同的。对此有学者也提出与之相反的看法，

Craik 和 Lockhart（1972）的加工水平理论（levels of processing theory）认为，个体对呈现在他面前的刺激，可以进行不同水平的加工。最低水平的是感觉加工，如特征的提取；较高水平的是模式识别或知觉；最高水平为语义提取。衡量加工水平的一个重要指标就是后两种加工的比重。

加工水平理论的基本思想是，记忆的持久性是加工水平的直接函数。一个刺激如果较长时间地呈现在个体面前，就可能得到较高水平的加工。例如，个体面对一串无意义的随机数字，经过较长时间的联想，可以想出某种认为的意义联系，从而加深记忆痕迹。这说明，那些得到深入分析、长久联想的，意义丰富的信息可以产生比较深刻的记忆痕迹，能够维持较长的时间，也就是长时记忆类型。简而言之，加工水平理论认为，加工水平影响了记忆效果，“记忆是信息加工的副产品”。

记忆多阶段模型认为从短时记忆转入长时记忆需要复述，但是加工水平理论认为复述不是良好的记忆。Craik 和 Lockhart（1972）用一个实验来证实自己的观点。实验要求被试观看一系列单词，同时记住见到的最后一个以某个字母开头的单词。

例如，一系列单词循环呈现 daughter、oil、rifle、garden、grain、table、football、anchor、giraffe。要求被试者记住以 g 开头的最后一个单词。在这些呈现的过程中，被试者先后将 garden、grain 和 giraffe 作为“以 g 开头的最后一个单词”复述，而在这些单词之间插入不同数量的间隔词（如 table、football、anchor 等）。被试每看到一个不是以 g 开头的单词就要复述一下最后一个以 g 开头的目标单词，这样，两个以 g 开头的单词之间插入多少个非目标单词，就决定了目标单词的复述次数，如 garden（0），grain（3），giraffe（3）……依次控制复述次数。

在上述词表呈现完毕后，研究者出乎被试意料地要求它们尽量多地回忆刚刚呈现过的所有单词。得到的结果出人意料：复述的次数对回忆成绩几乎没有任何影响。这说明复述不能够使信息从短时记忆转入长时记忆。实验发现，Craik 和 Lockhart 提出复述分为保持性复述（maintenance rehearsal）和精细复述（elaborative rehearsal），前者只能使记忆的单词维持在语音层次，不能长期保持；后者则能使记忆的单词得到较深层次的分析，从而长期保持。后来 Oulasvirta 等（2005）的一项研究将实验参与者分为两组进行记忆力实验，实验组通过浏览页面内容的方式记忆网站元素位置，控制组依靠猜测的方式记忆，结果发现在记忆网站导航元素位置方面，实验组并没有更好的表现，这也是对加工水平理论的一个佐证。

另一个关于长时记忆的一个研究发现是长时记忆的编码特异性（encoding specificity）：在识记阶段进行信息编码时的上下文环境如果在回忆时再次出现，回忆的成绩就会好一些（Tulving and Thomson，1973）。这种编码特异性可以用来解释场合依存效应（context-dependent effect），即环境的刺激能充当回忆的线索作用。生活中，我们常有这样的经历：在一个十分陌生的地方看到一位熟人，会觉得难以相认，但在经常见面的地方看到时，能很快地识别出熟人。Godden 和 Baddeley（1975）用一个有趣的实验来证实场合依存效应，实验中潜水员学习 40 个相互没有关联的单词，学习的场地设为岸上和深水中，各 20 个单词，测验的场地也设为岸上和深水中，在学习/测试的 4 种组合中，发现当学习和测试的场合相同时，成绩更好一些。

### 2.3.4　记忆与设计

**案例 2-1：识别容易，回忆很难**

人类经过上百万年的进化，大脑形成能够很快识别出物体而不善于回忆的特点，图形用户界面的设计规则正是基于记忆活动的这个规律。

（1）让用户看到和选择。在基于命令方式的界面中需要用户记忆上百条命令及其形式。而图形用户界面中，用户只需要浏览屏幕上提供的视觉选项，直到识别出某个命令选项。这是图形用户界面交互方式优于命令行界面交互方式最重要的优点之一。图 2-21（a）显示了利用命令行界面复制和删除文件的操作命令，而图 2-21（b）则轻松地利用选择菜单项方式完成。“识别胜于回忆”也被可用性专家尼尔森（Nielsen）认为是用于界面可用性测试广泛采用的评估准则之一。

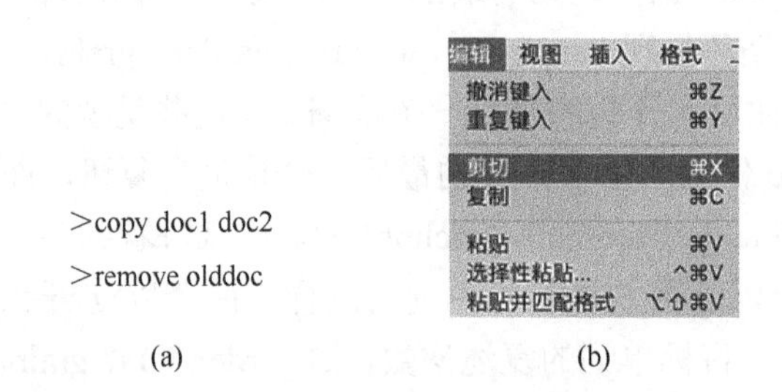


图 2-21　图形用户界面方式实现文档编辑

（2）使用图像或图标。人类对图像或者图标的识别更高效，还能触发相关信息的回忆。图形用户界面中常用图像和图标来表达功能，如程序图标或者工具栏上的操作模块图标。有些图像和图标与现实世界中的概念非常相似，如打印机🖨，人们几乎不需要学习就能够识别它们，判断它们在电脑系统中对应的含义。然而，使用与现实世界相似的图形并不是必要条件，只要图形设计得合理，用户能够学会将新的图标和符号与它们所代表的意义相关联，仍能用于识别系统功能。图标设计要求能区分不同图标和符号，图标和符号能提示所代表的意义，且在不同的应用中具有通用性。

（3）“神奇的数字：7±2”效应。Miller 的实验结果能否用于界面设计中呢？意味着界面设计是否要遵循以下准则：一个菜单下只展示 7 个选项；一个工具栏中只包括 7 个按钮；一个下拉菜单中只有 7 个选项；一个公告栏中只有 7 条最新消息。这样的设计在实际中并不普遍存在，原因很简单，对菜单项和公告栏的访问不是依靠人类的短时记忆而是视觉扫描识别机制。用户可以扫描公告栏、工具栏、菜单栏等找到需要的选项，用户不需要记忆具体的内容，因而应用这个结论来设计界面是不合适的。

（4）记忆和搜索。随着信息数量的激增，各种文档、图片、音乐、视频、邮件、附件等如何存储和组织，以及如何记住它们的存储位置并找到它们，这是对人类记忆系统的一个巨大挑战。信息搜索可分为两个记忆过程：定向回忆（recall-directed），是指记忆的信息尽可能贴切地描述所需搜索的信息；扫描识别（recognition-based scanning），是指当定向回忆无效时，需要浏览文件目录以扫描识别。举例来说，有一个用户要访问一个星期前访问过的一些网站，比较不同的汽车代理商的报价。这个用户能回忆其中一个网站为汽车之家（https://www.autohome.com.cn），于是她准确输入网址，打开网站，这就是一个成功的定向回忆的过程。然而，当这位用户再也想不起来其他网站网址时，她会扫描历史访问记录，找到一周之前她的访问链接，识别出曾经访问过的网址，同样成功找到其他的网站。在这个过程中，用户定向回忆失败后选择用扫描识别的方式来搜索信息。

计算机文件管理系统应该被设计成能发挥人类记忆和识别两种记忆过程的优势，例如，检索框和历史列表分别对应着两个过程。还要能够帮助人类对文件进行各种形式的编码，帮助用户利用时间戳、分类系统、标记以及各种属性（如颜色、文本、图标、声音、图像）记忆信息。例如，Apple 的 Spotlight Search 工具允许用户键入部分文件名甚至是首字母（首字符）的方式来查找整个文件系统。

**案例 2-2：密码和记忆**

密码已充斥我们生活的方方面面，在保护人们的财富和隐私的同时，也带来无尽的烦恼。人们需要为不同的账号设置各式各样的密码，同时，系统强加的复杂密码限制要求加剧了大脑的记忆负荷。有的人会将各种账号密码用笔或电子形式记录在一个方便获取的地方，这种做法不仅存在安全隐患，同时又增加了一个记忆任务：用户必须记住他们在哪儿藏着写下来的密码。他们还会将生日、电话号码、姓名的拼音等熟悉的、容易回忆的信息作为密码，但这样的密码又太容易被黑客和他人猜到。作为系统设计者，如何帮助用户记忆密码呢？有以下常见方式。

（1）利用长时记忆的优势。目前，许多系统在进行身份认证时，提供了辅助用户密码回忆的提示语句，即用户必须注册一个安全问题。苹果公司创建 Apple ID 的界面，要求用户设置三个安全问题，“你少年时代最好的朋友叫什么名字”，“你的第一个宠物叫什么名字”……诸如此类的提示语句利用了用户长时记忆的优势，即容易回忆一些较为熟悉的信息，但同时增加了长时记忆的负担。解决措施是系统还允许用户构造一个能够轻松记起答案的安全问题。

（2）利用人类对图形图像的记忆能力。图形密码是使用图形作为认证媒介，通过用户点击、识别、重现、互动操作进行密码认证。和传统的数字、字母密码相比，图形密码利用人类对图形图像的记忆能力优于文字的能力的优势，可以说是一个非常有前景的身份认证技术。目前，图形密码已被应用于很多品牌手机的密码安全设置系统中。

（3）不需要用户回忆的认证方式也是一个解决方案。目前兴起的生物识别认证的研究旨在通过人脸识别、虹膜扫描、数字指纹扫描以及语音识别技术来启动系统的安全认证。然而，这些方式要求采集和存储个人的生物识别数据，由此可能引发信息泄露和隐私保护问题。

## 2.4 注　　意

在人类的各种认知活动中，注意（attention）决定输入人类认知过程的信息原料。注意，特指选择性注意，指有选择地加工某些刺激而忽视其他刺激的倾向。它是人的视觉、听觉、味觉等感觉机制和意识、思维等知觉机制同时对特定对象的选择指向和集中。心智从若干项同时存在的可能事物或思想的序列中选取一项，以清晰、生动的形式把握它，这就是注意（詹姆斯，2013）。聚焦、集中、意识是注意的本质，它意味着从若干事物前脱身，以便更有效地处理其他事物。一般来说，人们把注意看作系统的过滤器和放大器，是认知活动的指南针和认知资源的分配者。注意的主要功能在于过滤不重要的输入信息，选择重要的输入信息进一步加工，从而使人能够稳定地集中于关键信息的加工。简而言之，因为人的信息通道容量是有限的，认知系统不能处理所有的信息输入，所以发生了注意。

注意是感觉、知觉、记忆、思维、想象等心理过程的一种共同特性，也是情绪过程和意志过程的共同特性。注意主要有三个重要的特征，而界面设计的目的即是根据这些特征，把用户的注意引到需要关注的信息和要采取的行动上。

第一个特征：注意是有选择性的，只允许特定的信息子集进入有限的处理系统。这个特征意味着我们很难同时完成两个或两个以上的注意任务。例如，人们很难同时做到注意书的内容和音乐的内容，这说明我们对信息的加工基本上是顺序进行的，即不同的感知通道是分时工作的，我们某一时刻要么将注意聚焦到音乐，要么集中在书的内容上。尽管从微观角度分析，信息加工理论认为注意是顺序进行的，但从外在表象来看，人类仍有相当大的并行任务执行能力。例如，人们可以一边驾车一边谈话，这时动作处理器控制腿和臂的肌肉去把握方向盘和刹车，语言处理器控制发音器官形成语音，而认知处理器将注意力分配于监视路面交通和听别人讲话。这种情况之所以发生，是因为在同时并行执行的 $n$ 种活动，其中必须有（$n$–1）种是能熟练、自动完成的动作，这些自动完成的动作通常称为技巧。

第二个特征：注意的焦点可以从一个信息源转移到另一个信息源。虽然人们能同时并行执行多项活动，但在认知层次处理时，仍然受顺序处理的瓶颈限制，面临资源分配问题。计算机系统处理资源分配主要是通过对重要事件安排中断来进行控制的。注意中的资源分配的原理类似，对稳定的环境状态我们总是倾向于不会注意感觉输入。但当意外事件突然发生时，如一声巨响，我们的注意会马上转移到感觉输入上。输入处理器就是这样与认知处理器争夺注意，稳定的环境状态下，注意资源被用于进行认知处理，而当变化发生时，注意资源对输入处理器变得较为敏感。

第三个特征：注意是可以分配的，即在同一时间内对不同的对象可以把注意资源进行分配，从而表现出人们可以同时从事不同活动的现象。日常生活中边听讲边做笔记、自弹自唱等都是注意分配的例子，Cherry（2005）曾经分析了如下的著名注意分配的案例——“鸡尾酒效应”（cocktail party effect）。

想象一下你在嘈杂的室内环境中，如在鸡尾酒会中，同时存在着许多不同的声源：多个人同时说话、餐具碰撞、音乐声以及这些声音经墙壁和室内的物体反射所产生的反射声等。根据你的经验，你知道你能够过滤掉其他谈话，有选择地倾向你感兴趣的对话。你也知道有时候你的注意被吸引到旁边的另一个对话中，尤其是当你从这个对话中听到有人谈论自己的名字。这些注意的转移是自动发生的，比如你的名字被别人提到或者你对当前的对话感到很无聊时。你也会知道你可以分心，同时注意和参与到两个对话中。然而，尽管你能够同时关注两个对话，你会把越来越多的注意资源分配到感兴趣的对话中，你对其他谈话的理解和参与会越来越少，这也反映了应对其他谈话所需要的信息处理量已经超过了你的有限能力。

鸡尾酒效应是如何影响人机交互环境设计的？显然，为了有助于用户，人机交互设计者需要考虑个人信息处理系统的局限性。例如，可以在界面上提供线索辅助用户选择合适的信息，了解注意力转换的类型，以及何时需要用到注意力转换机制。注意力是在一系列任务之间转换时，这些任务必须被设计成自动执行的方式，以避免注意容量和任务执行效率的冲突；当任务需要注意时，要使得信息明显可见；利用颜色、次序、空格、下画线和动画等技术使得某些信息突出；避免界面中堆积着太多引起注意的元素，如色彩、声音、动画等，使得界面更加混乱；搜索引擎要尽可能简洁，尤其是输入文本框。

注意分配机制引起注意转移现象，它是指一个人能够主动地、有目的地及时将注意从一个对象或者活动调整到另一个对象或者活动。被刺激驱动的注意转移称为外源性或自下而上的注意转移，通常由环境的动态变化引起，例如，刺激物的突然出现或消失，刺激物的亮度或颜色的变化，或物体运动的突然开始。还有一种内源性的注意转移，它是由主体根据自己的目标或意图来分配注意。从人机交互视角来看，内源性注意转移受到认知的控制，认知控制使得注意的转移可由更广泛的刺激引起，如箭头、数字或单词等符号提示。通过这种方式，主体可以注意到场景中的位置或者对象，比外源性注意转移中的信息更为微妙和长久。

人的注意除了受外界刺激物、人的精神状态影响之外，还受任务的难度、个人的兴趣和动机的影响。较困难的任务比简单枯燥的任务更能吸引人的注意。当任务能引起兴趣（如看一部情节曲折的电影）时，人们更容易集中注意力。这解释了人们能长时间专心于内容丰富而责任重大的任务的原因，而对于像监视雷达屏幕上的稳定信号这类单调乏味的任务，人们的耐心很快就消弭了。同样，能满足人的需要的事件，也即人们具有动机的事件，人们也能给予较长时间的注意。

## 2.5　心智模型和概念模型

### 2.5.1　心智模型

心智模型（mental model）是一个重要的认知概念，它是指通过学习和使用系统在用户头脑中形成的对系统的理解，关于系统如何工作和如何与之交互的知识。在不熟悉的系统或者未预料的情况下，人们利用心智模型来推理系统如何工作，如何使用系统，如何执行任务。当人们对系统的原理和功能了解越多时，他们的心智模型越好。汽车工程师掌握汽车的原理知识越多，心智模型越深入，越能解决日常汽车问题，但是对一般的普通人来讲，只需要具备操作汽车的心智模型即可，他们在汽车方面的心智模型相比于汽车工程师就浅得多。Craik（1943）将心智模型描述为：对外界的某些方面的内部建构从而能够做出预测和推理，它包括无意识的和有意识的过程，既可能是深层次的模型（如汽车的工作原理），又可能是浅层次的模型（如操作汽车）。

心智模型具有三个有趣的特征。第一个特征是，生活中我们会经历各种心智模型，但这些心智模型不一定符合科学事实。例如，一个寒冷的冬天夜晚，你回到了家里，如何使得房间尽快变暖和呢？你是将空调温度调到你希望的温度（如 25℃），还是先将温度尽可能调到最高，哪种情况下能更快达到目的？当你饥肠辘辘地回到家里，发现冰箱里只剩下一个比萨了，你是将烤箱温度设定为 200℃还是将烤箱尽可能升到最高温度加快它的预热呢，哪种更快？当被问到第一个场景时，大多数人都会选择后面的做法，他们解释为将温度设得越高，就越能够加快房间温度升高的速度。事实上，从科学的角度来解释，无论将温度设为多高，总是按照既定的速度升温。同样，第二个场景下，烤箱的工作原理和取暖设备类似，无论哪种方式，完成加热的时间是一样的。为什么人们的心智模型有时候会出错呢。这是缘于人们普遍信奉的一个行事原则："越多越好"（morc is better）。在人机交互中这条原则也体现在人们的日常操作中，例如，许多心急的人在等电梯时会连按两次按钮，因为他们相信多按一次按钮更有可能使电梯快速得到响应。事实上，诸如此类的系统遵循的是开-关原理（on-off switch），而用户错误地进行了类比解释。

第二个特征是心智模型因人而异。例如，为了研究利用 ATM 取款流程的心智模型需要回答以下问题：每次用户被允许的取款最大数额是多少？面额是多少？银行卡上写有什么信息？这些信息起什么作用？如果出现输入错误的数字，ATM 会给出什么反馈？为什么在交易步骤之间有停顿？为什么卡会一直在机器里？当出现卡无法退回时，你认为发生了什么事情？你会数一下钱吗？为什么呢？通过访问不同的用户并分析他们的回答，会发现人们的回答是不相同的，这反映不同的人对 ATM 的设计和功能具有不同的心智模型。

第三个特征是心智模型可以帮助正确构建。增强交互的透明性（transparency）是一个能让用户更好地理解系统如何工作，帮助用户构建正确的心智模型的设计原则。增强交互透明性的措施包括：当用户输入时能及时地给予有用的反馈，采用易于理解和直观的交互方式，提供清晰、明确的指导信息，使用合适的在线帮助和指引，以及根据情境和用户特点提供帮助。一些研究已经开始探索通过环境信息提醒用户的可能，地理信息系统 GPS 和移动技术的结合为用户提供了时间、位置等环境信息，可以利用这些环境信息来提醒用户。当用户逛书店时，能提醒他阅读朋友推荐的书籍，当经过一个便利店时，会提醒用户购买需要的牛奶等。然而，这种提醒机制还有一些问题仍未解决，例如，这种提醒机制和一些常规的提醒技术（如在一张纸上写下购物清单）相比，能体现出基于环境信息提醒的优势吗？对于一些记忆障碍的用户（如患有阿尔茨海默病的用户），这种提醒技术是不是真能辅助记忆？相反，对于普通人群，这种提醒机制是否让他们逐渐丧失记忆的能力？

### 2.5.2　概念模型

用户良好的心智模型还要与系统的概念模型（conceptual model）匹配。一个成功的系统是基于一个能够使用户理解系统和高效使用系统的概念模型。Johnson 和 Henderson（2002）对概念模型的定义是"一个对系统如何组织和操作的高层次描述"，在这层意义上抽象描述人们能利用系统做什么，交互过程中要理解哪些概念，使得“设计人员在布局组件前能直观地表达他们的想法”。概念模型能提供一个交互过程中需要的概念及其之间的关系框架，主要要素包括：①向用户传达怎样理解产品，以及怎样使用的隐喻和类比（如浏览器、书签概念表明了可执行的功能）；②交互过程中用户会碰到的概念，包括用户执行的任务-领域对象、属性以及操作（如保存、再访、组织等操作）；③概念之间的关系（如概念之间存在包含、并列、顺序的关系）；④概念之间的映射以及产品设计的用户体验（如将访问网站列表、最常访问以及保存网站等概念作为用户体验元素）。

许多应用都建立在一个良好成熟的概念模型之上。例如，在线购物网站的设计基础是基于购物中心的顾客购物体验概念模型，包括商品的陈列、购物车、收银台等在相应的虚拟空间都有对应的元素。甚至和实体店购物体验一样，在收银的时刻一些促销的物品也被允许随时加入购物车。电子商务模式的成功无疑受益于成熟的线下购物的概念模型。

除了已有的概念模型外，新构建的概念模型是否也能带来人机交互方式的革新呢？毋庸置疑，科学发展的历史告诉我们人类许多伟大的发明创造都开创了新的概念模型。例如，Xerox 公司的一款名为 Star 的计算机提出的桌面系统方式就是个人计算机时代非常成功的概念模型。它被设计成一个办公室系统，目标群体是对计算不感兴趣的办公室人员。这一切是基于一个办公室环境下非常熟悉的概念模型：文件夹（folders）、邮箱（mailboxes）、文档（paper）、文件柜（filing cabinets）等概念都被表示成屏幕上的一个图标，并且拥有和现实世界中对应物类似的功能属性，如将一个文档图标拖到某个文件夹图标中就好像是在现实中将一叠文件移动到文件柜一样。

此外，在现实世界概念的基础上，桌面系统方式还不断吸收新的桌面隐喻概念。例如，将文档放到一个打印机图标上时就会得到打印的文档。诸如此类的新概念模型的例子还有表单（spread sheet），甚至互联网的发明都是开创新概念模式的结果。近些年来，电子阅读设备（如 Kindle）的兴起，是在传统纸质阅读概念模式的基础上加入了新的概念。平板电脑的多点触控界面是一种新的交互模式。诸如此类的概念模式是在日常熟悉的活动的基础上增加新的思维方式，超越了原有概念模式。

## 思考与实践

1. 解释 Card、Moran 和 Newell 提出的“人类处理器模型”的内容。

2. 结合格式塔（Gestalt）心理学理论内容，选择某个界面分析其设计中是否考虑了用户的视觉信息加工特征。

3. 人类记忆系统一般可分为哪三个阶段?

4. Craik 和 Lockhart 的加工水平理论的基本思想是什么?

5. 根据本章介绍的人类感官特征、记忆特征以及注意特征内容，结合日常操作计算机或移动设备的经验，就某一个方面谈谈使用体会。

6. 鸡尾酒效应是如何影响人机交互环境设计的?

7. 以日常生活中的某个应用程序为例，描述自己的心智模型。

## 参 考 文 献

戈尔茨坦. 2015. 认知心理学：心智、研究与你的生活. 3 版. 张明，王佳莹，康静梅，等，译. 北京：中国轻工业出版社.

诺曼. 2010. 设计心理学. 3 版. 梅琼，译. 北京：中信出版社.

詹姆斯. 2013. 心理学原理. 唐钺，译. 北京：北京大学出版社.

Atkinson R C，Shiffrin R M. 1968. Human memory：a proposed system and its control processes//Spence K W，Spence J T. The Psychology of Learning and Motivation Ⅱ：Advances in Research and Theory. New York：Academic Press：89-195.

Card S K，Moran T P，Newell A. 1983. The Psychology of Human-Computer Interaction. Hillsdale：Erlbaum.

Cherry E C. 2005. Some experiments on the recognition of speech，with one and with two ears. Journal of the Acoustical Society of America，26（5）：975-979.

Craik F I M，Lockhart R S. 1972. Levels of processing：a framework for memory research. Journal of Verbal Learning and Verbal Behavior，11（6）：671-684.

Craik K J W. 1943. The Nature of Explanation. Cambridge：Cambridge University Press.

Darwin C. 1998. The Expression of the Emotions in Man and Animals. 3rd Edition. London：Harper Collins.

Godden D R，Baddeley A D. 1975. Context-dependent memory in two natural environments：on land and underwater. British Journal of Psychology，66（3）：325-331.

Johnson J，Henderson A. 2002. Conceptual models：begin by designing what to design. Interactions，9（1）：25-32.

Luqman A，Cao X F，Ali A，et al. 2017. Do you get exhausted from too much socializing? Empirical investigation of Facebook discontinues usage intentions based on SOR paradigm. Computers in Human Behavior，70（5）：544-555.

Oulasvirta A，Kärkkäinen L，Laarni J. 2005. Expectations and memory in link search. Computers in Human Behavior，21（5）：773-789.

Płużyczka M. 2018. The first hundred years：a history of eye tracking as a research method. Applied Linguistics Papers，25（4）：101-116.

Sabina I. 2013. Comparing usability for kids and adults. https://uxkids.com/blog/comparing-usability-for-kids-and-adults-part-1/ [2021-07-01].

Solso R L，MacLin M K，MacLin O H. 2008. Cognitive Psychology. 8th Edition. London：Pearson：169-190.

Tulving E，Thomson D M. 1973. Encoding specificity and retrieval processes in episodic memory. The Psychological Review，80（5）：352-373.

Ware C. 2004. Information Visualization：Perception for Design. San Francisco：Morgan Kaufmann Publishers.

Wickens C D，Hollands J G，Banbury S，et al. 2015. Engineering Psychology and Human Performance. New York：Psychology Press.

# 第3章 情感交互

在全世界范围内，相同的心理状态的表达有惊人的一致性；这一现象本身就很有趣，因为它证明所有人种的身体构造和心智结构都非常相似。

——*The Expression of the Emotions in Man and Animal*，Darwin

人为什么会有情感？对这个问题，科学家给出了不同的解释。詹姆斯（2013）认为：情感是生理反应的解释，是在生理上对一种刺激作出反应。Cannon（1927）则不同意这一观点，认为情感反应不只是生理上的变化，情感反应和生理反应是同时发生的。Schachter 和 Singer（1962）的情感双因素理论（two-factor theory of emotion）指出：身体反应是情感体验中不可或缺的一部分，不同的情感可以共享相似的生理反应模式。情感既与身体的情况有关，也与认知的情况有关。我们的身体对于外部刺激产生生理反应，并且以某种方式将其解释为一种具体的情感。情感改变我们处理不同问题的方式，并且影响我们与计算机系统的交互行为。

人机交互大师诺曼（2015）认为"情感系统和认知系统都是信息处理系统，但彼此功能各异。情感系统负责做出判断并快速地帮助辨别周围环境的利弊与好坏，认知系统则负责诠释和理解这个系统。情感是判断系统的一个基本术语，无论是有意识的还是潜意识的，认知和情感相互影响：有些情绪及情感状态由认知驱动，反过来，情感也常常影响人类的认知。"

本章首先梳理"情感"的定义和相关的概念；然后介绍在人机交互理论和实践中应用的主要情感理论和情感测量方法；接着探讨情感与用户体验的关系，分析情感交互设计技术如何改变用户行为和态度；最后总结情感交互研究提出的主要情感模型。

## 3.1 情感基本理论

### 3.1.1 情感相关术语

传统的人机交互是为了设计更有效和有用的系统，而现在则强调如何设计交互系统能使人们产生某种情感反应，如激励用户学习、产生信任感、快乐等。情感因素会影响人的感知和认知能力，积极的情感会使人的思考更有创造性、解决复杂问题的能力更强；而消极的情感使人的思考更片面，还影响其他方面的感知和认知能力。一个好的交互系统，应该能充分考虑人在各种情感状态下的认知特点，有针对性地进行交互的设计。一个差的交互系统会反过来影响人的情绪，从而影响其解决问题的能力。情感交互关注用户在技术交互过程中的感觉和反应，即使是一个极简单的任务，也会给用户带来不同的情感反应。例如，Wufoo 是一家专门设计在线表格的公司（http://www.wufoo.com/），它将情感化设计融入用户界面中，使得填写表格这样一个枯燥的行为变得更为有趣。Wufoo的用户体验设计师和合伙创始人凯文·黑尔（Kevin Hale）在构想设计时注重用户的情感状态。Wufoo 的创新就是让用户在从事枯燥无味的工作时，能获得有趣的情感体验。

情感概念的理解困境不仅在于众多的情感定义，而且体现在多种术语表述方面，诸如情感（affect）、情绪（emotion）、感觉（feeling）、心情（mood）、意见（sentiment）等术语出现在不同研究中。表 3-1 列举了情感及相关术语的定义。

**表 3-1 情感及相关术语**

| 术语 | 定义 |
| --- | --- |
| 情感（affect） | 情绪的不可替代的一面，情绪上的、非认知的感觉（Frijda，1994）；<br>态度和情绪的反应，以及行为意图，如喜欢-不喜欢、困难-容易、自信-焦虑、感兴趣-厌烦（Lee and Ke，2012）；<br>比情绪更普遍的术语，情感被认为是从无差别到差别化的连续体，例如，积极和消极感觉是明显的无差别情感（Ortony，2009）；<br>一系列更具体的心理过程的总称，包括情绪、心情和态度（Bagozzi et al.，1999） |
| 情绪（emotion） | 由情境、任务或环境引起；归因于人格、人口特征、遗传、生理特征或者过去的经验；引起的抑制或激活的动机；引起或导致特定的目标或行动；能在信息、留言或者文本中留下编码痕迹；成为具有信息价值的状态（Dervin and Reinhard，2007）；<br>反映出的无聊、好奇、沮丧、恼怒、多疑、享受、恐惧、愤怒、羞愧、忧愁、悲伤、喜爱、喜悦、惊奇、欲望、同情、激动、质疑和攻击（Artino and Jones，2012）；<br>根据个人对重大事件的主观评价而突然形成的、动态变化的过程（Scherer，2005）； |
| 心情（mood） | 总体快乐或不快乐的感觉（Moshfeghi，2012）；<br>一种温和或中等强度的感觉，通常比情绪持续时间长，不同于情感，心情不是对某个具体对象有感觉（Morris，1999）；<br>没有特定对象的情绪状态（Frijda，1994） |
| 感觉（feeling） | 情绪的有意识的主观体验（VandenBos，2006） |
| 意见（sentiment） | 一种积极或消极的感觉，被认为是情绪的中心和最基本的特征（Gerald et al.，1994） |

“情感”和“情绪”是最基本、最常用的概念，常被用于定义其他相关术语。这两个术语在研究文献中经常换用，且认为无须特别区分其定义。然而，从表 3-1 列举的定义可以看出，如果要对情感和情绪两个概念进行区分，情感是一个范围最广的概念，包括“情绪”“心情”等术语。情绪是情感有意识的体验，通常具有特定的原因和对象。“情绪”和“心情”的主要区别是，前者有具体的对象或者可识别的行为或事件，而后者则不是对某个具体的对象有感觉。“情绪”的持续时间往往是短暂的，突发式出现，“心情”倾向于持续时间更长，更平稳。“感觉”和“意见”被认为是情感或者情绪的具体化，对它们的定义建立在“情绪”或“情感”基本概念之上。

### 3.1.2 情感结构

1872 年达尔文出版的 *The Expression of the Emotions in Man and Animal* 一书描述世界各地的快乐、悲伤、恐惧、愤怒以及其他一些人类情感的相似性，这是一种认为应从几个相互区别的种类来理解情感的观点。另一种观点假设存在两种或两种以上的维度描述和区别不同的情感，如愉快—不愉快、唤醒—平静。美国实验心理学之父冯特强调一种情感是可以转化为另一种情感的，而不是不同情感类型之间存在严格的界限。自达尔文和冯特之后，心理学家形成了两种情感结构研究阵营，由此产生了两类主要的情感模型。

### 1. 基本情感模型

在达尔文基本情感类型的基础上，Keltner 和 Bushwell（1997）增加轻蔑、羞耻、内疚、希望、骄傲、信念、沮丧、爱、敬畏、无聊、妒忌、后悔和尴尬 13 种情感类型，印度学者增加英雄主义、娱乐、平静和好奇（Hejmadi et al.，2000）。这些都属于离散式情感结构理论，其主张普遍的基本情感类型存在，这种基本情感不仅跨文化，而且跨种族，甚至在其他灵长类动物中都存在。但是在哪些属于基本情感类型的问题上却不能统一，Plutchik（1980）归纳目前较为一致的基本情感类型包含：恐惧、愤怒、厌恶、幸福、悲伤和惊喜。其他的情感类型被视为这些基本情感的组合或者演变形式，如悲哀、内疚和孤独被认为是悲伤的变形。基本情感类型的标准应符合以下特征。

首先，基本情感类型是在人类中具有普遍性和跨文化相似性，甚至在其他物种中也能看到迹象的基本情感。达尔文的进化论包含情感进化，人类基本情感是人类天性的进化的一部分，在所有人类中都能看到相似的东西。如果是只在少数几个社会中存在的情感则说明是社会塑造的而不是人类天性。达尔文还观察到在受到威胁，感到愤怒、悲伤或者兴奋时，很多动物的行为表现出相似性，与人类表情最相似的动物是猴子和猩猩。

其次，基本情感是有独特的内在表达方式，包括面部表情、声音和其他行为。大量研究表明，当所有文化中的人类都表现出相同或者相似的表情时，以相似方式对其进行解释是非常重要的。Ekman（1994）曾对一组大学生在自由标签方式下对 6 种情感（愤怒、厌恶、恐惧、愉悦、悲伤、惊奇）面部表情匹配的正确性开展研究，发现识别基本情感的一致性是相当高的。

然后，基本情感在生命早期就明显存在。怀旧和爱国主义很难被认为是基本情感类型，因为产生得很晚。而痛苦、快乐、恐惧、愤怒则出现得较早，在婴儿时期就有迹象。

最后，每种基本情感应具有生理特异性。詹姆斯（2013）提出不同的情感可能与不同的生理构造有关。不同的情感表现出不同的神经生理反应，例如，在愤怒、恐惧和悲伤的情绪下，心率是从基线缓慢地增强；在快乐和惊奇情绪下，心率则没有这样的变化；在厌恶时，心率有轻微下降。

### 2. 连续式情感结构理论

连续式情感结构理论又称为情感的维度模型，认为情感的基础生物学成分可用维度表征，而不是离散的类别。不同的情感维度与生理指标之间的关系为连续式情感结构找到证据，例如，心率与情感刺激存在相关性，意味着用心率唤醒度能够表征平静/激动的情感状态。

支持这种情感结构理论的学者提出了许多模型。例如，Russell（1980）提出的情感维度的环形结构（图 3-1），通过情感的愉悦度和唤醒度将情感排成一个环形，愉悦度和唤醒度被称为核心情感。该模型关注的是情感的感受方面，而不是认知、生理变化和行为方面。例如，愤怒（angry）和惊恐（afraid）在图中距离很近，但是具有不同的认知和行为特征。Scherer（2005）提出的情感语义空间维度结构模型包含更多情感维度（图 3-2）：效价（消极/积极，negative/positive）、唤醒度（平静/激动，calm/aroused）、控制度（高能/低能，high power/low power）、皮肤（导电/阻电，conductive/obstructive）。

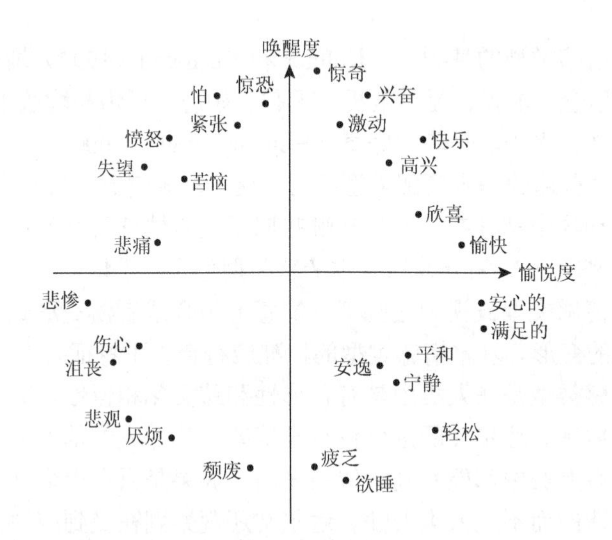


图 3-1　28 种情感类型的环形结构（Russell，1980）

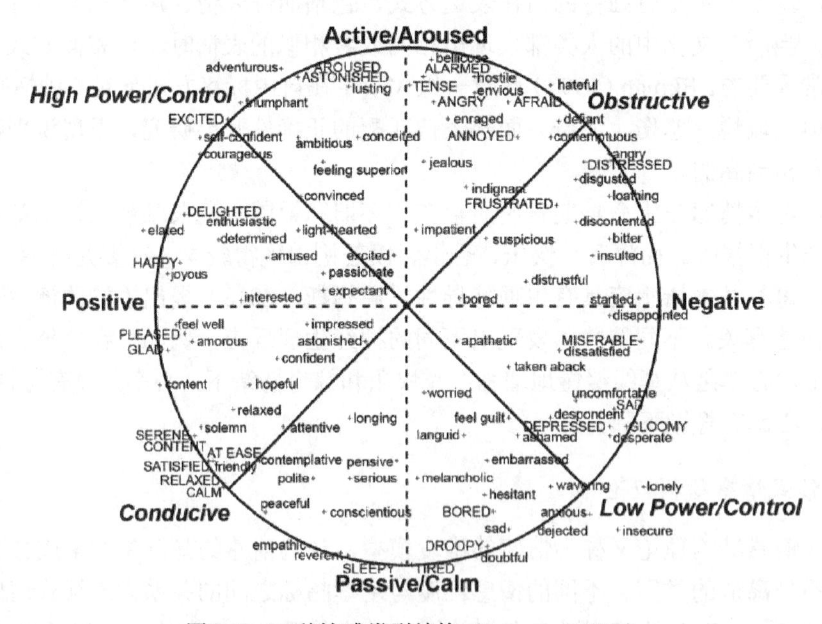


图 3-2　80 种情感类型结构（Scherer，2005）

一些学者认为，愉悦度和唤醒度两个维度不足以涵盖情感范围，Scherer 又提出建立控制维度和皮导维度：在控制维度中，愤怒的等级高而悲伤的等级低；在皮导维度中，皮肤在恐惧情感和平静情感下导电程度不同。Scherer 提出情感反映的是更多基础评价的综合，例如，愤怒至少可用 4 种成分的结合来分析：睁大的眼睛说明刺激来自意料之外，嘴角下撇代表不愉快，紧锁的眉头暗示想改变情境的欲望，紧闭的双唇代表一种控制感。每一个成分都可以找到与之相似感受的其他情感类型，但是当所有成分组合时，才能得到一个清晰的愤怒。

美国著名的情绪心理学家 Plutchik 指出，在人类和动物中有相同情绪能被识别到的事实，意味着其间一定有某些基本的、相似的或共同的元素存在，同时也意味着情绪在发生上有某些基本的或原型的模式，其他情绪则是这些基本情绪模式的混合或派生状态。Plutchik 既承认基本情绪的存在，又提出各种情绪是由相似性、两极性和强度三个维度来产生。图 3-3 为 Plutchik 提出的著名的情绪三维模式图和情绪圆环图。

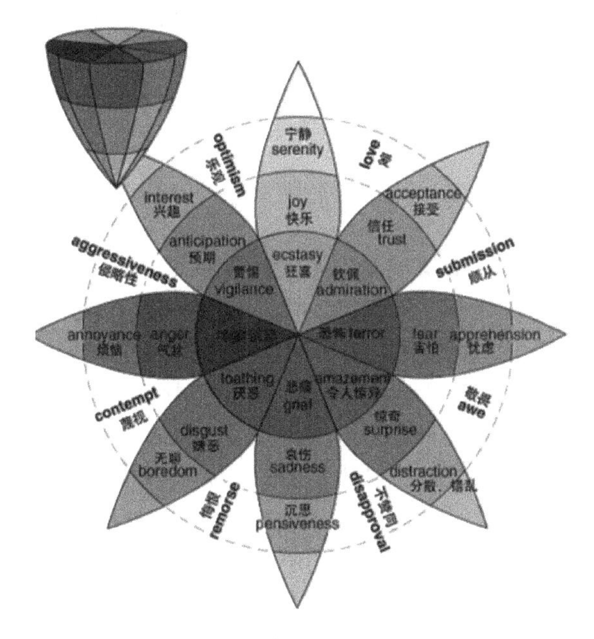


图 3-3 情绪三维模式图和情绪圆环图

图 3-3 中倒立的锥体表示情绪的三维结构，垂直方向表示强度，每一块截面代表一种基本情绪；在圆锥切面上处于相邻位置的情绪是相近的，处于对角位置的情绪是相对立的；圆锥轴心从上向下表示强度由强到弱。圆锥的顶端的花瓣形状代表着八种基本的情绪：愤怒、警惕、狂喜、钦佩、恐怖、令人惊异、悲痛、厌恶。任何其他情绪都是这 8 种基本情绪的不同混合或组合的产物，如快乐 + 接受 = 爱、快乐 + 诧异 = 欣喜。

### 3.1.3 情感测量方法

对情感的不同理解产生了不同的情感测量思路，来自不同学科的研究人员提出了各种测量情感状态的方式。Scherer（2005）认为只有对所有涉及的成分进行综合的评估才能对情感进行全面而准确的描述。这意味着在测量情感时要考虑以下因素：①评估过程中所有神经系统的变化；②神经内分泌、自主神经和躯体神经中的反应；③评估过程带来的动机变化；④面部、声音和身体特征；⑤上述组成成分的主观体验情感状态。一些学者综述了情感的测量方法，如 Jeon（2017）、Lopatovska 和 Arapakis（2011）等，尽管没有实现对情感的精确测量，但是对不同成分的测量已取得较大的进展。本章将主要介绍其中常用的三种方法：神经生理方法、观察方法和自我报告方法。

1. *神经生理方法*

神经生理方法指研究者通过采集大脑活动图像、脉搏率、血压或皮肤传导来监测躯体对情感刺激的反应，解释情感的存在。采集神经生理指标的程序可以是一个简单的放在手指上的传感器来监测脉搏和皮肤电导的变化，也可以是一个更具侵入性的传感器或电极来监测血压和脑电图。目前信息管理领域的研究文献还很少提到用神经生理信号实时测量情感，但是这些研究手段在人机交互领域中得到了应用。常用的生理信号指标如下。

心率，是最为著名的生理测量指标，心脏在收缩时会发出微小的电信号，可通过在被试胸部放置传感器来检测。

血压，测量每次心搏的血量以及动脉范围的肌肉收缩的影响，可利用传感器连接到手腕或手指上。

呼吸频率，利用压力敏感的器械测量的生理指标，用一条弹力带绑在被试的膈膜位置，以测量与呼吸相关的压力变化，获得呼吸频率、呼吸深度数据。

皮肤电导水平，测量皮肤的导电性，可将两个传感器放在被试的手指上，通过一个传感器发送变化的电信号，然后看多长时间电信号可以传导到另外一只手指上。

大脑，常用的是脑电图（electroencephalogram，EEG）和功能磁共振成像（functional magnetic resonance imaging，fMRI）技术。EEG 由研究者将电极粘贴在被试的头皮上以测量情绪活动中大脑活动的瞬时变化（图 3-4）。fMRI 根据耗氧量的变化来测量大脑活动。

眼动，通过眼动仪（图 3-5）记录被试的眼动轨迹、注视时间、注视位置等眼动指标。能用于情感测量的眼动指标主要是瞳孔直径。

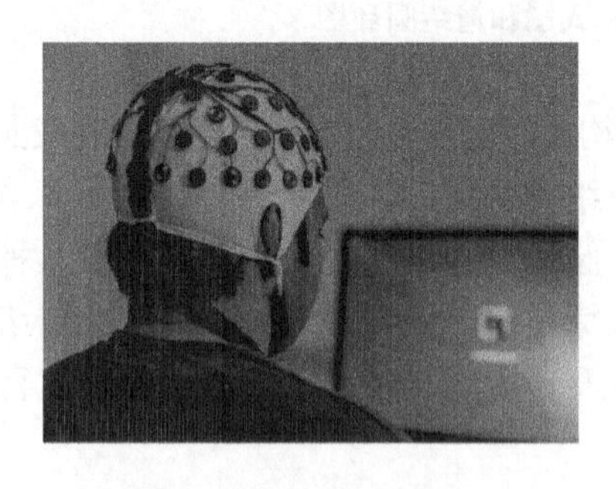

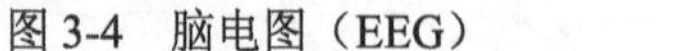

图 3-4　脑电图（EEG）

图 3-5　Tobii pro X3-120 眼动仪

神经生理方法虽然能采集客观生理数据，但是它依据的是情感的生理观，局限性体现在不能简单地将某种生理信号映射成一种特定的情感，例如，人的心跳加快，既可以解释成一种积极的情感，如激动；也可以解释为消极的情感，如生气。这种方法的困难还在于将一种瞬时的生理信号转换成一种情感反应，依赖于测量仪器的可靠性和精度，且用户佩戴这些仪器要求用户限制活动范围，本身也会对情感产生干扰。因此，适用生理测量情感的研究者必须弄清楚生理变化是由情绪、动作还是其他与情绪无关的因素所引起的。

神经生理方法的支持者认为，虽然这些方法需要使用传感器，对被测人员有可能产生影响，但它不侵犯用户的隐私，并且能够监测到用户情感上的瞬时变化，这是其他方法无法比拟的。神经生理方法相比自我报告方法具有的优势是相对更为客观，如果一个人报告他的紧张度从5降到3，研究者无法推断其确定的意义，只能说该用户紧张度比原来降低了。但如果测得用户的心率从每分钟70次增加到110次，那么这种紧张程度的变化更加具体。并且，不同用户对情感状态的理解有差异会导致主观描述的不一致，这种情况在采用生理测量时不会出现。

对该方法批评较多的是限制了用户的行动范围，并且会打扰用户正在进行的任务。神经生理方法仅限于测量情感的存在，却不能对一些引起生理变化的相近情感进行区分，例如，愤怒和恐惧都可能引起某些生理指标（如心跳）类似的变化。此外，昂贵的传感器仪器和特殊的专业知识也影响了这种方法在一般人机交互行为研究中的普及。然而，心理学实验为神经生理方法提供了可靠的论据和实施指导，从数据采集严谨性看，人机交互研究中应逐步考虑采用。

#### 2. 观察方法

观察是研究用户时常用的一种数据采集方法，在情感研究时依赖对参与者表现出的面部表情、声音变化、身体运动的情感编码算法解释情感表达，实时识别情感。常见的情感编码系统有特定情感编码系统（specific affect coding system，SPAFF）、面部动作编码系统（facial action coding system，FACS），这些情感编码系统能通过分析观察到的面部表情、声音和身体的变化区分出积极和消极的情感阵列。使用观察方法分析情感的主要优点是不干扰用户的行为，并且许多实验已经用生理数据证实了用户的情感状态与面部、声音等观察到的信息之间的关系（例如，心率的增加与用户所表现出的惊讶和厌恶一致）。此方法的不足为仅限于分析用户外显出的情感状态，不能独立用于研究情感的内涵和用于预测用户情感。

面部表情编码系统（FACS）是一种识别情感准确率较高的观察方法，能识别出6种普遍的基本情感类型（恐惧、惊讶、悲伤、快乐、愤怒、厌恶）以及这些基本情感组合出的33种情感。情感的强度也可以由所有与情感有关的面部动作的存在和变化决定。例如，悲伤通常通过眉毛、眼睛和嘴巴区域表达，当悲伤时，眉毛的内角会皱起、眉毛下面的皮肤和向上的内角形成一个三角，上眼睑内侧角凸起，嘴唇向下或嘴唇颤抖。尽管利用这类情感编码系统需要研究者经过专门的训练，但是一方面凭借较高的识别准确率，另一方面对用户无干扰，借助于摄像机等常规设备就能用于实验室研究中，其值得在人机交互研究中推广。

事实上，FACS已经被编程到计算机系统中，能够自动识别出用户的情感状态。微软公司的“牛津项目”有一个情感识别应用程序编程接口（application programming interface，API）就能自动识别面部表情。该功能通过Azure云平台提供了一个快速、不干扰和相对准确地解释情感表达的手段，能够识别出愤怒、蔑视、厌恶、害怕、快乐、中立、悲伤、惊喜这 8 种基本情绪。然而，目前这类系统尚未解决的问题是没有考虑到情境因素，仅仅依靠一套客观的情感编码算法来识别情感状态，而用户的情感状态往往与情境因素有关。

FaceReader 是荷兰 Noldus 公司根据 FACS 理论研发的世界上第一款能够自动识别 6 种基本表情（生气、悲伤、厌恶、惊奇、害怕、高兴）和中性状态的软件。该软件被广泛运用于用户体验、可用性测试、消费行为、市场测试、游戏软件、体育运动等领域对人类面部表情的研究。根据官方报告的表情识别准确率达到 89%，各表情成分识别准确率分别为：高兴（0.97）、生气（0.80）、悲伤（0.85）、惊奇（0.85）、害怕（0.93）、厌恶（0.88）、中性（0.96）。在一些最新研究中，如 Stöckli 等（2018）报道，FaceReader 6 的识别准确率平均为 88%。国内也有应用 FaceReader 对中国人表情识别有效性的研究，普遍认为 FaceReader 对中国人脸图片的识别有效性尚可（施聪莺和李晶，2018）。

考虑到不同人种和年龄可能对面部表情识别有影响，FaceReader 除提供一般模块外，还针对亚洲人种、老年人和婴儿分别提供了分析模块。FaceReader 面部表情分析系统具有较高的稳定性和准确性，能更好地帮助我们理解人类、人机交互和人与产品的交互行为。FaceReader 的分析流程包括面部查找、面部建模和面部分类（图 3-6）三步。面部查找（face finding）：使用主动匹配模板判断在视频或图像中是否存在面部，并进行定位；面部建模（face modeling）：使用主动外观模型（active appearance model，AAM）来合成人工面部模型；面部分类（face classification）：使用人工神经网络算法，对提取的面部图像特征数据与数据库中存储的特征模板进行匹配，并输出结果。

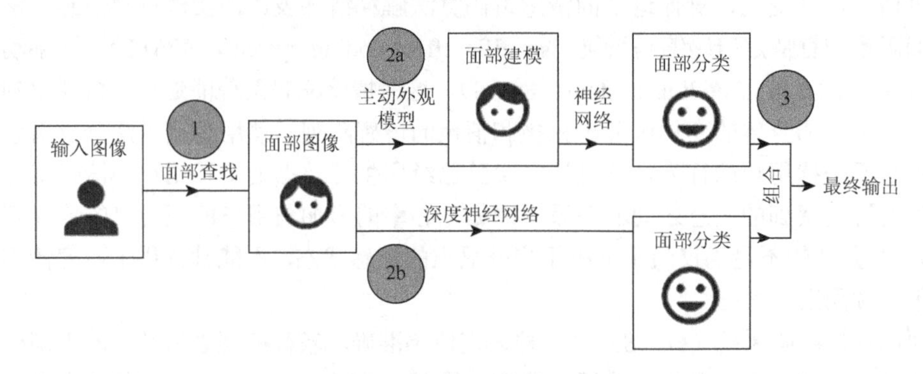


图 3-6　FaceReader 的分析流程

信息管理领域常采用录屏软件来捕捉用户的信息行为过程中的面部、声音和动作，解释用户在执行任务时的情感，本质上也是一种对用户观察的方法。例如，用面部表情观察方法采集在线信息搜索时用户的情感状态数据。面部表情是最主要的情感线索，声音和动作可以作为情感采集的辅助依据。

### 3. 自我报告方法

情感状态的自我报告方法是根据用户在执行任务前、事中以及事后对其心情或者感觉的陈述来做出情感状态判定的方法。在心理学研究中，自我报告是一种常用的方法，这种数据采集方法在信息管理领域研究用户信息行为时也广泛应用，情绪评估量表、发声思维、日记片段、评论以及访谈等方法都属于自我报告方法。自我报告方法是假设用户能够识别而且愿意报告他们的情感，这种方法的可靠性和有效性能够从主观报告结果与对大脑的物理刺激和神经活动之间的高相关性得到证实。

按照报告的时机可分为实时和回顾式自我报告。因为人类记忆系统的局限性，实时报告比回顾式自我报告的准确性更高。然而，回顾式自我报告会对用户的干扰较少，所以一些技巧也用于提高回顾式自我报告的准确性。尽管自我报告被认为受到用户主观偏见的影响，但是这是情感研究中相对有效和简便易行的方法。此外，自我报告方法采集的信息量丰富，在理解和解释用户情感机制方面也具有优势。

一种常用的研究情感的自我报告方法是列出一系列描述情感状态的词汇，要求参与者选出符合自身情况的情感程度（如李克特量表）。被研究的情感可以表示为一个总体的情感状态（例如，“你现在感觉如何”这个问题的答案可以从“极端消极”到“极端积极”）或者表示为一个具体的情感（例如，“你有多快乐？”问题的答案可以从程度“极度快乐”到“一点也不快乐”）。这种自我报告评级在享乐心理学研究时是一种流行的方法，通过给被试者一个厌恶或者愉快的刺激来评价他们的情感反应。然而，曾获得诺贝尔经济学奖的心理学家 Kahneman（2000）提出人类的记忆具有局限性，自我报告方法研究情感存在峰终定律（peak-end）和持续忽视规则（duration neglect rules）。峰终定律表明人们对过去经历的回忆是基于这段经历中感受最强烈的时刻（peak）和最终时刻（end）的均值而言的。整个过程的感觉如何变化并不重要，人类的大脑只有那些关键时刻的印记，只有那些“峰值”和“终点”的体验会被不断强化。持续忽视规则是指当人们回忆某一段经历时，起作用的是那些关键时刻而非这段经历持续的时间。在情感评估时，人们的情感并不是这个过程中积极的和消极的情感总和，而是依赖于某些关键时刻的感受。这两个规律反映了人类无能力全程考虑整个发生情节，正确评估行为过程中的所有情感。

为了克服事后报告情感状态的局限性，生态瞬时评估（ecological momentary assessment，EMA）应运而生，它是一种获取即时情感数据的方法。该方法要求参与者在一个实际环境中实时重复报告症状、情感、行为和认知。严格说，EMA 包含一系列用于数据采集的方法，如书面日记、电子日志、物理传感器等工具配合使用，是研究各种用户行为（如社会行为、健康行为、信息行为）的常用方法。EMA 方法的特点如下。首先，它是一种在自然环境下采集情感数据的方法，区别于实验室情境，考虑到实际工作环境对用户行为和情感体验的影响；其次，该方法采集的是用户的实时情感状态，克服了回顾式方法的认知偏见（如峰终定律和持续忽视规则）；然后，EMA 也策略性选择评估时机，可根据特定的兴趣点（如某时刻参与者停顿），随机采样或者用其他抽样方案选择评估时机，避免了由用户自行决定评估时机的偏见；最后，EMA 能够连续采集用户多时间区间的评估数据，提供了随时间和各种情境下用户情感和行为的动态轨迹图。

Kahneman 等（2004）提出的昨日重现方法（day reconstruction method，DRM）是一种和 EMA 方法相似的回顾式方法。要求参与者首先将之前的经历写成一篇篇幅不长的日记，通过一系列的场景或一些事件将此前的经历再现出来，就如同电影那样。接着，参与者需要就每一场景或事件回答一些问题，如当时他们在哪里，正在做什么，与谁在一起，其间的感受。这样做的目的在于获得与日常个人生活关联的不同时刻的感受/体验的准确刻画。

发声思维是一种实时描述信息行为伴随的情感状态的方法，在早期 Nahl 和 Tenopir（1996）的研究中采用，但是正如本节分析，虽然采集实时情感数据具有价值，但是在实施过程中会对行为产生干扰（例如，用户觉得一边发声一边执行任务不自然），再加上后期数据分析难度大，所以采用发声思维的研究不多见。日记、评论、访谈以及情绪测量量表一般用于采集用户回顾式的情感状态。信息管理领域采用较多的自我报告方法是情绪测量量表，能揭示用户不同的情感强度。

自我报告方法也存在一些不足。例如，数据不够精确，每个用户报告情绪状态的标准不同，带有主观性；对一些特定群体（如婴儿、因脑损伤等语言能力不足的群体）不能适用；一些情绪测量量表的跨语言的通用性也不准确。所以，虽然在研究情感时，自我报告方法应用广泛，但是缺乏标准化、权威化的测量工具也使得研究成果复用度不高。

## 3.2 情感界面和用户体验

作为人类与生俱来的一种特质，情感在人类生活中扮演着重要角色：它能影响我们的关注点与创造力；左右我们的感知和思维，影响我们的判断、决策和记忆；以及向他人传递我们所处境况的信息。人机交互中，情感对用户体验的影响是通过交互界面发生作用，界面不仅传递信息而且能传递情感，一些界面元素如色彩、图标、声音、图像和动画会激起用户各种积极或消极的情感反应，影响着用户的交互体验。

### 3.2.1 表情符号

表情符号的英文是“emoticon”，由 emotion 和 icon 两个单词构成。1982 年，美国卡内基梅隆大学的法尔曼教授首次提出在电脑中用“:-)”表示开玩笑，用“:-(”表示发言需要被严肃对待。从此，在互联网交流时掀起了一股使用表情符号的旋风。为了增强界面的情感属性，人类创造出各种各样的情感符号来弥补单纯用文本交流的不足，也在文本和即时通信软件中使用具有情感内涵的图标，如国内流行的即时通信软件 QQ 使用丰富的表情符号“小黄脸”。

表情符号经历了几十年的发展和演变，从最初简单的纯字符集表情符号到表情图标，再演变成动态图像表情包，它的基本功能就是表现情绪、表达情感和态度。在基于网络平台的信息交流的驱动下，对表情符号的使用越发频繁。它通过可视化的手段呈现使用者的情绪，在一定程度上克服“不在场交流”之中无法避免的意义曲解问题，使得传播的信息更加生动、易于接受和理解。但是在不同的软件中以及不同的情境下，表情符号的使用行为不同，它依赖于接收者的身份以及谈论的话题。

纯字符集表情符号包括美国信息交换标准代码（American standard code for information interchange，ASCII）字符和颜文字两种类型。ASCII 是以拉丁字母为基础的一整套编码系统。法尔曼创造的笑脸符号即属于此类。通过键盘上的符号，如英文字母、数字、标点符号等进行组合模拟出人的面部表情来表示简单的感情，如“:-D”表示开怀大笑。抽象、复杂、视觉冲击力强的情感无法用 ASCII 字符表达。

颜文字源自日本，利用计算机键盘或软键盘字符码表中特定字符的显示外观，编排其组合次序，形成描绘人物表情动作的图案。颜文字还利用了日文假名，中文、泰文、韩文等语言元素。例如，X﹏X表示“糟糕”、(ㆀ˘･з･˘)表示“伤心难过”。和ASCII字符的区别是，颜文字主要通过改变眼睛的构成以及手势来改变它表达的情绪，ASCII 字符主要通过改变嘴巴的形状来表达不同的情感。

表情图标是指在腾讯QQ、微博、微信这类社交软件内置默认的“小黄脸”以及新发展出来的各种动态表情图标，也称为绘文字（emoji）。日本人栗田穣崇（Shigetaka Kurita）创作 emoji 后盛行在网络及手机用户中。苹果公司在其 iOS 5 版本的输入法中加入了emoji，将这种表情符号推广到全世界，尤其风靡于社交网络。目前 emoji 已被 Unicode 编码体系采纳，且在原始 emoji 基础上改进，表达情感更为直观。语言和数字化通信专家维维安·埃文斯在《Emoji 密码》一书中宣称全球约 90%的在线用户频繁使用 emoji，每天有60 亿个 emoji 表情符号被传送。人们甚至将 emoji 当作一门艺术，2016 年，纽约现代艺术博物馆将 emoji 列为永久收藏，其中包括 176 个诞生于 1999 年的最初版本 emoji 表情。

动态图像表情包是随着社交和网络的不断发展开始使用的一种自制的、基于流行元素图片的表情符号。这类图片构图夸张、富有娱乐性，通过收藏和分享此类图片，人们可以增加交流的趣味性，获得心理上的满足。

### 3.2.2 友好用户界面

1995 年 1 月，在一次消费电子展上，比尔·盖茨亲自介绍了个人助理软件 Microsoft Bob。它用于帮助用户了解 Windows 和使用微软的一些应用。在该软件有一座虚拟的房子，里面有房间、门和宠物狗及兔子卡通形象的助手，用户可通过点击虚拟房子的一个门环进行登录，或点击挂在墙上的日历打开日历应用（图 3-7）。用户还可与这些卡通人物进行对话。然而，Microsoft Bob 推出后未能激起用户的喜爱，许多人都认为 Bob 太过于孩子气，他们更习惯操作简单的图标和文件夹，而不需要由一只可爱的小狗通过卡通气泡来提供使用说明。因此，Microsoft Bob 只是昙花一现，一年后（即 1996 年初）就退出舞台。

图 3-7 1995 年微软推出的个人助理软件 Microsoft Bob

后来，Microsoft Bob 的理念在 Office 助手 Clippy——曲别针中得到延续（图 3-8），Clippy 是微软 Office 97 至 Office 2003 的一项功能，一直是批评家嘲笑的对象。许多人都认为曲别针干扰正常的工作，使人分心。所以当微软去掉了曲别针形象后，许多网站上发出了庆祝这个曲别针消失的笑话。

图 3-8　Office 助手 Clippy——曲别针

友好的用户界面是人机交互设计的目标，与之对应的是有许多原因可能使用户通过界面产生一种沮丧的情感，例如，当一个应用不能正常运行；当一个系统没有按照用户期望的运行；当一个用户的目标没有得到满足；当一个系统没有提供足够的信息使用户知道该怎么做；当出错信息晦涩难懂；当界面外观杂乱、花哨；当一个系统需要用户执行许多步骤才能完成任务，当出错了又必须从头开始时。以下为一些容易引起用户负面情绪的界面设计因素。

（1）花哨的外观。用户常常因为界面外观的花哨感到沮丧：网站上充斥着过多的文本和图片，使得很难找到需要的信息，同时导致网站的访问速度过慢；闪烁的动画、广告等各种弹出的对话框常常需要用户手动关闭；过多使用声音，特别是在做出选择、运行向导或者观看网站 Demo 时；屏幕上有许多幼稚的设计，如像 Clippy 这类帮助代理等。

（2）错误信息界面。界面反馈错误信息是很常见的交互现象，但如果处理不当会使用户感到沮丧。Shneiderman 等（2016）提出界面在提供错误信息时要遵循以下设计原则（表 3-2）。

**表 3-2　界面提供错误信息的设计原则**

| 序号 | 设计原则 |
|---|---|
| 1 | 不应该指责用户，出错信息应该客气地指出用户应该怎样纠正错误<br>避免使用一些消极词汇，如致命的错误、无效、非法 |
| 2 | 避免使用全大写或者长数字串来表示错误信息 |
| 3 | 声音警告错误信息必须在用户可控制的范围 |
| 4 | 语言必须准确，不模糊 |
| 5 | 错误信息必须能为用户提供帮助，能根据用户所处情境来提供帮助信息 |
| 6 | 错误信息最好分行显示，并且采用简单的语句＋长解释的方式 |

例如，一些电子邮件的网站会在所有的错误场景使用同一个错误提示。如只是简单提示用户“输入有效的电子邮件地址”不是一个很好的错误反馈，而应针对用户的问题明确指出错误所在，如缺少特殊字符、检查输入字段是否为空、是否有“@”字符、是否有“.”字符等。针对用户输入的不同错误方式会提供相应的提示文案。

（3）等待界面。网站或软件需要用户等待很长时间时，例如，下载或传输文件时，如果时间过长，会使得用户心情沮丧，这时候界面最好能给出一个进度条，告诉用户还需要等待多久。

（4）冗余信息界面。设计者有时候特意提供的冗余信息，但用户不一定喜欢。

### 3.2.3 劝导技术

技术是否能改变人们的态度和行为？事实上，有许多技术能改变用户的行为，例如，在网站上弹出的广告能在一定程度上鼓动用户去购买产品，这一类技术是目前很流行的劝导技术（persuasive technology）。专门研究劝导技术的学科称为“劝导性计算机技术学”（captology），是美国斯坦福大学教授福格（Fogg）提出的。Fogg（2002）认为劝导技术的任务主要是设计、研究和分析那些用来改变人们的态度和行为的交互式计算机产品。劝导技术在传统的人机交互领域率先提出以人的行为为主要设计对象的全新视角，推动劝导式设计方法的出现。

20 世纪 90 年代末风靡世界的宠物饲养游戏可以说是早期劝导技术在人机交互方面的典型应用。人们可以和这些虚拟宠物互动，一起玩乐、喂养宠物、给宠物洗澡，甚至在宠物死后举行哀悼仪式。任天堂（Nintendo）游戏公司的作品《口袋皮卡丘》（*Pocket Pikachu*）推出后，除了具备宠物饲养的功能，还增加了一个计步器，可以登记主人的身体动作，为了让数码宠物健康成长，主人必须进行相应的身体运动，如步行、慢跑和跳跃。这种基于劝导技术的游戏能帮助儿童甚至成年人培养健康的生活习惯。

经过 30 多年的发展，Fogg 提出的劝导理论形成了包括福格行为模型（Fogg behavior model，FBM）、劝导系统设计（persuasive system design，PSD）原理、Fogg 行为网格、劝导设计八部曲以及劝导式网页设计等一系列理论和实践成果（http://www.behaviormodel.org/）。FBM 是最有影响力的理论，强调行为中的三个重要因素：动机（motivation）、能力（ability）和触发（prompt）。如图 3-9 所示，三个要素相互作用，共同决定着用户是否从事或者坚持某种行为。

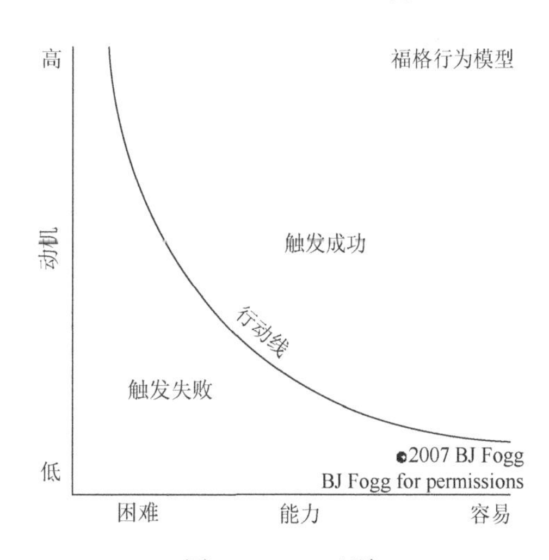


图 3-9 FBM 理论

其中，动机是推动人们做出行为改变的动机性因素，它包含三种核心动机：感觉（sensation）、期望（anticipation）和归属（belonging）。每种核心动机各有两面：快乐/痛苦、希望/害怕和接受/拒绝。当用户觉得使用产品很痛苦、害怕或者有违社会伦理时，用户动机很难获得提升。动机在 FBM 理论中处于最高的位置，只有首先增加用户动机，才能跨过行为激活阈值，增强使用意愿，促进行为发生。

能力指用户使用产品时的行动能力，包含时间、费用、体力、脑力、与社会常规的背离程度、重复程度和行为语境的简单程度这七个要素。提高能力的途径可以训练人，给他们更多的技能去完成目标。然而对于天性懒惰的人类，会普遍拒绝学习和接受培训，很多需要人们学习新技能的产品常常不被用户接受就是这个原因。因此提高能力很大程度上需要依靠简化的思想，简化使得更多的用户具备了七个要素而更愿意使用。

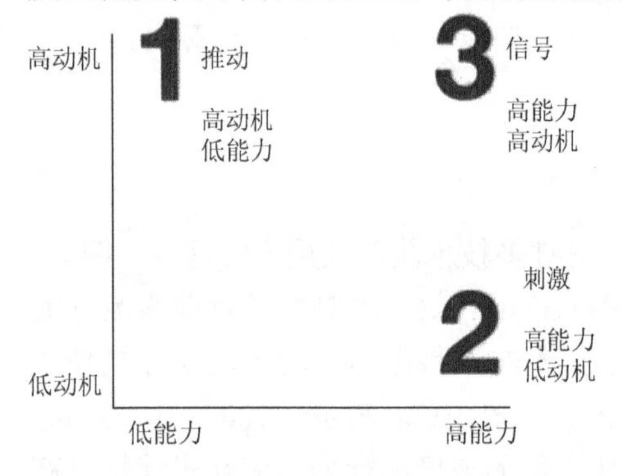


图 3-10　三种触发类型

触发是劝导理论中探讨最多的要素，有不同的名称，如提示（cue）、诱因（trigger）、动作调用（call to action）、请求（request）等。Fogg 提出存在三种触发类型（图 3-10）：刺激（spark）、推动（facilitator）和信号（signal），刺激为激发行为的触发器，推动使行为更为加容易，信号则表示提醒。在设计时结合动机和能力以及目标用户的情境来使用不同的触发类型，由图 3-10 可知，当用户能力低而动机高时采取推动触发，能力高而动机低时采取刺激触发，能力和动机都高的情形下采取信号触发。

如何解决社交媒体用户流失问题？Fogg 以社交媒体平台 Facebook 的触发机制分析为例说明其做法（https://behaviormodel.org/prompts/）。首先 Facebook 给很久未登录的不活跃用户发送了邀请邮件，一旦用户选择登录行为，那么 Facebook 将会用更多的触发机制来实现下一个目标，增加用户的活跃度。“找到你认识的脸书朋友”（Find people you know on Facebook）就是一个很巧妙的触发机制，取代了登录后的个人主页页面，或者一个常规性“链接更多的朋友——点击这里”的复杂行为。从简单的行为入手到达到更大的目标，Facebook 采取的行为链包括四个环节：用户登录—用户找到更多的朋友—当与更多 Facebook 用户成为朋友关系后，会有更多的积极主动的行为（因为新认识的朋友会更主动是人之常情）—不活跃用户通过和朋友的互动会更积极参与 Fackebook，成为活跃用户。

劝导式设计方法的提出源于人们对计算机产品具有显著的社会反应。这些社会反应包括来自规范的影响（如同行的压力），也有来自社会比较的影响（如不落后）。当用户感知其社会角色时，计算机产品即可利用这些社会反应来激励和说服用户。Fogg 提出 5 种主要的社会反应触发线索，如表 3-3 所示。

**表 3-3　Fogg 提出的主要社会反应触发线索**

| 社会线索 | 示例 |
| --- | --- |
| 生理 | 面部、眼睛、身体、动作 |
| 心理 | 偏好、幽默、个性、感觉、同情 |
| 语言 | 交互语言使用、口语、语言识别 |
| 社会动力 | 转向、合作、称赞良好的工作、回答问题、互惠 |
| 社会角色 | 医生、队友、机会、教师、宠物、引导者 |

为了能将行为模型用于指导系统设计，Oinas-Kukkonen 和 Harjumaa（2009）提出劝导系统设计（persuasive system design，PSD）原理，通过总结 28 条主要的劝导策略或者原理来改变FBM中的一个或多个要素，从而达到技术改变人类行为的目的。表3-4为Fogg总结的常见的几种劝导策略。

**表 3-4　劝导策略**

| 方法 | 描述 |
| --- | --- |
| 减少 | 简化用户完成任务所需付出的努力，以此来鼓励用户使用 |
| 隧道 | 一步一步地指导用户，当用户走上这条道路，就会一步一步被说服去完成 |
| 裁剪 | 只提供与用户相关的信息，省去自己查找的时间 |
| 建议 | 发现完成某项活动合适的情境（时间地点等）并提供建议 |
| 自我动机 | 通过自动记录用户活动或难以手动跟踪的事物来节省时间 |
| 监视 | 简化其他主体对用户的监视。当用户知道自己被监视时，他的行为可能会有所不同 |
| 调节 | 奖励用户的期望行为和/或惩罚他的不期望的行为 |
| 个性化 | 对每个用户提供个性化的服务 |
| 奖励 | 通过奖励或回报激励用户使用 |
| 个人监控 | 对每名用户实时监控或自我监控 |

在行为模型的基础上，Fogg 进一步提出不同的行为改变程度的“行为网格”（behavior grid），从频率和强度两个维度对行为改变程度分类（图 3-11）。其中横轴代表目标行为强度，分为新行为（绿色）、熟悉行为（蓝色）、增强行为强度（紫色）、减弱行为强度（灰色）和停止既有行为（黑色）；纵轴按行为的时间逻辑分类，包括单次行为（点）、有一定持续时间的行为（域）和永久的行为改变（路径）。按这种分类逻辑，Fogg 得到根据不同目标和情形下的 15 种行为改变路径。例如，让一位长期熬夜的人从此养成健康作息习惯这是一种黑色路径行为；而让一个从未见过榴梿的人尝试去吃榴梿，则为绿色路径行为。

| 按时间逻辑分类 | 新行为（绿色） | 熟悉行为（蓝色） | 增强行为强度（紫色） | 减弱行为强度（灰色） | 停止既有行为（黑色） |
| --- | --- | --- | --- | --- | --- |
| 点● 行为一次性 | 绿点 从事一次新行为 | 蓝点 从事一次熟悉行为 | 紫点 增强行为强度一次 | 灰点 减弱行为强度一次 | 黑点 停止既有行为一次 |
| 域▭ 行为持续一段时间 | 绿色域 持续一段时间从事新行为 | 蓝色域 持续一段时间从事熟悉行为 | 紫色域 持续一段时间增强行为强度 | 灰色域 持续一段时间减弱行为强度 | 黑色域 停止既有行为一段时间 |
| 路径⟹ 行为改变 | 绿色路径 有了新行为习惯 | 蓝色路径 维持行为习惯 | 紫色路径 增强行为成为习惯 | 灰色路径 减弱行为强度成为习惯 | 黑色路径 既有行为摒除 |

图 3-11　Fogg 行为网格

### 3.2.4　拟人技术

拟人（anthropomorphism）是指将人类（或称智慧体）的形态、外观、特征、情感、性格特质套用到非人类的生物、物品、自然或超自然现象（或称非智慧体）。Anthropomorphism来源于希腊单词“anthropos”和“morphe”，前者意为人类，后者意为形状或形式，它的核心是将人类的外表特征、动机、意图和情感附加于非人类个体。例如，人们和计算机之间有时候会以人类对话的方式交流，或者给喜欢的移动设备取一个很可爱的名字。这些都倾注了人类的情感。正因为人机交互有这种特点，广告商们才会设计一些拟人的形象来促销他们的产品。一些儿童节目更愿意使用拟人形象来吸引小朋友们的注意。在人机交互中，也应用了许多拟人技术，使得人们的体验更有乐趣，更具动力，更为轻松。试比较以下两种交互情形下采用方式1或者方式2（表3-5）哪种更让人容易接受？

**表3-5　比较两种交互方式**

| 欢迎信息 | 错误信息的反馈 |
|---|---|
| 方式1：“你好，小明，很高兴再次看到你，欢迎回来，你上次进行到哪了，哦，这里，练习5，让我们重新开始吧！” | 方式1：“现在，小明，你做错了，再试一次，你一定能正确！” |
| 方式2：“24号用户，练习5” | 方式2：“错了，重做！” |

采用拟人技术的界面交互得到广泛支持，Reeves和Nass（1996）的一项研究发现，教育软件如果能够赞美用户将对用户产生积极的影响。例如，如果教育软件能在屏幕上显示类似这样的语句“你提的问题非常有趣，也很有意义，干得好！”学生们对这种反馈更欢迎，相比没有受到计算机赞美的学生，前者更愿意坚持学习。但是也有人对这项技术提出批评，有人认为一些虚拟形象给人以欺骗的感觉，使人焦虑，劣质甚至有些愚蠢。例如，人们不喜欢屏幕上有一个形象对着自己挥舞着手指说“现在，小明，你做错了，再试一次，你一定能正确！”事实上，更多的人还是喜欢简洁明确的回应“错了，重做！”也有人研究认为一些拟人式的反馈让接收者感觉不真实，并且会减少对自己行为结果的责任感。

拟人技术在现实网站上的应用很多，很多网站都有自己的虚拟卡通人物形象销售代理、游戏人物、向导、助手、宠物等。这些角色具有欢迎、体现特色、让用户倍感亲切的功能。这些虚拟人物可能造成的危害有：导致人们错误地相信一些私密聊天机器人而泄露隐私；有时候会让人反感和沮丧，如微软Office软件中的曲别针形象；还有的虚拟形象让人无法信任，如虚拟店员。国内有一个应用广泛的英语教学软件“百词斩”，借助拟人技术实现了有效的沟通。“百词斩”使用生动幽默的拟人化语言，由两个人物形象“斩护卫”和“包大人”组成的“包过组合”，这些细节传达了产品乐观积极的性格，让用户产生亲切、温暖的心理感受。

Epley等（2007）提出的拟人化三因素理论是指导拟人技术用于人机交互领域的主要理论，解释了人类何时需要拟人化的三个心理决定因素：拟人化知识的可得性及适用性

（引发的个体知识，elicited agent knowledge），解释和理解其他个体行为的动机（功效动机，efficacy motivation），社会接触和归属的渴望（社会动机，sociality motivation）。引发的个体知识是指人们将一般化的人类知识、具体的自我知识以及这些知识已知的功能作为可利用的基础信息，来推理未知个体的特征。尤其当推理非人类个体时，一般化的人类知识可以作为获取未知知识的基础。功效动机是指为理解、预测和降低个体周围环境的不确定性而进行有效互动的基本动机。功效动机可以帮助人类在缺乏预测和控制的情况下掌控和理解他们周围的环境。社会动机通过提高社会线索的可获得性以及个体寻求社会联结资源的倾向来促进非人类个体拟人化的倾向。

# 3.3 情 感 模 型

## 3.3.1 情感设计模型

情感设计模型的价值在于帮助设计者理解人们在现实情境下是如何反应和响应的，帮助设计师知晓如何设计产生或者消除某种情感的界面。最著名的是美国认知心理学家诺曼在其经典著作《情感化设计》中提出的情感设计模型，他认为我们的情感和产品密切相关，与知道如何使用产品一样重要。

诺曼（2015）提出的情感设计模型分为本能（visceral）、行为（behavioral）和反思（reflective）三个层次（图 3-12），对应大脑的不同反应层次：最低层次称为本能层，是对现实世界发生事件的自然响应；中间是行为层，大脑在此处理反应并且控制行为；最高层为反思层，是大脑的深思。本能层次反应很快，它可以对好或坏、安全或危险迅速作出判断，并向肌肉（运动系统）发出适当信息、警告大脑的其他部分。这是情感处理的起点，由生物特性决定，可通过控制信号来抑制或强化。人类大多数活动属于行为层，可通过反思层来增强或抑制，反过来，它也可以增强和抑制本能层。反思层与感觉输入和行为控制没有直接的联系，它只是监视、反省和设法使行为层次具有某种偏向。

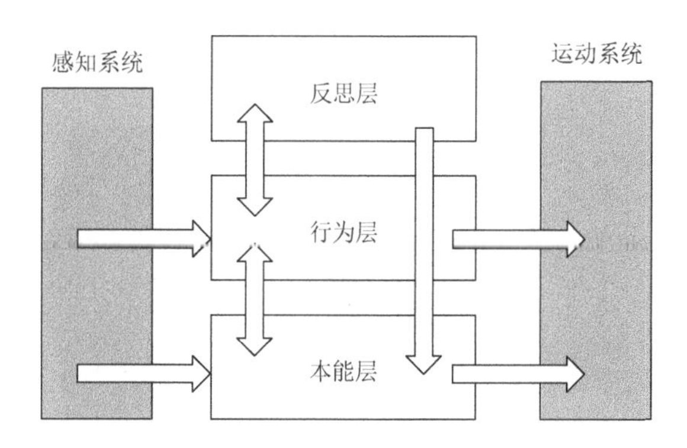


图 3-12 诺曼情感设计模型

实际生活中，如坐过山车时对坠落、高速和攀高产生本能的反应属于本能层。用快刀将砧板上的食物剁开并切成块涉及使用高效的好工具的愉悦，是熟练完成任务所产生的感觉，属于来自行为层次的反应。行为引起的愉悦不同于阅读文学作品或欣赏艺术作品所引起的快乐，因为后者需要进行分析和诠释，引起反思层次的享受。大脑的三个层次还会出现相互抗衡。例如，坐过山车是对恐惧的本能感觉和完成后反思层上的自豪感相互抗衡的结果，有的时候本能层获胜，人们会拒绝再次尝试坐过山车，认为一次就够了；有的时候反思层占上风，人们会乐于再次挑战，以获得更多的自豪感。

情感设计模型认为大脑的三个层次相互作用，相互调节。人类的情感状态改变了思维认知，当害怕或者生气这类负面情感产生时，会引起肌肉的紧张、出汗、注意力减退等生理现象，用户更难以忍受界面设计问题；反之，当高兴和愉悦等积极情感出现时，人们会身体舒展，对一些交互界面上的细小问题不放在心上，思维更为活跃。

情感设计模型转化为三种情感化设计策略。本能层设计是自然的法则，不分种族和文化差异。受物品的形状和造型，材料的肌理、重量、色彩、触感等影响产生生理反应，本能层的情感化设计即是满足这些生理反应引起的情感需要。例如，苹果公司推出色彩缤纷的 iMac 电脑时，销售量立即上升，通过色彩来激发本能层欢快、愉悦的情感。

行为层设计和使用有关，外观和原理不太重要，而是注重功能、易理解性、易用性等引起的情感需要。行为层情感化设计始于对用户实际使用产品的需求的了解，体现了以用户为中心设计的核心。行为层设计的例子如下。某公司为电子工程师设计的测试工作台能把工程师操作时繁乱的工具布置得井井有条，工程师可以得心应手地找到需要的测试工具。

反思层设计涵盖的内容丰富，它的目的是满足人们精神层面的情感需求，而其中最重要的需求就是建立自我形象与社会地位。反思层设计是真正打动心灵的设计，它深受用户的知识和经验的影响，并涉及文化与意识形态。“一切尽在观者心中”是反思层设计的本质。图 3-13 是诺曼举的反思层设计的例子。图 3-13（a）是时间设计（Time by Design）公司的作品“Pie”，通过一种不同寻常的时间表现方式，将艺术和时间的显示融合在钟表的设计理念里，传达“活在当下”的概念；图 3-13（b）是某手表品牌设计的一款产品，属于纯粹行为层次的设计，经济实用但缺少美感，没有体现出本能或反思层面设计的特征。

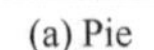

(a) Pie

(b) 某品牌的一款产品

图 3-13　反思层设计

除了诺曼的情感设计模型，Jordan（2000）提出的乐趣框架和 McCarthy 与 Wright（2004）的用户体验框架也有一定的影响力。乐趣框架关注与产品交互时的乐趣，将乐趣分为以下 4 种类型：①生理乐趣（physio-pleasure），引起身体产生触感、味觉、嗅觉这类感官乐趣，如产品的外观。②社交乐趣（socio-pleasure），和他人一起产生的社交乐趣，如社交平台的评论和回复功能。③心理乐趣（psycho-pleasure），对产品产生的情感反应，类似于诺曼提到的行为层。例如，利用在线购物网站顺利购买到产品后的一种轻松高兴感。④意识乐趣（ideo-pleasure），类似于诺曼的反思层，是产品外观、文化和个人价值观带来的一种思考。例如，一个人购买了一辆新能源汽车，因为节能、经济而在驾驶时感觉更多的意识乐趣。乐趣模型没有解释乐趣是如何在生理层或者行为层发生，但是能让设计者关注人和产品交互时的各种乐趣类型。

McCarthy 和 Wright 的用户体验框架是基于实用主义观点，强调人类体验中的意义建构。该框架认为用户的整体体验包括 4 个线程：①感官线程（sensual thread），类似于诺曼的本能层，与产品交互时的沉浸感。例如，玩电子游戏时的紧张、激动、兴奋的感觉。②情感线程（emotional thread），体验中引发的情感。③复合线程（compositional thread），包括体验中自然部分以及用户对体验的认知。例如，在线购物既可能帮助用户买到心仪的产品，也可能什么也没买到，这时用户就会问自己是为什么，自己要找什么，下一步怎么办，复合线程是人们对体验过程的内在想法。④时空线程（spatio-temporal thread），体验发生的时间和空间以及对体验的影响。

这些线程能帮助设计者思考和弄清技术与体验之间的关系，设计者能关注整个体验而不是某个零散的方面。例如，利用这个框架来分析在线学习平台用户体验时，可以分析学习者是否能主动参与课堂活动，身体上的承受力，上课的专注度等，是否愿意坚持学习，和老师、同学互动的压力，学习的知识点是否掌握，有没有存在困惑不解的知识，上课是在家里还是外面的咖啡馆，等等。所有这些问题都可以用 4 个线程来描述，看哪个线程影响了用户的整体体验，从而决定设计策略。

### 3.3.2 情感计算模型

Minsky 最早在 *The society of Mind* 中提到一个经典的观点：让计算机拥有情感不在于智能机器能否拥有任何情感，而在于机器实现智能时怎么能够没有情感。这句话已经成为人工情感领域的“经典”。随后，美国麻省理工学院媒体实验室的 Picard 在其著作 *Affective Computing* 中首次提出了情感计算的概念，开始对情感进行度量研究。当前的人机交互主要还是通过键盘、鼠标、屏幕等方式进行，无法理解和适应人的心境。计算机如果缺乏这种情感理解和表达能力，就很难期望人机交互做到真正的和谐与自然。因此，人们很自然地期望在人机交互的过程中计算机具有类似于人一样的观察、理解和生成各种情感特征的能力，最终使计算机像人类一样能进行自然、亲切和生动的交互。计算机情感问题也引起国内学者的关注，早在 2000 年，我国中科院自动化研究所的研究人员将情感计算的目的定义为“通过赋予计算机识别、理解、表达和适应人的情感的能力来建立和谐人机环境，并使计算机具有更高的、全面的智能”。在已有的情感计算模型中，比较有影响的是 OCC 情感认知模型和愉悦-唤醒-优势度（pleasure-arousal-dominance，PAD）三维情感模型。

OCC 模型是由 3 位学者 Ortony、Clore 和 Collins 在 *The Cognitive Structure of Emotions* 一书中提出的树状结构模型（图 3-14），是早期对人类情感研究的经典模型（Ortony et al.，1988）。OCC 模型因其结构清晰、表达性好，被计算机及相关领域广泛使用，是连接认知心理学和计算机科学的桥梁。OCC 模型将情感的诱因分为三大类：事件的结果、施事者的动作和对对象的观感。根据对事件结果的满意或不满意（pleased/displeased）、对施事者的同意或不同意（approval/disapproval）以及对对象的态度是喜欢或不喜欢（like/dislike）的推理条件组合成 20 余种情感类别。例如，“高兴”情感的生成规则为：对事件的反应—关注自身事件—事件与情感主体的期望无关—事件的结果相对积极—高兴。

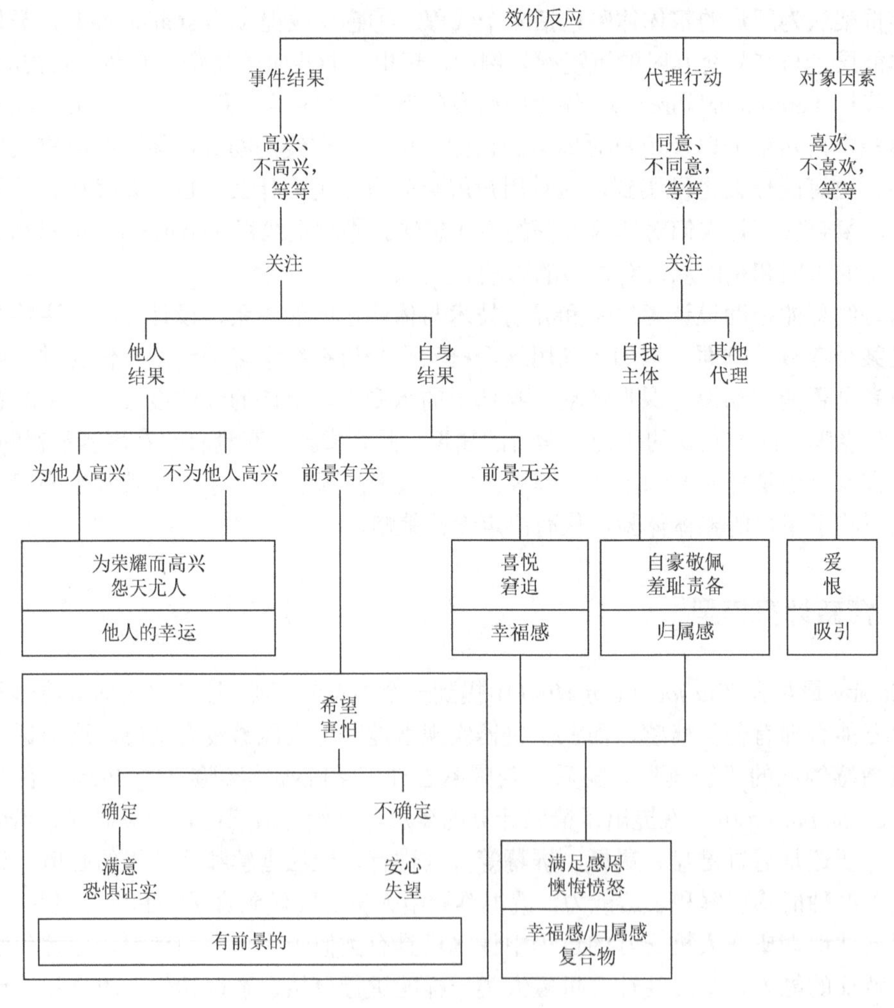


图 3-14　OCC 模型

OCC 模型没有利用心理学中普遍采用的基本情感集合或一个明确的多维空间来描述

情感，而是使用一致的认知结构来表达情感。它的不足之处表现在没有考虑情感的非认知因素、模型过于复杂。

PAD 情感模型是 Mehrabian（1996）提出的 pleasure-arousal-dominance 模型的缩写。其中，pleasure 表示愉悦度，指个体积极/消极情感状态；arousal 表示唤醒度，指个体的神经生理激活水平的平静/激动状态；dominance 表示优势度，指个体对情景和他人的控制状态。根据这 3 个维度可以将情感划分为 8 类（表 3-6）。

**表 3-6 PAD 情感模型**

| PAD 属性 | 情感举例 | PAD 属性 | 情感举例 |
|---|---|---|---|
| +P+A+D | 高兴的 | –P–A–D | 无聊的 |
| +P+A–D | 依赖的 | –P–A+D | 蔑视的 |
| +P–A+D | 放松的 | –P+A–D | 焦虑的 |
| +P–A–D | 温顺的 | –P+A+D | 敌意的 |

PAD 三维情感模型是在情感的维度理论基础上提出的，不仅限于描述情感的主观体验，而且与情感的外部表现、生理唤醒都具有映射关系。PAD 三维情感模型作为情感与计算之间的桥梁，具有很强的可操作性。基于 PAD 情感模型，Mehrabian 编制一个包括 34 个项目的完整版本，后又发展出包括 12 个项目的简化版本以用于某些情况下需要参与者对情绪状态进行多次评价。国内心理学界也证实了中文简化版 PAD 情感量表的信度和效度（李晓明等，2008）。该量表具有广泛的应用价值，如产品评估、情绪或心境状态的评定以及人格测量等。

## 思考与实践

1. 在研究情感结构时提出了哪两类代表性的情感模型？
2. 情感测量方法主要有哪些？为每种测量方法分别找出研究案例。
3. 当你使用不同的社交媒体软件（如 QQ、微信、微博、邮件）时，会经常使用情感符号吗？在不同的社交软件中是否使用情况相似，这些情感符号的使用是否有效地表达了你的情感？
4. 根据劝导技术分析一个在线学习平台上使用了哪些劝导策略和触发线索。
5. 分析诺曼的情感设计模型的主要思想。

## 参 考 文 献

李晓明，傅小兰，邓国峰. 2008. 中文简化版 PAD 情绪量表在京大学生中的初步试用. 中国心理卫生杂志，22（5）：327-329.
诺曼. 2015. 情感化设计. 何笑梅，欧秋杏，译. 北京：中信出版社.
施聪莺，李晶. 2018. FaceReader 7.0 对国内常见表情图片库识别的有效性研究. 心理技术与应用，6（2）：100-108.
施耐德曼，等. 2017. 用户界面设计：有效的人机交互策略. 6 版. 郎大鹏，刘海波，马春光，等译. 北京：电子工业出版社.
詹姆斯. 2013. 心理学原理. 唐钺，译. 北京：北京大学出版社.

Artino A R，Jones K D. 2012. Exploring the complex relations between achievement emotions and self-regulated learning behaviors in online learning. Internet and Higher Education，15（3）：170-175.

Bagozzi R P，Gopinath M，Nyer P U. 1999. The role of emotions in marketing. Journal of the Academy of Marketing Science，27（2）：184-206.

Cannon W B. 1927. The James-Lange theory of emotions：a critical examination and an alternative theory. The American Journal of Psychology，39（1/4）：106-124.

Dervin B，Reinhard C D. 2007. How emotional dimensions of situated information seeking relate to user evaluations of help from sources：an exemplar study informed by sense-making methodology//Nahl D，Bilal D. Information and Emotion：the Emergent Paradigm in Information Behavior Research and Theory. Medford：Information Today：51-84.

Ekman P. 1994. All emotions are basic//Ekman P，Davidson R. The Nature of Emotion：Fundamental Questions. New York：Oxford University Press：15-19.

Epley N，Waytz A，Cacioppo J T. 2007. On seeing human：a three-factor theory of anthropomorphism. Psychological Review，114（4）：864-886.

Fogg B J. 2002. Persuasive Technology：Using Computers to Change What We Think and Do. New York：ACM.

Gerald L C，Norbert S，Michael C. 1994. Affective causes and consequences of social information processing//Wyer R S，Srull T K. Handbook of Social Cognition. 2nd Edition. Mahwah：Lawrence Erlbaum Associates.

Hejmadi A，Davidson R J，Rozin P. 2000. Exploring Hindu Indian emotion expressions：evidence for accurate recognition by Americans and Indians. Psychological Science，11（3）：183-187.

Jeon M. 2017. Emotions and Affect in Human Factors and Human-Computer Interaction. London：Academic Press.

Jordan P W. 2000. Designing Pleasurable Products：an Introduction to the New Human Factors. London：Taylor & Francis.

Kahneman D. 2000. Experienced utility and objective happiness：a moment-based approach//Kahneman D，Tversky A. Choices，Values and Frames. New York：Cambridge University Press.

Kahneman D，Krueger A B，Schkade D A，et al. 2004. A survey method for characterizing daily life experience：the day reconstruction method. Science，306（5702）：1776-1780.

Keltner D，Buswell B N. 1997. Embarrassment：its distinct form and appeasement functions. Psychological Bulletin，122（3）：250-270.

Lee C Y，Ke H R. 2012. A study on user perceptions and user behavior of an online federated search system. Journal of Educational Media & Library Sciences，49（3）：369-404.

Lopatovska I，Arapakis I. 2011. Theories，methods and current research on emotions in library and information science，information retrieval and human-computer interaction. Information Processing and Management，47（4）：575-592.

McCarthy J C，Wright P C. 2004. Technology as experience. Interactions，11（4）：42-43.

Mehrabian A. 1996. Pleasure-arousal-dominance：a general framework for describing and measuring individual differences in Temperament. Current Psychology，14（4）：261-292.

Morris W N. 1999. Mood system//Kahneman D，Diener E，Schwarz N. Wellbeing：the Foundations of Hedonic Psychology. New York：Russell Sage Foundation.

Moshfeghi Y. 2012. Role of Emotion in Information Retrieval. Scotland：University of Glasgow.

Nahl D，Tenopir C. 1996. Affective and cognitive searching behavior of novice end-users of a full-text database. Journal of the American Society for Information Science，47（4）：276-286.

Oinas-Kukkonen H，Harjumaa M. 2009. Persuasive systems design：key issues，process model，and system features. Communications of the Association for Information Systems，24（1）：485-500.

Ortony A. 2009. Affect and Emotions in Intelligent Agents：Why and How?. London：Springer.

Ortony A，Clore G L，Collins A. 1988. The Cognitive Structure of Emotions. Cambridge：Cambridge University Press.

Plutchik R. 1980. A general psycho evolutionary theory of emotion//Theories of Emotion. New York：Academic Press：529-553.

Reeves B，Nass C. 1996. The Media Equation：How People Treat Computers，Television，and New Media Like Real People and Place.

Stanford：CSLI Publications.

Russell J A. 1980. A circumplex model of affect. Journal of Personality and Social Psychology，39（6）：1161-1178.

Schachter S，Singer J E. 1962. Cognitive，social and physiological determinants of emotional state. Psychological Review，69（1）：378-399.

Scherer K R. 2005. What are emotions? And how can they be measured? Social Science Information，44（4）：695-729.

Shneiderman B，Plaisant C，Cohen M，et al. 2016. Designing the User Interface：Strategies for Effective Human-Computer Interaction. Addison-Wesley，Boston：Pearson Press.Stöckli S，Schulte-Mecklenbeck M，Borer S，et al. 2018. Facial expression analysis with AFFDEX and FACET：a validation study. Behavior Research Methods，50（4）：1446-1460.

VandenBos G. 2006. APA Dictionary of Psychology. Washington D C：American Psychological Association.

# 第4章　人机交互模型

很多领域在解决问题的过程中需要借助模型来提出思想、验证设想、示范过程和展示结论。例如，在建筑设计中，模型是建筑师绘制蓝图的重要工具，建筑模型有助于设计创作的推敲，直观地体现设计意图，弥补图纸在表现上的局限性。它既是设计师设计过程的一部分，同时也属于设计的一种表现形式。在数学等自然科学中，模型常是一系列公式，用于计算机模拟。在人机交互领域，模型也是理解交互过程、进行交互设计的有效手段。它使用非常广泛，“人机交互模型是一个彼此相联系的模型所构成的整体，通常，它包括使用者模型、用户行为模型、展示模型以及交流模型等元模型”（Puerta and Eisenstein，1999）。尤其在交互界面设计的早期阶段，人们需要建立一种界面表示模型以达到以下目的：利用形式化的设计语言来分析和表达用户任务以及用户和系统之间的交互情况；使界面表示模型能方便地映射到实际的设计实现。基于上述两个目的，人机交互模型主要分为用户行为模型和系统结构模型。前者能描述和预测用户的交互行为序列特征，后者描述交互系统的结构特征。

用户行为模型是对用户和界面交互过程分析的基础，有很多描述用户行为规律和特征的模型都产生于心理学领域。继香农、维纳和其他信息学家的工作之后，描述心理过程的信息模型在20世纪50年代争相出现。当实验心理学家探索测量和建模人类行为的最新技术时，一些术语如概率、冗余、比特、噪声和通道开始进入了他们的词汇系统，产生了两个模型，分别是菲茨人体运动系统通道容量定律（菲茨定律）和希克-海曼反应时间选择定律(希克-海曼法则)。而随着人机交互领域中逐渐意识到人类“认知复杂性”，为界面设计提供一个描述用户产生式规则知识的具体模型的需求也越来越迫切，心理学家Card、Morgan和Newell提出的用于描述用户执行任务时的操作序列的GOMS模型成为人机交互领域应用最为成功的典范。本章从面向用户的角度出发，主要介绍以上三种用户行为模型或者定律。此外，任务分析是用户和界面交互过程研究的一个核心概念和重要议题，本章还将介绍任务分析的相关知识及涉及的交互模型。

## 4.1　菲 茨 定 律

人机交互领域最广泛使用的模型莫过于菲茨定律（Fitts’ law）。它是一个描述和预测人类和界面物理组件之间交互关系和人类活动的物理模型，预测了快速移动到目标区域所需的时间是目标区域的距离和大小的函数。该法则主要用于研究指、点这类动作，既可以是手指的直接物理接触，也可以是在电脑屏幕上用设备（如鼠标、光电笔）进行虚拟的触碰。该法则由时任美国空军人类工程学部门主任的保罗·菲茨（Paul Fitts）博士于1954年提出。

### 4.1.1 理论推导

1948 年，32 岁的香农发表《一种通信的数学理论》（*A Mathematical Theory of Communication*）论文打破了信息理论迟迟无法科学化的僵局。一年后，瓦伦·韦弗（Warren Weaver）发表了此领域的科普文章，两人共同出版了《通信的数学理论》（*The Mathematical Theory of Communication*），信息论由此诞生（图 4-1）。

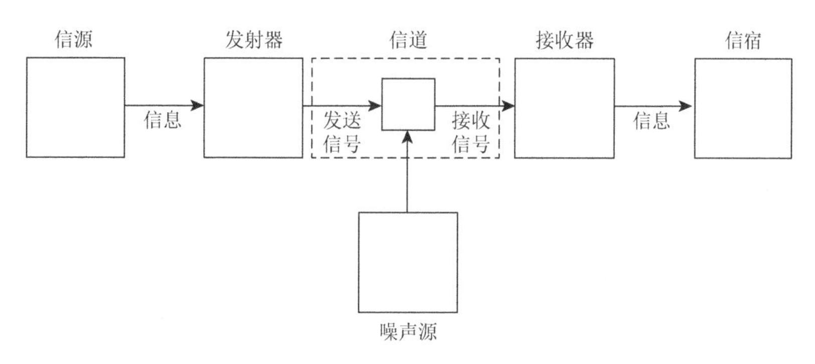


图 4-1 香农-韦弗的通信系统模型（Seow，2005）

对于电子通信系统，信道（information channel）的概念很简单：信号通过非理想介质（如铜或空气）传输，并且受到噪声干扰。噪声的影响是限制信道的信息容量低于其理论最大值。香农提出的信息容量计算公式可表示为

$$C = B\log_2 \frac{S+N}{N} \tag{4-1}$$

式中，$C$ 为信道容量，bit/s；$B$ 为信道带宽，Hz；$S$ 为信号平均功率，W；$N$ 为噪声平均功率，W。

菲茨试图借助香农的信息论来描述人类动作系统的信息处理能力，他将人类的动作系统视作信息论中的通道，如图 4-2 所示。

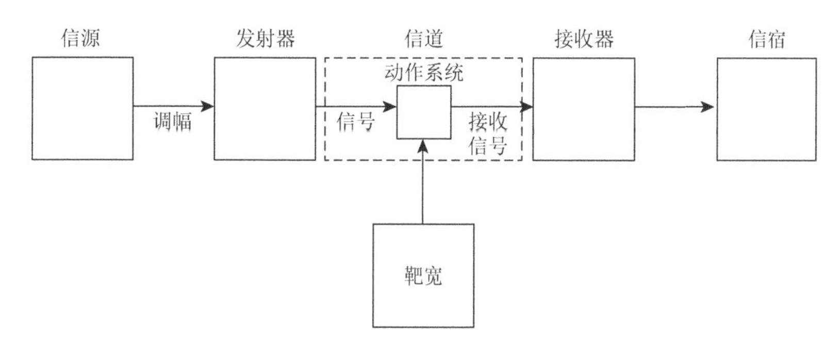


图 4-2 人类动作系统（Seow，2005）

对于人类动作系统来说，信道和信道能力的含义不是那么直接，主要是量度问题。

电子通信系统的信息传输具有特定的和优化的代码，但是人类信道并非如此。人类编码体系是不明确的，且是个性化、非理性和难以预测的，其优化过程是动态的和直观的。每项任务的认知策略通过组块（chunk）的方式来实现，类似于信息论中的编码——将各种模式（或复杂行为）映射为简单模式（或行为）。神经肌肉编码通过神经、肌肉和肢体在技能行为的获得和重复的过程中相互作用而出现。在识别和测量认知及神经肌肉因素方面的困难影响了人类信道能力的测量，导致在研究类似过程的不同实验中的巨大差异。因此，菲茨将人类动作系统中的信息容量定义为性能指数（index of performance，IP）。IP 的计算公式为

$$\mathrm{IP} = \mathrm{ID}/\mathrm{MT} \tag{4-2}$$

式（4-2）揭示了菲茨定律中三个重要的指标。

（1）难度指数（index of difficulty，ID）：量化了任务的难度，与目标区域的距离以及目标区域的大小有关。在执行一项移动任务时，难度指数是所传输的信息的比特数。

（2）运动时间（movement time，MT）：量化了任务的完成时间，与任务的难度指数有关，而通过实验也证实了此相关系数与实验条件（如输入设备的类型）有关。

（3）性能指数（index of performance，IP）：该指标依据完成任务的时间和任务的难度之间的关系。菲茨定律中的性能指数为传递的速率，类似于香农定理中的信道传输速率，即信道容量，单位为 bit/s。

根据菲茨的理解，IP 在 ID 的变化范围内是一个常量，MT 和 ID 之间是线性关系。菲茨及随后的研究者用实验证明了上述观点。同时，菲茨认为动作的距离或者振幅（$A$）可作为信号（signal），与目标区域的宽度（$W$）作为噪声（noise）相似。基于香农的对数表达式，一项动作任务的难度 ID 可以表示为

$$\mathrm{ID} = \log_2(2A/W) \tag{4-3}$$

式中，$A$ 为起始位置到目标中心的距离，即运动的振幅；$W$ 为目标区域在运动维向上的宽度。$A$ 和 $W$ 都是距离的度量，所以对数中的比率是无单位的，使用比特作为任务难度 ID 的单位是根据对数的底为 2。

菲茨经过实验建立运动时间 MT 到难度指数 ID 之间的回归方程为

$$\mathrm{MT} = a + b\mathrm{ID} \tag{4-4}$$

式中，$a$，$b$ 为回归系数。$a$ 代表装置（拦截）开始/结束的时间；$b$ 代表该装置本身的速度（斜率）。这些常数可以以测得数据进行直线近似的方式通过实验取得，根据 MacKenzie 的计算结果，$\mathrm{MT} = 12.8 + 94.7\mathrm{ID}$。

后来，经过研究者反复用实验测试，提出一个更常用的菲茨定律的数学表达式，为

$$\mathrm{MT} = a + b\log_2\left(\frac{A}{W} + 1\right) \tag{4-5}$$

菲茨定律的思想可用图 4-3 表示，文字表述为，移动到目标的时间与起始位置到目标中心的距离（$A$）成正比，与目标区域的宽度（$W$）成反比。通过组合不同的 $A$ 和 $W$，菲茨定律能推导出不同的任务难度指数 ID 和决定人类运动系统的信息能力。

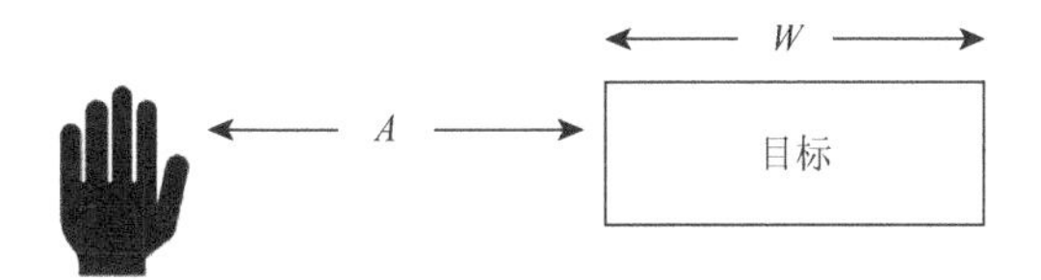


图 4-3　菲茨定律

### 4.1.2　实验推导

菲茨在 1954 年用 4 个实验进行推导：2 个触针相互敲击任务（1-oz 触针和 1-lb 触针）、一个圆盘转移任务和一个销钉转移任务。在敲击实验中，受试者尽可能快地在两块板（目标）之间来回移动触针，并在板的中心敲击［图 4-4（a）］。板的宽度为 0.25～2 英寸不等，板之间的间距为 2～16 英寸不等。圆盘转移运动中要求被试将中间钻有孔的塑料盘从一个销钉移到另一个销钉，不同尺寸的孔和不同尺寸的销钉被使用［图 4-4（b）］。销钉转移任务中，要求被试将不同尺寸的销钉从一组孔转移到另一组孔［图 4-4（c）］。

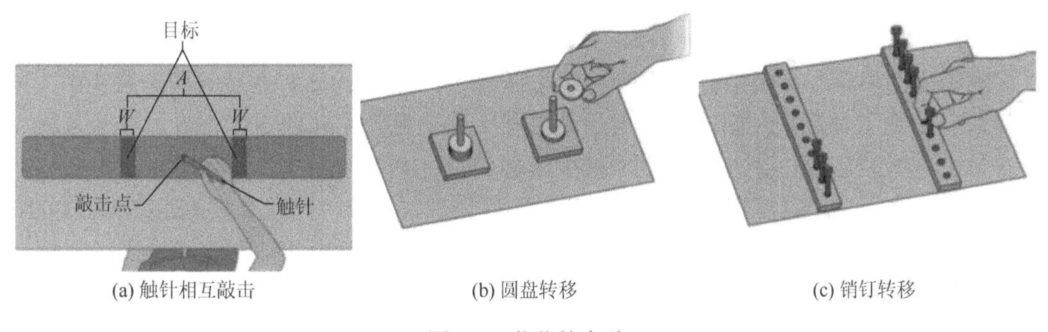


(a) 触针相互敲击　(b) 圆盘转移　(c) 销钉转移

图 4-4　菲茨的实验

4 次实验结果如图 4-5 所示。这些实验任务是如何集合起来定义菲茨定律的呢？第一组实验中动作幅度（*A*）非常简单，是动作的距离，且对于每个任务都是通用的，目标区域的宽度（*W*）的影响要复杂一些。然而在圆盘转移、销钉转移任务中，目标尺寸需考虑操作对象和目标之间的尺寸差异性。例如，在销钉转移任务中，如果插入的销钉相对较窄，

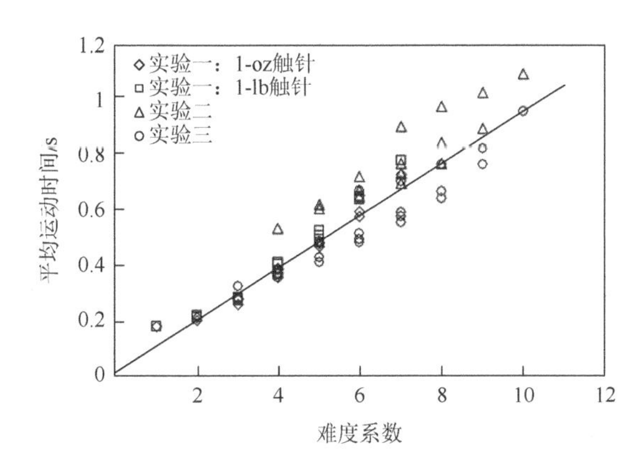


图 4-5　菲茨的实验结果（Seow，2005）

则大孔仅表示简单难度系数（ID）。如果销钉较宽，则任务会变得更加困难，因为误差容限较小。所有这三项任务都集中在速度-精度权衡的中心问题上，即任务参数如何使参与者改变运动时间（MT），以使目标运动产生最终的精确结果。在两个触针相互敲击任务中，菲茨报告的性能指数（IP）的变化范围为 10.3～11.5bit/s，圆盘转移任务为 7.5～10.4bit/s，销钉转移任务为 8.9～12.6bit/s。通过这一组实验，菲茨推导出随着 ID 增加，MT 也相应地线性增加。

菲茨定律在人机交互领域应用广泛，是指导界面设计最成功的模型之一，为人类行为的分析提供了科学依据和定量视角。从 20 世纪 70 年代开始，人机交互领域的研究人员陆续开展了大量基于菲茨定律的用户动作绩效研究。其中，Card 等于 1978 年首次使用菲茨定律研究了用户使用 4 种输入装置（鼠标、操纵杆、步键和文本键）完成屏幕上的文本选择任务的用户绩效，结果显示，菲茨定律可以描述用户操纵鼠标和操纵杆的时间变异（Card et al.，1978），很好地验证了菲茨定律。MacKenzie（2013）总结菲茨定律在人机交互中的主要应用体现：①通过建立预测方程并检查“拟合优度”的相关性来了解设备或交互技术是否符合模型；②使用预测方程来分析设计备选方案；③在比较评估中使用性能指数（IP）作为因变量。

实际生活中有许多应用菲茨定律设计的案例，如 Windows XP 之后的操作系统中“开始菜单”增加“隐藏长时间没有使用的菜单项”的功能，用菲茨定律可以解释为了减少用户单击开始以后弹出菜单的长度，减少鼠标到目标菜单的距离，从而带来操作时间的缩短。人机交互中经常要考虑尺寸和距离，一般来说，按钮的尺寸和彼此距离都比较小，以便减轻用户操作动作负荷。同时也要注意像“删除”“退出”这种破坏性大的按钮，应该尽可能地离经常使用的按钮远一点，避免误操作。同样的道理，键盘上“Enter”键一般都比其他键大，因为这是用户最经常使用的按钮之一。

移动界面的普及方面，菲茨定律也提供了很好的设计指导。随着手机屏幕越来越大，集中把功能放到用户的单手可操作区域中，也是考虑减少用户操作距离，节约使用时间。

菲茨定律应用时也存在一些局限：该法则主要是描述和预测一维运动规律，不能描述双手操作时的移动时间；没有考虑用户执行真实任务时的系统反应时间、用户的思考时间等因素。如果绝对相信菲茨定律预测的结果，有可能得出错误的结论。例如，环形菜单和下拉菜单相比，弹出的环形菜单让选项间联系更加紧密，距离更近，从理论上讲，应该比下拉菜单效率更高，但是实际设计中不是很常见到环形菜单。微软公司在 Onenote 上曾就采用过环形菜单，然而用户的实际体验并不理想，因而没能得到普及。

## 延伸阅读：菲茨定律测试网站

菲茨定律所描述的内容引起了很多人的兴趣，为此开发了很多有趣的测试网站。图 4-6 为马丁·维克托里（Marcin Wichary）于 2005 年为阿姆斯特丹自由大学（Vrije University Amsterdam）编写的具有交互功能的菲茨定律测试网站（http://fww.few.vu.nl/hci/interactive/fitts/），通过四个在线实验调整菲茨定律公式中的参数，用户能直观感受距离和目标大小是如何影响反应时间的。

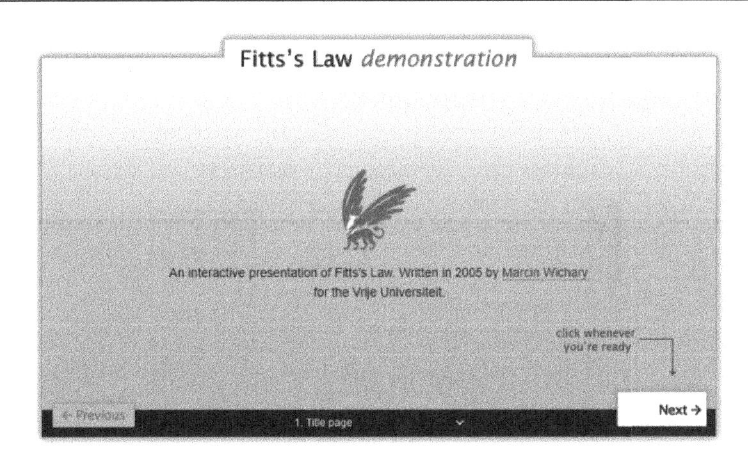


图 4-6　具有交互功能的菲茨定律测试网站

## 4.2　希克-海曼法则

希克是第一个将信息论应用于心理问题的人，他同样在香农信息论的基础上将选择-响应看成一个通信系统（图 4-7）。该模型认为信息的发送者（information transmitter），将每一个来自信源（information source）的刺激（stimulus）交替显示（display）作为信号（signal），通过感知视觉系统（sensory-visual system），即信道（channel）来传输，信息的接收器（information receiver）接收信息并参与（participant），将刺激重构到目的地（destination），由信息目的地响应（response）适当度行动。

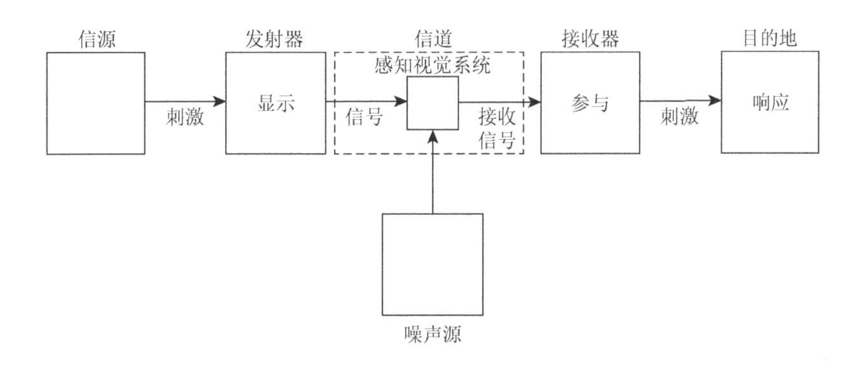


图 4-7　选择-响应系统（Seow，2005）

希克（Hick，1952）设计了多个实验进行验证。在实验一中，他用 10 盏豌豆灯做成不规则的圆圈，然后把它们连接到一个装置（穿孔纸带）上，这个装置被编码为每 5 秒点亮一盏随机的灯。响应操作是一组 10 个相应的摩斯键，每个参与者的手指对应一个。参与者的任务是按下点亮特定灯的正确键。通过移动纸记录二进制码中的刺激呈现和响应（图 4-8）。

实验一的目的是确定选择反应时间和刺激信息含量（熵）之间的经验关系。作为唯一的参与者，希克使用 2～10 个不同的刺激范围来完成任务，并强迫自己获得无误的回答。他的结果基于 2400 多个响应，如图 4-9 所示。

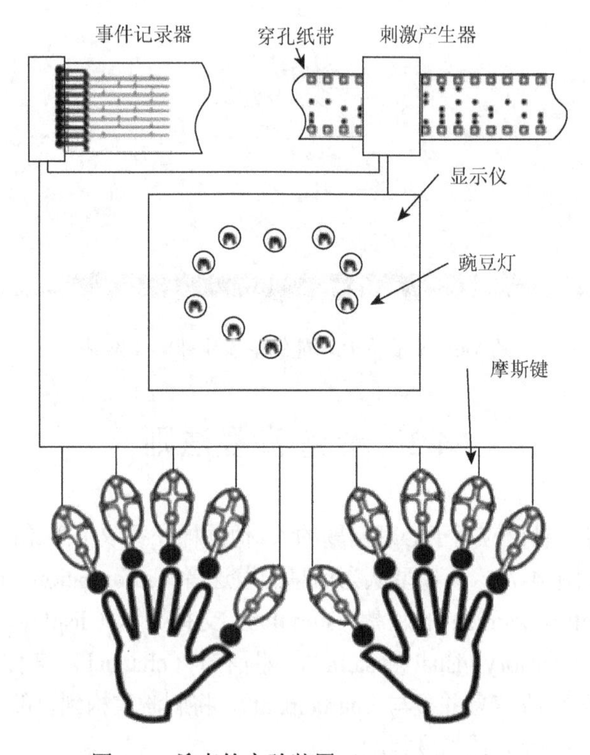


图 4-8　希克的实验装置（Seow，2005）

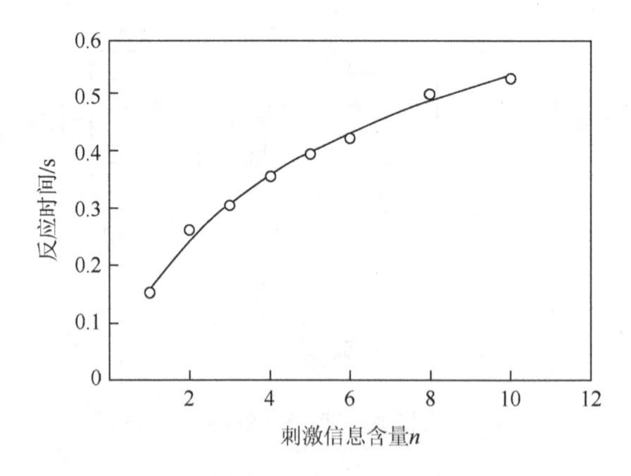


图 4-9　实验一结果（Seow，2005）

接着在实验二中，希克在训练参与者完成一项有 10 个选择项的任务后，由参与者继续分三个阶段执行任务。首先鼓励参与者尽可能快地执行，然后指示他尽可能准确地执行，最后要求他再次尽可能快地执行任务。图 4-10 中位于右上象限的八个数据点（圆）表示在训练期间产生的数据。标记为菱形的数据点表示试验鼓励参与者尽可能快时的反应时间（RT）。实验二使用的是 10 个刺激物，而不是一组刺激物。因此，横坐标为第二个独立值，表示为等价选择度 ne。这是根据参与者的错误来计算的，如果没有错误，就意味着所有信息都被提取出来，ne = 10。希克称 ne 为“所获得信息的反对数”（antilogarithm），因为他根据所获得的信息计算备选方案，而不是使用备选方案来计算熵。可以推断，图中左边的第一个数据点（菱形）将表示一个试验发生了许多响应错误，从而导致传输的信息量低。在这种情况下，计算它的“值”略高于 1 位，或者略高于 2 个 ne。（希克报告说错误率高达 70%）。

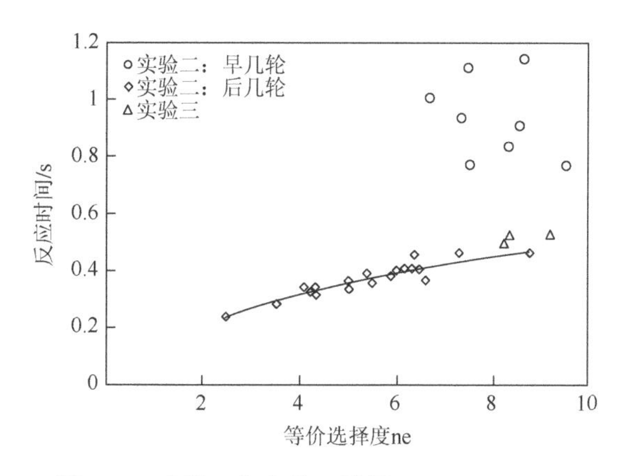


图 4-10　实验二和实验三数据（Seow，2005）

为了确保参与者的表现不是由于学习了一组特定的刺激，希克用一组新的刺激物进行了实验三。结果表明，新刺激集的平均 RT 沿先前的逻辑对数函数（图 4-10 中的三角形）下降，这表明在实验中学习的影响可以忽略不计。

希克建立了反应时间 RT 和选择项数量 $n$ 之间的对数关系，并得出结论：提取信息量与提取信息所花费的时间成正比。然而，他没有明确假设 RT 和平均传递信息 HT 之间的线性关系。希克所给出的数据是作为可选项（$n$）的函数，在他的监督下，格罗斯曼（Grossman）使用卡片分类任务，呈现作为 HT 函数绘制的数据。

希克已经证明，通过减少选择方案的数量或排除模棱两可的因素，可以减少熵，海曼采用了另一种方法来减少刺激集的熵。海曼利用当刺激物等概率时熵最大的这一事实，改变了刺激物的概率（使得它们不是等概率的）以产生不同量的熵，以便他能够推导 RT 和 HT 关系的函数。海曼在 36 盏灯的矩阵（6×6）中指定 8 盏灯名字——Bun、Boo、Bee、Bore、By、Bix、Bev 和 Bate。每次实验开始时，首先发出警告信号，2s 后打开 8 盏灯中的一个，同时启动计时器，参加者以呼唤指定灯光的名字作为回应，连接到参与者的喉咙麦克风启动电子语音键并停止计时器。

海曼的第一个实验复制了希克的过程，一组大小为 1～8 的刺激以相同的概率呈现，这些刺激集产生的信息量为 0～3bit 不等。第一个实验中用语音键复制了希克的实验结果。实验二包括 8 个条件，每个条件具有不同的集合大小和每个选择方案的呈现概率，这些条件总共产生 0.47～2.75bit 的信息量。实验三也有 8 个条件，每个条件中，每个选择方案具有几乎相同的呈现概率，但其概率是有条件的。如在条件 1 中使用 2 种选择方案的情况下，假定已出现 a 时，b 的条件概率为 0.8，即 $p(b|a) = 0.8$，那么这些条件产生 0.72～

2.81bit。海曼发现 RT 是具有不相等概率的选择方案的线性函数，表明 RT 确实是刺激信息（熵）的函数，而不仅仅是选择方案数量的函数。

在海曼的推动下，希克的发现被越来越多的人接受，并以两人的姓共同命名，称为希克-海曼法则。实质上，该法则预测了反应时间与传输信息之间的线性关系。用数学公式表达为（Seow，2005）：

$$\mathrm{RT} = a + b\log_2 n \tag{4-6}$$

式中，RT 为反应时间；$a$，$b$ 为经验参数，$a$ 为与做决定无关的总时间（前期认知和观察时间），$b$ 为选项的处理时间（从经验衍生出的常数，对人来说约是 0.155s）；$n$ 为选项的数量；$\log_2 n$ 为传递的信息量。

从信息论的角度来看，希克-海曼法则描述了用户搜索目标的反应时间与用户所接收的信息总量间的关系，即在一定时间范围内，用户接收的输入信息量越多，搜索目标所用时间就越长。基于这一原理，希克-海曼法则反映了现实中许多人类动作的规律。例如，速度和精度的权衡，众所周知，在追求速度的条件下，会牺牲准确性，而如果要求尽可能精确，则速度会受到影响。希克在实验二中就证明了这种现象，表现在图 4-10 中右上象限松散的圆点，这是参与者以牺牲速度为代价的。当要求参与者尽可能快地执行时，数据点被希克描述为图 4-10 中菱形，表明它们以最大速度处理，但以牺牲精度为代价。通过比较两次运行中处理的信息量，证明了与速度-精度权衡的信息理论关系。在“精确”运行中处理的信息比在“速度”运行中处理的信息更多，对实际指导用户关注速度还是精度有一定的借鉴价值。

希克-海曼法则多应用于软件或网站界面的菜单设计中，在移动设备中也很适用。人机交互中，界面中的选项越多，则意味着用户做出决定所需的时间越长。希克-海曼法则从本质上反对扩张，限制展现在用户面前的界面元素，简化用户决策过程。例如，一个菜单项下要设计多少个子菜单才合适？有研究表明菜单中候选项的数目与在菜单上做决定的时间呈对数关系，通过希克-海曼法则的定量研究还可发现，广度优先的菜单结构比深度优先的菜单结构更加有效。

菲茨定律和希克-海曼法则是两条重要的设计原则，菲茨定律描述的是动作执行时间、希克-海曼法则描述的是反应决策时间，故随后有学者试图将两者统一到一项任务执行时间的研究中。Hoffmann 和 Lim（1997）曾尝试使用归属到目标（home-to-target paradigm）的范式结合这两条法则，他们用顺序任务和并发任务来测试参与者。在顺序任务中，参与者首先对视觉刺激（光）做出反应，然后从本位移动到目标位置。在并发任务中，参与者被要求在知道目标在哪里之前把手指从原位移开。Hoffmann 和 Lim 报告说，在顺序任务中花费的总时间只是决策时间和移动时间的总和。然而，并行任务所花费的总时间显示出相互之间的干扰，因此菲茨定律和希克-海曼法则的统一不是完全成功的，除非两个任务的结合是按实验程序顺序进行的。其他学者也在不同情形下发现了两个法则不兼容、难以统一的问题。尽管如此，希克-海曼法则和菲茨定律很显然存在很多共同点（Seow，2005）：①两个法则都是基于香农-韦弗的信息论的类比推导；②两个法则都采用时间相关的度量和准确性来衡量效率和人类系统的局限性；③两者在证明其普遍性研究和解释可能潜在机制的过程中都重新获得了实质性的支持。

# 4.3　GOMS 系列模型

## 4.3.1　GOMS 模型简介

1983 年由 Card、Moran 和 Newell 在其著作《人机交互心理学》（*The Psychology of Human-Computer Interaction*）中提出用户的交互行为可以定义为为完成任务所采取的一系列动作（Card et al.，1983），如果通过目标（goal）、操作（operator）、方法（method）以及选择规则（selection rules）4 个元素来描述用户的行为，即是 GOMS 模型。

### 1. 目标

目标就是用户执行任务最终想要得到的结果，它可以定义为高层次的目标，如“编辑一段文本”，也可以定义为低层次目标，如“输入一个空格键”，高层次目标可以分解成若干个低层次目标。目标的描述形式是“行动-对象”：动词-名词，如“删除单词”。

### 2. 操作

操作是任务分析到最底层时的行为，是用户为了完成任务所必须执行的基本动作。如“点击鼠标”“输入空格键”。操作不能再被分解，是原子动作。操作的描述形式也是“行动-对象”：动词-名词。和目标一样，区别在于目标是要达到的，操作则是要执行的。目标可以是高层次的，操作则是基本的。一般认为用户执行每个操作需要的时间是固定的，并且这个时间间隔是与上下文无关的（如击鼠标需要 0.2s），即与用户正在完成的任务或当前的操作环境没有关系。

原始的 GOMS 模型定义的操作为用户和系统或其他外界环境对象进行信息交换时的动作，是一种外部操作。这类外部操作既可以是感知性操作，如从屏幕上读文本、扫描屏幕定位光标的位置；也可以是动作性操作，如移动鼠标。和外界环境对象进行信息交换的外部操作如翻开一个有标记的文稿的一页，或者从一个文稿中找到下一个标记。表 4-1 为一些操作示例（Kieras，1988）。

**表 4-1　操作示例**

| 操作示例 |
| --- |
| **Home-hand to mouse** |
| **Move-cursor to<target coordinates>** |
| **Find-cursor-is-at<returned cursor coordinates>** |
| **Find-menu-item<menu-item-description>** |

### 3. 方法

方法是任务分析的核心，描述如何完成目标的过程，用来确定子目标序列及完成目标所需要的操作步骤。一个简单的例子如表 4-2 所列，实现最小化窗口目标的方法有 MIN-METHOD 和 D-METHOD 两种。

**表 4-2　方法示例**

```
Method to minimize window
          GOAL：USE-MIN-METHOD
          ..  MOVE-MOUSE-TO-WINDOW-HEADER
          ..  POP-UP-MENU
          ..  CLICK-OVER-MIN-OPTION
          GOAL：USE-D-METHOD
          ..  PRESS-WIN + D-KEY
```

4. 选择规则

当实现目标有多个方法可供选择时，GOMS 模型并不认为其是一个随机选择的过程，而是尽量预测会使用哪个方法，这需要根据特定用户、系统的状态、目标的细节等情境来预测。通过设定选择规则，GOMS 模型确定不同情境下用户的操作方法。例如，将一个应用程序窗口最大化的常规方法是直接 MIN-METHOD，但是如果用户的手正在进行击键动作时，则倾向使用 D-METHOD 方法。这一规则的示例如表 4-3 所示，选择规则描述的形式为 If-then，If 为描述的条件，then 为选定的方法，描述的条件需具有排他性。

**表 4-3　选择规则示例**

```
用户 Henry：
Rule 1：Use the MIN-METHOD unless another rule applies
Rule 2：If the application is Key Button，then use D-METHOD
```

GOMS 模型是建立在对人类认知信息加工活动的基础上，采用“分而治之”的思想，将一个任务进行多层次的细化，是对用户在一个系统界面上执行任务过程中的程序性知识的描述和预测，即用来描述任务在实际应用中是如何被用户执行的（How to do it）（Kieras，1988）。它假设用户都是理性地去实现目标，首先将确定的目标进行分解，当完成目标的方法有很多方案时，通过制定选择规则来预测用户的选择，每一个方法都由一系列操作序列集合来实现。GOMS 模型对任务的描述方法为程序式和序列式，前者类似于参数化的计算机程序，后者需要规定完成特定任务的特定操作序列，这些序列中包含了一些条件和参数。

GOMS 模型对系统设计的各个阶段都适用。在设计之初，运用 GOMS 模型能分析出用户使用系统的主要目标以及如何采取合适的方法，旨在设计出符合用户需要的系统。如果基于 GOMS 模型分析的用户操作流程过于烦琐、复杂，那么用户很难对系统作出积极的评价。设计过程中，分析人员能和设计人员沟通以获得潜在用户的目标和方法的设想，构建出相应的 GOMS 模型来预测系统的性能，以为之后的设计作出改进。对现存的系统，GOMS 模型的构建十分简便，因为各个元素所需要的信息都能够从现有系统文档和用户中获得。运用 GOMS 模型能发现用户实际的执行任务行为和系统设计者的思路是否一致，启发设计者获得更好的设计灵感。

Card 等（1983）认为，GOMS 模型的分析结论可以对系统的优化设计提供以下指导：确保最重要和最常见的系统目标能够用相对简单易学和执行效率最高的方法来实现；尽可能通过删除、改写及合并方法的方式减少学习系统的时间；如果一条选择规则不能清楚简单地陈述，那么考虑精简；评估进行长时记忆检索的需要；如果系统存在工作记忆负荷问题，需要对系统进行改进；心理操作是非常费时的，如有可能，尽可能保存一些动作操作来减少心理操作的必要等。

Kieras（1988）总结了 GOMS 模型的分析过程是自上而下，广度优先。具体分为四个步骤，流程如图 4-11 所示，在这篇论文中 Kieras 还举了一个详细的例子可供参考。

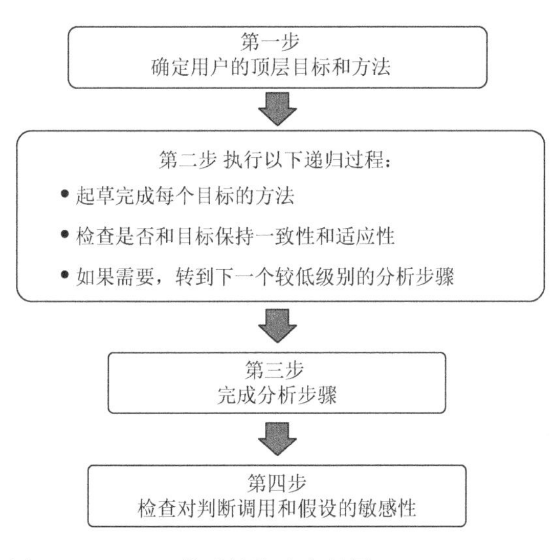


图 4-11　GOMS 模型的构建流程图（Kieras，1988）

自 GOMS 模型提出以来，对其评价褒贬不一。GOMS 模型主要用于指导第一代（命令行）和第二代（图形用户）人机交互界面的设计和评价。作为一种人机交互界面表示的理论模型，GOMS 模型是人机交互研究领域内应用广泛的模型之一，被称为最成熟的工程典范。GOMS 模型虽然没有精确地描述人机交互，但是具备某些优点。它以较少的付出和成本，在很短的时间内能估算出人机交互所需要的时间，只要对每个任务的执行时间进行精确的计算。GOMS 模型的局限性主要集中在三方面：首先，GOMS 模型假设用户完全按一种正确的方式进行人机交互，因此只适合那些不犯错误的专家用户的交互过程，对于出错的操作没有进行描述。其次，GOMS 模型对于任务之间的关系简单描述为顺序和选择两种，事实上任务之间的关系还有很多，且将选择关系通过非形式化的附加规则描述，不易实现。最后，GOMS 模型忽略了执行任务时解决的问题本质以及用户间的个体差异，未考虑到用户的行为受到情绪、社会、物理环境等因素的影响，它的建立不是基于认知心理学，无法体现出真正的认知过程。鉴于此，研究人员不断对其进行演化和衍生，形成一个 GOMS 模型族系，KLM 模型、NGOMSL 模型以及 CPM-GOMS 模型等不同的变体形式为其中的代表。

### 4.3.2　GOMS-KLM 模型

Card 等（1980）在 GOMS 模型的基础上提出了一个更具操作性的模型，即击键层模型（keystroke-level model，KLM），其目的是简化原始的 GOMS 模型，只保留操作元素。后来，Kieras（1988）将其进行扩展，增加了心理准备操作（mental operators）。作为 GOMS 模型家族中最简化的形式，GOMS-KLM 模型能预测特定的任务下敲击键盘和点击鼠标行为的时间，被广泛应用到桌面系统的执行性能的评估中。

KLM 中用户的交互行为被分解为几个常见的元操作，通过大量的测试得出每个元操作的平均时长（表 4-4），在验证和对比各种界面设计方案的优劣时，可累加各个界面交互需要的元操作时间。GOMS-KLM 模型设想用户完成任务的时间是由一系列元操作时长累积而成，这些元操作时间分为任务获取时间和任务执行时间。在获取任务阶段，用户形成概念化和对任务单元的心智表示；在执行任务阶段，用户调用完成任务单元所需的适当的系统命令。GOMS-KLM 模型只能预测任务单元的执行时间，因为这是系统设计时能实施控制的唯一的阶段。

**表 4-4　KLM 元操作平均时长**

| 类型 | 元操作 | 描述 | 平均时长/s |
|---|---|---|---|
| 动作 | K 击键或按钮敲击 | 优秀的打字员（135wpm） | 0.08 |
| | | 良好的打字员（90wpm） | 0.12 |
| | | 平均技能的打字员（55wpm） | 0.20 |
| | | 初级打字员（40wpm） | 0.28 |
| | | 输入随机字母 | 0.5 |
| | | 输入复杂的代码 | 0.75 |
| | | 最糟糕的打字员 | 1.2 |
| | P 指点 | 用鼠标指向屏幕目标 | 1.1 |
| | B 鼠标点击 | 按下和释放鼠标 | 0.20 |
| | H 操作切换 | 鼠标键盘间的手切换 | 0.4 |
| | D 绘制 | 绘制 $n$ 条直线，总长为 $l$ | $0.90n+0.16l$ |
| 心理 | M 心理准备 | 一个动作的心理准备时间 | 1.35 |
| 系统 | R 系统响应 | 系统响应时间 | T |

注：本表参考了 Al-Megren 等（2018），wpm 指平均每分钟打字数量，words per minute。

使用击键模型最困难的地方在于无法判断用户什么时候会停下来进行无意识的心理活动，也就是模型中 M 的发生时机。M 受到用户技能知识的影响，一些启发式规则定义插入 M 的时机反映了对用户的心理假设，可作为参考。

1）规则 1：候选 M 的初始插入

在所有的 K（击键）、B（鼠标点击）、H（操作切换）之前插入 M，在所有用于命令选择的P之前插入M，但是对于选择命令参数的P不要插入M。例如，移动鼠标到Word程序的顶部工具栏然后点击其中“开始”菜单项时，根据此条原则的计算式为：MPMB。

2）规则2：删除可以预知的M

如果M前面的操作符（K、B、P、H）能完全预知M后面的操作符，则将M删除。例如，移动鼠标的目的是点击学校首页的图片或者文字链接，这时候就需要删除由规则0添加的M，这时MPMB就变成了MPB。

3）规则3：删除同一认知单元内的M

如果一系列的键入属于同一认知单元，则删除第一之外的所有M，例如，输入sina，根据规则1，插入M应该是MKMKMKMK = 4MK，由于sina是一个词的连续输入，对熟悉的用户来说代表着新浪，属于同一认知单元，删掉M后应该是MKKKK = M + 4K。

4）规则4：删除连续终结符之前的M

如果K是一个认知单元后面的多余分隔符，例如，命令的分隔符后面紧跟参数的分隔符，则将之前的M删除。

5）规则5：作为命令终结符的M的删除

如果K是一个分隔符，且后面紧跟一个常量字符串（例如，命令名或每次使用都一样的实体），则将之前的M删除（分隔符会因为习惯性地成为字符串的一部分，从而不需要单独的M）。但如果K是一个可能变化的字符串，则保留之前的M。

规则4和规则5的示例如下，“hi bingo”的操作为MKK + K + MKKKKK，第三个K表示的是空格分隔符，因习惯性而不需要单独的M。但是如果一个单元后的分隔符是执行命令或后跟可变参数，则M不能删除，如“del file a 回车”操作为MKKK + K + MKKKK + MK + M，第4个K前面的M删除的原因是规则4，del命令符后面紧跟着参数的分隔符，第9个K前面的M不能删除的原因是其代表的是a为一个可变的参数。

6）规则6：删除重叠的M

不要计入任何与R（计算机响应时间）重叠的M。

能用于自动计算GOMS-KLM模型的相关软件可访问网站http://www.syntagm.co.uk/design/klmcalc.shtml。

GOMS-KLM模型提出来后，因其实施简便、可操作性强，在人机交互领域受到广泛关注，甚至超越原始的GOMS模型。2018年，Al-Megren，Khabti和Al-Khalifa围绕着GOMS-KLM模型如何扩展和应用的系统综述提出以下主要观点：①当前学界或者将KLM应用于新的领域，或者改编模型增加新的操作[如Quintana等（1993）增加了RW表示阅读屏幕上一个单词的时间]以适应新的技术背景，研究目标不同带来KLM的不同扩展形式；②在增加新的操作时，大部分采用的是对照实验的方法，但是很少有研究能将扩展的GOMS-KLM模型和原来的模型进行对比验证来证实扩展模型的有效性；③近年来的应用研究主要关注了移动设备或平板设备，传统的桌面方式和车载信息系统紧接其后；④在基本的元操作中，K和M是被改编最多的，P和D在一些扩展模型中经常被删除；⑤对于一些残障用户的可访问需求以及WIMP界面（即窗口windows、图标icons、菜单menu、指点设备pointing device）的关注不够，在移动设备界面的研究中，大部分集中在利用GOMS-KLM模型计算文本输入的各种技术。在建立一套规范的KLM的扩展方法体系以及在如何根据用户的不同熟练程度来定义元操作时长等方面仍有许多值得探讨的问题。

### 4.3.3 NGOMSL 模型

自然 GOMS 语言（natural GOMS language，NGOMSL）模型是由 Kieras 发展形成的，在密歇根大学教授“用户界面设计与分析”课程，开发了一个文档 *A Guide to GOMS Task Analysis*（Kieras，1994），以下简称指南。指南中定义了一种称为自然 GOMS 语言的标记系统，目的是在保留标准 GOMS 模型的灵活性和效用的前提下，使得 GOMS 的构建过程更简单，更具可读性和易理解性，形成一套标准的实施流程。NGOMSL 标记系统考虑到用户操作界面时需要的知识的复杂性（如学习如何使用系统、从以前的系统转换到新系统）以及执行时间，所以没有使用非常烦琐的正式语法。

NGOMSL 的描述方法的形式如表 4-5 所示。其中一条 Step 中有可能包含不止一个操作，但是最后一步只能用 Report goal accomplished 作为结束操作。每一条 step 被统计为一条陈述，对应着一条产生式规则（production rule）。例外的情况是当操作为 Decide-Else 形式时，被统计为 2 条陈述。

**表 4-5 NGOMSL 描述方法**

| |
|---|
| **Method to accomplish goal of <goal description>** |
| **Step 1.<operator>…** |
| **Step 2.<operator>…** |
| **…** |
| **Step n. Report goal accomplished** |

NGOMSL 描述选择规则的形式如表 4-6 所示。

**表 4-6 NGOMSL 描述选择规则**

| |
|---|
| **Selection rule set for goal of <general goal description>** |
| **If <condition>Then** |
| **accomplish goal of <specific goal description>** |
| **If <condition>Then** |
| **accomplish goal of <specific goal description>** |
| **…** |
| **Report goal accomplished.** |

一个完整的示例如表 4-7 所示。

**表 4-7 完整的 NGOMSL 示例**

| |
|---|
| **Goal：Move a file into a subfolder in Windows XP（将一个文件移动到文件夹中）** |
| **Method for accomplishing goal of moving a file using the drag and drop option：（采用拖动方式）** |
| **Step 1：Locate the icon of the source file on the screen** |
| **Step 2：Move mouse over the icon of the source file** |
| **Step 3：Press and keep holding the left mouse button** |
| **Step 4：Locate the icon of the destination folder on the screen** |

续表

| Step 5：Move mouse over the icon of the destination folder |
|---|
| Step 6：Release left mouse button |
| Step 7：Return with goal accomplished |
| Method for accomplishing goal of moving a file using the cut and paste option：（采用剪切＋粘贴方式） |
| Step 1：Recall that the first command is called "cut" |
| Step 2：Recall that the command "cut" is in the right click menu |
| Step 3：Locate the icon of the source file on the screen |
| Step 4：Accomplish the goal of selecting and executing the "cut" command |
| Step 5：Recall that the next command is called "paste" |
| Step 6：Recall that the command "paste" is in the right click menu |
| Step 7：Locate the icon of the destination folder on the screen |
| Step 8：Double click with left mouse button |
| Step 9：Locate empty spot on screen |
| Step 10：Move mouse to the empty spot |
| Step 11：Accomplish the goal of selecting and executing the "paste" command |
| Step 12：Return with goal accomplished |
| Selection rule set for goal：Move a file into a subfolder in Windows XP |
| If custom icon arrangement is used Then |
| accomplish goal：cutting-and-pasting |
| If no custom icon arrangement is used Then |
| accomplish goal：drag-and-drop |
| Return with goal accomplished |

NGOMSL模型增加了一些新的语法标记，能表达更复杂的操作之间的关系。例如，Goto Step ＜number＞指转向某一步操作。这些语法标记主要有以下类型：

1）描述心理操作符的语法标记（表4-8）

**表4-8 NGOMSL模型描述心理操作符的语法标记**

| Memory Storage and Retrieval |
|---|
| Recall that <WM-object-description> |
| Retain that <WM-object-description> |
| Forget that <WM-object-description> |
| Retrieve-LTM that <LTM-object-description> |

这些心理操作反映出交互过程中长期记忆和工作记忆之间的区别，Recall指从工作记忆中提取，Retain指存储到工作记忆中，Forget指这部分信息不再需要，可以从工作记忆中释放。上述方法假定信息不会从记忆中丢失，Forget操作只会指特意去释放一些信息，由“记忆超负”引起的问题能够通过存储到工作记忆中的信息（Retain）和释放的信息（Forget）的对比来发现。对长期记忆只有一个操作符＜Retrieve＞。

2）描述外部操作的语法标记

指定义一些主要的动作和感知操作，示例如表4-9所示。

**表4-9 描述外部操作的语法标记**

| Home-hand to mouse |
|---|
| Press-key <key name> |
| Type-in <string of characters> |
| Move-cursor to <target coordinates> |
| Find-cursor-is-at <returned cursor coordinates> |
| Find-menu-item <menu-item-description> |

3）描述心理分析操作的语法标记

交互的过程中除了一些能够被 GOMS 定义出的心理操作外，还有一些复杂的心理操作难以通过 GOMS 模型描述，但其与系统设计没有直接关联。此时可以通过定义操作符来绕过这些操作，这些操作将充当不被进一步分析的心理活动的占位符，示例如表 4-10 所示。

**表 4-10 描述心理分析操作的语法标记**

| |
|---|
| Get-from-task <name> look in the task description for the information tagged with <name> and put the information into working memory. |
| Verify-result Determine whether the result of an operation is what is required. |
| Get-next-edit-location Find out where in the text the next edit will be done. |

## 4.3.4 CPM-GOMS 模型

这是较为复杂的一个 GOMS 系列模型。该模型于 1988 年由邦尼·约翰（Bonnie John）提出并发展而来，和其他的 GOMS 模型的演变形式不同，这个模型没有假设用户的交互过程是一个序列过程，因此该模型能表示多任务行为。CPM-GOMS 代表着两个事物：认知性感觉动作（cognitive perceptual motor）和关键路径方法（critical path model）。在一个关键路径上使用认知、感觉和动作操作来表示行为之间如何并发执行。CPM-GOMS 模型的步骤如表 4-11 所示。

**表 4-11 CPM-GOMS 模型步骤**

| |
|---|
| List all operators user does to perform a task 列举用户的所有操作 |
| List operators in corresponding layers 按照相应的层次（认知、感觉、动作）来列出所有的操作 |
| Draw lines between operators to show the order 用线条表示操作之间的顺序 |
| Assign execution times to steps 为每步分配执行时间 |
| Sum execution times 计算总执行时间 |

美国纽约电话公司（NYNEX）利用 CPM-GOMS 模型分析了一套即将被采用的新的计算机系统的应用效果，为公司节约了数百万美元的资金。当时公司计划使用新的计算机系统，如果使用新的计算机系统，每年接收电话能为公司省下 300 万美元，但是每年新工作台需要投资 1000 万美元。运用 CPM-GOMS 模型进行分析，发现新工作台的速度要比旧工作台慢 3%～4%。当使用新工作台时关键路径上会增加 1 个认知和 3 个动作操作，经过分析，最终放弃了新的计算机系统。

## 4.3.5 GOMS 系列模型的应用

Kieras（1994）曾经总结了 GOMS 模型在四个方面的应用价值，分别为：定性评估设计，例如，可用于评估设计的自然性、完整性、清晰性、一致性和有效性；预测人类的绩效，例如，评估学习时长、评估执行时间、分析交互中的心理负荷；为系统改进提供建议；用于系统程序文档的分析。国外很早就开始关注 GOMS 系列模型在人机交互相关研究议题中的应用，研究焦点随着人机交互领域的热点而变。20 世纪 90 年代的早期阶段主要是桌面系统，关注使用操作系统内嵌的功能以及一些常规办公软件的使用效率。早在 1992 年，Carmel 等（1992）将 GOMS 模型用于分析专家和新手的超文本浏览行为，不仅确定了三种浏览策略分别为以搜索为导向的浏览、回顾式浏览以及扫描式浏览，还发现专家和新手在浏览策略上有差异。Smelcer（1995）的一项研究将 GOMS 模型用于分析数据库结构化查询语言的书写任务，揭示导致用户错误编写的多重认知原因。

21 世纪以来，GOMS 系列模型的研究和应用范围逐渐加深扩大，涉及任务分析、界面评估、界面优化设计和交互行为分析等不同的研究问题。同时由于手机、平板电脑、网络等技术的流行，界面的形式突破了台式电脑和笔记本桌面系统的局限，GOMS 系列模型的应用领域也从办公场所扩展到工业控制、智能家居、医疗健康等不同的场景。其中，由于移动设备的兴起和普及带来了不同于桌面系统的新体验，产生了多项关注移动界面的交互行为的研究。例如，St Amant 等（2007）将 GOMS 模型和 ACT-R①模型用于分析用户在手机界面执行 5 个简单的菜单遍历任务的绩效。Myung（2004）将 GOMS-KLM 模型用于手机操作文本输入行为分析，通过其中对心理操作的时间计算，识别 3 种心理操作：识别、回忆和确认，证实该模型是手机领域文本输入用户界面评价的一个有效工具。Jung 和 Jang（2015）关注智能手机的设计，提出一种两步触摸法的思路，改善智能手机上网时的导航的可用性和用户体验。

GOMS 模型能为不同的界面评估对比提供量化依据：Cox 等（2008）使用 GOMS-KLM 模型比较使用语音识别和多点输入、预测文本（两种最常见的文本输入方法）与手机菜单交互和编写文本消息的速度，证实了语音交互是一种有效的输入方式。Gartenberg 等（2013）对比了一个移动健康应用程序的新旧版本在回顾性数据输入功能上的差异，基于 GOMS 模型的用户交互时间比较发现，新界面的回顾性睡眠跟踪功能使用更快，但回顾性习惯跟踪功能使用较慢，建议移动应用程序的设计不仅应减少用户输入数据所需的时间，而且还应符合用户对其行为的心智模型。

利用 GOMS 模型的结论为界面优化提供指导，例如，Oyewole 和 Haight（2011）在考虑到输入设备个人偏好的基础上，基于 GOMS 模型建立了寻找最优路径的规则，用于指导专家系统设计，旨在解决用户浏览网站但不熟悉网站结构时存在困难的问题。Saitwal 等（2010）使用认知任务分析（cognitive task analysis）和 GOMS-KLM 模型，对电子健康档案系统（armed forces health longitudinal technology application，AHLTA）用户界面分析，发现在执行 14 项典型任务时用户平均总步数较多，执行时间较长，心智操作比例较高，以此结论指导系统界面优化工作。

国外对 GOMS 模型的应用较为注重实用性和解决现实问题。早期的一项研究利用 GOMS 模型定性地描述伦敦地铁自助售票系统的操作流程，提出了效率优化方案（Baber

---

① ACT-R（adaptive character of thought-rational）是一种关于人类认知机制的理论模型，1976 年由美国科学院院士安德森（Anderson）教授提出。

and Stanton，1997）。Gao 等（2013）选取核电站领域，将 GOMS-KLM 模型与其他 6 种心理负荷测量方法（即瞳孔大小、眨眼频率、眨眼持续时间、心率变异性、副交感/交感比率、总功率）在敏感性、有效性和侵入性方面进行比较，以为核电站应急操作规程设计找到合适方案。Schrepp（2010）将 GOMS 模型用于评价残疾用户界面设计的效率，为提高网站可达性提供指导，类似的还有关注认知障碍人群的人机交互界面（Chikhaoui and Pigot，2010）。这些实用化的研究扩大了 GOMS 在工业领域的影响力。

国内学者逐渐开始注意到将 GOMS 系列模型用于流程设计、产品开发、界面优化、移动设备、任务分析、界面评估等问题中。例如，苑永胜和陈炳发（2016）以 GOMS 模型为基础，探讨了购物流程中的情景设计、任务金字塔、任务过程和决策分析，为优化购物流程提供依据。一项针对图书馆网站界面上采用对话框和图形用户界面两种形式实现中图法分类号和主题词相互转化目标的 GOMS 模型对比，发现对话框界面交互需要的时间更短（袁新芳，2012）。还有一项研究将 GOMS 模型应用于科学发现学习活动中，对科学发现学习进行认知任务分析，为基于计算机的科学发现学习环境中的学习活动建模、认知诊断等问题提供了理论基础（陈刚和石晋阳，2013）。最近的一项研究采用了 KLM，分析淘宝、京东、亚马逊、宜家 4 个网络购物平台的购物流程并开展绩效实验，为改善和优化设计提供理论依据，研究逐渐关注现实的需要（苏畅等，2021）。总体来看，我国学者对 GOMS 模型在人机交互领域的关注不多，无论是研究设计还是应用价值都不够深入，早期的研究主要停留在一些简单的交互操作任务分析和理论探讨阶段，缺乏实用性的成果。

## 4.4 人机交互中的任务分析

任务分析被认为是人机交互的核心，任务分析能对用户活动进行严格的、结构化的描述，为调查现有做法提供了框架，以便于复杂系统的设计。任务分析有助于帮助我们理解用户的目标以及他们每个行为所试图达成的目的，用户在当前用于达成目标所采取的行为或步骤，用户在完成任务过程中的个人、社会和文化体验，以及用户试图达成目标的过程中物理环境施加的影响力。

最早对任务的关注可追溯到古典管理理论时期，科学管理之父泰勒对工人的表现进行精准的计时，并且制定完成各种任务所需要的时间标准，吉尔布雷思对美国建筑公司工人进行砌砖作业实验，通过快速摄影机将工人砌砖动作拍摄下来进行动作分析，来发现更有效率的动作。但是这些研究没有考虑执行任务时的人类因素的限制，因此后来学者将其扩展到人员选择、工作方法、劳动标准和动机等。例如，赫茨伯格的双因素理论中引入了非常规的、更困难的任务或者更专业的任务，或者赋予员工更多的权力，能帮助员工满足更高层次的需求（如尊重和自我实现），这是较早将任务分析方法与员工的工作满意度和心理状态联系起来的理论。

前面介绍的 GOMS 系列模型也是一种任务分析方法，此外还出现了层次任务分析（hierarchical task analysis，HTA）、认知任务分析和活动理论等较有代表性的任务分析方法或者理论。

### 4.4.1　层次任务分析

层次任务分析（HTA）是一种面向系统的人类工效学方法，受到早期古典管理理论研究中动作分解研究的启发，采取自顶向下的任务分析策略。Annett（2004）是推动层次任务分析方法形成、推广和发展的代表人物。他梳理和总结了早期古典管理理论中对人类绩效、动作分解研究中所取得的成就，指出层次任务分析的最初发展努力是为了更好地理解认知任务。随着工业工作实践自动化程度的提高，工人任务的性质在 20 世纪 60 年代发生了变化。Annett 认为，由于这些任务涉及重要的认知成分（如监测、预测和决策），因此需要分析和表现这种工作形式的方法。Annett 等在最早阐述层次任务分析方法时明确指出，该方法基于人因绩效理论，他们提出三个问题可作为对任务分析方法的评价标准，即：它是否会带来积极的建议？它是否适用于有限范围的任务？它是否有理论依据？Annett 等认为层次任务分析理论建立在目标导向行为的基础之上，目标导向行为包括一个由计划联系起来的子目标层次结构。因此，实现一个目标的绩效可以在多个层次的分析中描述。这些计划决定了触发任何子目标的条件。Annett 等提出了影响层次任务分析方法演变的 3 个基本原则：①在任务的最高级别，将任务看作由操作组成，操作是根据其目标定义的，目标意味着系统在生产单元、质量或其他标准的目的；②操作可分为子操作，每个子操作由一个子目标定义，再通过其对整个目标输出或目标的贡献进行实际测定，因此可根据性能标准进行测量；③操作和子操作之间实际是包含关系，这是一种层级关系。尽管任务通常是程序化的，即子目标必须按顺序实现，但情况并非总是这样。

层次任务分析（HTA）的基本原则的宽泛性使得其很难形成一个严格的方法流程，Stanton（2006）总结了一个基本的 HTA 使用流程，包括以下 9 个步骤，实际可以根据具体情形调整（表 4-12）。

**表 4-12　层次任务分析的基本流程**（Stanton，2006）

| 步骤 | 基本流程 |
|---|---|
| （1）定义分析的目的 | 利用 HTA 分析的目的取决于实际要解决的问题，如进行系统设计、操作流程设计、工作量分析等现实问题决定 HTA 不同的分析目的 |
| （2）定义系统描述边界 | 分析目的的不同带来系统边界的变化，例如，分析目的是开发个人工作文档时，系统的边界是绘制个体执行的任务。当目的是分析团队合作的协调和交流时，系统的边界是整个团队的成员的任务集合 |
| （3）尽可能获取系统的有关信息 | 运用各种数据收集手段（如观察、专家评审、访谈、走查、模拟操作）来获得有关的信息，同时保证来源可查，Annett（2004）曾指出通过多种数据源的比对审查能够最有效地保证信息的准确性 |
| （4）描述系统的总目标和子目标 | HTA 最终会形成一个由总目标和子目标构成的层次结构模型，在每一层目标中都有相应的操作来定义。Patrick 等（1986）将任务的陈述概括为三个要素：活动动机，指任务的目标；性能标准，指目标完成的标准，如速度、准确性、出错率等；条件，指任务执行的条件，如环境、工具、材料等 |
| （5）尽可能控制每一个上位目标下的子目标数目较少，如 3～10 个 | Patrick 等（1986）推荐子目标数目保持在 4～8 个为宜，如果超过 10 个，就需要检查子目标是否可以合并，而如果只有 1 个子目标也不可取 |

续表

| 步骤 | 基本流程 |
| --- | --- |
| （6）建立上位目标和子目标的关联，描述每个子目标的触发条件 | 分析任务的过程采取的是一种自顶向下的计划（plan），从总目标开始到触发子目标的条件，再到遇到退出子目标条件。Shepherd（2001）识别6种不同的计划：固定序列（fixed sequences）、或然序列（contingent sequences）、选择（choices）、可选完成（optional completion）、并发操作（concurrent operations）和循环（cycles）。这些不同的计划形成不同的子目标触发条件，对于复杂的任务，还存在不同计划的组合。触发的条件可以是时间、环境、前列完成的子目标、系统状态、信息接收等。除了为每个子目标设置触发条件外，退出子目标的条件也同样重要，否则任务的分析就会陷入死循环状态 |
| （7）当判断分析达到目的时，停止对子任务的分解 | 停止进行子任务分解的规则是满足失败的概率（$P$）乘以失败的成本（$C$）到可接受的水平下，这是一条较为粗糙的规则，很难对 $P$ 和 $C$ 进行量化。尽早停止分析可能比在有用的时候继续分析更好。描述的级别可能高度依赖于分析的目的，因此可以想象，在分析的哪个点上可以生成停止规则。例如，在分析团队工作时，分析可能会在子目标涉及信息交换（从一个代理接收、分析和向另一个代理发送信息）时停止。实际应用中，分析的停止点通过在层次结构图的最低级别子目标下加下画线来表示，或者在层次结构列表中用双斜杠（//）表示，意味着执行到该子目标为止 |
| （8）尝试和主题专家一起分析 | Annett（2004）指出，与主题专家一起检查 HTA 是很重要的。这既有助于验证分析的完整性，也有助于专家形成归属感 |
| （9）做好修改分析的准备 | 不要期望 HTA 分析的过程是一蹴而就的，多次反复的修改分析对构建层次分析模型十分必要，其他分析人员也可以对一个现有的分析文档进一步修改和重新使用 |

图 4-12 为根据上述步骤绘制的 HTA 模型中子目标的形成过程。

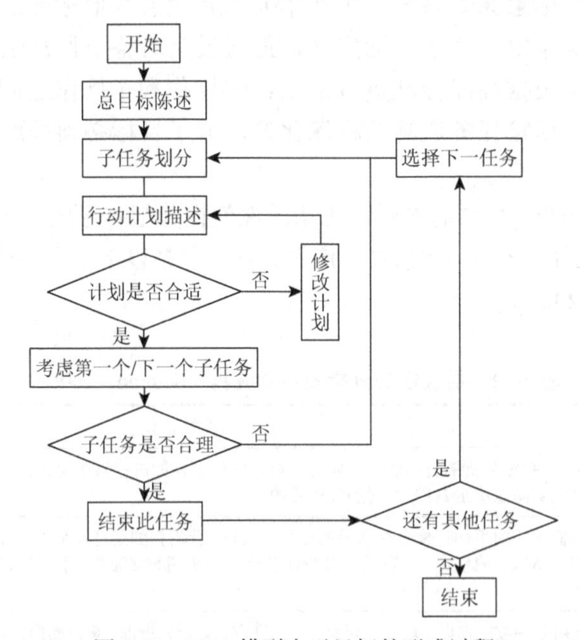


图 4-12　HTA 模型中子目标的形成过程

HTA 分析的输出结果可以采用树状结构的层次图表示，能清楚明了地反映父、子目标的谱系关系，但是如果任务规模很大，这种层次图就不合适，此时，采用分层列表的方式更好。图 4-13 和表 4-13 是以某视频分享社交网站信息构建的任务分析为例，分别采用层次图和分层列表的方式展示 HTA 的输出结果，其中使用层级数字来表示总目标和子目标。

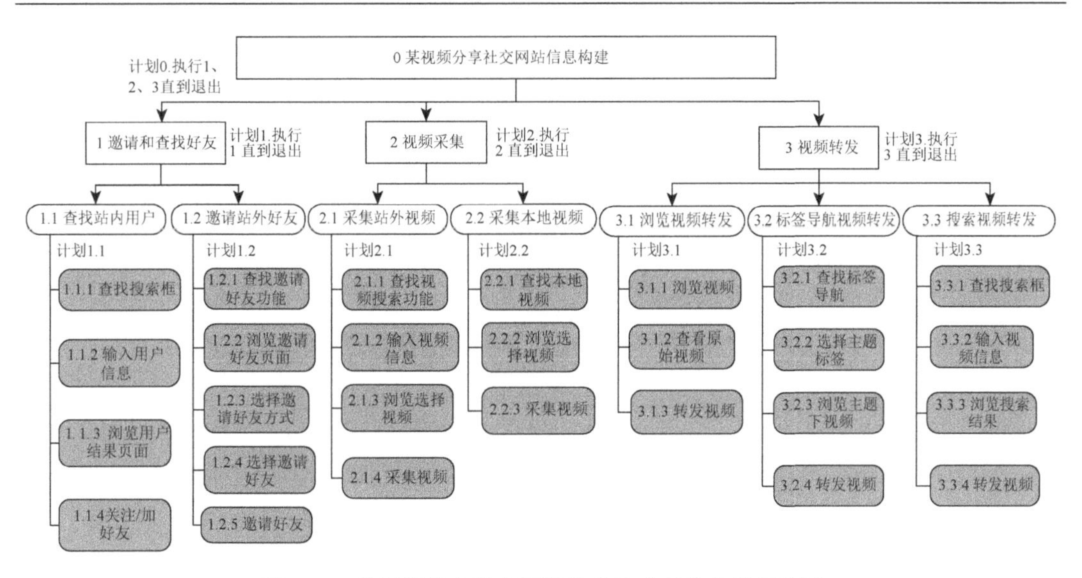


图 4-13　某视频分享社交网站信息构建任务分析层次图

**表 4-13　某视频分享社交网站信息构建任务分析分层列表**

0 某视频分享社交网站信息构建
计划 0：执行 1、2、3 直到退出
　　否则 退出
　　　1 邀请和查找好友
　　　计划 1：执行 1.1、1.2，直到退出
　　　　　1.1 查找站内用户
　　　　　　　计划 1.1：执行 1.1.1、1.1.2…直到退出
　　　　　　　1.1.1 查找搜索框
　　　　　　　1.1.2 输入用户信息
　　　　　　　1.1.3 浏览用户结果页面
　　　　　　　1.1.4 关注/加好友
　　　　　1.2 邀请站外好友
　　　　　　　计划 1.2：执行 1.2.1、1.2.2…直到退出
　　　　　　　1.2.1 查找邀请好友功能
　　　　　　　1.2.2 浏览邀请好友页面
　　　　　　　1.2.3 选择邀请好友方式
　　　　　　　1.2.4 选择邀请好友
　　　　　　　1.2.5 邀请好友
　　　2 视频采集
　　　计划 2：执行 2.1、2.2，直到退出
　　　　　2.1 采集站外视频
　　　　　　　计划 2.1：执行 2.1.1、2.1.2…直到退出
　　　　　　　2.1.1 查找视频搜索功能
　　　　　　　2.1.2 输入视频信息
　　　　　　　2.1.3 浏览选择视频
　　　　　　　2.1.4 采集视频
　　　　　2.2 采集本地视频
　　　　　　　计划 2.2：执行 2.2.1、2.2.2…直到退出
　　　　　　　2.2.1 查找本地视频
　　　　　　　2.2.2 浏览选择视频
　　　　　　　2.2.3 采集视频

续表

3 视频转发
计划 3：执行 3.1、3.2、3.3，直到退出
3.1 浏览视频转发
计划 3.1：执行 3.1.1、3.1.2…直到退出
3.1.1 浏览视频
3.1.2 查看原始视频
3.1.3 转发视频
3.2 标签导航视频转发
计划 3.2：执行 3.2.1、3.2.2…直到退出
3.2.1 查找标签导航
3.2.2 选择主题标签
3.2.3 浏览主题下视频
3.2.4 转发视频
3.3 搜索视频转发
计划 3.3：执行 3.3.1、3.3.2…直到退出
3.3.1 查找搜索框
3.3.2 输入视频信息
3.3.3 浏览搜索结果
3.3.4 转发视频

HTA 是一个对界面设计很有用的任务分析方法，因为它能帮助设计者预见到用户活动所要达成的目标、任务、子任务、操作和计划。HTA 对分解复杂的任务很有用，但是对任务的分析视角较窄，通常需要和其他的任务分析方法结合使用以提高其有效性。它已被应用于一系列场景，包括界面设计和评估、训练、功能分配、工作描述、工作组织、工作辅助设计、工作流程设计、错误预测、工作量评估、团队任务分析等不同的问题中。Astley 和 Stammers（1987）从人机交互的角度将 HTA 用于描述系统和操作员之间的信息流动，提出了一种扩展的表格格式，可用于分析操作员知识和技能、功能分配问题，操作员特征和培训问题。这种表格格式允许对子目标进行详细审查，并且该格式很容易适用于许多不同类型的分析。该 HTA 分析输出结果如表 4-14 所示。

**表 4-14　HTA 分析输出结果**

| 总目标 | 计划 | 操作 | 信息流 | 假定的信息 | 任务分类 | 注释 |
|---|---|---|---|---|---|---|
| **0. 操作装置** | 1→2 & 3 直到 4. 执行 5，结束转换时执行 6 | 1. 启动装置 | →启动<br>←装置选项选择 | 启动程序 | 程序 | |
| | | 2. 正常运行装置 | ←装置操作和监控<br>→控制信息 | 装置流和操作程序的知识 | 操作 | |
| | | 3. 进行故障检测和故障诊断 | ←默认数据 | | | |
| | | 4. 关闭装置 | →启动关闭 | 对故障的理解<br>关闭程序 | 故障检测和诊断<br>程序 | |
| | | 5. 操作电话和广播<br>6. 每日报告 | ←装置<br>数据日志 | 操作知识<br>报告程序 | 操作<br>程序 | |

对 HTA 的批评主要源于该方法的系统中心性问题，虽然认为用户是通过使用可用的

资源来实现既定的目标，但是用户的认知过程依然是一个黑箱。HTA 未能用系统的方法来处理人类活动所处的丰富的社会和物理环境，同样也无法支持分析系统流和动态变化所需的组件。这些局限性需用更丰富的理论结构来发展对人类活动的全面理解。

HTA 方法建立在坚实的理论基础之上，而且侧重于解决现实问题，被应用于各种领域。同时，在坚持最初的三项指导原则下，不断地发展、延伸和完善，为工业界和学术界的工效学家提供了一种对子目标进行系统分析的核心策略或者框架。

### 4.4.2　认知任务分析

随着任务变得越来越复杂、知识密集，且需要越来越一体化的技术支持，传统的任务分解形式似乎有一个过度限制的范围（Barnard and May，2000），于是在 20 世纪 80 年代早期，出现了用于分析交互过程中用户的认知活动的认知任务分析（cognitive task analysis，CTA）方法，更关注抽象的、高层次的认知功能（Militello and Hutton，1998）。认知任务分析方法的思想来源主要有 6 个方面：①科学心理学的发展使认知研究转向科学实验方面。②人工智能的发展促使认知任务分析的形成。③计算机和关于记忆与程序的相关概念为认知任务分析提供一种有力的分析技术。④认知系统工程、认知构架、人机交互等领域的出现，共同促成认知任务分析的发展（其中一个标志事件是三英里岛核事故，认知任务分析成为研究复杂的、产生严重后果的环境中（如核污染）人类的认知和行为的共同用语，揭示了人机交互的模式和原则）。⑤深入理解人机交互的机制以支持界面设计，认知任务分析获得长足发展。关于思维的计算机模拟以及发展专家系统都需要认知任务分析方法。⑥实地考察领域，如人种学、认知人类学等问题研究中，认知任务分析的应用范围进一步拓宽。

总之，要能够理解人类认知活动的本质和特征，我们需要一种有效的方法来阐明人类认知任务及其相关的情境。认知任务是指由目标引导的一系列相关的心理活动（Militello and Hutton，1998），这些活动是难以观察的，认知任务分析对依赖专门知识的认知方面的任务有价值，例如，决策制定或者问题解决，因此认知任务分析是对执行任务所需要的认知技能的描述。有学者认为认知任务分析能和其他的方法相结合提供关于任务性能的完整画像，同时，不需要额外的训练和实施资源。Schraagen 等（2000）对认知任务分析的定义为对传统的任务分析技巧的扩展，融合了任务执行性能下关于知识、思维过程、任务结构的信息。从这些定义中，我们可以看出，认知任务分析是一个与知识如何产生和如何表达有关的过程，认知是基于“语境的认知”，任务指人类复杂认知系统试图获得的结果，分析则是分解人类的复杂认知系统，找出各认知子系统的关联，构建整体上的认知。

严格来讲，认知任务分析不是特指某一种具体的任务分析方法，而是旨在为理解工作绩效的认知元素提供的一种策略，不少学者将这种策略用于分析复杂的认知活动中的认知任务，实际应用中形成各类不同的认知任务分析方法。Wei 和 Salvendy（2004）总结了主要的认知任务分析方法在特征、输入、输出、流程方面的区别，将这些方法分为以下四类。

第一类为观察和访谈，指通过直接观察或者和主体交谈来获得对认知任务的认识。

这类非正式方法非常适合认知任务分析的初始阶段，既需要定义领域和环境，也因其自然性，可以有助于建立主体之间的融洽关系。另外，这类方法的结果经常是半结构化或者非结构化的数据，难以解释，用于任务分析的特定流程也不清晰。代表性的方法有观察、非结构访谈和结构访谈。

第二类为过程追踪，指追踪特定任务的执行过程。属于这一类的方法都和特定的任务关联，通常和任务的性能共同使用。这类方法采集的数据和第一类不同，更多的是一些预先指定的类型（如口头报告），用于推断认知过程或者任务执行性能所需知识。在口头报告类方法（如发声思维）中，用户描述所看、所做，且解释为何在一项任务的执行中这样做，并通过视频或者音频记录。由于过程追踪是针对特定任务的，所以任务选择的代表性尤为重要，要能反映出用户真实的任务场景。过程追踪方法要比前一类方法更正式，有较为规范的分析步骤，数据采集过程也较容易。但是这类方法通常是基于口头报告的数据，因而受制于口头报告数据的局限性。此外，这类方法产生大量的、难以管理的数据集合，很难形成有意义的解释。属于该类的代表性方法有认知走查法（cognitive walkthrough）（Clarke，1987）、口头报告法（verbal reports）以及协议分析法（protocol analysis）（Ericsson and Simon，1984）。

第三类为概念技术，指生成与分析的任务有关的领域概念和概念结构关系。这是一种间接分析的方法，比访谈和口头报告需要更少的内省和言语，在处理多个作业分析器时效果也较好。作为输入的相关估计可以在多个作业分析器上聚合，以生成复合结构表示。这类方法可能生成和任务性能无关的信息，且方法的核心在于数据的精简，揭示领域最有意义的特性。因此，它提供的是一个对大数据集合的客观解释的方法。这类方法的局限性表现在以牺牲层次、规则和策略为代价而只关注于概念知识。代表性方法有概念图分析（Gordon et al.，1993）、一致性组件（Fisk and Eggemeier，1988）、图解法（Lesgold et al.，1988）、心理量表评分（Ryder and Zachary，1991）、栅格法（Mancuso and Shaw，1988；Boose，1990）、排序（Geiwitz et al.，1990）等。

第四类为形式模型方法，即使用认知模型来模拟认知任务执行。对这些认知模型，任务分析不需要进行修改，仅需要粗略地描述产品。这样做可以节省时间和费用，因为在产生模型、原型或实际产品的成本前，就可以决定可用性的重要方面。这类方法的局限性表现在建立模型的过程费时费力，大多数模型都是基于理论假设的，如果环境或者场景发生改变，模型需要相应地调整。不同的模型可能会得出合理而不同的结论，而对这一现象的解释需要研究人员进行深入的思考。代表性的方法有多维尺度量表（multi-dimensional scaling）（Klein et al.，1989），思维适应性控制（adaptive control of thought，ACT）模型（Anderson，1993），人类处理器模型（Card et al.，1983，1986）以及本书介绍的 GOMS 模型等。

在分析各种认知任务分析方法所描述的认知任务特征的基础上，Wei 和 Salvendy（2004）还基于人类信息处理理论提出以人为中心的信息处理模型（human-centered information processing model，HCIP），为描述人类的认知活动领域提供了一个全景框架（图 4-14）。该模型假设人类的信息处理能力是有限的，包括注意力和工作记忆容量的有限性，通过 11 个模块来反映任务性能对认知属性的影响以及认知影响因子之间的关系。认知属性

(cognitive attribute）指各种与认知有关的人类特质，这些特质可以是具有“能力倾向”性的，也可以是“情境”性的，即个体对环境的适应性。其中，模块1～7为功能模块，表示主要的心智活动或者功能类型；模块8和9为资源模块，主要为注意力和记忆力。模块10和11为认知影响因子模块，分别为动机和环境（Wei and Salvendy，2004）。

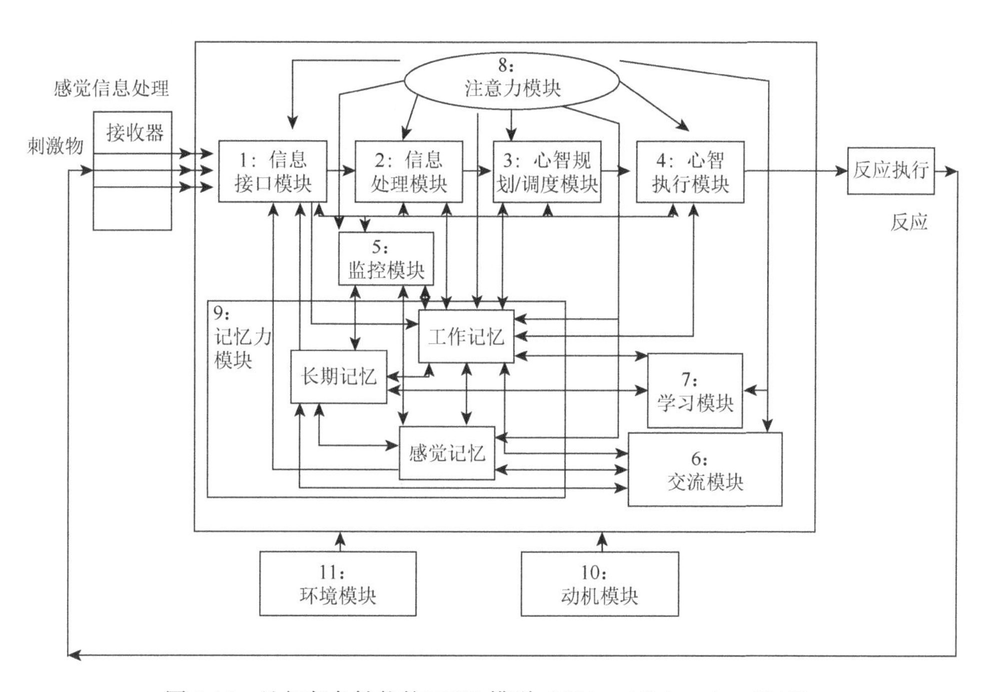


图4-14　认知任务性能的HCIP模型（Wei and Salvendy，2004）

认知任务分析代表着一种获取任务知识的分析技巧，由于任务知识的隐性特征，因此使用认知任务分析方法比层次任务分析方法中明确的行动知识要具有更多的挑战。“明确工作的内隐知识和认知加工要求”是认知任务分析的一个基本要求。和层次任务分析这类模型相比，认知任务分析增加了对现代任务环境中许多重要的认知方面的理解，在真实的任务情境中研究认知功能是非常困难的，有学者提议形成一些自动化的认知任务分析技术或者开发出简单的“实践者工具包”（Militello and Hutton，1998)。使用认知任务分析模型需要研究人员更深入地参与到用户的工作环境下，关注特定的知识背景、激发出用户各种有关任务的知识，因此一些探索性的质性数据分析方法，如访谈、观察、民族志等对于认知任务分析非常有用。

认知任务分析在与人类认知活动有关的问题的研究中有着广泛的应用，如网站测评、系统设计、视觉搜索、工作流程设计、教学培训、学习考试等。

### 4.4.3　活动理论

苏联著名的心理学家 维果茨基（Vygotsky）于1978年首次提出活动的思想，从社会文化历史的角度探究人类活动中行为改变的原因。后来，该思想经文化历史学派主要代表人物列昂季耶夫（Leontyev）以及芬兰学者恩格斯托姆（Engestrom）等进一步完善而成熟，创建了活动理论（activity theory，AT）。Vygotsky 认为人的活动一个重要特征是工具的中介性（tool-mediated），即机体是通过中介工具而对外部刺激作出间接的反应。Leontyev 将活动的概念进一步拓展，认为活动包括外部实践和内部思维，两者具有相同的结构，在 Leontyev 看来，人类活动具有对象性（object-oriented）。Engestrom 将上述两学者的观点进行综合，在其基础上又提出人的活动的本质是具有社会性，即共同体（community），即人类是在纷繁复杂的社会关系中从事各类活动。活动理论的核心思想是人类的外部实践活动与内在的思维活动有关，可以通过对外部活动的研究和探讨来洞察内在的思维，对活动结构和组成要素进行考察。

Engestrom 将活动理论划分为三个阶段的观点是该理论发展历程中非常重要的研究取向。第一代活动理论主要是苏联的活动理论，认为人类活动受到中介工具的调节（图 4-15），以 Vygotsky 的工具中介行动模型为代表，后经 Leontyev 继承，经 Engestrom 改造为个体心理活动模型。

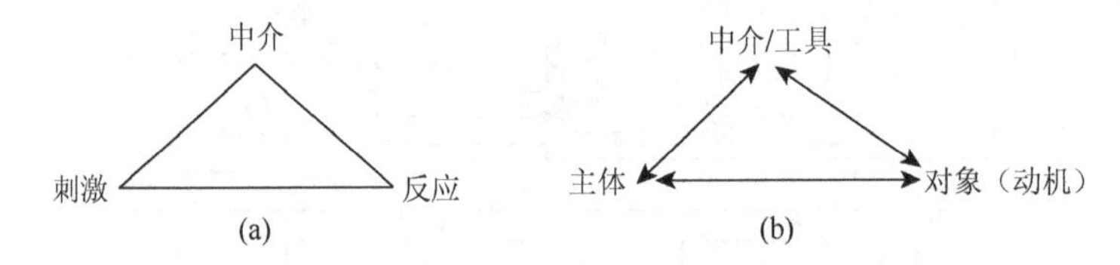


图 4-15　工具中介行动模型（a）和个体心理活动模型（b）

Engestrom 进一步发展后，建立了第二代和第三代活动理论，第二代活动理论和第一代活动理论的主要区别是第一代强调个体的独立活动，没有考虑到活动主体与主体之外的其他社会成员之间的社会关系，这一点正是第二代模型的特点（图 4-16）。该模型包括 6 个组成部分和 4 个子系统（图中的 4 个小三角形），其中主体、对象、工具（中介）都来源于第一代模型，增加了共同体、规则、劳动分工 3 个要素。模型的上半部分三角形反映的是第一代模型的思想，下半部分则是将个体的活动置身于共同体中，认为任何一个活动都是处在一定的社会环境和社会关系共同体中。

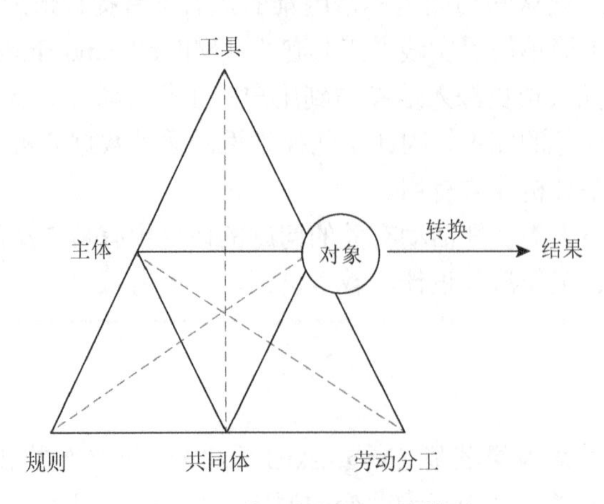


图 4-16　第二代活动理论模型

在第二代活动理论模型提出之后，Engestrom 又意识到该模型只是简单地将人类活动纳入一个简单的共同体中，而忽视了不同文化之间的交流。因此，2001 年，Engestrom 提出了以“对话、多重视角和交互网络”为主要特征的第三代活动理论，也是迄今为止最有影响力的活动理论之一，将活动理论的应用推广到多个领域。如图 4-17 所示，在这个模型中，多个活动之间相互交流和互动，存在一个称为“潜在共享目标”的要素，它是多个对象的共同理解。Engestrom 提出第三代活动理论的五个基本原则分别为：①作为分析单位的是情景化的活动系统（situated activity system）。这有别于 Leontyev 提出的将动作作为人类活动分析的基本单位的观点。②活动系统的多声性（multi-voicedness），这一原则源于不同的参与主体的多样性的文化、历史背景，因而需要一套概念工具来理解不同立场、不同视角主体的交互式活动系统。③活动的历史性。指活动系统的塑造和转型需要一段较长的历史，对活动的分析要将其放置于历史的背景下。④矛盾是促使集体活动得到转型性发展的主要动力。矛盾作为活动中的中心，是活动分析的关键要素。⑤活动系统存在拓展性转型（expansive transformation）的可能。当主体围绕对象和活动目的接受了一个更为激进、范围更广的活动时，就可能产生质变。

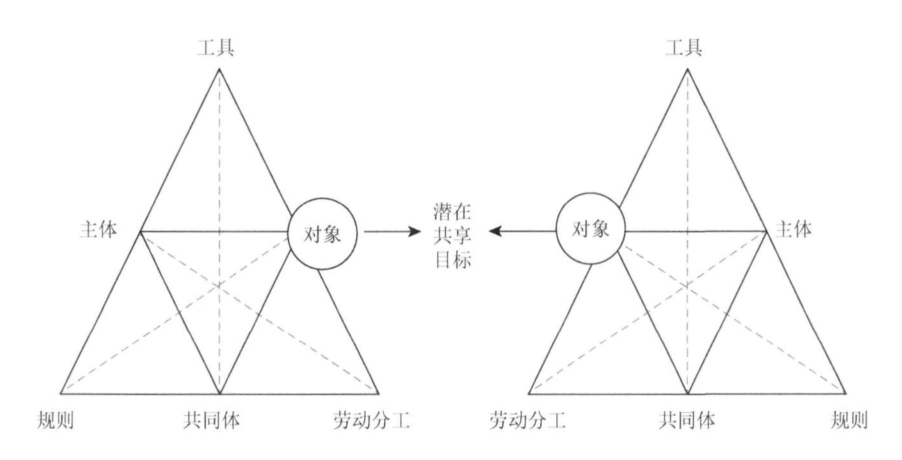


图 4-17　第三代活动理论

活动理论不仅是一个关于人类活动的理论，而且经过一系列改造，成为分析人类社会活动的一个重要的方法论。20 世纪 80 年代末到 90 年代初，该理论被引入人机交互领域，Bødker 首先尝试着将活动理论用于分析和设计计算机技术，考虑的是人类使用计算机进行的活动而不仅仅是人和计算机的交互。后来，越来越多的研究中都能看到活动理论的应用，活动理论已成为人机交互中极具影响的理论之一，为复杂的现实环境提供了一个解释框架。Clemmensen 等（2016）的一项元综合研究对 109 项使用活动理论的文献的分析结果表明，人机交互领域使用活动理论的 5 个主要目的如下。①分析该理论的独特性、原理和问题，并与其他人机交互领域中关注情境的理论进行比较；②将活动理论与其他理论结合，构建新的理论工具；③在现存概念体系下开发新的概念或扩展现有概念的应用；④指导和支持实证研究；⑤将活动理论作为设计框架和指南。应用活动理论的研究主题包括知识构建、合作行为、视频游戏、计算机任务复杂性评估、任务设计等。

### 4.4.4　任务分析方法比较和发展

Crystal 和 Ellington（2004）提出：任务分析方法的发展实际上折射出人机交互的研究历程和演变趋势。对人机交互中人类活动的理解经历了从关注工效学方面到关注概念化（即信息处理过程）再到关注工作过程（即情境）的演变。不同的任务分析模型或者理论对人机交互的研究侧重点不同，从图 4-18 可以看出，以层次任务分析、层次分解这类方法主要强调工效学，属于技术方法一类；本章介绍的 GOMS 模型、认知复杂理论、认知任务分析等强调了概念化过程，属于概念方法一类；活动理论则属于描述工作过程的方法，关注工作情境。

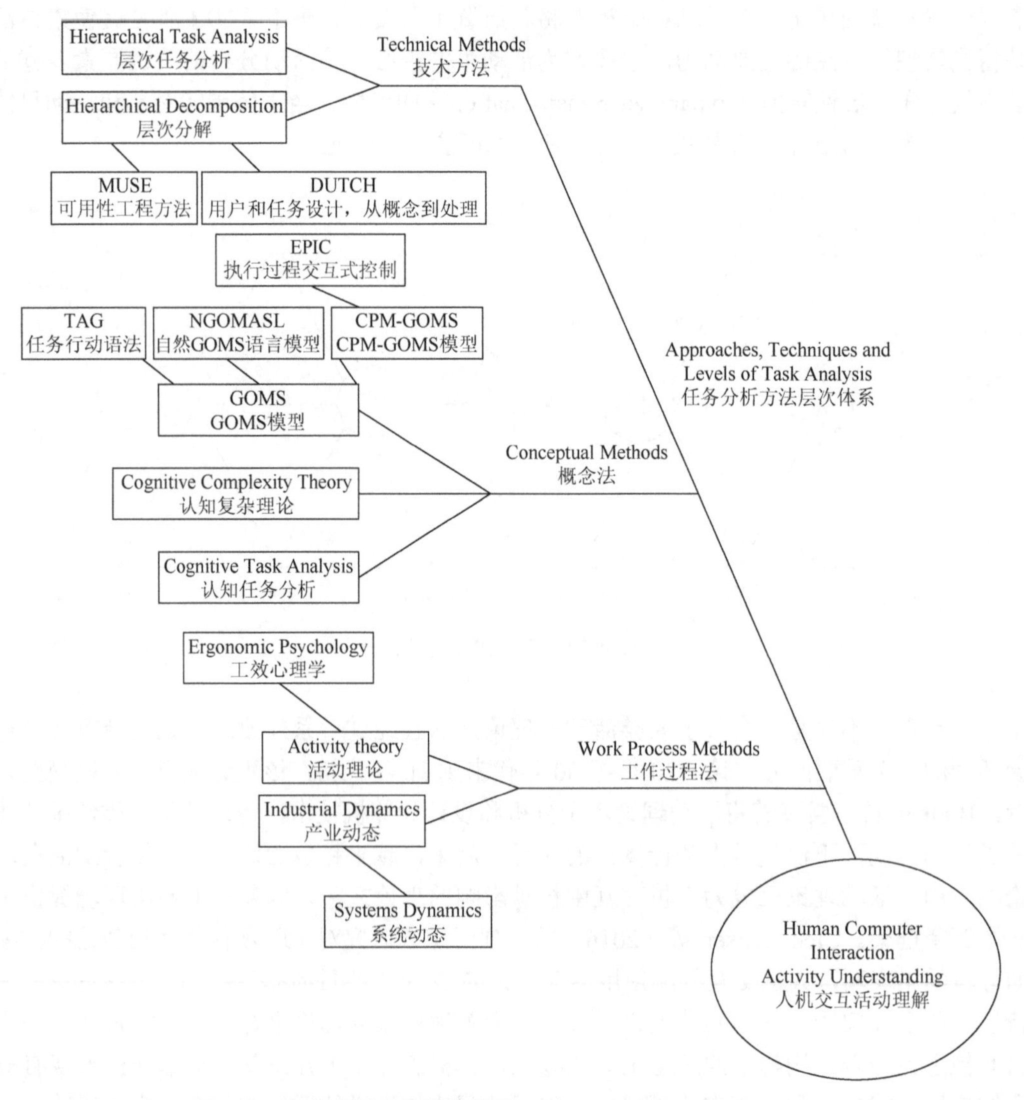


图 4-18　任务分析方法层次体系（Crystal and Ellington，2004）

这些主要的任务分析方法的执行效率和有效性比较如表 4-15 所示。

**表 4-15　主要的任务分析方法比较**

| 分类 | 方法 | 执行效率 | 有效性 |
| --- | --- | --- | --- |
| 技术方法类 | HTA | 将复杂任务分解为子任务；复杂的活动需要广泛的层次结构/图表 | 改进了问题诊断，对并发操作有用；未考虑系统动力学 |
| | GOMS | 需要对击键层交互详细分析 | 提高生产力；不适合宽泛的问题分析；忽视了语境因素 |
| 概念方法类 | CTA | 对研究的领域定义一套一致的知识表示；需要深入参与到特定的知识领域 | 提高对任务认知方面的理解；捕获任务专门知识；未能充分融入学习、语境和历史因素 |
| 工作过程方法类 | AT | 分析的是活动，而不是任务，这意味着可能会大大增加范围和复杂性；需要类似民族志的文化知识 | 能解释学习效果；扩大技术范围；需要高度抽象；没有一套严格的方法；难以系统地应用 |

对今后任务分析方法的发展，Crystal 和 Ellington（2004）还从可用性和集成角度进行了展望。首先，从可用性来看，大部分任务分析方法都存在可用性低、难以理解、执行困难等问题。Chipman 等（2000）也认为“认知任务分析产品的可用性是未来的另一个主要问题……目前，在认知任务分析的讨论中，关于认知任务分析产品的使用，人们所说的太少了”。开发新的轻量级或“折扣”任务分析技术应作为一个方向，这些技术既易于使用，又具有信息性。可用性工程师已经采用了认知走查和启发式评估等简单的技术，但这些方法牺牲了真实任务分析的丰富性。今后，可以从开发任务分析软件，提供清晰的框架和自动化分析的常规化等方面来支持设计者和系统分析人员。

从不同任务分析方法的集成角度来看，如何整合任务分析方法在效率和有效性方面的优缺点，做到取长补短，是未来的主要挑战。例如，将 HTA 这类技术模型和 CTA 概念模型结合，优化复杂任务流中的认知活动，或者将高层次的技术模型 HTA 与低层次的 GOMS 模型结合，为任务分析和人类活动分析捕捉更为丰富的信息。有关这些任务分析方法集成的设想能为交互设计人员和交互行为分析人员开拓新的思路。

## 思考与实践

1. 表 4-16 是一位学者为验证菲茨定律［式（4-5）］时在实验中采集的数据，请根据这组数据建立回归方程，画出散点图和回归曲线，对菲茨定律进行推导。

**表 4-16　菲茨推导实验数据（Wobbrock et al.，2008）**

| *A*/像素 | *W*/像素 | ID/bit | MT/ms |
| --- | --- | --- | --- |
| 192 | 16 | 3.70 | 654 |
| 192 | 32 | 2.81 | 518 |
| 192 | 64 | 2.00 | 399 |
| 320 | 16 | 4.39 | 765 |
| 320 | 32 | 3.46 | 613 |

续表

| A/像素 | W/像素 | ID/bit | MT/ms |
| --- | --- | --- | --- |
| 320 | 64 | 2.58 | 481 |
| 512 | 16 | 5.04 | 872 |
| 512 | 32 | 4.09 | 711 |
| 512 | 64 | 3.17 | 567 |

2. 表 4-17 是一位学者为验证希克-海曼法则时在实验中采集的数据，请根据这组数据建立回归方程，画出散点图和回归曲线，对希克-海曼法则进行推导。

**表 4-17　希克-海曼推导实验数据（Seow，2005）**

| 选择数量 n | 响应时间/ms |
| --- | --- |
| 1 | 155 |
| 2 | 265 |
| 3 | 310 |
| 4 | 365 |
| 5 | 400 |
| 6 | 425 |
| 8 | 505 |
| 10 | 530 |

3. 从日常生活中发现菲茨定律或者希克-海曼法则应用的案例，并进行分析。

4. 以一个现实生活中的例子，如图书馆借书、银行 ATM 取款、在线购物等，采用本章介绍的 GOMS 模型分析其任务特征。

5. 从本章介绍的几种代表性的任务分析方法中选择一种进行文献调研和述评。

## 参 考 文 献


陈刚，石晋阳. 2013. 基于 GOMS 模型的科学发现学习认知任务分析. 现代教育技术，23（4）：39-43.

苏畅，周垚，袁晓芳. 2021. 基于 GOMS 模型的网上购物流程设计优化研究. 包装工程，42（6）：113-119.

于璐. 2011. 列昂捷夫的活动理论及其生态学诠释. 长春：吉林大学.

袁新芳. 2012. 基于 GOMS 的图书馆界面定量分析及效率测量. 河南图书馆学刊，32（2）：13-15，70.

苑永胜，陈炳发. 2016. 基于 GOMS 模型的购物流程研究. 机械制造与自动化，45（5）：128-131.

Al-Megren S，Khabti J，Al-Khalifa H S. 2018. A systematic review of modifications and validation methods for the extension of the keystroke-level model. Advances in Human-Computer Interaction，2018（4）：1-26.

Anderson J R. 1993. Problem solving and learning. American Psychologist，48（1）：35-44.

Annett J. 2004. Hierarchical task analysis//Diaper D，Stanton N A. The Handbook of Task Analysis for Human-Computer Interaction. Mahwah：Lawrence Erlbaum Associates：67-82.

Astley J，Stammers R. 1987. Adapting hierarchical task analysis for user-system interface design//Wilson J R，Corlett E N，Manenica I. New Methods in Applied Ergonomics. London：Taylor and Francis：175-184.

Baber C，Stanton N A. 1997. Rewritable routines in human interaction with public technology. International Journal of Cognitive Ergonomics，1（4）：237-249.

Barnard P，May J. 2000. Towards a theory-based form of cognitive task analysis of broad scope and applicability//Schraagen J M C，

Chipman S F，Shalin V L. Cognitive Task Analysis. Mahwah ：Lawrence Erlbaum Associates：147-163.

Boose J H. 1990. Uses of repertory grid-centered knowledge acquisition tools for knowledge-based systems//Boose J H，Gaines B R. The Foundations of Knowledge Acquisition. San Diego：Academic Press：61-84.

Card S K，English W K，Burr B J. 1978. Evaluation of mouse，rate-controlled isometric joystick，step keys and text keys for text selection on a CRT. Ergonomics，21（8）：601-613.

Card S K，Moran T P，Newell A. 1980. The keystroke-level model for user performance time with interactive systems. Communications of the ACM，23（7）：396-410.

Card S K，Moran T P，Newell A. 1983. The Psychology of Human-Computer Interaction. Mahwah：Lawrence Erlbaum Associates.

Card S K，Moran T P，Newell A. 1986. The model human processor：an engineering model of human performance//Boff K R，Kaufman L，Thomas J P. Handbook of perception and human performance. Hoboken：John Wiley & Sons：1-35.

Carmel E，Crawford S，Chen H. 1992. Browsing in hypertext：a cognitive study. IEEE Transactions on Systems Man & Cybernetics，22（5）：865-884.

Chikhaoui B，Pigot H. 2010. Towards analytical evaluation of human machine interfaces developed in the context of smart homes. Interacting With Computers，22（6）：449-464.

Chipman S，Schraagen J，Shalin V. 2000. Introduction to cognitive task analysis//Boyle E，Rosmalen P V，Manea M. Cognitive Task Analysis. Mahwah：Lawrence Erlbaum Associates：1-8.

Clarke B. 1987. Knowledge acquisition for real-time knowledge-based systems//The First European Workshop on Knowledge Acquisition for Knowledge Based Systems，（9）：2-3.

Clemmensen T，Kaptelinin V，Nardi B. 2016. Making HCI theory work：an analysis of the use of activity theory in HCI research. Behaviour & Information Technology，35（8）：608-627.

Cox A L，Cairns P A，Walton A，et al. 2008. Tlk or txt? Using voice input for SMS composition. Personal and Ubiquitous Computing，12（8）：567-588.

Crystal A，Ellington B. 2004. Task analysis and human-computer interaction：approaches，techniques，and levels of analysis// New York：10th Americas Conference on Information Systems（AMCIS）：3201-3210.

Ekman P. 1994. All emotions are basic//Ekman P，Davidson R. The Nature of Emotion：Fundamental Questions. New York：Oxford University Press：15-19.

Ericsson K A，Simon H A.1984. Protocol Analysis：Verbal Reports as Data. Cambridge：MIT Press.

Fisk A D，Eggemeier F T.1988. Application of automatic/controlled processing theory to training tactical command and control skills：1. Background and task analytic methodology//The Human Factors Society 32nd Annual Meeting，32（18）：1227-1231.

Gao Q，Wang Y，Song F，et al. 2013. Mental workload measurement for emergency operating procedures in digital nuclear power plants. Ergonomics，56（7）：1070-1085.

Gartenberg D，Thornton R，Masood M，et al. 2013. Collecting health-related data on the smart phone：mental models，cost of collection，and perceived benefit of feedback. Personal & Ubiquitous Computing，17（3）：561-570.

Geiwitz J，Klatsky R L，McCloskey B P. 1988. Knowledge Acquisition for Expert Systems：Conceptual and Empirical Comparisons. Santa Barbara：Anacapa Sciences.

Geiwitz J，Kornell J，McCloskey B P. 1990. An Expert System for the Lection of Knowledge Acquisition Techniques. Santa Barbara：Anacapa Sciences.

Gordon S E，Schmierer K A，Gill R T. 1993. Conceptual graph analysis：knowledge acquisition for instructional system design. Human Factors：the Journal of the Human Factors and Ergonomics Society，35（3）：459-481.

Hick W E. 1952. On the rate of information gain. The Quarterly Journal of Experimental Psychology，4（1）：11-26.

Hoffmann E R，Lim J T A. 1997. Concurrent manual-decision tasks. Ergonomics，40（3）：293-318.

Hyman R. 1953. Stimulus information as a determinant of reaction time. Journal of Experimental Psychology，45（3）：188-196.

John B E，Kieras D E. 1996. The GOMS family of user interface analysis techniques：comparison and contrast. ACM Transactions on Computer-Human Interaction，3（4）：320-351.

Jung K，Jang J. 2015. Development of a two-step touch method for website navigation on smartphones. Applied Ergonomics，48：148-153.

Kieras D E. 1988. Towards a practical GOMS model methodology for user interface design//Helander M. Handbook of Human-Computer Interaction. North Holland：Elsevier：135-157.

Kieras D. 1994. A guide to GOMS task analysis. https://www.researchgate.net/publication/2738169_A_Guide_to_GOMS_Task_Analysis. [2021-4-2].

Klein G A，Calderwood R，Macgregor D. 1989. Critical decision method for eliciting knowledge. IEEE Transactions on Systems，Man & Cybernetics，19（3）：462-472.

Lesgold A，Rubinson H，Feltovich P，et al. 1988. Expertise in a complex skill：diagnosing X-ray pictures//Chi M T H，Glaser R，Farr M J. The Nature of Expertise. Mahwah：Lawrence Erlbaum Associates：311-342.

MacKenzie I S. 1992. Fitts' law as a research and design tool in human-computer interaction. Human-Computer Interaction，7（1）：91-139.

MacKenzie I S. 2013. Human-Computer Interaction an Empirical Research Perspective. Burlington：Morgan Kaufmann Publishers.

Mancuso J C，Shaw M L G. 1988. Cognition and Personal Structure：Computer Access and Analysis. New York：Praeger.

Militello L G，Hutton R J. 1998. Applied cognitive task analysis（ACTA）：a practitioner's toolkit for understanding cognitive task demands. Ergonomics，41（11）：1618-1641.

Myung R. 2004. Keystroke-level analysis of Korean text entry methods on mobile phones. International Journal of Human-Computer Studies，60（5-6）：545-563.

Oyewole S A，Haight J M. 2011. Determination of optimal paths to task goals using expert system based on GOMS model. Computers in Human Behavior，27（2）：823-833.

Patrick J，Spurgeon P，Shepherd A. 1986. A Guide to Task Analysis：Applications of Hierarchical Methods. Birmingham：Occupational Services Publication.

Puerta A，Eisenstein J. 1999. Towards a general computational framework for model-based interface development systems. Knowledge-Based Systems，12（8）：433-442.

Quintana Y，Kamel M，Mcgeachy R. 1993. Formal methods for evaluating information retrieval in hypertext systems. Waterloo：The 11th Annual International Conference on SIGDOC：259-272.

Rogers Y. 2012. HCI theory：classical，modern and contemporary. Synthesis Lectures on Human-Centered Informatics，5（2）：1-129.

Ryder J M，Zachary W W. 1991. Experimental validation of the attention switching component of the COGNET framework. The Human Factors Society Annual Meeting，35（2）：72-76.

Saitwal H，Feng X，Walji M，et al. 2010. Assessing performance of an electronic health record（EHR）using cognitive task analysis. International Journal of Medical Informatics，79（7）：501-506.

Schraagen J M，Chipman S F，Shalin V L. 2000. The cognitive task analysis methods for job and task design：review and reappraisal. Behaviour & Information Technology，23（4）：273-299.

Schrepp M. 2010. GOMS analysis as a tool to investigate the usability of web units for disabled users. Universal Access in the Information Society，9（1）：77-86.

Seow S C. 2005. Information theoretic models of HCI：a comparison of the Hick-Hyman law and Fitts' law. Human Computer Interaction，20（3）：315-352.

Shepherd A. 2001. Hierarchical Task Analysis. New York：Taylor & Francis.

Smelcer J B. 1995. User errors in database query composition. International Journal of Human-Computer Studies，42（4）：353-381.

St Amant R，Horton T E，Ritter F E. 2007. Model-based evaluation of expert cell phone menu interaction. ACM Transactions on Computer-Human Interaction，14（1）：1-24.

Stanton N A. 2006. Hierarchical task analysis：developments，applications，and extensions. Applied Ergonomics，37（1）：55-79.

Wei J N，Salvendy G. 2004. The cognitive task analysis methods for job and task design：review and reappraisal. Behaviour & Information Technology，23（4）：273-299.

Wobbrock J O，Cutrell E，Harada S，et al. 2008. An error model for pointing based on Fitts' law// The ACM SIGCHI Conference on Human Factors in Computing Systems-CHI. New York：ACM：1613-1622.

# 第5章　人机交互界面形式

人机交互技术呈现出从人主动适应计算机到计算机不断适应人，再朝人机自然和谐交互发展的趋势，从已有的事实来看，人机交互界面主要经历第一代命令行界面（command line interface）和第二代图形用户界面（graphic user interface）两种形式。直到20世纪90年代中期，交互设计师的主要工作是为单个用户设计出有效的界面，即如何在界面上展示信息以方便用户执行任务。例如，如何组织菜单结构，设计导航、图标以及其他易于识别的图形元素，开发出容易填写的对话框。伴随着图形界面、语音技术、手势识别技术、手写识别技术的发展，界面形式更为多样化，互联网、手机、无线网络、传感技术等新技术都使得人机交互形式更为复杂。这些界面形式有的反映了界面的功能（如智能界面、可适应界面），有的反映交互风格（如命令、图形、多媒体），有的反映使用的输入或输出工具（如笔输入界面、语音输入界面）或者平台（电脑、移动设备、可穿戴设备）。本章将对其中具有代表性的几种交互界面形式进行系统介绍。

## 5.1　命令行界面

作为第一代人机交互界面的命令行界面，其概念模型如图5-1所示。所谓命令行界面是指用户输入文本命令，系统也以文本的形式表示对命令的响应的人机界面形式。在这种人机交互形式中，用户使用手通过键盘输入数据和命令信息来向计算机直接表达指令，通过视觉通道（眼）获取信息，界面输出只能为静态的文本字符，人被看成操作员，计算机只做出被动的反应，人通过键盘输入。命令行界面是图形用户界面得到普及之前使用最为广泛的用户界面。

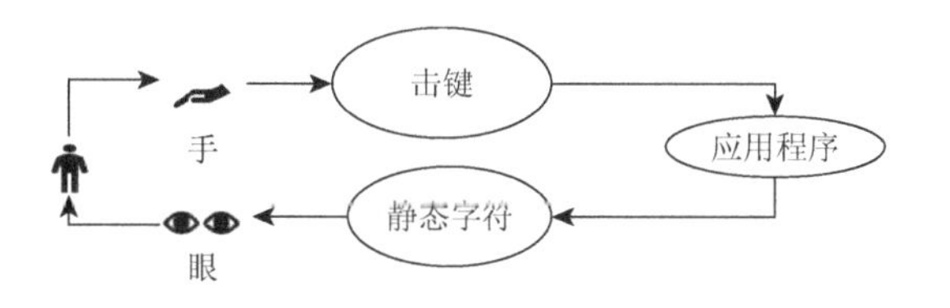


图5-1　命令行界面概念模型

在一些系统中，命令行是与系统交流的唯一方式，如telenet远程访问时。目前大多数操作系统仍保留了DOS命令行方式，这是因为在某些场合使用命令行交互方式能达到更高的效率。例如，需要将所有扩展名为“.doc”的文件替换为扩展名为“.docx”，如果在“我的电脑”或“WINDOWS资源管理器”中，需要一个一个地去查找、改名，操作的低效性是显而易见的。而利用一行命令 rename [drive:][path]*.doc*.docx 以及配合使用通配符“*”或“？”，可以方便地更改一组文件名或扩展名。

总结命令行界面的优点为：①功能强大。一条命令语言可以完成需要多次点击菜单项或多次问答式对话才能完成的系统功能。命令语言还可以构成批处理命令保存在文件中，需要时可重复执行。②灵活性好。用户可以根据工作需要，自主灵活地应用命令语言功能，是一种用户驱动的交互方式。③效率高。某些情形下，使用命令行界面速度快、效率高，命令越复杂越能体现其快速高效的特征。④节省屏幕空间。一般命令语言仅占用屏幕的一行空间，较其他人机界面可节省一定的屏幕空间。

命令行的上述优点牺牲了用户友好特性。首先，它的高效率和功能强大是需要使用许多名称缩写及简化的命令参数的，这样就增加了学习不同命令语言界面的难度。其次，命令行界面具有复杂的语法规则，对于普通用户存在难度，需要学习和记忆。最后，与其他人机界面相比，命令语言界面需要用户具有一定的键盘输入训练和技巧，这种依靠记忆和键盘输入的特点会导致用户在交互中出错。

## 5.2　图形用户界面

### 5.2.1　图形用户界面概念

1973 年，施乐公司 PARC 实验室推出一款具有划时代意义的产品 Alto，也是首款配置鼠标和图形用户界面的计算机，从此掀开了图形用户界面交互形式的序幕。Alto 实现了 Alan Kay 关于将计算作为个人计算机媒介的愿景，同时也包含了恩格尔巴特图形界面原型的特性。它标志着一种可支付得起的、交互式的、带有图形用户界面的个人机器时代来临。Alto 出现之前，人机交互的研究关注如何提高用户培训的效率以克服初次使用困难，而之后，则开始考虑图形用户界面如何能更好地服务于没有受过培训或技术背景的用户。

1981 年，施乐公司 PARC 实验室又创造了另一款产品 Star，对 Alto 进行了改良和优化，图形用户界面更加成熟，并且在市场上推广。这款电脑使得苹果公司和微软公司开始注意到图形用户界面的思想，苹果公司改变了当时发展命令行界面的做法，开始推出了 Lisa 等拥有图形用户界面的个人电脑，然而可能是昂贵的售价使得 Lisa 个人电脑在市场竞争中销量并不好。直到 1984 年，苹果公司的 Macintosh（麦金塔）个人电脑诞生，这是苹果公司获取市场竞争成功的开端，2495 美元的售价吸引了大量的年轻人去购买，在一定程度上，图形用户界面更为人们所知。这台电脑中设计的图标、多窗口界面以及按钮的样式也推动了图形用户界面的发展。1985 年，微软公司的 Windows 操作系统出现，这是图形用户界面的一个里程碑事件，因为 Windows 操作系统中包含了图形用户界面最主要的四个元素，即窗口、图标、菜单和指针。随着个人电脑的普及，命令行这种需要学习成本的交互方式的弊端越来越明显，而图形用户界面的容易上手、对新手用户友好的优点得到越来越多的用户推崇。

图形用户界面又称为 WIMP 界面，由窗口（windows）、图标（icons）、菜单（menu）、指点设备（pointing device）四位一体，形成桌面（desktop）。也有人认为 WIMP 是指窗口（windows）、图标（icons）、鼠标（mouse）和下拉菜单（pull-down menu）。图形用户界面可看作是继命令行界面之后的第二代人机界面，其概念模型如图 5-2 所示。人机通过对话交互，用户只能使用手击键或指点来输入信息、启动应用程序，通过眼睛视觉通道获取信息，输出的信息可以为静态或动态的二维图形或图像信息。

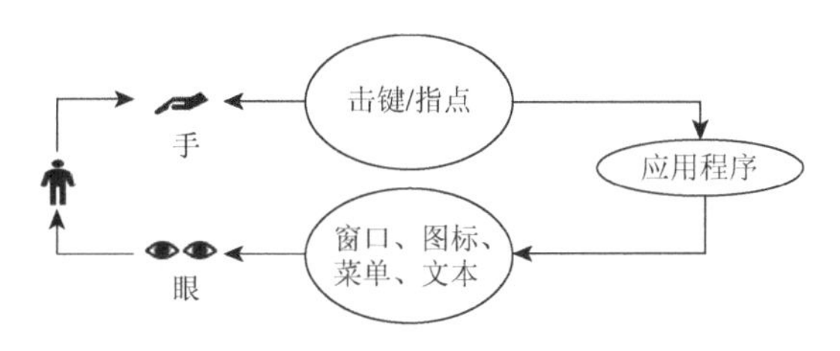


图 5-2　图形用户界面概念模型

图形用户界面的广泛应用是当今计算机发展的重大成就之一，它具有极大的用户友好性，方便非专业用户的使用，人们不再需要死记硬背大量的命令，而是通过窗口、菜单、图标、按键等方式来交互。窗口使得计算机可以同时输出不同种类的信息，在几个工作环境中切换而不丢失工作之间的联系。菜单可以执行控制型和对话型任务，引入图标、按钮和滚动条等技术，大大减少键盘输入，提高交互效率。

### 5.2.2　图形用户界面主要思想

1. 桌面隐喻

桌面隐喻（desktop metaphor）是指在用户界面中用人们熟悉的桌面上的图例清楚地表示计算机可以处理的能力。图例具有一定的文化和语言独立性，自古以来，利用图例传递信息被人类所熟悉，将带有隐喻色彩的图例赋予一定的意义，可以使复杂而专业的操作方式变得简单高效。图形用户界面中的图例可以代表对象、动作、属性或其他概念。常见的隐喻来源主要有三类。①直接隐喻：隐喻本身就带有操纵的对象。如插入形状时，形状本身直观反映了图形绘制操作的结果。②工具隐喻：用操作动作需要的工具来表示动作或功能。如用刷子图标隐喻格式刷功能、用打印机图标隐喻打印操作等，这种隐喻设计简单、形象直观，应用非常普遍。③过程隐喻：通过描述操作的过程来暗示该操作，如撤销和恢复图标。

按照对人类主要的感觉通道的隐喻，隐喻设计方法可按照视觉、听觉和触觉三种隐喻元素分类。

视觉隐喻是通过视觉元素来暗示某些交互过程中的操作对象、动作、属性等概念，是图形用户界面中最常见的隐喻设计方法。视觉隐喻又可分为静态的视觉隐喻和动态的视觉隐喻。静态的视觉隐喻分为：①文字隐喻，用现实世界中人们熟悉的文字来表征界面可能的功能或者概念含义，如导航在现实世界中能够指引人们的路线，这一术语在界面设计中被无缝衔接使用，用户产生自然的理解。②色彩和材质隐喻，运用用户对熟悉的现实世界的颜色和材质的常识性感知来设计隐喻元素，如现实世界中红色代表禁止，绿色代表允许，这一认知运用到 QQ 即时通信软件中时，用红色就表示“忙碌或请勿打扰”，绿色表示“我在线上”。③图形隐喻，借助形状上的相似性来表达交互过程中的一些难以理解的操作，如锁代表着“密码”，火箭代表着“加速”。动态的视觉隐喻分为：①对人的行为动作的隐喻，模拟人们真实操作过程中的手势动作，如放大、缩小、抓取等动作。手机滑动解锁就是对人们真实滑动动作的模拟。②对物体物理运动行为的隐喻，模拟现实世界中物体的运动规律和反馈特点，如触摸或点击屏幕时呈现出的水波纹的效果。

听觉隐喻实质模拟现实世界中用户交互过程时的听觉特性，增强交互的生动性和真实性。例如，将文件放入回收站时，用户能听到一声模拟纸张被撕碎的音效，通过模拟声音的反馈能准确映射出交互行为。

触觉隐喻是指界面能模拟现实世界中用户交互过程的触觉体感，增强对虚拟空间的仿真效果，获得更好的用户体验。例如，很多体感游戏中会通过振动反馈来让玩家感受到物理撞击的触感。

隐喻用于图形用户界面中的主要优点为：①易于记忆。人类对图形图像的记忆能力要优于对复杂的命令或文本的记忆能力。例如，利用鼠标可以直接完成将一个文件移动到某个文件夹的移动任务，对用户而言移动文件非常直观形象，不需要任何额外的记忆负担。②便于识别。隐喻以现实生活中人类的语义理解和日常经验为基础，不需要专门的或者特别的学习就能理解隐喻蕴含的意义。图形界面中成功的图例总是参照人们生活中耳熟能详的事物，因而便于识别。③跨文化性。隐喻中使用的图例传递的意义一般是建立在作为自然人的认知经验基础之上的，较少受到地域文化等因素的影响。④节省系统运行负荷。虽然与命令行交互形式相比，在屏幕空间上隐喻图例不占优势，但是能占用更少的存储和运行空间，具有更高的运行性能。

隐喻用于图形用户界面中的主要缺点为：①隐喻不像命令行交互界面只需用一行命令，而是用图形符号的形式，需要占用一定的屏幕空间，造成空间的浪费。②对难以表达和比较抽象的操作或者语义，隐喻图例难以胜任。例如，IBM 公司曾经开发一个桌面应用程序 RealCD（图 5-3），在这个应用程序界面上占据大部分空间的是一个模拟现实 CD 机外壳的图片，一些能用于操作的应用图标被放在界面左侧，然而，用户很难从中找到“退出”应用程序的按钮，也很难获得“帮助”。虽然设计师使用了日常人们熟悉的物品，然而却忽略了一般的 CD 机并没有控制按钮的事实，因而为用户带来使用困惑。

图 5-3　IBM 公司的 RealCD

2. 所见即所得

在非所见即所得的界面中，用户只能看到代码式的信息，对于界面上的输出结果缺乏直观的认识，而所见即所得的思想能使得交互界面中显示的是用户执行交互操作的反馈结果，它允许用户能够对界面直接进行增加、删除、修改等编辑操作，让用户交互操作的每一步结果及时得到反馈，也能直观地看到最终的交互结果。例如，图 5-4（a）非所见即所得的交互形式，用户选择颜色时根据的是 RGB 三个属性的数值，图 5-4（b）为所见即所得的交互形式，用户可以直接选择想要的颜色。

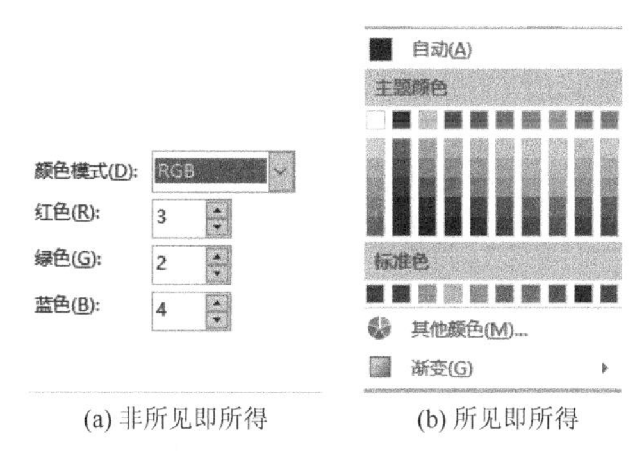


(a) 非所见即所得　　(b) 所见即所得

图 5-4　非所见即所得界面与所见即所得界面的对比

所见即所得的交互设计思想的优点为展示交互结果直观，然而也存在一些缺陷。例如，如果屏幕的空间或颜色的配置方案与硬件设备所提供的配置不一样，有可能用户在系统界面上看到的结果和最终的硬件输出不同。此外，在 Word 这类文本编辑器中有许多标记标明对象的属性，但用户并不希望将其输出，这些和最终输出结果的不同之处有可能干扰了用户的交互过程。

### 3. 直接操纵

直接操纵是指可以把操作的对象、属性、关系显式地表示出来，用指点设备直接从屏幕上获取形象化命令与数据的过程。直接操纵的对象是命令、数据或是对数据的某种操作动作。与命令语言一样，直接操纵界面的主要作用是对计算机发出指令，但是两者之间还是存在以下区别：首先，命令语言是面向操作的，以操作的动作开始，即先选择操作动作再确定对象，而直接操纵是面向对象的，即先选定对象然后进行某种操作；其次，从运行机制上说，命令语言以一条条规定的命令形式驱动系统，而直接操纵界面是以事件形式驱动系统。命令语言要通过某种语言来指定动作、参数和目标，而直接操纵界面则通过操纵图标来完成对系统的指令。

直接操纵具有以下优点：①直观易懂。直接操纵的对象是动作或数据的形象隐喻，来源于现实世界，用户能通过形象隐喻直接想象或感知图例的含义。②操作简便，速度快捷。直接操纵不依靠键盘输入，而是采用指点和选择设备，交互简单容易。③鼓励探索。直接操纵的结果立即可见，用户可以及时修正操作，逐步往正确的方向前进。④支持逆向操作。通过逆向操作，用户可以很方便地恢复出错状态。⑤简单易学。新手通常仅需经过观看系统运行的演示，就能很快上手。

直接操纵的不足体现在：①设计图标较为烦琐，从用户界面设计者角度看，设计图形比设计命令语言系统更费时费力，需进行大量的测试和实验。②图标难以表示一些复杂语义或抽象语义。如类似“退出”“撤销”“变更”等含义还没有形成普遍的图标共识，难以用图标表达；直接操纵的目标和语义表达之间存在差距，并且语义表达是否真正符合用户意图也不一定。

# 5.3　数据输入交互界面

## 5.3.1　数据输入交互界面设计原则

数据的输入是指用户按照系统的指示主动或者被动地将数据发送给系统接收，系统能将输入的数据进行存储的过程。数据的输入交互是人机之间非常频繁也是非常重要的交互任务，同时也是很容易出错的交互行为之一。数据输入交互界面的总体目标为以尽可能简化的方式，尽可能低的出错率使用户完成数据的输入工作。具体而言，数据输入交互界面的设计原则为：

（1）保持用户在输入界面上的一致性。类似的数据输入采用相同的动作序列、相同的符号规则和相似的界面风格，以避免出现用户不熟悉的操作环境。

（2）减轻用户的输入负担。数据输入界面上对共同的输入内容可通过设置缺省值的方式来避免用户重复输入；系统自动填入用户已输入过的内容；尽可能使用一些代码和缩写的输入方式。

（3）为输入提供反馈。数据输入交互过程中，在需要用户输入的地方用闪烁的光标发出提醒，用户能够查看到输入的内容，对输入错误的原因和更正方法能得到指导性的提示。

（4）预防用户出错。有清晰明确的输入指导语，对一些格式如日期的输入有示范，对不太可信的数据输入给出建议，对可能导致严重错误的输入动作进行提醒。

（5）允许用户对输入过程有一定的控制权。数据输入区应具备简单的编辑功能，如删除、修改、显示等功能；用户可以控制输入速度并能进行自动格式化，既可以集中一次性输入所有数据，也可以分批输入数据。

## 5.3.2　常见的数据输入方式

目前数据的输入已经超越了传统的图形用户界面的限制，不再仅是依靠键盘或者鼠标，各种新形式的数据输入方式借助现代信息技术的发展为人们的数据输入工作带来了多样化的选择。常见的数据输入方式主要有以下几种。

（1）问答式对话数据输入界面：采用自然语言的提问方式，由用户对一个个的问题进行回答，可以用键盘输入的方式，也可以用鼠标选择的方式来达到数据输入的目的。优点是简单易用，用户不需要有阅读的障碍，缺点是单调、冗长、速度慢，不适合大量的数据输入。

（2）菜单选择输入界面：将所有的选择项都显示在屏幕上，用户只需输入代表各项的数字代码，即可完成数据的输入。优点是用户的输入生理负担小，输入过程简单，缺点是用户实际上是被动作出选择的过程，缺少对输入过程的控制权和灵活性。

（3）填表输入界面：当前较为普及的数据输入方式，类似于在纸上填写表格。它非常适合有多个字段需要输入的情形，一些数据库的数据输入方式经常采用填表输入界面。

但是设计一个良好的填表输入界面有一定的难度，后面将专门介绍这种数据输入方式。

（4）直接操纵输入：使用弹出式窗口显示待输入数据的表格，通过光标移动或者鼠标选择进行查找并选取的方式来完成数据输入工作。

（5）扫码输入：利用扫码枪从二维码或者条形码中读取信息，系统会自动提取二维码/条形码信息填入对应的字段。这种数据输入方式能够避免手工录入方式低效、易出错的问题，尤其适合与数字有关的数据输入。随着移动设备的普及，扫码支付、快递单信息查询中尤其能看到扫码输入的应用。

（6）光学字符识别（OCR）输入：让计算机通过电子设备（如扫描仪）来识别印刷体上的字符，将其转化为图像文件，并通过字符识别软件将图像中的文字转换为文本格式，供文字处理软件进一步使用。如早期数字图书馆建设时，为了将印刷书籍存储为电子格式，采用光学字符识别技术进行图书内容的输入。

（7）语音数据输入：指利用语音识别技术将人发出的有意义的语音转变成输入的信息。这种数据输入方式使用简便，简化数据输入任务，特别适用于一些不宜使用纸张以及不方便使用键盘的场合。

本书简要介绍其中的填表输入。填表输入也称为表单输入，和菜单选择输入方式一样，数据输入工作是系统驱动，用户对于输入的内容和方法没有太多的控制权和选择权，但是由于界面提供了很好的引导机制，用户也不用专门学习如何输入，也不必接受训练和强化记忆来达到数据输入的目的。填表输入界面还有一个优点是充分有效地利用了屏幕空间，不仅将所有字段用户输入的内容同时显示在屏幕上，而且对输入的字段都有上下文说明，便于用户理解输入字段的意思。这种高效、易懂、易用的特点使得填表输入界面成为非常受欢迎的数据输入方式。

如何设计一个良好的填表输入界面，这里以填表输入方式的特点结合相应的案例来为读者提供一些设计原则指导。

（1）填表界面要保持一致性。在相似的数据输入环境下或者执行相似的数据输入任务时，界面要保持一致的设计风格。例如，保证前后用词、语法一致。一致性原则还体现在其与用户使用其他类似界面时积累的经验保持一致。

（2）使用含义明确、易于理解的指导性说明文字。对要填写的字段如果仅用字段标注提示不够时，还需要提供指导性说明文字，力求简短。例如，一些填表经常要输入日期，在字段旁给出日期的正确格式是一个不错的做法。

（3）字段按逻辑分组排序。逻辑上具有关联的字段放在一起时用户既容易理解填写的字段，又能减轻填表时的记忆负担。例如，将输入信息分组为个人（personal）、账号（account）、联系方式（contact）三个组块。

（4）表格的组织结构和用户的任务匹配。把相关的输入字段组织安排在一起，并按照使用频率、重要性、功能关系、使用顺序等属性排序和分组。

（5）减少用户的操作负荷。为了减少键盘和鼠标之间反复切换的麻烦，表单设计时需要一种简单直观的机制来移动光标，如使用 Tab 键或箭头键。再如，用户更喜欢将所有的输入字段按照纵向布局，符合从上到下的浏览习惯。又如，在提供多个选项答案时，如果数量不是很多，全部展示出来比让用户用下拉菜单的方式更好。

（6）填表出错时的提示。表单界面上有指导语提示输入数据的允许范围和输入方法，当用户输入错误时告诉用户是哪里出错了，并说明出错的具体原因。

（7）提供帮助界面。应该在响应处提供帮助信息，以解决新手用户在不熟悉的情况下的数据输入问题。

（8）填表输入界面应尽量美观、简洁、清晰，避免过分拥挤和堆积。例如，很多填表界面用*代表必填项，当必填项比选填项多时，大量使用*号会分散用户的注意力，让用户觉得界面不够简洁明了。

## 5.4 多通道交互

### 5.4.1 多通道交互概述

通道在心理学领域又称为感觉通道（sensory modality），按照我国出版的《心理学大辞典》（林崇德，2003）指个体接受刺激和传入信息形成感觉体验的通道。通信领域对通道的定义指传递及获取信息的通信介质和设施，包括信息的感知与表达、动作执行方式以及交换数据的类型。通道的概念表征了用户表达意图、执行动作或感知反馈信息的各种通信方法，如言语、眼神、脸部表情、唇动、手动、手势、头动、肢体姿势、触觉、嗅觉或味觉等。前面介绍的第一代和第二代人机交互界面形式中从用户到界面的输入通道通常使用的是一些常规的设备，如键盘、鼠标，依靠手来完成，属于单通道的交互形式。随着多媒体技术的兴起和发展，从计算机到用户的输出通道在丰富性和信息使用的便利性上获得极大提升，用户可以按照自己的需要、兴趣、任务要求、偏爱和认知特点来使用各种集图、文、声、动于一体表现形式的信息。图形用户界面交互形式存在着很明显的缺陷：用户能够用于对计算机输入的设备主要是键盘和鼠标，对用户手部的操作负荷重，交互界面上大部分屏幕空间都留给了视觉设计元素，资源占用严重，同时也加剧了视觉通道的负荷。在此背景下，用户与计算机的交互方式开始注重增加从用户到计算机的交互通道上的多样性，提出了多通道交互这种新兴的人机交互技术。

顾名思义，多通道交互是综合采用视线、语音、手势、动作等新的交互通道、设备和交互技术，同时利用多个通道以自然、并行、协作的方式实施人机对话，通过整合来自多个通道的、精确的和不精确的输入识别各类信息表达、捕捉交互意图，从而提高人机交互的自然性和高效性的一种交互模式。多通道交互普遍，存在于人类日常生活中，尤其是随着各种移动设备和可穿戴设备的出现，基于鼠标、键盘的传统交互界面将操作者限制在计算机旁边已经越来越不适应移动操作的需要，多通道交互技术摆脱了这种束缚，用户可以通过更多的输入方式进行复杂的操作动作，也能够从计算机设备获取更加丰富的信息，交互更加灵活、高效和自然。图 5-5 为多通道交互的概念模型，可以看出，用户通过多种效应通道实现界面的输入，通过不同的感觉通道获取界面的信息，单独使用某种通道交互，如语音交互、手势识别、眼动追踪还不能称其为真正的多通道交互，多通道交互强调的是这些交互通道的整合和融合，将不同通道的输入信息融合为待执行的应用程序。

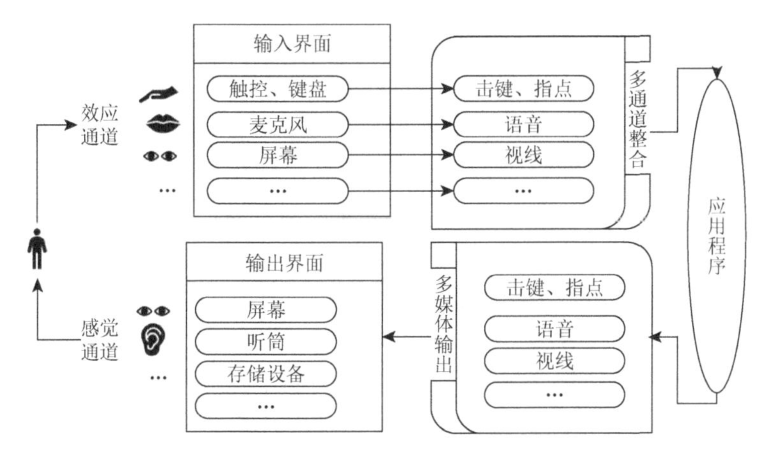


图5-5　多通道交互的概念模型

多通道交互的关注点是用户向计算机的输入信息以及计算机对用户意图的理解，一个多通道交互界面力图实现以下目标：①交互的自然性。使用户尽可能地利用已习得的日常技能与界面交互，减少学习和认知负荷。例如，在社会老龄化现象日趋严重的今天，老年人作为特殊的用户群体，使用多通道交互方式可以有效地弥补老年人的感知觉缺陷以及交互环境和设备带来的负面影响。②交互的高效性。多通道交互能发挥人机彼此不同的特长和潜力，使得人机通信交换信息吞吐量更大、形式更丰富、速度更快捷。例如，使用语音来代替键盘，不仅能避免键盘和鼠标之间频繁切换的不自然，而且能结合两者的优势有效地弥补单通道的不足，提高交互的效率（张凤军等，2016）。③兼容性。多通道交互不是对传统的图形用户界面的取代，而是让人们以一种自然的方式过渡，因而需要与传统的人机交互方式实现兼容。

多通道交互的特点为：

（1）感觉通道和效应通道的充分互补性。感觉通道用于接收多媒体信息，效应通道用于交互过程中信息的输入与控制，由于各个通道信息之间具有互补性，交互时可以相互配合，各自发挥各自的优势，实现更高效的交互。交替而独立地使用不同的通道不是真正意义上的多通道技术，必须允许充分并行、协作的通道配合关系。用户可以根据个人的偏好和身体状态选取最适合自己的交互通道，当某一个交互通道不正常时，交互系统能提供给用户可选的通道继续执行交互任务。

（2）非精确交互性。人类语言表达具有高度模糊性，人类在日常生活中习惯并大量使用非精确的信息交流，如一个眼神传达了某种暗示。多通道允许使用模糊的表达手段，可以避免不必要的认知负荷，有利于提高交互活动的自然性和高效性。多通道人机交互技术主张以充分性代替精确性。例如，语音识别受到外界噪声的干扰可能不会100%精确表达用户的意图，需辅以其他通道（如手势指点）的信息作为冗余信息以提高有效精确度。

（3）立体感。多通道人机交互的自然性目标反映了这种本质特点。除了数学和逻辑推理这类特殊的人类活动外，人类的大多数活动均具有三维和直接操纵的立体特点。人生活在三维空间，习惯于看、听和操纵三维的客观对象，并希望及时看到这种控制的结果。这一基本习惯使得多通道交互具有三维立体的特点。

（4）双向交互性。人的感觉和效应通道通常具有双向性，如视觉可看可注视，手可控制、可触及等。多通道用户界面使用户自然利用交互通道实现双向互动，如人们习惯了用视觉通道来接收计算机输出信息，而视线跟踪系统也可以通过视线向计算机发送命令，避免生硬的、频繁的、耗时的通道切换，提高自然性和效率。

（5）交互的隐含性。追求交互自然性的多通道用户界面并不需要用户显式地说明使用何种交互方式，而是隐含在自然的交互过程中。例如，用户的视线自然地落在所感兴趣的对象之上，用户的手自然地握住被操纵的目标。

常见的多通道交互技术有眼动追踪、手势识别、语音交互、表情识别、手写识别等，其中眼动追踪技术作为一种研究方法，其相关知识将在第 6 章介绍，本章简要介绍几种主要的前沿多通道人机交互技术，希望读者能持续关注相关新发展。

### 5.4.2　手势识别

日常生活中，人们经常用一些简单的手势来表示丰富的信息，尤其适合于一些特定的场合下传递信息。例如，一个川流不息的交通路口，交警用手势指挥交通在某种程度上比信号灯或者语音更灵活，更有利于疏导交通。人机交互中的手势识别是将手势动作运用于和计算机通信的过程，是能很好地改善人机交互效率的一种重要的自然交互方式。有学者将手势从广义上定义为：人的手、臂、面部或身体的物理运动，用以传达信息或意图（张凤军等，2016）。在多数情况下我们笼统地认为手势仅是指人的上肢（包括手臂、手和手指）的运动状态。手势是人类众多身体姿势中最常用的一种，可按照不同的标准分类。例如，根据使用手势是否表达特定的信息可分为交互性手势和操作性手势，前者如交通指挥、乐队指挥时的手势都有特定的信息，后者如弹钢琴，虽然手势运动也存在，但只是一种动作，不表达任何信息。按照行为主体的自主性可分为自主性手势和非自主性手势，如演讲者在绘声绘色地演讲时，会主动用一些身体语言来配合言语加强或补充信息，起到更好的临场效果，这是一种自主性的手势。还可以按照行为主体是否有明确的交流意图分为离心手势和向心手势，离心手势直接针对说话对象，有明确的交流意图，向心手势则只是反映行为主体内心的愿望或者情绪。

常见的手势识别方法主要有接触式和非接触式的手势识别方式：

接触式手势识别一般指数据手套。数据手套是一种由特殊的弹性材料构成，紧贴在手上的操控设备。一般整个系统包括位置、方向传感器和沿每个手指背部安装的一组有保护套的光纤导线，用于检测手指和手的运动。数据手套将人手的各种姿势、动作通过手套上所配置的光导纤维传感器，输入计算机中进行分析。手势所表示的含义可由用户加以定义，可以是符号表示或命令，也可以是动作。从数据手套设备获得的原始数据可以采用如神经网络、隐马尔可夫模型等算法提取特征，达到手势识别的目的。该方法的识别速度和准确性都较为理想，用户使用时有很好的舒适性和自由度，但是在校准问题上存在难度，价格也较为昂贵，限定了其普及应用。20 世纪 80 年代初，美国 Grimes 教授领导的团队率先研究出数据手套手势识别技术，经过几十年的发展，越来越多识别精确的数据手套问世，特别是通过深度学习算法的手势识别来推动的。图 5-6 为荷兰 ManusVR 公司制造的专为捕捉运动而开发的数据手套（Xsens gloves）。

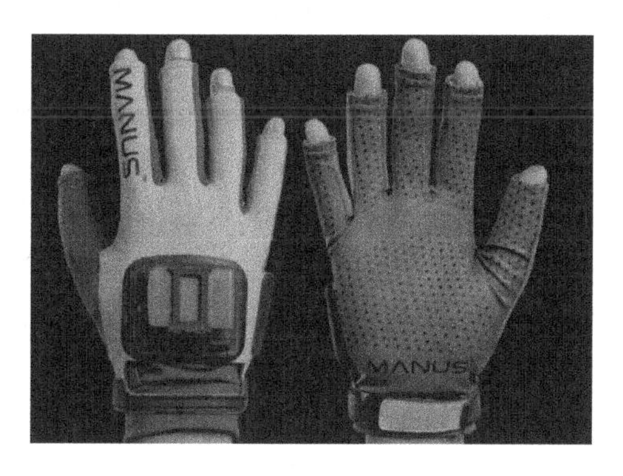


图 5-6 Xsens gloves

非接触式手势识别一般指基于计算机视觉的手势识别。该方法一般通过使用摄像头采集手部和手指的图像信息，然后对这些图像信息进行手势检测分割、手势跟踪定位、手势特征提取等处理，从而达到识别的目的。代表性的产品如微软发布的 Kinect 以及 Leap Motion 等，Kinect 是利用普通的 RGB 摄像头和一个检测深度的红外摄像头来采集人体图像数据，跟踪人体的各个部位的动作。Leap Motion 是基于双目视觉的手势识别设备，通过两个摄像头来提取包括三维位置在内的信息进行手势的综合分析，建立手部的三维模型。Leap Motion 对用户手势的输入限制较小，更加自然，但是因为建立的是立体模型，故相比 Kinect，计算识别过程更复杂。图 5-7 和图 5-8 分别为 Kinect 和 Leap Motion。利用计算机视觉识别原理的手势识别技术的优点是不干扰用户，很有应用前景，但在解决识别准确性上还面临挑战。例如，现有的技术必须要有一个相对完整的运动轨迹后才能系统判别出手势的含义，这将造成交互的延时感。

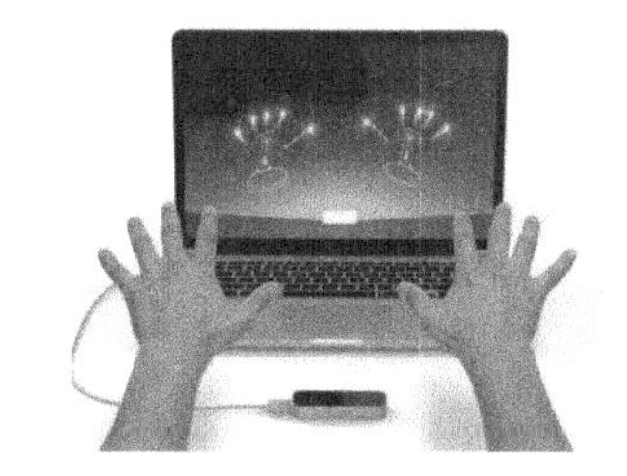

图 5-7 Kinect 图 5-8 Leap Motion

## 5.4.3 语音交互

语言是人与人传达和获取信息的重要工具，人机交互中的语音交互是将真实世界中人和人之间的语言交流现象引申到和计算机之间的交互过程，由计算机通过识别和理解人类的声音信息，将语音信号转变为相应的文本文件或命令的技术。语音交互的出现，解放了人类的双手，是实现自然人机交互的一个很有价值的工具。世界上第一个语音识别系统 Audry 就是由 AT&T Bell 实验室的科学家在 20 世纪 50 年代经过多年的努力探索开发出来的，能对十个数字内容的英文单词进行识别。1988 年，由卡内基梅隆大学成功推出的 Sphinx 系统解决了大词汇量、连续语音和非特定人三大技术障碍，将三大特性成功集成到这一语音识别系统中，实验中测试的连续语音识别准确率能达到 94.7%。20 世纪 90 年代初，许多公司开始斥巨资进行语音识别系统的实用化研究，出现了如微软公司的 Speech API，IBM 公司的 ViaVoice，以及我国中国科学院自动化研究所“汉语连续语音听写系统”、科大讯飞的“讯飞听见”等代表性产品。进入 21 世纪以来，智能技术、移动技术的发展催生了语音交互技术成熟应用于各种场景下，如智能家居、智能车载、智能客服、智能金融、智能教育及智能医疗等。

目前，比较主流的语音识别步骤为端点检测、特征参数提取、模式匹配及模型训练。端点检测的目的是从输入的语音信号中找到包含真实有效语音段的语音信号。特征参数提取是从有效的语音信号中提取出特征参数，通过分析处理，删除冗余信息，留下关键信息。模式匹配则是利用得到的特征序列根据一定准则，与模型库进行一一匹配，选定最佳的匹配结果为最终识别结果。模型训练是指从大量已知模式中获取表征该模式本质特征的模型参数，实现模型库更新。

语音交互具有许多优点，如采用的是一个交互过程中很少竞争的输入通道即人类的发声系统，解放了人类的双手；允许高效、精确地输入大量的文本或发出命令；用户非常熟悉这种交互方式，推广语音交互方式容易被用户接受。然而，现有的语音交互技术面临着许多亟待解决的问题：第一，语音识别系统的性能受诸多因素的影响，如说话人、说话方式、环境、传输信道等，这些因素导致了语音信号随时发生变化，还需要更深入地分析如何克服影响语音的各种因素。第二，如何开发出具有实用价值的语音交互设备以取代键盘尚需要更高层次的语音理解技术的研究。第三，人类的语言现象受文化、社会因素的影响，针对汉语的特点开发汉语语音识别技术是一个具有挑战的研究课题。第四，人类的语音中不仅蕴含着语义信息，而且还富有情感，语音情感识别是当前人机交互、人工智能的热点研究课题，如何让计算机识别出用户语音信号中的情感特征，帮助用户在和谐、自然的交互环境下高效完成任务也是语音交互的主要研究目标之一。

### 5.4.4 表情识别

表情识别即面部表情的情绪识别，是面部表情分析和情感计算的一个交叉产物。表情是人类身体语言的一部分，也是表达情绪的一种基本方式，属于非语言交流手段。人的面部表情不是孤立的，它与情绪之间存在着千丝万缕的联系，心理学家认为一个人的感情的表露中有 7%靠言词，38%靠声音，而剩下的 55%则主要是由面部表情来表达。表情识别的工作就是研究如何感知、记录、提取人类面部表情的关键特征，准确识别人脸表情所传达的情感信息。其研究涉及心理学、社会学、认知科学、人类学、病理学、计算机科学等多个领域的交叉，表情识别的进展对于探索人类的情感认知能力，提高人机交互的情感智能水平具有积极的科学价值。

表情识别研究最早追溯到 20 世纪 70 年代，是来自心理学和生物学领域对人类情感现象的关注，在本书第 3 章情感交互的相关内容中提到，达尔文在其著作 *The Expression of the Emotions in Man and Animal* 中首先揭示了人类的表情在不同的性别，不同的人群中具有相似性，后来演变出了基本的情感模型，认为人类存在基本的情感类型，如惊奇、厌恶、恐惧、高兴、悲伤、愤怒等。表 5-1 为 Ekman 等（1982）对 6 种人类基本表情对应的面部变化特征的总结。这种对情感现象的认识是后来表情识别研究的基础。表情识别已经广泛应用于智能机器人、智能控制、安全监控、医疗诊治等多个领域。

**表 5-1　情感与人的面部变化特征**

| 情感 | 额头、眉毛 | 眼睛 | 脸的下半部 |
|---|---|---|---|
| 惊奇 | 抬起眉毛、变高变弯<br>眉毛下的皮肤拉伸<br>皱纹横跨额头 | 眼睛睁大、上眼皮抬高，下眼皮下落<br>瞳孔的上下边露出眼白 | 嘴张开，唇齿分离<br>嘴部正常、下颌下落 |
| 厌恶 | 眉毛压低，上眼睑压低 | 下眼皮下部出现横纹，脸颊推动其向上，但并不紧张 | 上唇抬起<br>下唇与上唇紧闭，推动上唇向上，嘴角下拉，唇轻微凸起<br>鼻子皱起<br>脸颊抬起 |
| 恐惧 | 眉毛抬起并皱起<br>额头的皱纹只集中在中部，不横跨额头 | 上眼睑抬起，下眼皮拉紧 | 嘴张开，嘴唇或轻微紧张，向后拉，或拉长，同时向后拉 |
| 高兴 | 稍微下弯 | 下眼睑下边有皱纹，可能鼓起，但并不紧张<br>鱼尾纹从外眼角向外扩张 | 唇角向后拍并抬高<br>嘴可能张大，露牙齿<br>一道皱纹从鼻子一直延伸到嘴角外<br>脸颊抬起 |
| 悲伤 | 眉毛内角皱起，抬高，带动眉毛下的皮肤 | 眼内角的上眼皮抬高 | 嘴角下拉<br>嘴角可能颤抖 |
| 愤怒 | 眉毛皱起，压低<br>眉宇间出现竖直皱纹 | 下眼皮拉紧，抬起或不抬起<br>上眼皮拉紧，眉毛压低<br>眼睛瞪大，可能鼓起 | 唇紧闭或者唇角拉直向下，张开，仿佛要喊叫<br>鼻孔可能张大 |

目前主流的表情识别系统流程和语音识别类似，一般包括人脸的检测、特征的提取和情绪的分类等几个主要步骤，在每个领域都出现一些代表性的研究成果，本书不再一一介绍。总体来看，表情识别技术在提高表情识别的效率和速率，从人工辅助识别到全自动化识别，从静态图像识别到动态视频识别，从二维表情建模到三维立体人脸模型的成功应用方面都取得了不错的成果。然而，也有学者（薛雨丽等，2009）指出当前的人脸表情识别研究在一些瓶颈问题上仍有局限，如大多数研究都以基本的情感模型中的少数几个表情作为表情识别的基础，对细微的表情、混合的表情及非基本的表情关注不够；又如，和语音识别一样，表情识别也会受到很多因素的干扰，如光照、姿势等，如何克服这些因素也是一个被不断探讨的问题。未来的计算机要想更好地和人类实现高效的交互，表情识别技术是必不可少的支撑领域。

# 5.5　虚拟现实系统

## 5.5.1　虚拟现实系统概述

虚拟现实（virtual reality，VR）又称为虚拟环境，是一种可以创建和体验虚拟世界的计算机技术，它由计算机生成，通过视、听、触、嗅等感觉通道作用于用户，让用户产生身临其境的感觉的交互式仿真场景（张凤军等，2016）。在虚拟现实中，人是主动参与者，一个复杂的虚拟现实系统可能有许多参与者共同在以计算机网络系统为基础的环境中协同工作。一般认为，虚拟现实系统具有“3I”的基本特征，分别为沉浸感（immersion）、交互性（interaction）和构想性（imagination）。沉浸感指用户感到作为主角存在于虚拟环境中的真实程度；交互性指用户可操作虚拟环境内的物体，且从环境中得到自然的反馈。构想性强调虚拟现实技术能充分激发用户的想象力，拓宽人类认知范围。

率先提出虚拟现实概念的是 1935 年作家 Stanley G. Weinbaum 在 *Pygmalion's spectacles* 中描述一款具有虚拟现实功能的 VR 眼镜，能提供包括视觉、嗅觉、触觉等全方位沉浸式体验（图 5-9）。图 5-10 为 1962 年首台 VR 设备 Sensorama，其体积庞大，通过三面显示屏来形成空间感。图 5-11 为 1968 年萨瑟兰发明的世界上首台头戴式的显示器，需要配备专门的支撑杆。随后经过几十年的沉寂，20 世纪 90 年代开始，日本游戏公司 Sega 和任天堂将 VR 技术用于游戏中，引起轰动，但是由于设备成本高，最终并没有大范围普及。直到 2016 年，Oculus、HTC、索尼等一线大厂纷纷投资 VR 产品，迎来了一次大爆发，因此有人也将 2016 年称为 VR 元年。这一阶段的产品拥有更亲民的价格，更强的交互手段，更丰富的内容，再加上强大的资本支持与市场推广策略，一时之间 VR 技术风靡全球，成为各国竞相争夺的市场。我国工业和信息化部关于加快推进虚拟现实产业发展的指导意见强调：到 2020 年虚拟现实产业链条基本健全，2025 年虚拟现实产业整体实力进入全球前列。

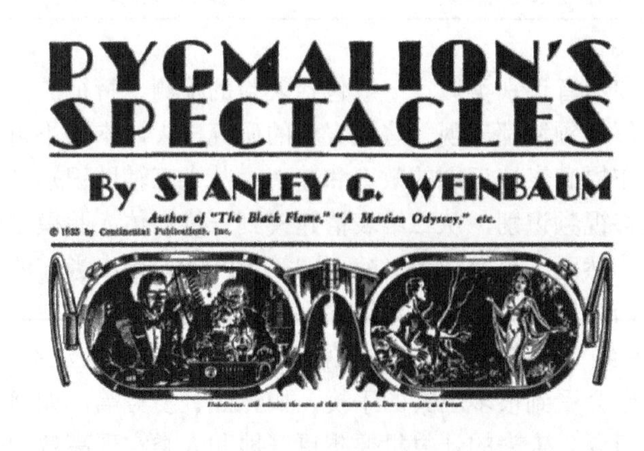


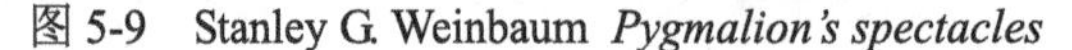

图 5-9　Stanley G. Weinbaum *Pygmalion's spectacles*

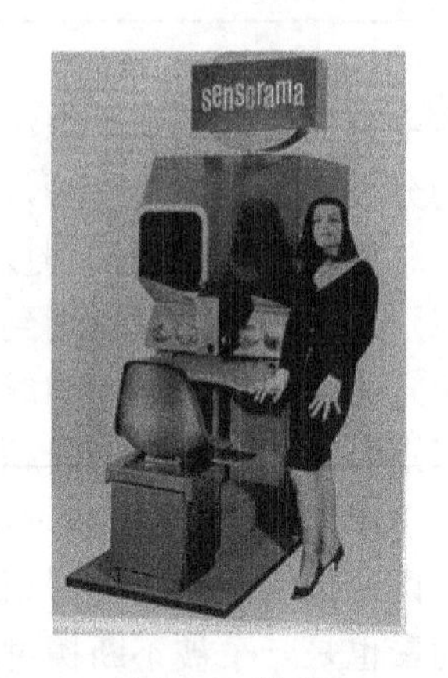


图 5-10　首台 VR 设备 Sensorama

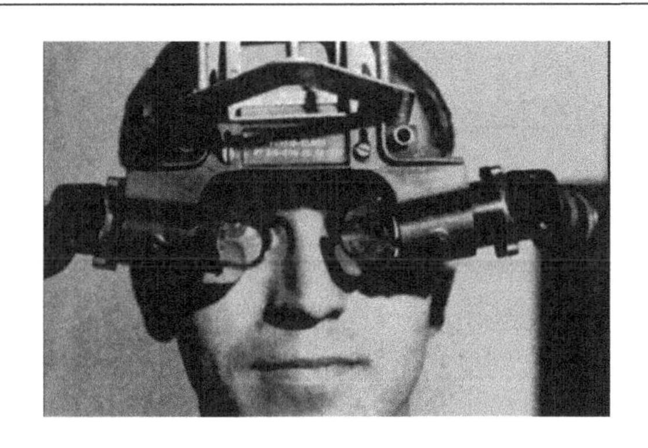

图 5-11　首台头戴式的 Sutherland 显示器

一个虚拟现实系统可看成由计算机创建的虚拟世界和介入其中的用户组成，强调了两者之间的交互操作。一方面虚拟世界要感知到用户的多个感官通道的输入信息（如手势、语言、视线等），将用户的行为和状态转变成系统能够理解和操作的表示；另一方面，将计算机的行为和状态转换为人类能够实时通过眼、耳、鼻、肢体感受到的信息形式，模拟真实世界的效果。从交互的角度来看，虚拟现实是一种非常具有发展潜力的人机交互界面，融合了前面介绍的多通道交互的各种交互形式。图 5-12 描述了虚拟现实系统的概念模型。该模型认为虚拟现实系统可以从不同的角度理解，从虚拟环境对人的作用来看，虚拟现实的概念模型是一个“显示-检测”模型，虚拟世界向用户呈现出对真实世界的模拟，并且实时检测介入这一环境下人类的行动、语言和状态等以便及时响应。从人对虚拟环境的作用来看，也就是从用户的视角来看，这个概念模型是一个“输入-输出”模型，输入是指用户对虚拟环境做出的各种反应动作，输出为用户的感觉通道接收到虚拟环境提供的各种感官刺激信号。

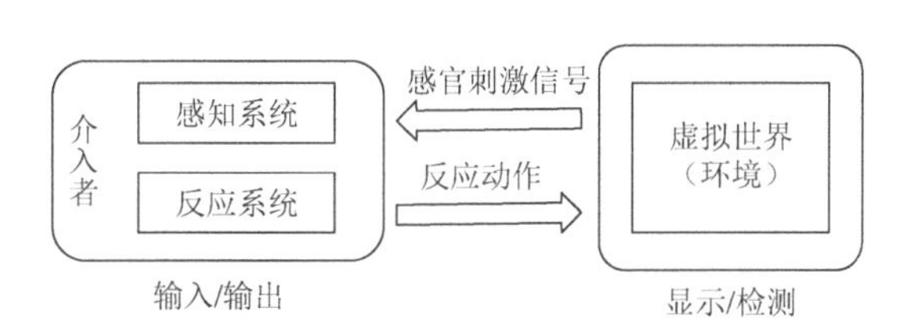


图 5-12　虚拟现实系统的概念模型

虚拟现实系统是对二维交互界面即图形用户界面的一个新突破，它不一定会取代图形用户界面。例如，在文本显示这类需要高像素呈现的情形下，常规的图形用户界面反而更能胜任，但是在某些方面虚拟现实系统确有其独特性。图形用户界面交互中主要存在输入的带宽窄，交互序列呈线性，没有充分利用人类现实生活中习得的技能等问题。有学者提出“望闻问切”是虚拟现实系统的交互范式（张凤军等，2016），不仅使用户通过“望闻问切”感知虚拟现实环境的状态，而且在虚拟现实环境一方，通过这四个方式还能感受用户行为意图和状态。

### 5.5.2 虚拟现实系统的交互设备

虚拟现实系统要求计算机可以实时显示一个三维场景，用户可自由地漫游其中，并能操纵虚拟世界中一些虚拟物体。因此，除了一些常规的控制和显示设备，虚拟现实系统还需要一些特殊的设备和交互手段，以实现自然的交互方式。从前面的介绍中，我们看到多通道交互是虚拟现实人机交互的主流形式，在虚拟现实交互中使用多通道交互技术具有减少用户认知负荷、降低耦合度、减少错误、交互灵活、相互补充等优点（张凤军等，2016）。因而虚拟现实系统的交互设备主要是基于各种多通道交互技术中使用的设备，可分为虚拟场景的输出设备、虚拟世界的输入设备以及对虚拟空间的跟踪设备三大类，表 5-2 为一些常见示例。

**表 5-2　虚拟现实系统交互设备示例**

| 分类 | 功能 | 举例 |
|---|---|---|
| 输出设备 | 为用户提供各种刺激视觉、听觉、触觉甚至味觉和嗅觉的信息呈现，让用户产生身临其境的沉浸感 | 立体眼镜、头盔式显示器、洞穴式立体显示系统、触觉和力觉反馈器 |
| 输入设备 | 实现用户对计算平台中应用例程的控制 | 三维鼠标、三维扫描仪、三维手柄 |
| 跟踪设备 | 检测位置与方位，并将检测的数据报告给虚拟现实系统 | 数据手套、数据衣、空间定位系统 |

1. 输出设备

人的立体感是由于左右眼看到物体时存在细微的差异而感知到物体有深度，经过大脑的加工，从而产生了立体的空间感觉。由于人类从外界中获得的信息大部分来自视觉，视觉显示器成为虚拟现实系统中最重要的显示设备，为用户营造一个立体的视觉是视觉显示器的主要功能。本书介绍其中几种代表性产品。

立体眼镜是一种利用光的偏振现象或者两眼之间轮番快闪的方式形成两眼的相对视差而带来立体的感觉的一种装备。这种眼镜价格便宜，携带方便，适合于对沉浸感要求不高的情形，如观看 3D 电影、玩 3D 游戏等日常娱乐活动中。

头盔式显示器（head mounted display，HMD）是立体显示设备中起源最早、发展最快、应用也最广泛的一种设备，它绑定到计算机、移动智能终端等计算平台，通过固定在用户头部的两个显示器分别向左右眼显示立体图像，大脑进行综合加工后形成深度感知。世界上第一台头盔显示器可追溯到 Ivan Sutherland 开发的“达摩利斯之剑”头盔显示器。戴上头盔式显示器的用户能够进行头部运动，计算机随时可以跟踪到用户头部的位置及运动方向，重新匹配用户的视觉系统，因而用户感觉到视野中的图像总是跟随头部位置，提高了对虚拟系统知觉的可信度。头盔显示器有非常好的临场感和沉浸感，被广

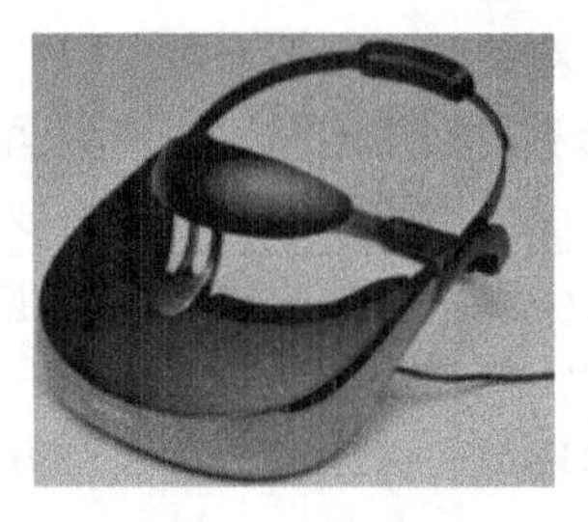

图 5-13　3D 头盔式显示器 HMZ-T1

泛应用于工业制造，军事演练、医疗、建筑设计等领域，一些消费类应用包括虚拟旅游、社交媒体互动、游戏和观影等也开始成为近年来的投资热点。图 5-13 为索尼公司开发的 3D 头盔式显示器 HMZ-T1。

双目全方位监视器(binocular omni-oriented monitor, BOOM)。1987 年，Jim Humphries 设计了双目全方位监视器的最早原型（图 5-14）。这是一种可以移动的显示器，类似于望远镜，依靠两个互相垂直的机械臂支撑，用户可以在一个球面空间内自由移动，支撑臂上每个节点处都有位置跟踪器，实现实时的检测。与头盔式显示器相比，BOOM 能达到更高的分辨率，且图像柔和，系统延时小，不受磁场和超声波背景噪声的影响，用户还能自由地从虚拟空间切换到现实世界。但是用户在使用 BOOM 时运动空间有限，沉浸感也比头盔式显示器差些。

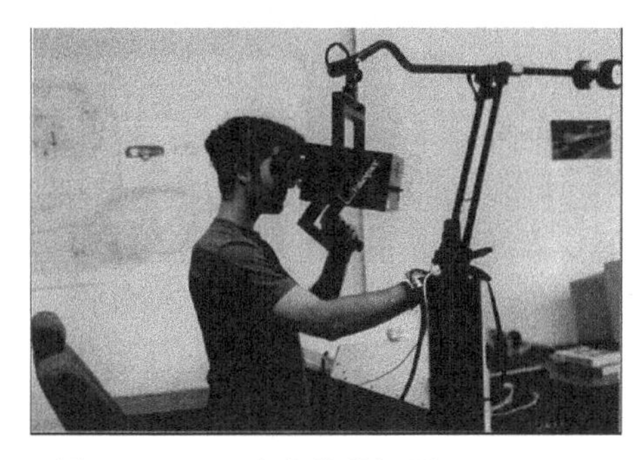

图 5-14　双目全方位监视器（BOOM）

洞穴式立体显示系统（CAVE）是用投影系统对 3 个或 3 个以上的面投影，形成一个类似于房间的三维结构，置身其中的用户具有多个图像画面显示，从而产生了身临其境的沉浸感觉。世界上第一套 CAVE 系统于 1994 年在纽约大学建立。CAVE 系统的特点是立体成像质量高、色彩丰富、无闪烁、屏幕大，还支持多人参与到虚拟现实系统中协同工作。这种立体现实技术再借助其他的虚拟交互设备，扩展了人类的思维，激发了创新思考的能力。图 5-15 为中国航空工业虚拟现实产业联盟应用研究中心的沉浸式座舱的 CAVE 系统图。

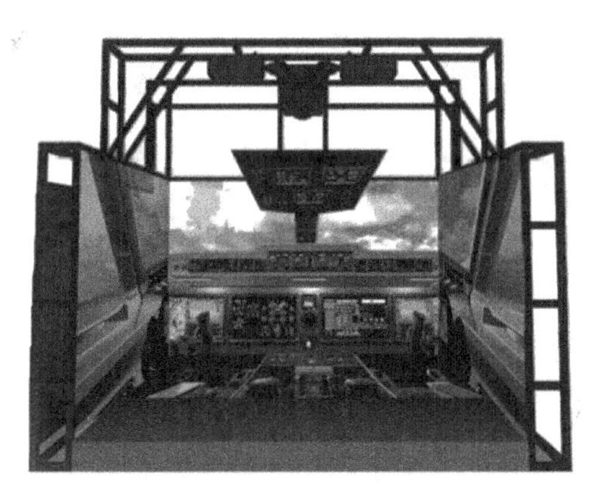

图 5-15　沉浸式座舱的 CAVE 系统图

立体显示技术作为虚拟现实系统中重要的组成要素，具有广阔的研究和应用前景。人类在不断地追求显示质量更高、临场效果更真实、交互更自然的产品出现。一些裸眼的立体显示系统，如全息投影显示，让人们不用佩戴特殊的装备就能产生立体的感觉，支持更多人参与其中的墙式立体显示系统以及能满足更多感知应用需求的多通道立体投影系统也已问世，在科研和工业领域中彰显出初步的效果，未来我们将在更多的场合看到这些立体显示设备的应用。

触觉和力觉反馈器。能让用户产生“沉浸”效果的关键因素之一是用户在操作虚拟物件时，会感觉像在现实生活一样，同时感觉到虚拟物件的反作用力。力觉是指用户能感受到设备给予反馈力的大小和方向。触觉包含的感觉反馈更为丰富，像物体的材质（金属、布料、石头、木材等）、纹理（平滑还是粗糙等）、温度（温暖还是冰冷等）都会有不同的触感。实际应用中，由于人的触觉非常敏感，精度一般的装置根本无法满足逼真的触感要求，因而主要成熟应用的是基于力觉感知的力反馈装置。虚拟现实系统对触觉和力觉反馈有一些基本要求，如实时反馈、使用安全、轻便舒适等。图 5-16 是微软公司研发的 3D 触觉反馈触摸屏。该触摸屏上有许多压力传感器，还有一个机械臂控制用户指尖的压力以模拟物体的质感以及重量。当指尖触摸到屏幕时，系统便会产生一个轻微的阻力，使得用户手指与触摸屏处于贴合状态，当用户继续按压屏幕时，机械臂会推动屏幕后移，当检测到用户指尖压力变小时，则将屏幕向前推移。与此同时，系统会调整屏幕中物体的大小和角度，形成一个 3D 效果图。微软高级研究员 Michael Pahud 介绍该产品时说：当你的手指推向触摸屏，感官和立体视觉融合的时候，如果汇聚融合完成顺利，视图将会很快地更新，对手指的深度知觉做出回应，而这足够让大脑把虚拟世界当成真实世界。这一技术对于医疗领域应用有很大的潜力。

图 5-16　微软公司研发的 3D 触觉反馈触摸屏

2. 输入设备

虚拟现实系统中的输入设备能够实现用户对计算平台中应用例程的控制。多通道交互技术是一种适用于虚拟现实系统中的输入技术，综合采用视线、语音、手势等作为输入方式，利用多个输入通道以自然、并行、协作的方式进行人机通信。除了前面介绍的数据手套、语音控制、视线追踪之类可作为虚拟世界不同的效应通道来达到输入目标之外，本书还简要介绍以下几种。

三维鼠标。鼠标是一种经常使用的输入和操控装置，在虚拟现实系统中也会使用到三维鼠标这种受控输入设备，其工作原理大概为鼠标内部安装了超声波或者电磁波探测器，利用这个探测器和具有发射器的固定基座来测量鼠标的位置和方向，实现虚拟空间中六个自由度的操作。普通的鼠标只能控制平面运动轨迹，三维鼠标则可以让用户操控三维空间的运动。如图 5-17 所示的三维鼠标也称为力矩球，用户通过转动中间的小球或侧方向推动这个小球时，三维鼠标将用户的这些动作传送给计算机，从而进一步控制虚拟环境中的物体的运动。

三维扫描。它是将实物利用三维工具进行数字化转换，通过计算机技术实现对三维数字化模型的虚拟创建、编辑、提取特征、分析以及显示等操作的一项重要技术。三维扫描为实物信息的数字化提供了方便快捷的手段，是实现虚拟现实系统的关键。目前三维扫描已经广泛应用于建筑设计、服饰造型、人体测量、工业制造、地质勘探、数字文物典藏领域。图 5-18 为故宫博物院数字多宝阁利用三维扫描技术数字化清光绪款粉彩云蝠纹赏瓶，观众可通过计算机平台操控鼠标从多个角度欣赏艺术品，如同亲身参观展馆。

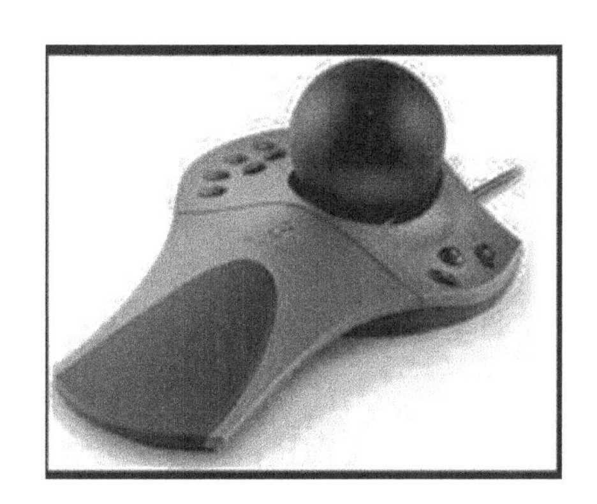

图 5-17　三维鼠标

图 5-18　三维扫描的清光绪款粉彩云蝠纹赏瓶

3. 跟踪设备

虚拟现实系统中的跟踪设备充当了传感器的角色，它的主要功能是检测位置与方位，并将检测的数据报告给虚拟现实系统。很多虚拟现实系统中的输入设备和输出设备都具有跟踪定位功能。例如，数据手套除了能作为手势识别工具，实现手势动作的输入之外，还可以作为交互过程中的跟踪设备，计算机能实时跟踪手势动作的轨迹，将人手的姿态准确传递给虚拟环境。缺少空间跟踪定位功能的虚拟现实系统无论从功能上还是在使用上都难以为用户创造一种身临其境的真实体验。而如果空间跟踪功能设计得太糟糕，被跟踪的对象在真实世界中的定位与虚拟世界的感知不一致，不仅给用户造成了困惑和迷惘，而且会给用户带来头晕、视觉混乱、身体乏力等一些不适感觉。

虚拟现实系统最常用的跟踪技术是跟踪用户的头部位置和视线方向，以此来确定虚拟世界的坐标和方位。无论是真实世界还是虚拟世界，物体均有 6 个不同的运动方向，分别是 $X$、$Y$、$Z$ 坐标上的位置值，以及围绕 $X$、$Y$、$Z$ 轴的旋转值（转动、俯仰、摇摆）。这 6 个运动方向相互正交，称为六自由度，用于表征物体在三维空间的位置和方位（图 5-19）。

而为了虚拟空间与现实世界的匹配和一致，对虚拟现实系统的跟踪设备通常会有些要求。例如，跟踪定位要有很强的实时性和灵敏度要求，不能出现明显的滞后；采集数据时抗干扰性强，受环境影响小；对被检测的物体必须是无干扰的，意味着无论采用何种技术原理跟踪物体，都不应影响被测物体的运动，是一种“非接触式传感器”；多个用户和多个跟踪设备都可以在工作区域内自由移动，不会相互之间产生影响。

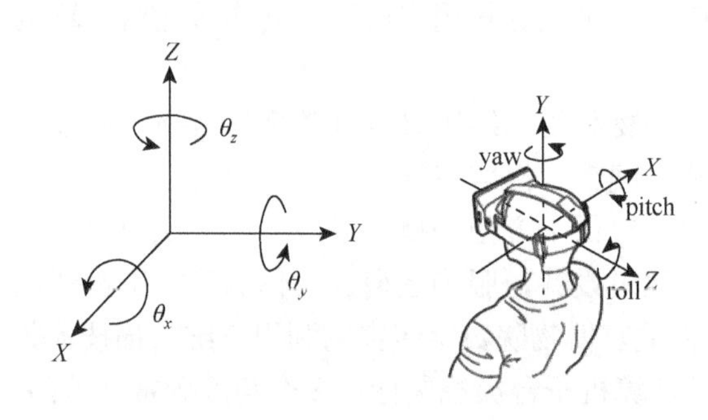


图 5-19　三维空间的位置和方位

（pitch：围绕 X 轴旋转，也称为俯仰；yaw：围绕 Y 轴旋转，也称为摇摆；roll：围绕 Z 轴旋转，也称为转动）

### 5.5.3　虚拟现实系统交互的研究议题

工业和信息化部发布的《关于加快推进虚拟现实产业发展的指导意见》指出，虚拟现实融合应用了多媒体、传感器、新型显示、互联网和人工智能等多领域技术，能够拓展人类感知能力，改变产品形态和服务模式，给经济、科技、文化、军事、生活等领域带来深刻影响。虚拟现实广泛应用于医疗保健、游戏、教育、工程、军事等领域。伴随着这一技术的普及，虚拟现实环境下的用户交互行为引起了学术界和产业界的关注，研究的主题包括虚拟现实系统的用户接受和采纳研究、影响虚拟现实环境下用户行为的因素研究以及不同场景下虚拟现实系统用户交互行为研究。

**虚拟现实系统的用户接受和采纳研究。**一项新的技术是否会给使用者带来一系列新的挑战和压力，围绕着用户是否愿意接受虚拟现实系统，接受之后的使用和持续使用行为的研究是人机交互领域中的一个研究热点，其中多采用技术接受模型作为测量模型。例如，Sprenger 和 Schwaninger（2021）比较了 4 种数字化学习技术（电子讲座、课堂反应系统、课堂聊天和移动虚拟现实）在技术接受度方面的差异，发现对课堂反应系统的接受度最高，移动虚拟现实反而是最低的接受度。Arlati 等（2021）关注了有认知缺陷的老年人对 VR 用于老年痴呆患者认知训练的接受程度，发现认知缺陷会诱发危险行为，并导致与虚拟物品交互出现问题。虚拟现实技术虽然受到越来越多的关注，但是也需要认识到，全面推广虚拟现实技术的应用仍面临着很多的挑战，用户的接受和采纳在今后很长一段时间内仍是一个学术热点，如何促使用户接受、使用、持续使用，如何看待用户对虚拟现实系统的使用转移行为，诸如此类问题的探讨仍会持续。

**影响虚拟现实环境下用户行为的因素研究。**用户在虚拟现实环境下能获得更临场的沉浸感，更好的交互体验和更丰富的想象空间，而分析哪些因素影响了用户的这些体验，可以为优化和改进虚拟现实系统提供指导。一些学者在此方面进行探索，如 Dam 等（2021）基于对虚拟现实系统中工具的“所有权”感、代理和临场感来研究用户是否能在行为上适应做出一个动作和看到该动作的视觉效果之间的反馈延迟，结果表明在虚拟环境下，用户不仅能在行为上适应延迟，而且对所有权和代理权的评分也随着延迟时间的延长而显著提高。Peukert 等（2019）的研究发现沉浸感并不影响用户对购物环境的再利用意愿，因为两条路径相互抵消：高度沉浸感的购物环境通过临场感正向影响享乐路径，通过产品诊断负向影响功利路径，这一结论可通过虚拟现实环境下产品信息的低可读性来解释。Cooper 等（2018）研究了在高度沉浸式虚拟现实环境中替代线索（颜色或声音）的影响，发现音频和触觉线索对任务绩效和主观临场感的评分有显著影响，增加信息内容尽管破坏了忠诚度，但也会提高性能和用户的整体体验。虚拟现实环境下的用户行为受到多因素的影响，既有一些外在因素，如虚拟现实环境自身的设计问题、操控问题、隐私安全问题，还有一些内在因素，如用户自身的背景、人口统计特征、用户的主观感受等。未来的研究将结合多种研究手段通过分析用户的行为特征，为虚拟现实系统的建设和优化提供更好的思路。

**不同场景下虚拟现实系统用户交互行为研究。**虚拟现实技术应用到在线学习、图书馆、购物、阅读、社会福利工作等各种场景下是否能为用户完成任务带来更高的效率，围绕着虚拟现实技术在真实场景下的应用研究形成一个成果丰硕的领域。例如，一项研究发现基于增强现实的翻转式学习指导法不仅有利于提高学生的项目成绩，而且还有利于提高学生的学习动机、批判性思维倾向和群体的自我效能感（Chang and Hwang，2018）。和传统的桌面系统以及仅接受事实驱动信息相比，虚拟现实技术的“沉浸”感能给用户带来更多的同理心和更有效的移情感（Herrera et al.，2018）。虚拟现实图书馆已经成为一种共识，2020 年的一项调查评估了使用图书馆虚拟现实服务的用户体验、人口特征、学术兴趣和发现方法（Frost et al.，2020）。而 Dahya 等（2021）则探讨了图书馆读者与馆员感知虚拟现实与体验虚拟现实的方式，将分析进一步延伸到科技产业和虚拟现实对话中与性别、种族和阶级有关的问题，反映了虚拟现实在图书馆等公共空间主流化过程的不平等现象。我们不仅能看到在不同场景下应用虚拟现实技术为用户创造了一个更高效、更自然、更协同的任务环境，而且能辩证地看到在日益发展的数字技术的推动下虚拟技术所引起的社会问题，为虚拟现实技术的应用创造良好的环境。

## 5.6　可穿戴设备交互

### 5.6.1　可穿戴设备概述

可穿戴设备的历史最早可追溯到 1955 年加利福尼亚大学洛杉矶分校（UCLA）物理系的一位大学生爱德华·索普（Edward Throp）提出的可穿戴计算概念，在一个偶然的机会下，他把关于利用可穿戴技术来预测轮盘结果的设想告诉了计算机理论专家香农，两人一起合作设计了一个测量俄罗斯轮盘转速的模拟计算机（analog computer）。这个设备只有一个烟盒大，通过方向盘和球心获取数据，依靠使用者藏在鞋子中的微型设备感知轮盘的转速。在转盘小球刚开始转动的时候根据小球运动发现转盘的偏差，计算出小球落到格子的概率。使用者自然地佩戴一个助听器，通过和头发及皮肤颜色一样的电线连接微型设备来获悉预测转盘转动的结果。两人的初次实验因为短路等技术上的原因，并没有成功。直到 1990 年，有一家叫 Eudaemonic Enterprises 的公司实现了索普和香农未完成的工作，证明使用带测量仪的计算机可以较为准确地预测俄罗斯轮盘的结果。

索普和香农的发明初具可穿戴设备的雏形，但它是靠有线的方式将语音反馈到耳机上，只能被动接收信号，而无法操控设备。可穿戴技术的随后发展还要归功于称为可穿戴设备教父的彭特兰（Pentland）的贡献，他在麻省理工学院创建了一个专门研究可穿戴技术的实验室，这个团队里面聚集着后来在可穿戴领域声名鹊起的人，比如可穿戴计算之父的史蒂夫·曼（Steve Mann），以及负责谷歌眼镜（Google Glass）开发的萨德·斯塔纳（Thad Starner）。关于彭特兰对可穿戴技术的涉足有一个有趣的故事，1973 年当时还是一名大三学生的彭特兰在美国航空航天局环境研究所兼职担任电脑程序员，需要开发一个可以从外太空数清加拿大河狸数量的软件。这是个具有难度的问题，因为当时的人造卫星分辨率太低，难以精确检测细小的河狸。彭特兰提出的解决方案是河狸会建池塘，所以可以通过池塘的数量判断河狸的数量。这一经历促使这位年轻人思考能否采用类似的传感器的方法揭开复杂的社会行为，理解人类社会。在随后四十多年的时间，彭特兰一直致力于探索这个问题，希望有一个能跟随每个个体移动并采集环境信息的传感器，包括每天身体发出的生理、声音、视觉和听觉信号。20 世纪 90 年代，彭特兰领导的实验室开发出了世界上第一款可穿戴设备原型，1998 年，“可穿戴衣橱”诞生（图 5-20）。这个装置拥有一副隐秘且具有高分辨率的显示屏的眼镜；可以记录用户的体温、心率和血压的手表；可以连接无线网络的腰带电脑；可以用作相机和麦克风的领针；还有设计在夹克里的触摸平板的键盘。关于可穿戴设备，Pentland（1998）在一篇文章中表达了观点：可穿戴设备不会打扰人，让人分心，比起其他设备，人们可用更多不同的方式与可穿戴设备连接。你可以一直穿戴（这样的设备），并且改变你的认知和你的行为。当我们适应可穿戴设备，并且用其改变我们的个人习惯一段时间后，我们整体的社会文化也会发生改变。或许在彭特兰看来，可穿戴设备更偏向社会方向，是一种使用客观数据来创造更符合人类需求的世界的途径。

图 5-20　彭特兰实验室开发的“可穿戴衣橱”

学界和业界对可穿戴设备的概念给出了各种解释。马克·维瑟（Mark Weiser）在 *The Computer for the 21st Century* 一文中提出可穿戴设备是每时每刻都在计算的计算机，未来人们使用的周围产品都具有计算能力，能感知环境和传感信息。可穿戴计算之父史蒂夫·曼称可穿戴设备为“属于个人空间的、被用户穿戴操控的并且在人机交互时具有持续性的操作系统”。Billinghurst 和 Starner（1999）认为可穿戴设备需要满足跟随用户移动、增强现实环境但不取代现实、根据佩戴者所处的环境和状态作出实时反应的三个目标。中国可穿戴最早的开拓者陈东义（2015）认为可穿戴设备是以人体为载体，通过便携穿戴实现对应的多种功能的智能电子设备，其与用户的交互形态主要基于人体功能和设备配置功能配合实现。从这些定义可知，可穿戴设备的特点为：

（1）可穿戴性。就像日常服饰穿搭一样，可穿戴设备能便捷穿戴到身体的某个部位，不会给人们带来不适感或异物感，也不会影响人们正常的行为举止。

（2）可移动性。区别于台式机或者笔记本这类计算机设备，可穿戴设备表现最为突出的特点是能在行走、奔跑等运动状态方式下使用，不会因为佩戴者的剧烈运动损坏设备或者造成操作的混乱。

（3）智能性。目前研发的可穿戴设备融合了先进的人工智能技术，利用强大的信息采集和处理系统为每个人提供专属的个性化服务。可穿戴设备不仅能“听懂”用户意图，而且能在海量数据处理云平台上迅速地根据不同的人群、不同的时间、不同的应用进行处理，实现智慧服务。

（4）拓展人体能力。可穿戴设备提供的全新的交互方式是对人类自然的、持续的辅助与增强服务，其本质为拓展人体的各种能力。可穿戴设备借助强大的计算能力和智能化技术成为人体能力的一种衍生，这是其他的电子设备很难比拟的功能。

### 5.6.2　可穿戴设备的类型

目前市面上出现的可穿戴设备形态不一，按照用途可以分为面向普通消费者的、工业用途、军事用途、医疗健康用途等类型。按照通信方式可分为利用内置芯片直接通信的可穿戴设备以及通过蓝牙、Zigbee 等通信协议的间接通信可穿戴设备。比较常见的分类是按照佩戴的方式和部位分为头戴式、腕戴式和身穿式三种穿戴方式和不同的产品类型，每一类型的常见产品举例、信息输入和输出方式见表 5-3，选择每类中若干代表性产品予以介绍。

**表 5-3　可穿戴设备类型**

| 穿戴方式 | 类型 | 举例 | 信息输入 | 信息输出 | 特点 |
|---|---|---|---|---|---|
| 头戴式 | 眼镜式 | Google Glass | 物理按键、语音、触摸、肢体运动感应、身体信号（脑电波）、内置陀螺仪、光感元件 | 立体投影、骨传导反馈、耳机、抬头显示器、头盔显示屏 | 用户拥有自然的视野，能接收的内容主要受到用户的头部运动影响 |
| | 头盔式 | Live Map | | | |

续表

| 穿戴方式 | 类型 | 举例 | 信息输入 | 信息输出 | 特点 |
|---|---|---|---|---|---|
| 腕戴式 | 手表式 | 苹果 iWatch | 物理按键、语音、触屏、肢体运动感应、身体信号（如心跳）、传感器采集环境信号（如温度、颗粒） | 电容显示屏、振动、指示灯、拇指作为听筒 | 主要是监测运动、血压、脉搏、睡眠、来电等数据；采用蓝牙低功耗通信技术和智能手机配合使用；能作为其他智能设备的辅助接收终端；显示屏一般很小甚至没有，但也更具便携性 |
| | 手环式 | 运动手环、健康手环 | | | |
| | 手套式 | Glove one | | | |
| 身穿式 | 服饰类 | 情绪感应服 | 物理按键、身体的压力及触觉反馈，肢体运动感应、身体信号（如体温） | 指示灯、听觉、振动、直接显示在特殊的服装材料 | 直接穿在身上，可作为日常穿着使用；此类产品体积一般较大，智能化程度高且造价昂贵，是目前高端的穿戴设备 |
| | 鞋类 | 智能鞋 | | | |

Google Glass 是一款典型的头戴式穿戴设备（图 5-21），Google 公司于 2012 年首次发布出来后，一夜之间在虚拟现实和可穿戴市场引起了巨大的轰动。这款形似眼镜的产品能通过语音控制拍照、进行视频通话、上网、处理文字、导航等操作，集智能手机、GPS、相机于一身，甚至用户可以直接将所见所闻分享到社交平台。这些功能主要依靠眼镜前方悬置的一台摄像头和一个位于镜框一侧的宽条状电脑处理器装置来实现。Google Glass 采用多种输入方式：可以是触控位于眼镜腿部位的触摸板以及利用语音识别技术来发送命令，还可以由内置的加速度计和陀螺仪识别出用户的头部姿势和运动轨迹，将其翻译为特定的操作命令，甚至可以通过眨眼动作来触发拍照功能。输出方式主要是视觉显示和声音输出，Google Glass 利用光学反射投影原理，通过光学元件在人眼前形成一个虚拟屏幕，声音输出则是利用骨传导传声技术，无须佩戴耳机来把声音通过颅骨振动传入耳蜗（图 5-22）。Google Glass 的研发面临了很多波折，甚至一度于 2015 年停止了 Google Glass 的“探索者”项目，这里面的原因有很多，包括成本过高、侵犯隐私、设备漏洞、会分散佩戴者注意力，甚至造成类似上瘾的症状，使得 Google 公司非常谨慎地对待该产品，然而在辅助教学、医学研究、直播等不同的应用场景下 Google Glass 仍呈现出巨大的潜力。

图 5-21　Google Glass

图 5-22　Google Glass 的显示设备

各种运动手环和健康手环是常见的腕戴式可穿戴设备。这类设备能记录人体一系列实时数据，如运动、心率、卡路里等，并与手机、平板等智能设备同步，人们利用这些数据引导健康生活。一些智能手环还可以测量血压、心电图和监测慢性病，成为医疗保健的重要辅助手段。如我国华为技术有限公司推出的健康手环通过专业、精准的实时数据检测，融合心率、血氧饱和度、睡眠、压力四大健康要素的科学监测功能，为健康管理提供全天候监测体系。

可穿戴技术的发展推动了越来越多样的可穿戴设备出现，不仅局限于手环、手表等设备，当前，传统的鞋业巨头企业（如 Nike、安踏等）和新兴高科技互联网企业（如索尼、小米等）纷纷投入智能鞋的研发中，推出的产品从测量运动表现到跟踪健康和评估健康指标，为用户提供个性化的反馈。Nike 推出了创新的自力式 HyperAdapt 1.0 鞋（图 5-23）。当用户穿上球鞋时，压力传感器会驱动马达收紧鞋带到最合适用户脚型的松紧度。同时，这款鞋子还配备 AdaptiveFit 自适应系统，传感器记录并根据用户的体重、行走重心来对球鞋松紧进行微调。还能根据用户的动作变化自动进行松紧调整，比如在剧烈运动后，太紧的鞋带会造成血液流通不畅，这时球鞋便会自动调整鞋带松紧，使穿着更舒适。我国一家企业推出的一款智能足球鞋内置智能芯片，可记录瞬间速度、最快速度、冲刺次数、步频、移动距离以及奔跑时间等数据，并实时同步到手机 APP 上。这款足球鞋还能完整记录球员在赛场上的运动轨迹及热力分布情况，为日常训练和战术制订提供数据支持（图 5-24）。

图 5-23　Nike HyperAdapt 1.0 鞋

图 5-24　双驰智能足球鞋

### 5.6.3　可穿戴设备人机交互模式

可穿戴技术的出现，为一直以来虽然投资火爆但实际市场前景不佳的多通道交互和虚拟现实交互的研发和应用带来了新的生机，因为其更好的携带性，更自然的交互方式似乎更适合现实中的应用场景。同传统的人机交互过程一样，可穿戴设备的人机交互过程也主要是用户和设备之间的信息输入和输出，其中多通道交互技术是实现信息输入和输出的关键。从交互的特点来看，可穿戴设备最突出的特点为基于传感的信息捕捉方式，传感数据既包括设备采集的人体生理信号和肢体动作，还包括接收环境中传感器发来的信息，将这些数据进行整合分析后会反馈到用户的感官系统。因此，可穿戴设备人机交互的概念模型可用如图 5-25 所示，从用户视角来看，是一个操作—感知过程，即用户操作设备，经多种感觉通道感知设备的输出，从设备视角来看，是一个识别—反馈过程，即设备捕捉到用户的输入，经过识别处理后给用户相应的反馈。

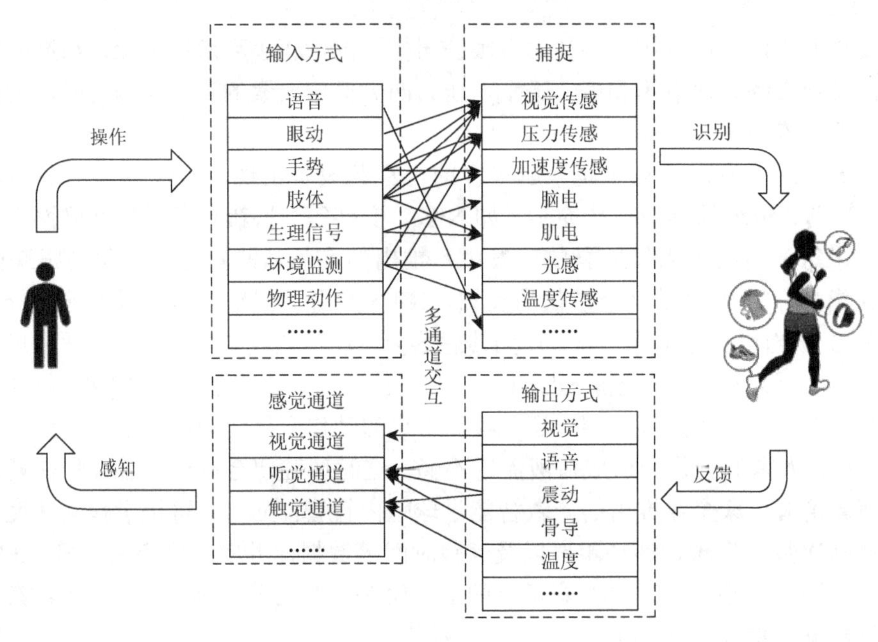


图 5-25　可穿戴设备人机交互概念模型

**信息输入方式。**可穿戴设备的信息输入是指设备利用传感器主动捕捉人体与环境的实时数据，采用高效的数据分析算法，识别出人体数据和环境状态，将其转换为设备可以处理的命令。信息输入方式的基本要求是便捷、舒适、自然、符合用户心智模型，具有情境感知性。常见的类型除了传统的物理按键、触屏、触摸等方式外，还有如语音识别、眼动跟踪、肢体动作捕捉、用户生理数据和环境数据的自动采集等信息输入方式。表 5-4 为常见的可穿戴设备传感器的数据采集类型。

**表 5-4　常见的可穿戴设备传感器的数据采集类型**

| 数据来源 | 常用传感器 | 数据内容 | 应用 |
|---|---|---|---|
| 环境数据 | 温度传感器 | 材料的电阻变化 | 环境温度监控 |
| | 高度监测 | 高度 | 高度测量 |
| | 光线传感器 | 光线亮度 | 环境光照感应 |
| | 全球定位系统（GPS） | 地点 | 位置信息 |
| 人体数据 | 加速度计 | 位移、速度 | 运动速度、跟踪睡眠模式 |
| | 陀螺仪 | 角加速度、旋转加速度 | 轨迹识别、命令识别 |
| | 体温监测 | 体温 | 健康监测 |
| | 心率传感器 | 心率 | 健康监测 |
| | 计步器 | 步数 | 运动、健康管理 |
| | 压力传感器 | 电阻变化 | 动作力度 |

**信息输出方式。**可穿戴设备识别用户的操作命令后根据数据处理的结果，产生关联人的感觉通道的反馈。反馈的形式可以是视觉、听觉、振动、温度等，用户感受并理解

设备反馈的信息，从而完成一次交互过程。同信息输入类似，可穿戴设备的信息输出方式的基本要求是实时、舒适、准确、符合用户认知，不干扰用户。表 5-5 为常见的可穿戴设备输出方式。

**表 5-5　常见的可穿戴设备输出方式**

| 产品 | 视觉输出 | 听觉输出 | 触觉输出 |
| --- | --- | --- | --- |
| Google Glass | 立体投影 | 骨传导、耳机 | / |
| 苹果 iWatch | 电容显示屏 | 扬声器 | 振动 |
| 华为健康手环 | 显示屏、指示灯 | 扬声器 | 振动 |
| 智能运动鞋 | LED 灯光 | 扬声器 | 自适应调整 |

从上述可穿戴设备人机交互模式的分析中，我们可以总结可穿戴设备人机交互的三个特点是交互方式多样性、交互的便捷性和情境感知性。交互方式多样性体现在可穿戴设备不仅一般具有物理按键、触屏等交互方式，还可以基于视线交互、语音交互、体感交互、触觉交互、骨传导交互甚至脑电波交互等多种自然的交互方式。在可穿戴设备显示屏小甚至没有显示屏的情况下，后者更是最主要的交互方式，目的是方便用户结合使用多种交互方式，高效地完成交互动作。交互的便捷性体现在当前的可穿戴设备朝更微型化、更柔性化方向突破。为了更有效地采集数据，未来的可穿戴设备会更贴近人体的各个部位，形成一个人机和谐局面，设备的舒适性、贴身性、实用性、易操作带来了良好的使用体验。交互的情境感知性体现在可穿戴设备能感知到交互过程中的时间、地点、事件、硬件环境、用户偏好、用户任务等特征要素，根据这些情境要素作出有针对性的个性化反馈。

## 5.6.4　可穿戴设备交互的研究议题

同传统的人机交互设备相比，可穿戴设备因为其灵活自然的交互方式、实用便捷的交互功能以及强大的情境感知能力，成为人机交互领域的研究焦点。围绕着用户使用可穿戴设备的交互行为、体验以及引发的社会问题也引起了学者的思考，一些研究议题主要如下。

1. 可穿戴设备的社会接受度

谷歌眼镜问世不久，谷歌就面临着许多舆论压力，很多组织或个人对可穿戴设备带来的隐私和风险问题表示担心，一些公共场合被禁止使用谷歌眼镜，美国电影协会和美国剧院业主协会甚至宣布将正式禁止在电影院使用谷歌眼镜和其他的可穿戴录像设备以支持“反盗版政策”。除了社会伦理问题外，对可穿戴设备技术的采纳和接受也值得关注，Profita 等（2013）在评估他人对于用户在公共环境与可穿戴设备进行交互操作以及人们对设备放置的身体部位的态度时，提出设计人员应该考虑可穿戴设备佩戴方式与交互方式对社会接受度的影响。还有学者认为不同文化背景的消费者对可穿戴设备的接受程度差异很大，一项针对中国与瑞士消费者在可穿戴设备使用意愿的对比研究发现，民族文化差异造成了中国消费者的接受意向显著高于瑞士消费者（Dong et al.，2020）。

Endeavour Partners 调研机构针对美国的一项调研显示，半数以上的可穿戴设备佩戴者不再愿意使用可穿戴设备，近三分之一的用户在6个月内就停止使用可穿戴设备（Ledger and McCaffrey，2014）。从当前研究来看，国外对用户采纳和接受可穿戴设备较为重视，涉及医疗保健、健康运动、安全监控、监护看管等各种应用领域，国内学者则关注不多。

2. 可穿戴设备的交互设计

由于可穿戴设备直接穿在或戴在人身上，用户对设备的舒适性、安全性、耐用性，以及数据采集的准确性、稳定性、交互接口的高效性等都有一定的要求，传统的人机交互设计原则不一定有效，因而可穿戴设备的人机交互特性及其设计要求一直以来都是学术界和工业界关心的问题。

Gemperle 等（1998）提出运动状态下的一系列可穿戴设备佩戴位置选择与产品形态设计方面的原则，包括位置的嵌入性、人性化形式语言、可运动、符合人类感知、自动适应人体尺寸、佩戴舒适、轻盈、安全、实用、简单直觉的交互、适应热传导、美观以及能长期使用。Lin 和 Kreifeldt（2001）提出一个“用户-工具-任务”的可穿戴设备设计框架，被用于研究影响可穿戴设备设计中的人因以及用户、工具和任务三者之间的关系。其中用户和工具之间的操控界面（manipulation interface）强调可访问性、可穿戴、舒适、友好等要求；工具和任务之间的参与界面（engagement interface）强调传感和接收、输入和输出设备的设计等事项。Motti 和 Caine（2014）从人机工程学的角度，在系统综述相关研究基础上归纳了20条包含硬件和软件的可穿戴设备交互设计的启发式评估原则，分别为：美学、功能可见、舒适、情境感知、个性化、易使用、工效性、时尚、直觉性、非侵入性、负荷、隐私、可靠、耐用性、响应、满意度、简便、潜移默化性、用户友好和可穿戴。

除了学界提出各种可穿戴设备的设计模型或者设计原则外，来自工业界的厂商和设计师也提出了一些指导性的原则。军事领域可穿戴设备设计专家 Bieber[①]认为理想的可穿戴设备需能拓展人的能力、将周围都变成界面、举止优雅懂礼貌、尊重人类的生活状况、有存在感、可定制、不可见以及具有时尚性。智能头盔 Skully Helmets 的发明者韦勒（Weller）总结了11条可穿戴技术的设计原则：解决日常问题、源于人类的问题而非机器、请求而非要求注意、增强人类能力但不取代人类、应该能减少问题而非造成麻烦、促进深度和广度连接、能同时支持软硬件、硬件少而应用广、现有行为的延伸、增强好的体验以及在体验很差时自动代替人类。在医疗诊断领域，来自医院管理、临床医学、学术界和商业设备行业等不同背景的利益相关者提出可穿戴设备的7个特征（明确定义的问题、整合到医疗保健提供系统中、技术支持、个性化体验、关注最终用户体验、与报销模式保持一致以及纳入临床医生支持）对于指导可穿戴技术的未来临床应用是十分必要的（Smuck et al.，2021）。

3. 可穿戴设备人机交互用户体验研究

Dunne 和 Smyth（2007）从使用者认知能力的角度出发，研究了可穿戴设备人机交互

---

① https://www.woshipm.com/ucd/166771.html

过程中设备对用户的感官刺激度，记忆穿戴性对用户注意力和认知能力的影响，提出对用户来说可穿戴性在于弱化设备存在感并提供认知帮助。Knight 等（2002）提出测量可穿戴计算机舒适度可从情绪、依恋、伤害、感知变化、运动和焦虑 6 个维度评估，强调可穿戴设备舒适度评估必须在交互情境下进行以保证结果的有效性。利用可穿戴技术来进行自我监控越来越受到重视，Siddiqui 等（2018）研究关注了用户使用时的时间效率、舒适性、成本、便携性、功耗等体验元素。一项对心室辅助装置的可穿戴组件引起的用户问题、人因以及用户体验的研究文献的系统综述提出了该类可穿戴组件的未来设计要注重电源、耐磨性和自由移动、女性体验以及直觉处理等体验要素（Dunn et al.，2019）。为了探讨可穿戴设备的显示屏、可移动性以及性别对用户体验的影响，Zhang 和 Rau（2015）的研究发现在移动程序上显示信息能改善用户的交互体验，女性对信息获取和情感体验的需求较男性更为满足，慢跑时与可穿戴设备的互动较步行时增加用户的认知负荷和感知难度，降低了用户体验。

可穿戴技术在运动中的应用也引起了国际运动医学联合会的担忧，为可穿戴设备制定了相关的质量保证标准，支持可穿戴设备的评估中数据分析、行为影响和用户体验等议题（Ash et al.，2020）。一项系统综述（Akpinar et al.，2020）从物理、时间、社会、任务和技术背景五个因素分析了哪些情境因素会导致健全的用户在使用可穿戴设备时产生情境诱导的损伤和残疾的问题（situationally induced impairments and disabilities，SIIDs），结果表明，大量的实证研究集中在可移动性因素上，对社会因素分析不足，一些因素如多任务处理对用户的使用绩效产生影响。对比于市面上主流可穿戴设备的功能趋于同质化，医疗保健行业的可穿戴设备评价较好，但是仍存在可用性感知不理想，客户忠诚度不高的问题，用户的主观评价与个人状况有关，与设备品牌关系不大，提高可穿戴设备可用性要整合更多的认知行为改变技术。

4. 特定场景下可穿戴设备的交互行为研究

可穿戴设备被广泛应用于各种场合，从飞行控制到医疗诊断，从辅助残疾人士的日常生活到娱乐、休闲、游戏和运动，可穿戴设备监测、控制和跟踪着人类的活动，并为人类在不同的场景下的决策行为提供数据。其中，医疗保健领域中用户对可穿戴设备的采纳和使用行为的研究受到学界更多的关注，Tso 等（2019）的研究表明用户的健康信念是采纳医疗保健可穿戴设备的重要预测因子之一，感知的便利性和感知不可替代性是感知有用性的关键预测因子，进而增强了用户采纳意愿。Lee 和 Lee（2018）发现意识到可穿戴健康跟踪器的用户比没有意识到的用户更倾向采用可穿戴设备，消费者的态度、个人创新能力和健康兴趣都是影响使用可穿戴跟踪设备的显著因素。在职业安全领域，Choi 等（2017）调查了工作环境中工人采用可穿戴技术的决定因素，发现员工使用可穿戴设备的经验、工作特点、个人特点等都对使用意愿产生了影响。在体育运动领域，尽管可穿戴健身设备能有效激发人们锻炼的积极性，但是消费者在购买后不久就放弃这项技术。Rupp 等（2018）研究发现计算机自我效能、体育活动水平以及人格特征间接增加了使用可穿戴设备的意愿，并影响了感知示能性的显著性，信任、可用性和感知示能性直接影响了使用可穿戴设备意愿。弱势群体使用可穿戴设备现象引起了学界的关注，Williamson 等（2017）探讨了老年人及残疾人士使用三种可穿戴全球定位系统（GPS）的可接受性及价值，发现设备的特性、易用性、成本、外观、GPS的坐标可靠性、佩戴者的健康状况以及对技术的熟悉程度影响了他们对这类设备的接受程度。总之，围绕着这些特定场景或特定群体下的人类使用可穿戴设备的交互行为研究为可穿戴设备领域提供丰富的思想来源和现实基础。

## 思考与实践

1. 图形用户界面的主要思想是什么？
2. 有哪些常见的数据输入方式？
3. 什么是多通道交互？它具有什么特点？
4. 虚拟现实系统的基本特征是什么？
5. 可穿戴设备具有什么特点？

## 参考文献


陈东义. 2015. 从移动到穿戴——探讨可穿戴概念、技术与应用. 重庆理工大学学报，29（8）：1-5，155.

林崇德. 2003. 心理学大辞典（上卷）. 上海：上海教育出版社.

薛雨丽，毛峡，郭叶，等. 2009. 人机交互中的人脸表情识别研究进展. 中国图象图形学报，14（5）：764-772.

张凤军，戴国忠，彭晓兰. 2016. 虚拟现实的人机交互综述.中国科学：信息科学，46（12）：1711-1736.

Akpinar E，Yeşilada Y，Temizer S. 2020. The effect of context on small screen and wearable device users' performance-a systematic review. ACM Computing Surveys，53（3）：1-44.

Arlati S，Di Santo S G，Franchini F，et al. 2021. Acceptance and usability of immersive virtual reality in older adults with objective and subjective cognitive decline. Journal of Alzheimer's Disease，80（3）：1025-1038.

Ash G I，Stults-Kolehmainen M，Busa M A，et al. 2020. Establishing a global standard for wearable devices in sport and fitness：perspectives from the new England chapter of the American college of sports medicine members. Current Sports Medicine Reports，19（2）：45-49.

Billinghurst M，Starner T. 1999. Wearable devices：New ways to manage information. Computer，32（1）：57-64.

Chang S C，Hwang G J. 2018. Impacts of an augmented reality-based flipped learning guiding approach on students' scientific project performance and perceptions. Computers & Education，125（10）：226-239.

Chau K Y，Lam M H S，Cheung M L，et al. 2019. Smart technology for healthcare：Exploring the antecedents of adoption intention of healthcare wearable technology. Health Psychology Research，7（1）：80-99.

Choi B，Hwang S，Lee S H. 2017. What drives construction workers' acceptance of wearable technologies in the workplace? Indoor localization and wearable health devices for occupational safety and health. Automation in Construction，84：31-41.

Cooper N，Milella F，Pinto C，et al. 2018. The effects of substitute multisensory feedback on task performance and the sense of presence in a virtual reality environment. PLoS ONE，13（2）：e0191846.

Dahya N，King W E，Lee K J，et al. 2021. Perceptions and experiences of virtual reality in public libraries. Journal of Documentation，77（3）：617-637.

Dam L V，Stephens J R，Costantini M. 2021. Effects of prolonged exposure to feedback delay on the qualitative subjective experience of virtual reality. PLoS ONE，13（10）：e0205145.

Dong Y M，Barthelmess P，Wei S，et al. 2020. An empirical study on wearable technology acceptance in healthcare：a cross-country analysis between Chinese and Swiss consumers based on differences in national culture. Journal of Medical Internet Research，22（10）：e18801.

Dunn J L，Nusem E，Straker K，et al. 2019. Human factors and user experience issues with ventricular assist device wearable components：a systematic review. Annals of Biomedical Engineering，47（12）：2431-2488.

Dunne L E，Smyth B. 2007. Psychophysical elements of wearability// The SIGCHI conference on Human factors in computing systems. San Jose：Association for Computing Machinery：299-302.

Ekman P，Friesen W V，Ellsworth P. 1982. What emotion categories or dimensions can observers judge from facial behavior? //Ekman P. Emotion in the Human Face. New York: Cambridge University Press：39-55.

Frost M，Goates M C，Cheng S，et al. 2020. Virtual Reality：a survey of use at an academic library. Information Technology and Libraries，39（1）：1-12.

Gemperle F，Kasabach C，Stivoric J，et al. 1998. Design for wearability// The 2rd IEEE International Symposium on Wearable Computers（ISWC'1998）. Pittsburgh：IEEE Computer Society：116-122.

Herrera F，Bailenson J，Weisz E，et al. 2018. Building long-term empathy：a large-scale comparison of traditional and virtual reality perspective taking. PLoS ONE，13（10）：e0204494.

Knight J F，Baber C，Schwirtz A，et al. 2002. The comfort assessment of wearable computers//The 16th International Symposium on Wearable Computers，Seattle：IEEE Computer Society：65-74.

Ledger D，McCaffrey D. 2014. Inside wearables：How the science of human behavior change offers the secret to long-term engagement. Endeavour Partners，200（93）：1.

Lee S Y，Lee K. 2018. Factors that influence an individual's intention to adopt a wearable healthcare device：the case of a wearable fitness tracker. Technological Forecasting and Social Change，129（4）：154-163.

Lin R，Kreifeldt J G. 2001. Ergonomics in wearable computer design. International Journal of Industrial Ergonomics，27(4)：259-269.

Mann S. 1996. Smart clothing：the shift to wearable computing. Communications of the ACM，39（8）：23-24.

Motti V G，Caine K. 2014. Human factors considerations in the design of wearable devices. The Human Factors and Ergonomics Society Annual Meeting，58（1）：1820-1824.

Pentland A P. 1998. Wearable intelligence. Scientific American，9（4）：90-95.

Peukert C，Pfeiffer J，Meissner M，et al. 2019. Shopping in virtual reality stores：the influence of immersion on system adoption. Journal of Management Information Systems，36（3）：755-788.

Profita H P，Clawson J，Gilliland S，et al. 2013. Don't mind me touching my wrist：a case study of interacting with on-body technology in public// The International Symposium on Wearable Computers. New York：Association for Computing Machinery：89-96.

Rupp M A，Michaelis J R，McConnell D S，et al. 2018. The role of individual differences on perceptions of wearable fitness device trust，usability，and motivational impact. Applied Ergonomics，70（7）：77-87.

Siddiqui S A，Zhang Y，Lloret J，et al. 2018. Pain-free blood glucose monitoring using wearable sensors：recent advancements and future prospects. IEEE Reviews in Biomedical Engineering，11：21-35.

Smuck M，Odonkor C A，Wilt J K，et al. 2021. The emerging clinical role of wearables：factors for successful implementation in healthcare. NPJ Digital Medicine，4（1）：45.

Sprenger D A，Schwaninger A. 2021.Technology acceptance of four digital learning technologies（classroom response system，classroom chat，e-lectures，and mobile virtual reality）after three months' usage. International Journal of Educational Technology in Higher Education，18（1）：1-17.

Thorp E O. 1998. The invention of the first wearable computer// The 2nd IEEE International Symposium on Wearable Computers（ISWC'1998）. Pittsburgh：IEEE Computer Society：4.

Tso E，Chau K Y，Lam M，et al. 2019. Smart technology for healthcare: exploring the antecedents of adoption intention of healthcare wearable technology. Health Psychology Review，8（1）：40-43.

Williamson B，Aplin T，de Jonge D，et al. 2017. Tracking down a solution：exploring the acceptability and value of wearable GPS devices for older persons，individuals with a disability and their support persons. Disability and Rehabilitation：Assistive Technology，12（8）：822-831.

Zhang Y B，Rau P L P. 2015. Playing with multiple wearable devices：exploring the influence of display，motion and gender. Computers in Human Behavior，50（9）：148-158.

# 第 6 章　人机交互研究方法

人机交互领域的跨学科性决定了其研究方法的多样性，随着不同时期、不同的环境下人机交互研究主题的演变，人机交互研究的问题更加复杂，理解人机交互研究方法的发展和这些方法对不同的研究问题的适用性是开展人机交互项目研究必须掌握的内容。考虑到人机交互研究方法的多样性和复杂性，本书无法对每种研究方法进行详尽的阐述。然而，本书尽可能满足对人机交互感兴趣的学者或者学生的实际需求，对一些代表性的、前沿的方法结合具体的案例进行系统的介绍，重点强调在人机交互领域这些方法应用的独特性。

本章介绍的人机交互领域的研究方法可分为三类：一是传统的研究方法，如来自社会科学领域广泛应用的访谈、问卷调查、观察法、民族志四种研究方法，一些社会研究方法的书籍多有涉及，本书仅简单介绍这些方法的基本概念和实施流程，而重点强调在人机交互领域这些方法应用的独特性。二是人机交互中具有特色的研究方法，如卡片分类法、发声思维法。之所以称这些方法为特色研究方法，是因为它们在一般的用户行为研究中并不常见，但是随着人机交互领域对人类认知和心智研究的不断关注，一些研究中开始应用这类方法了解人类的思维过程。三是一些近年来人机交互领域涌现出的新兴研究方法，如眼动追踪方法和日记方法。

学习本章还要认识到，方法是锤，研究问题是钉，任何方法都有优点和缺点，而研究就是用一种或者多种合适的方法来回答一个科学问题。通过不同的方法从不同的角度对相同的研究现象给出解答，得到一致的结论，这一过程在社会科学研究中被称作三角论证（triangulation），它是发现科学真理、推动科学进步的宝贵经验。我们还要意识到科学研究的发现需要详细描述其研究过程，以便他人能够重复或者改进这一项研究。可复制性是证明研究结论有效的一个重要标准，在当前的人机交互领域重视不够。笔者鼓励读者能在本章介绍的几种人机交互研究方法上探索新的研究范式，同时要准确把握住人机交互研究方法应用的三个核心问题：为什么要使用该方法（适用性）？怎样使用该方法（正确性）？如何评价该方法的研究结论（科学性）？

## 6.1　人机交互研究问题

### 6.1.1　人机交互领域的贡献

学术界较为一致的观点是人机交互领域酝酿形成的时间是 1982～1983 年。1982 年，在美国马里兰州盖瑟斯堡（Gaithersburg）召开了第一次计算机系统中关于人因的会议，也就是后来 ACM SIGCHI 年度会议的前身。作为一个交叉研究领域，这次会议吸引了不同学科背景的研究者的关注，会议召开以后，他们纷纷认为自己从事的是人机交互领域的研究，而在此之前的一些很有影响力的研究虽然未归入人机交互领域，仍和这个领域有关。例如，20世纪70年代Pew（2007）开展的关于美国社会安全管理的研究，包括任务分析、场景产生、屏幕原型以及可用性实验室建立这些具有人机交互特色的元素。Shneiderman在1981年正式出版了被认为是人机交互领域开山著作的《软件心理学》。管理学、心理学、软件工程、社会学、传播学等学科也包含许多属于人机交互领域的研究。有关人机交互领域的研究方法来源于这些学科，然而，为了适应人机交互领域的特点，这些方法进行了相应的调整。

因为一个研究领域的诞生总是希望能给学术界或者实业界贡献新理论、新方法或者新的实践。人机交互研究具有交叉性，同时又是一个年轻的领域，人们不禁会问“到底人机交互研究什么，这个领域的贡献是什么？”Wobbrock和Kientz（2016）回答了这些问题，将人机交互领域研究的贡献概括为以下七种类型。

（1）实证研究贡献（empirical research contributions）。实证研究贡献是科学的基石，通过对现实世界的观察和数据的采集来提出发现，贡献知识。这些数据包括定性的数据和定量的数据，客观的数据和主观的数据，来自实验室的数据和来自现场的数据。在人机交互领域，实证研究贡献源自多种类型的研究，如实验、用户测试、现场观察、访谈、调查、焦点小组、日记、民族志、传感器、日志等。评价实证研究的贡献主要强调发现的重要性以及方法的合理性。如果实证结论不能引起兴趣或者不重要，得出结论的方法草率、不严谨和模糊，实证研究的贡献就会打折扣。

（2）人工制品贡献（artifact contributions）。人机交互是由创造性和交互式设计产品来驱动的，如果说实证研究贡献来自于描述性的发现驱动的科学活动，那么人工制品的贡献来自于生成设计驱动的发明活动，如原型、工具、新的系统、架构、技术、草图、样机等。这些人工制品揭示了新的可能，启用新的探索，促进新的见解或强迫我们考虑新的未来可能，新知识嵌入到人工制品并被表现出来。评价人工制品贡献可以根据其产生来源，有时候也伴随着实证研究贡献。例如，新的设计如草图、模型等的评估是依据其是否有见地、是否吸引人以及创新性等方面。

（3）方法贡献（methodological contributions）。人机交互领域的研究向我们展示了开展工作的方法，这些方法方面的贡献提高了如何做科学研究和如何设计的实践水平，例如怎样发现、测量、分析、创造或者建造新事物。方法方面的贡献可以根据新方法或者改进方法的效率、可复制性、可靠性以及有效性评价。

（4）理论贡献（theoretical contributions）。理论方面的贡献包括新提出或改进的概念、定义、模型、原则或者框架。如果说方法方面的贡献能够展示如何开展工作，理论方面的贡献则告诉我们在做什么、为什么做以及期望从中获得什么。这些理论可以来自定性的分析也可以来自定量的，可以是描述性的也可以是预测性的。一个完整的理论形成过程不仅是简单观察出是什么，而且解释了为什么的问题。因此理论方面的贡献可以根据理论的创新性、合理性、描述、预测以及解释的能力评价。如果一个理论能够很好地解释一个特定情境下的数据，但不能应用到一般的情境，那么它的效用价值是有限的。

（5）数据集贡献（dataset contributions）。数据集贡献指为科研社区提供了新的有用的语料，包括资源库、基准任务、实际数据等，使得科研界能够利用共享的数据集测试新的算法、系统或者方法。评价数据集贡献是根据它们为科研社区提供用于测试的有用的和有代表性的语料库。数据集经常会和新的工具一起发布，使得研究者能使用新的语料库；数据集贡献也伴随着方法贡献，意味着用一种新的方法来操作数据集。一项关于人们对网站设计视觉偏好的研究就从来自不同背景的近 4 万名参加者中收集了 240 万个网站的视觉吸引力评分，这是数据集贡献的例子（Reinecke and Gajos，2014）。

（6）文献调研贡献（survey contributions）。文献调研及其他元分析综述和集成工作的贡献在于能够从全局的视角来梳理一个主题的趋势和研究空白。当一个研究主题已经发展到一定的成熟度时，进行系统的集成调研是十分合适的。这类调研集成方面的贡献通过如何组织当前已经知道的一个主题的研究动态以及揭示需要进一步解决的问题进行评价。为了更有效，调研方面的贡献不应仅是列举一些以前的工作，而且还要完整、有一定分析深度以及清晰的组织结构。

（7）论点贡献（opinion contributions）。论点或观点是用劝说的方式改变读者的想法的。尽管该词语可能表明科学性不足，但事实上，论点上的贡献是基于上述几种贡献类型来论证的。将论点贡献作为一种独立的贡献类型不是因为它们缺乏研究依据，而是因为它的目标是劝说而不仅仅是提供信息。论点贡献的目标是驱动反思、讨论和争论。评价论点贡献是根据论点的强度，强有力的观点不仅使用了令人信服的证据，而且公平地考虑到了对立面的观点。

为了具体了解人机交互领域的实际贡献，Wobbrock 和 Kientz（2016）还对提交给 CHI 2016 年会议的研究论文进行分析，发现 70%的论文是关于系统使用或者用户的实证研究，28.4%是关于人工制品或系统的研究，有相当多的论文属于方法贡献，但是相比于前两类贡献，数量很少，说明当前的人机交互研究领域仍是以实证或者产品开发设计为主流，在推动方法革新和进步方面尚显不足。

### 6.1.2　人机交互领域研究主题的发展

人机交互领域自诞生以来，一直以探讨人和计算机之间的交互现象，以及如何设计界面实现人机之间高效的交互为己任，从不同时期研究的主题来看，人机交互领域的关注焦点在变化。20 世纪 80 年代人机交互诞生之初，人们如何和办公自动化系统交互吸引了学界的关注，字处理程序、数据库、统计软件成为研究的对象，一些基本的界面（如对话框、出错信息）的设计是研究的焦点。这一时期代表性的成果有诺曼的人类错误分析原理，Carroll 和 Carrithers 的训练轮（training wheels）界面设计方法以及施耐德曼的直接操纵思想，一直影响至今。80 年代末期，图形用户界面受到关注；90 年代初期，可用性研究出现；90 年代中期，随着互联网的兴起，人机交互的研究焦点也发生了转变。新的交互形式和界面（如网页、电子邮件、即时通信、群件）受到学界的关注。新的技术环境也扩大了人机交互领域的研究范围，越来越多的研究主题纳入人机交互之下。Liu 等（2014）在提到人机交互的主题研究趋势时认为 1994～2003 年和 2004～2013 年有很大的不同，前一时期更关注一些固定技术，如桌面系统；后一时期则关注移动和便携式计算，如智能手机。

2004～2009 年，研究焦点更多地转向了用户生成内容（user generated content，UGC），如照片或视频分享平台、博客、维基以及后来出现的社交网络等。*Nature* 杂志在 2005 年的一项研究中将维基的可靠性与百科全书相提并论，引起了广泛的讨论，这是自古登堡计划（Project Gutenberg）以来出版界面对的又一个巨大挑战。YouTube、Khan 学院、TED 讲座以及慕课（massive open online course，MOOC）相继在此期间问世，提供了大量免费的、内容丰富的信息。

2005 年还出现了一个词语“众包”（crowdsourcing），它的目的是将低收入、短期任务外包给志愿者。*Time* 杂志将“you”命名为 2006 年的年度人物，以表彰普通互联网用户通过博客、文件共享以及类似维基百科、YouTube 和 MySpace 等网站对媒体进行的革命。图 6-1 是 *Time* 杂志设计的一个特别的封面——一个白色的键盘，用镜子做的计算机屏幕，用户可以从中看见反射的自己，用这样的隐喻方式来反映 UGC 对现代社会的驱动力。用户的多样性引起了研究者的关注，尤其是一些特定的群体（如女性、老年用户、有身体障碍的用户）与信息技术之间的交互方面的研究增加。在 21 世纪第一个 10 年后期，关于触摸屏（尤其是多点触摸屏）的研究开始出现，这类研究不再关注鼠标的操作而是关注手指的运动。

图 6-1　*Time* 杂志将“You”命名为年度人物

2010 年后，人机交互领域开始更多关注合作、联系、情绪和交流等方面，研究焦点不再是工作场合下的效率，而是人们是否喜欢一个界面和愿意使用它，以及在怎样的情境下去使用该界面。人机交互领域的研究更多的是如移动设备、多点触屏、手势识别和自然计算、传感器、嵌入式和可穿戴设备、可持续性、大数据、社交和合作计算、可达性等主题。

为了对人机交互研究主题的演变进行全景描述，Gurcan 等（2021）采用基于概率主题建模的自动文本挖掘方法，对近 60 年来人机交互研究领域的 41720 篇期刊论文进行了分析，发现 21 个主要研究主题。其中，关注度最高的研究主题有用户界面设计（10.17%）、智能决策系统（7.90%）、机器控制系统（7.06%）、在线社交（6.81%）、特征识别（6.47%）和任务效率/效果（6.23%），脑-机接口（5.48%）和医学（5.37%）等主题也有一定的研究热度，关注度较低的主题是辅助技术（2.41%）、虚拟现实（2.67%）、神经接口（2.75%）和传感器（2.76%），这些研究主题映射了人机交互的研究格局。通过时序分析，发现人机交互研究主题的演变与计算机系统技术的发展相关，经历了三个阶段（图 6-2）：遗留系统时代（1959～1989 年），面向专家使用的计算机系统，主题集中于科学领域；互联网时代（1989～2009 年），随着互联网技术的广泛应用，研究主题扩大到人类生活的几乎所有领域；普适计算时代（2009 年至今），云计算、物联网等技术的发展影响了人机交互的研究主题，出现了特征识别、脑机交互、情境感知系统等前沿主题。人机交互研究开始从以机器为导向的系统转向以人为导向的系统。

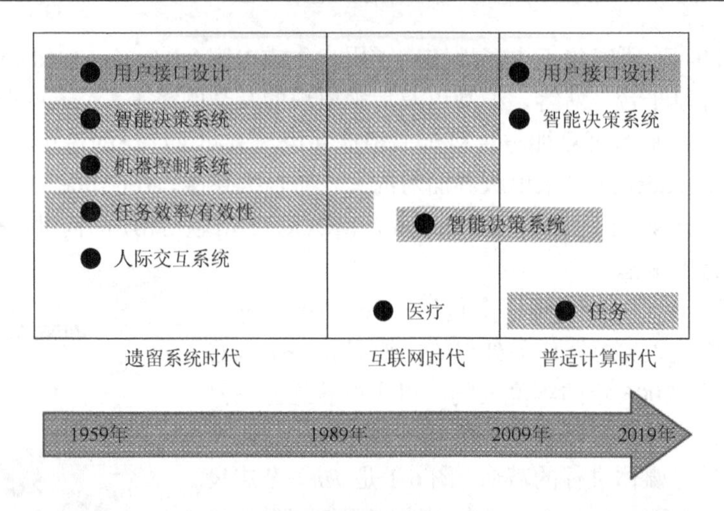


图 6-2　人机交互研究阶段及主题演变（Gurcan et al.，2021）

通过不同阶段的研究主题的分析，我们看到，随着技术正越来越多地融入人类生活，人机交互的关注点也在不断扩展和演变，但是人类始终处于技术设计和评估的中心。人工智能、大数据和算法（智能计算）的最新技术趋势在这方面带来了特殊的挑战，要求我们从根本上重新思考人机交互的定义。可以预见的是，未来从事人机交互的研究人员不仅需要良好的技术和设计技能，还需要良好的社会、情感和批判性思维技能，使他们能够处理关于应该设计什么样的技术、为谁设计、与谁一起设计的复杂决策，思考他们的设计将如何影响和改变人类的生活。

### 6.1.3　人机交互领域的研究范式

科学研究中的范式是指描述某一领域研究浪潮的方式，库恩在其科学革命结构理论中认为范式不是一个描述领域科学知识增长的模型，而是一个持续的和重叠的研究浪潮，在这个浪潮的冲击下，思想得到了重塑。人机交互领域的研究范式也符合这一描述特点，新的范式并没有完全解决旧有范式的所有问题，而是与旧有范式长期并存、共同发展。

早在 1989 年，Carroll（1989）将当时主要存在于计算机科学领域的人机交互研究和应用的范式或者方向归结为评估（evaluation）、描述（description）和发明（invention）。由于结构化编程和直接操纵是重要的理论概念，它们必然会带来实证结果，直接的实证测量是评估软件技术和可用性的一个合适的手段，这种评估范式迄今仍在。认知描述范式为人机交互的心理学研究视角提供了独立的概念基础，推动人机交互理论的产生和发展的可能。评估范式和描述范式都以心理分析为基本假定，认为心理分析在开发过程甚至原型研究过程之外存在。发明范式指人机交互是一个关于设计新的软件工具和用户界面的领域。

2007 年，Harrison 等（2007）的三种人机交互研究范式的观点具有一定的影响力和代表性。他们认为第一种是工程和人因结合的范式，受工业工程和人类工效学的思想启发，将交互视为人机耦合的一种形式。因此，这种范式的目标是优化人与机器的匹配，回答的问题重点在于识别耦合中的问题，并为这些问题开发实用的解决方案。第二种范式围绕着一个中心隐喻来组织，即思维和计算机是对称的、耦合的信息处理器。中心是计算机和用户交互中的一系列信息处理现象或问题，如“信息是如何进入的”“它是如何再次出现的”“它如何能够有效地交流”等，以符合“对人类活动最重要的运作模式进行理性分析”的看法。中心之外剩下的是很难被信息处理所吸收的现象，如人们对交互的感觉、大规模使用系统的特定交互以及日常生活中难以捉摸的神秘方面，如“什么是乐趣”。在分析第一和第二范式面临的问题后，三人提出了正在形成的第三种范式，这种范式的主题之一是对嵌入式交互（embedded interaction）的关注，现象学成为这一范式的中心立场：我们理解世界、我们自己和相互作用的方式关键在于我们作为物质和社会世界中嵌入者的位置。人类的身体活动和意识直接与抽象的思想、社会交织一起，这是对过去纯粹信息方法的挑战。这三种人机交互范式的比较如表 6-1 所示。

**表 6-1　三种人机交互范式的比较（Harrison et al.，2007）**

| 比较维度 | 范式 1 | 范式 2 | 范式 3 |
|---|---|---|---|
| 交互隐喻 | 交互作为人机耦合 | 交互作为信息交流 | 交互作为现象学位置 |
| 交互的中心目标 | 优化人机适配 | 优化信息传输的准确性和效率 | 支持世界的情境行动 |
| 感兴趣的问题 | 如何修复交互中产生的特定问题 | 在计算机和人之间通信时会出现哪些不匹配？<br>如何准确模拟人们的行为？<br>怎样才能提高计算机的使用效率？ | 应该支持世界上现有的哪些活动？<br>用户如何使用适当的技术，如何支持这种技术？<br>如何避免交互受到计算机能力的太多限制？<br>互动场所的政治和价值观是什么？设计中如何支持这些？ |
| 适合交互的学科领域 | 工程学、程序设计、工效学 | 实验和理论行为科学 | 民族志、行动研究、实践研究、交互分析 |
| 知识的类型 | 务实、客观的细节 | 具有普遍适用性的客观陈述 | 丰富的描述，利益相关者“关心”的知识 |
| 价值 | 减少错误；<br>临时使用即可；<br>需要小技巧 | 优化；<br>可推广性；<br>原则性评估比临时评估更重要，因为设计结构可以反映范例；<br>结构化设计优于非结构化设计；<br>减少歧义；<br>自顶向下的知识视图 | 意义建构是内在交互活动；系统周围发生的事情比界面上发生的事情更有趣；<br>没有构建的项目与构建出的项目一样重要；<br>目标是解决整个系统的复杂性 |

后来，Karvonen 等（2010）提出了一个初步的理论框架用于分析人和技术之间的互动研究范式。该框架由五个维度组成，分别为：目标技术的范围、设计导向还是研究导向、技术驱动还是人因驱动、分析人是直觉还是科学实践、用户研究的元科学严谨性。根据这五个维度，作者指出人机交互的范式的特点是：①传统上只限于研究人类和计算机之间的问题，但是普适计算对范式转变的演变还不清晰；②研究目标是通过设计更实用、更能满足用户需求的技术来改善用户和计算机之间的交互；③人机交互技术通常被认为是封闭的，关注的焦点是现有的技术；④通常对人类的认知方面感兴趣；⑤使用直觉和准心理测试或者是探究实践。

### 6.1.4 人机交互领域研究方法考虑的因素

一个研究领域的发展离不开研究方法的推动。在开展人机交互研究时，一个最基本的问题是，人机交互究竟要测量什么？早期，人机交互领域受心理学和工效学的影响，主要测量内容是人类因素和心理特征中的人类表现指标。例如，完成任务的速度、任务的成功率、出错率等，在本书第 4 章中介绍的任务分析方法也主要是对这类可量化度量的指标进行测量。这些任务性能指标因随后被国际标准化组织（International Organization for Standardization，ISO）等采用而被广泛接受。随着学者开始对一些交互过程中社会层面的现象表现出兴趣，如动机、协作、社会参与、共情、信任等，此时基于实验室环境的人因心理学模型测量方式不再适合此类问题的探讨，出现了观察、访谈、案例研究等多种研究方法，测量的内容也开始多样化，例如，用户的情感状态、感知、观点等心理学概念能从社会层面视角理解人机交互行为为什么会发生。为此，Shneiderman（2011）将各种测量任务绩效的指标的人机交互研究描述为微观人机交互（micro-HCI），而将后来从社会等更广阔的视角研究人机交互描述为宏观人机交互（macro-HCI）。随着这类问题的研究越来越多，人机交互研究的方法也越来越多样化和跨学科化。

人机交互研究方法受到多个因素的影响。例如，研究方法受到研究工具的影响，眼动仪、脑电设备、传感器等刚出现时价格昂贵，现在已经相对便宜了很多，能够被研究人员用于科学研究中，因而也带来了新的研究范式。再如，由于新的数据环境社交网络和 UGC 的兴起，科研人员需要处理不同于传统结构化数据的大数据，从中发现新的模式，必然需要相应的新方法。一项人机交互领域的研究在选择研究方法时需要考虑以下因素。

（1）数据来源。对人机交互领域的研究者来说，人机交互与其他社会科学领域（如社会学或者经济学）的一个重要区别在于研究中的数据来源不同。社会学或者经济学的很多研究都依赖政府机构或者大型的数据调查部门收集的公开数据，人机交互领域的大多数研究则需要研究人员自己去采集数据，因此对于人机交互领域的学者，采集数据本身就是一个巨大的挑战。很长一段时间，人机交互领域都是由研究人员去采集需要的数据，处理的也是小数据集。然而，随着各种新的数据采集工具（如传感器、网络日志以及联合数据库等）的广泛应用，研究人员也要开始处理大数据集。从过去的几十人参与的研究到研究样本扩展到上万人甚至上百万人都成为可能。但是，需要强调的是，这些大样本数据并不是通过研究人员和样本接触或交互获取的，而是通过网络爬虫、传感器等工具来采集，因此研究人员无法从参与样本的视角来理解这些数据的含义，换句话说，大数据集只能让我们找出其中的相关关系而不能作出因果推断。小样本研究虽然数据集小，但是研究者能和每一位参与研究的样本进行交互，能深入理解数据的含义。或许，未来的人机交互可以考虑将大数据方法和小样本数据方法（如访谈和焦点小组）结合，取长补短。

（2）开展横断研究（cross-sectional study）还是纵向研究（longitudinal study）。横断研究指在同一时间段对一个既定的情形分析多个变量的关系，不提供时间对静态测量变量影响的信息。纵向研究指考虑时间因素的影响，采取连续或者重复测量的方法，对特定的研究对象进行长期的跟踪调查，从而能够发现研究对象的变化趋势，并找出引起变化的可能原因。纵向研究很少出现在人机交互领域，技术的快速发展使得不同时代的人类使用技术的规律没有可比性，但是仍有一些学者采用纵向研究来探讨技术的发展趋势。例如，Kraut 和 Burke（2015）的研究探讨了 15 年时间内，互联网使用对心理健康以及交流方式的影响和趋势，这是一项值得关注的纵向研究。

（3）研究样本的选择。不是任何人都合适作为研究参与者。很多的研究出于便利性考虑会简单地用大学生来作为样本，但在某些研究问题中，年龄、教育背景、职业等都是影响因素，如果采用大学生样本就可能掩盖了这些因素的影响。还有一些研究是针对特定群体（如医生等）的，大学生样本更不合适，尽管可以以医学专业的学生作为参与者，但是一些实际的医生也应该尽可能地招募，他们拥有完成任务的现实知识。人机交互是一个研究人类使用界面的学科领域，招募合适的研究对象是一个艰巨的任务。

（4）研究问题所处的阶段。当一个研究主题还是处于新提出、学科前沿阶段时，采用探索式的研究较为合适，调研、访谈、焦点小组、民族志方法都可以用于发现一些有价值的成果；当一个研究主题已经有了一定的研究基础时，采用结构化的研究方法较为合适，实验、网络日志、日记等可以用于验证一些发现。Shneiderman（2016）将这个过程描述为三个步骤：观察、干预和受控实验，在探索性的研究中的发现可以用于实验设计中的原型构建或者形成研究假设。

（5）研究是基于实验室（in-laboratory studies）还是基于现场（field studies）开展。这两者的争论一直是科学界的热门话题。在一些特定的研究问题上，如移动设备，现场研究更为合适，因为一些因素（如天气、噪音、动作、竞争认知需求）在移动产品的使用中扮演着重要的角色，这些难以在实验室中模拟，这是一个理由。另一个支持现场研究的理由是研究人员已经了解很多特定的设计方面的知识，那么下一步就是需要理解这些技术在一些复杂的工作场合、休闲时光、家庭生活中的应用。现场研究可能在研究伦理方面（如获得参与者的知情同意）时面临挑战，因为实验室数据采集更容易得到参与者的确认。但是利用智能手机的定位功能采集个人在人头攒动的商场或公园等公共场合的地理位置信息时，一些不同意参与研究但是没有意识到数据被采集的人可能会引起研究伦理问题。究竟应该是先在现场进行探索性研究然后转到受控的实验环境，还是先在受控的实验环境再推广到现场，科研人员还没有给出一致的答案。或许，将现场研究和实验室研究结合是一个最佳的方案。

（6）人机交互领域的跨学科性还决定了不同的研究方向在研究方法上相差很大。以技术（关注界面设计）为导向的人机交互研究和以行为（关注认知基础）为导向的人机交互研究在研究中的参与人背景和人数要求、工具和界面的使用以及结果方面可能会有不同的期望。在进行跨学科研究时，务必要意识到这些区别。基于社会学的人机交互研究倾向于关注研究参与者的人口统计特点，并确定他们是否具有代表性，但在计算机学科中并不认为这是至关重要的，所以计算机学科在做人机交互相关的研究时经常使用学生样本。基于心理学的人机交互研究倾向于关注理想而干净的研究设计，基于计算机科学的人机交互研究则更关注界面的实施，尽管前者也关心技术基础，后者也涉及界面外观和感觉。对待人机交互研究的跨学科性，应该意识到同一个研究问题可能采用不同的方法和研究思路，但都是以发现科学真相为目的。

# 6.2 问卷调研

## 6.2.1 问卷调研的特点

问卷调研是一种应用广泛的基本研究方法，指调查者通过事先设计的反映调查目的和调查内容的一系列题项及答案选项的问卷，从调查对象那里获取信息（如个人行为和态度倾向等）的一种数据采集方法。问卷调研通常不适合大量开放式问题的探究性研究，采集数据时不如访谈、民族志等方法深入，但是能够从分布广泛的人群中快速得到大量的响应。人机交互领域的很多问题适合用问卷调研的方法，如测量态度、意识、意图、用户体验、用户属性以及进行纵向比较。然而，问卷调研难以发现界面设计中的可用性问题，但是将其用于可用性测试中的某一个变量的测量还是非常合适的。

问卷调研的优点可概括为：首先，问卷调研法很容易以相对较低的成本在大范围内对众多调查对象进行调查，无论是时间还是人力与经费，问卷调研法的实施成本都是相对较少的。同时，问卷调研法也不需要限制调查地点，可以避免一些调查者和被调查者相互接触产生的干扰，实施调研的过程便利。其次，从实践的角度来看，问卷调查的匿名性更强，可以减缓被调查者的心理压力，在伦理问题上也更容易取得机构审查委员会的批准。最后，从调查结果的角度来看，研究者对研究问题进行量化处理，对问卷结果进行编码操作，使得调查问卷的结果更容易通过计算机进行定量处理和分析。

问卷调研法的缺点也很明显。首先，调查问卷是统一设计的，在调查过程中受限于有限的书面信息，问题和答案都没有可伸缩延展的余地，因此调查对象的作答也会受到限制，只能获取有效的“浅层”数据。其次，问卷的回收率和有效率都相对较低，很难保证足够的信度与效度，同时，调查对象的理解能力、是否和他人交流填写、是否态度不积极敷衍填写等因素都是不可控的，使得问卷调查的质量不稳定。最后，问卷调研依赖被调查者的自我报告和记忆，有可能导致一些有偏见的数据。例如，当调研用户“使用某个系统时的感觉怎样”这个问题时，不同时机的调查会得到同一用户的不同回答。而当调研用户“每周使用社交软件的时间是多少小时？”时，用户的记忆受各种因素影响也可能出现高估或者低估的情况，这时问卷调研就不合适了。

## 6.2.2 抽样方法

当研究的问题适合用问卷调研方法时，接下来就需要思考调研对象是哪些人？社会科学研究中有目标群体（target population）和样本（samples）两个概念。目标群体是指一项研究中想关注的某个特定的群体，样本则是在问卷调研中选择的参与调研的部分人群。可以从某个年龄段的人、某个软件的用户、某个组织中的人，或者具有某种特征的群体等角度来确定目标群体的范围。目标群体可以很大，如某地区全部老年人，也可以很小，如某个企业的员工，问卷调研就是期望能将基于样本研究的结论推广到这一个群体。为了获得可靠的研究结论，采用科学的抽样方法找到有代表性的样本尤为重要。以下介绍两种抽样方法：概率抽样和非概率抽样。

### 1. 概率抽样

概率抽样：指目标群体的每个成员都有机会被选作样本，如果想研究的结论能代表整个群体，那么就需要进行概率抽样。概率抽样又可具体分为以下四种抽样方法。

1）简单随机抽样

简单随机抽样（simple random sampling）——目标群体都被纳入抽样范围，每一个成员都有同等的概率被选为样本。可以为目标群体中每个成员编一个序号，然后利用随机数生成器来确定调查样本。例如，需要对某个社交网站上注册的用户进行调研，那么可以用这种方法随机选择一定数量的样本。

2）系统抽样

系统抽样（systematic sampling）——和简单随机抽样类似，但实施起来更简单。同样是给每个成员编一个序号，然后按照间隔同样距离选择一定数量的样本。例如，从编号 6 开始，可以每 10 人（6，16，26，…）作为样本。应用这种抽样方法要注意给目标群体编号时不能隐藏一些数据规律，如分组时按照年龄从小到大排序成员。

3）分层抽样

分层抽样（stratified sampling）——当目标群体具有多种属性，而研究者希望能够保持样本中各属性合适的比例时，适合用分层抽样。首先将目标群体按照相关属性（如性别、年龄、收入、职业）划分为分组（称为分层），然后从总体人口比例中计算出每个分组应抽样的人数，最后，再从每个分组中使用简单随机抽样或者系统抽样选择样本。例如，需要对一款新开发游戏的 1000 名试用用户进行调研，其中男女比例为 8∶2，研究者希望在样本中也能呈现出这种性别差异的特征，于是将总体分为男性群体和女性群体两个分组，使用随机抽样分别从中选择出 80 个男性用户和 20 个女性用户作为样本。

4）集群抽样

集群抽样（cluster sampling），这种抽样方法也是需要将总体分为子组（称为集群），但是每个分组具有和目标群体相似的特征。抽样时可以随机选择某个分组作为样本，而不是从每个分组中抽样。有时候选择某个分组中的每个成员都是调研样本，而如果分组依然很大，还可以继续用上述抽样方法来抽样。这种抽样方法适用于目标群体非常大且分散的情形，但是样本中存在错误的风险也更大，因为聚类的分组之间可能存在实质性的差异，很难保证所采样的集群确实代表整个目标群体。例如，一个综合性的健康信息网站上有多个主题版块，每个版块都是关于某种健康疾病信息的知识，研究者希望能评价网站信息质量，可以从这里随机选择 3 个健康主题（3 个集群），然后对这 3 个主题下的健康信息进行评价，从而代表对整个网站信息的评价。

### 2. 非概率抽样

非概率抽样：很多人机交互领域的研究问题并不是希望通过样本来推测总体的情

况，或者本身目标群体不容易界定清楚，这种情形下需要用到非概率抽样。非概率抽样是指样本的选择是非随机的，不是每个个体都有同等的被选作样本的机会。虽然从社会统计方法角度来看，一些学者认为缺乏随机抽样影响了采集数据的有效性，但是在人机交互研究领域使用问卷调研采集数据有很长的历史，其中许多研究都没有采用随机抽样的方法，但仍被认为是有效的。这种差异可能源于不同学科的本质差异。6.1.4 节提到社会学或者经济学的很多研究依赖的是政府机构或者大型的数据调查部门收集的公开数据，能够做到严格的随机抽样来保证数据的高质量。人机交互领域的大多数研究则需要研究人员自己去采集数据，无论是采用哪种抽样方法，研究人员都希望通过一些措施保证研究的有效性。非概率抽样简单、经济，但是不能将其研究结论推广到一般的情形。这种抽样方法适合于一些探索性或推断性的问题，研究目的不是检验对一个广泛的群体的假设，而是形成对某一小范围关注人群的初步的理解。同样也有四种主要的非概率抽样方法。

1）便利抽样

便利抽样（convenience sampling），根据便利条件挑选最方便的样本参加调研。这种抽样方法在以学生为样本的研究中应用广泛，许多研究人员选择的调研对象往往是同一个高校机构的学生群体。其优点是简便、经济，但是样本不一定有代表性。例如，评价一个学术数据库的可用性时选择了周围的同学来调查，虽然能够发现一些学术数据库的可用性问题，但是不能代表该数据库其他类型的用户（如技术人员）的观点。

2）自愿响应抽样

自愿响应抽样（voluntary response sampling），和便利抽样类似，也是根据便利条件来选择样本，但是不是由研究人员主动去联系调查对象，而是由潜在的调查对象自愿参加调查。一些在线调查平台上发放调查问卷就是这种抽样方法，虽然能一定程度扩大样本的代表性，但是仍然存在数据偏见，因为忽视了很多天生就不愿意主动参与调查的人。这种抽样方法现在又衍生出一种自我选择调研（self-selected survey），每一位访问网站的用户都会收到一个邀请参与调研的链接，由用户自己选择是否参与。

3）目的抽样

目的抽样（purposive sampling），这种抽样方法是由研究人员根据自己的判断选择对研究目的最有用的样本。以定量分析为目的的问卷调查很少采用目的抽样，但是在访谈这类采集定性数据的研究中目的抽样经常被使用。研究人员希望获得有关特定现象的详细知识而不是进行统计推断，在研究中需要明确说明纳入样本的标准和理由来保证目的抽样的有效性。例如，想要开发一款校园生活 APP，那么开发者可以有目的地选择具有不同需求的学生来调研，获得产品开发的思路。

4）滚雪球采样

滚雪球采样（snowball sampling），有时候目标群体难以接近，可通过已有的参与者来招募更多的参与者，从而像滚雪球一样获得足够数量的样本。例如，一项针对糖尿病群体信息行为的研究，可以通过少量的被调查者在其病友圈内邀请其他人参加来获得更多的调查对象。

### 6.2.3　问卷的题项

问卷指的是实施问卷调研时设计好的包含一系列题项和答案选项的调查工具。大多数问卷都是由被调查者自我控制的，因此问卷质量是实施问卷调研的关键要素。

#### 1. 问卷提问的类型

1）封闭式提问

封闭式提问（closed-ended questions），提供给调研对象可供选择的答案选项。这些答案选项可以为：①二项式（如是/否）答案；②量表形式（如李克特量表，从完全同意到完全不同意的五点量表）；③只有一个答案的选项列表（如年龄范围）；④有多个答案的选项列表（如访问健康信息网站的目的）。封闭式提问适合定量研究，通过量化数据的统计分析来识别出规律、模式和关系。

2）开放式提问

开放式提问（open-ended questions）：没有为调研对象提供备选答案选项，而是由被调查者提供一些事实性的数据或自由的表述观点和看法。例如，您的年龄是___岁。您认为这个网页还有什么需要改进的建议？_______后一种形式的提问和本章介绍的访谈方法类似，适合用于定性研究。

3）语义差别法

语义差别（semantic differential，SD）法，指在两个相反意义的形容词之间标上刻度，由调查对象选择他愿意的方向上符合程度的某一点。例如：

“某网站的界面外观”

吸引人 _____ _____ _____ _____ _____ 毫无吸引力

结构清晰_____ _____ _____ _____ _____ 结构杂乱

色彩灰暗_____ _____ _____ _____ _____ 色彩丰富

生动 _____ _____ _____ _____ _____ 无趣

语义差别法的关键是要找出可以代表测量事物属性的若干个形容词及其反义词。一组形容词中约有一半肯定的形容词放在左边，而将另一半否定的形容词放在右边，项目的排列顺序是随机的。本法多用于测定用户对事物的主观印象。

#### 2. 问卷题项设计的注意事项

在设计问卷题项时，需要注意以下几点。

（1）避免一个题项包含两个以上的提问，尽管它们之间可能存在关联。例如，“你使用这个学术数据库多久了？使用过其中的高级功能吗？”最好是分成两个问题来提问。

（2）避免提问中包含否定意义的词汇，有可能对回答者造成困惑。例如，“您是否同意这款电子书使用时不方便？”

（3）避免使用倾向性的提问方式。例如，用“您不喜欢阅读电子书？”来开始调研，容易导致被调查者的回答偏颇。

（4）避免在提问中包含权威人士、权威机构或者有影响力的观点。例如，“《科学》杂志预测，到 2045 年，全球平均会有一半劳动岗位被人工智能技术替代，人工智能促进了产业结构的优化。您认为人工智能对人类传统产业的影响有哪些？”

### 6.2.4　问卷调研的实施

实施问卷调研主要有三个步骤。

首先，通过咨询相关领域的专家进一步完善调研工具。在正式调研之前，要向具有不同背景知识的专家请教问卷的设计问题。特别是如果问卷是从国外英语版本翻译而来，那么字句是否符合原始问卷的意思，需要向翻译领域的专家请教。如果是测试可用性方面的问卷，需要向可用性领域的专家请教，如果涉及业务领域知识，还需要咨询相应的专业人士。

其次，从正式样本中选择一定数量的用户参与预调研。对实施问卷调研的项目而言，预调研是不可少的环节，它能帮助研究人员识别出问卷中表述模糊或者误解的地方，还能进一步精炼题项。预调研的目的为检查问卷采集的数据能否达到研究目的；问卷的题项顺序是否合理；问卷题项是否能被正确理解；问卷题项是否存在冗余；问卷指导语是否准确。例如，发现所有的预调研用户对某个题项的回答都是一致的，那么就要思考是否要保留该题项；发现大多数预调研用户选择某个题项的回答是“其他”，那么是否需要对提供的选项重新界定。需要注意的是，预调研用户虽然属于目标群体中，但是其数据不能作为正式调研的数据。

最后，向代表性样本发放正式调研问卷。传统的发放纸质问卷的调研渠道已越来越多地被网络、电子邮件、即时通信、社交软件等新的渠道代替。纸质问卷对大多数正常的用户没有特别的要求，而新兴的数字化形式的调研则将一部分不会使用电子设备或者不具备网络条件的人排除在外。数字化形式的调研优势在于：①这些调研渠道经济、高效，避免了纸质问卷邮寄、发放、回收环节，节约了时间和花费；②能克服时空的局限性，将调研样本覆盖到更广的范围；③很多数字形式的调研渠道能够自动记录和存储数据，为数据分析过程带来便利。

### 6.2.5　标准化的可用性评估问卷

除了研究人员根据自己的需求开发的调研问卷外，人机交互领域还有许多成熟的、使用广泛的标准化问卷。这些问卷具有较好的信度和效度，且具有客观性、可重复性、定量等优点。按照评估问卷应用的不同场合，主要分为整体评估问卷、场景式可用性评估问卷和网站感知可用性的评估问卷。

#### 1. 整体评估问卷

1）用户交互满意度问卷

用户交互满意度问卷（questionnaire for user interaction satisfaction，QUIS）由美国马

里兰大学帕克分校人机交互实验室的一个多学科研究团队创建，用来评估用户对人机界面的主观满意度。其官网为 https://www.cs.umd.edu/hcil/quis/。截至 2019 年底，该问卷已发展到 7.0 版本，QUIS 问卷 7.0 版包含人口统计、六个维度进行的整体系统满意度测量、分层有序地测量九个特定界面因素（屏幕因素、术语和系统反馈、学习因素、系统功能、技术手册、在线教程、多媒体、远程会议和软件安装）。QUIS 问卷提供六种语言版本（英语、德语、意大利语、巴西、葡萄牙语和西班牙语），分为长版（122 项）和短版（41 项）。根据 QUIS 官网统计，大多数研究使用的是短版，且只使用适用于产品或系统的那部分，建议使用者可以根据研究的需要增加或者删减测试项目。使用 QUIS 问卷必须取得马里兰大学办公室的技术商业化许可。学生许可费为 50 美元，学术或非盈利许可费为 200 美元，商业许可费为 750 美元。公开平台上仅能见到一个包括 27 个项目的简化版问卷，包括总体评估和分类评估，分类评估包括屏幕、术语/系统信息、可学习性、系统能力 4 个部分（表 6-2）。

**表 6-2　QUIS 简化版**

| 总体反应 | | 0 | 1 | 2 | 3 | 4 | 5 | 6 | 7 | 8 | 9 | | N/A |
|---|---|---|---|---|---|---|---|---|---|---|---|---|---|
| 1 | 很糟糕 | ○ | ○ | ○ | ○ | ○ | ○ | ○ | ○ | ○ | ○ | 很好 | ○ |
| 2 | 困难 | ○ | ○ | ○ | ○ | ○ | ○ | ○ | ○ | ○ | ○ | 容易 | ○ |
| 3 | 令人受挫 | ○ | ○ | ○ | ○ | ○ | ○ | ○ | ○ | ○ | ○ | 令人满意 | ○ |
| 4 | 功能不足 | ○ | ○ | ○ | ○ | ○ | ○ | ○ | ○ | ○ | ○ | 功能齐备 | ○ |
| 5 | 沉闷 | ○ | ○ | ○ | ○ | ○ | ○ | ○ | ○ | ○ | ○ | 令人兴奋 | ○ |
| 6 | 刻板 | ○ | ○ | ○ | ○ | ○ | ○ | ○ | ○ | ○ | ○ | 灵活 | ○ |
| 屏幕 | | | | | | | | | | | | | |
| 7 阅读屏幕上的文字 | 困难 | ○ | ○ | ○ | ○ | ○ | ○ | ○ | ○ | ○ | ○ | 容易 | ○ |
| 8 把任务简单化 | 从不 | ○ | ○ | ○ | ○ | ○ | ○ | ○ | ○ | ○ | ○ | 非常多 | ○ |
| 9 信息组织 | 令人困惑 | ○ | ○ | ○ | ○ | ○ | ○ | ○ | ○ | ○ | ○ | 非常清晰 | ○ |
| 10 屏幕排列 | 令人困惑 | ○ | ○ | ○ | ○ | ○ | ○ | ○ | ○ | ○ | ○ | 非常清晰 | ○ |
| 术语、系统信息 | | | | | | | | | | | | | |
| 11 系统中术语使用 | 不一致 | ○ | ○ | ○ | ○ | ○ | ○ | ○ | ○ | ○ | ○ | 一致 | ○ |
| 12 与任务相关的术语 | 从不 | ○ | ○ | ○ | ○ | ○ | ○ | ○ | ○ | ○ | ○ | 总是 | ○ |
| 13 屏幕上消息的位置 | 不一致 | ○ | ○ | ○ | ○ | ○ | ○ | ○ | ○ | ○ | ○ | 一致 | ○ |
| 14 输入提示 | 令人困惑 | ○ | ○ | ○ | ○ | ○ | ○ | ○ | ○ | ○ | ○ | 非常清晰 | ○ |
| 15 计算机进程的提示 | 从不 | ○ | ○ | ○ | ○ | ○ | ○ | ○ | ○ | ○ | ○ | 总是 | ○ |
| 16 山错提示 | 没帮助 | ○ | ○ | ○ | ○ | ○ | ○ | ○ | ○ | ○ | ○ | 有帮助 | ○ |
| 学习 | | | | | | | | | | | | | |
| 17 系统操作的学习 | 困难 | ○ | ○ | ○ | ○ | ○ | ○ | ○ | ○ | ○ | ○ | 容易 | ○ |
| 18 通过试错探索新特征 | 困难 | ○ | ○ | ○ | ○ | ○ | ○ | ○ | ○ | ○ | ○ | 容易 | ○ |
| 19 命令的使用及其名称的记忆 | 困难 | ○ | ○ | ○ | ○ | ○ | ○ | ○ | ○ | ○ | ○ | 容易 | ○ |
| 20 任务操作简洁明了 | 从不 | ○ | ○ | ○ | ○ | ○ | ○ | ○ | ○ | ○ | ○ | 总是 | ○ |
| 21 屏幕上的帮助信息 | 没帮助 | ○ | ○ | ○ | ○ | ○ | ○ | ○ | ○ | ○ | ○ | 有帮助 | ○ |
| 22 补充性的参考资料 | 令人困惑 | ○ | ○ | ○ | ○ | ○ | ○ | ○ | ○ | ○ | ○ | 清晰 | ○ |

续表

| 总体反应 | | 0 | 1 | 2 | 3 | 4 | 5 | 6 | 7 | 8 | 9 | | N/A |
|---|---|---|---|---|---|---|---|---|---|---|---|---|---|
| 系统性能 | | | | | | | | | | | | | |
| 23 系统运行速度 | 太慢 | ○ | ○ | ○ | ○ | ○ | ○ | ○ | ○ | ○ | ○ | 足够快 | ○ |
| 24 系统可靠性 | 不可靠 | ○ | ○ | ○ | ○ | ○ | ○ | ○ | ○ | ○ | ○ | 可靠 | ○ |
| 25 系统运行声音 | 有噪声 | ○ | ○ | ○ | ○ | ○ | ○ | ○ | ○ | ○ | ○ | 安静 | ○ |
| 26 纠正错误能力 | 困难 | ○ | ○ | ○ | ○ | ○ | ○ | ○ | ○ | ○ | ○ | 容易 | ○ |
| 27 为所有水平的用户设计系统 | 从不 | ○ | ○ | ○ | ○ | ○ | ○ | ○ | ○ | ○ | ○ | 总是 | ○ |

从表 6-2 可以看出，QUIS 问卷的项目均是采用 10 点的语义差异评级，通过计算各个分类的平均分和标准差来进行对比。经过 QUIS 问卷测量的结果可以相互比较，该网站也提供付费的数据库比对服务。

2）软件可用性测试量表（SUMI）

软件可用性测试量表（software usability measurement inventory，SUMI）是爱尔兰科克大学人因研究组的一项成果。早期版本是计算机可用性满意度量表（the computer usability satisfaction inventory，CUSI），共 22 个题项，包括 2 个分量表，1 个测情感，1 个测能力。在 20 世纪 90 年代早期，SUMI 开始取代 CUSI，提供 20 种语言的版本（包括中文版本）。其官网为 http://sumi.uxp.ie/index.html。目前的 SUMI 版本共包括 50 个项目，其总体信度为 0.92。分为 5 个分量表，每部分 10 个项目，每个项目都有 3 个选择："同意""不确定""不同意"。分量表分别对以下 5 个因素测量。

（1）效率（efficiency，信度 0.81），用户主观感觉软件能使他们快速、有效、经济地完成任务，或阻碍他们完成任务；

（2）情感（affect，信度 0.85），在任务过程中，用户感觉到的愉悦或沮丧的情感；

（3）帮助（helpfulness，信度 0.83），软件对自身解释是充分且对完成任务有帮助的，或不充分而使工作变得困难的；

（4）可控性（control，信度 0.71），用户感觉对软件的掌控度；

（5）可学习性（learnability，信度 0.82），用户认为他们掌握系统或学会使用新功能的速度和容易性。

SUMI 部分题项如表 6-3 所示。

**表 6-3　SUMI 部分题项示例**

| 题项 | 同意 | 无所谓 | 不同意 |
|---|---|---|---|
| 1 软件对输入响应太慢 | ○ | ○ | ○ |
| 2 我会将软件推荐给同事 | ○ | ○ | ○ |
| 3 引导和弹出是有帮助的 | ○ | ○ | ○ |
| 4 软件会突然意外终止 | ○ | ○ | ○ |
| 5 开始学会操作软件是个大问题 | ○ | ○ | ○ |
| 6 有时候我对下一步如何操作软件不知所措 | ○ | ○ | ○ |

续表

| 题项 | 同意 | 无所谓 | 不同意 |
| --- | --- | --- | --- |
| 7 我享受使用软件的时光 | ○ | ○ | ○ |
| 8 我发现软件的帮助信息不是很有用 | ○ | ○ | ○ |
| 9 软件一旦终止运行再启动是不容易的事 | ○ | ○ | ○ |
| 10 花了很长时间学习软件功能 | ○ | ○ | ○ |

SUMI 官网可以提供对量表结果的分析报告，包括原始数据和统计后的数据。最后的分析报告一共包括 6 个因素，除了以上 5 个因素，还包括整体可用性（global usability），它来自以上 50 个项目中的 25 个项目的得分，反映了用户对软件整体的满意度，此因素给出的总体绩效指标好于 5 个因素的平均得分。在分析原始 SUMI 分数时，爱尔兰科克大学人因研究组使用专有公式将原始得分转换为平均值为 50 且标准差为 10 的标准得分。从正态分布的属性来看，这意味着 SUMI 标准得分的 68%将落在 40～60，并且根据定义，低于 40 的分数低于平均水平，超过 60 的分数高于平均水平。

SUMI 的使用需要得到爱尔兰科克大学人因研究组的许可，共有三种不同的收费服务：在线量表和报告获取、定制量表、纸质报告获取，此外若大学教师和学生申请在研究中使用该量表，可免费获取许可。

3）测试后系统可用性问卷

测试后系统可用性问卷（post-study system usability questionnaire，PSSUQ）是用于评估用户对计算机系统或应用程序所感知的满意度，起源于 IBM 的一个称为系统可用性度量（system usability metrics，SUMS）的内部项目。刘易斯（Lewis）于 1992 年发表了第一版 PSSUQ，最初的测量问卷包括 18 个项目，包含 4 个特征（工作的快速完成、易于学习、高质量的文档和在线信息、功能适用性）。第二版增加一个特征“生产力的快速提高”，共计 19 个项目。第三版删除了第二版中对信度贡献较小的项目，最终保留 16 个项目。如表 6-4 所示。

**表 6-4　PSSUQ 3.0 版测量题项**

| 项目 | 强烈同意 | 同意 | 有些同意 | 中立 | 有些反对 | 反对 | 强烈反对 |
| --- | --- | --- | --- | --- | --- | --- | --- |
| 1 整体上，我对使用系统的简单性满意 | | | | | | | |
| 2 使用系统简单 | | | | | | | |
| 3 我能够使用该系统快速完成任务 | | | | | | | |
| 4 使用该系统我感觉舒适 | | | | | | | |
| 5 学会使用该系统很简单 | | | | | | | |
| 6 我相信使用该系统我能快速高效 | | | | | | | |
| 7 系统提供的错误信息能让我清楚知道如何修复问题 | | | | | | | |
| 8 无论什么时候系统出错时，我都能简单快速地恢复 | | | | | | | |
| 9 系统提供的信息（如在线帮助、屏幕信息以及其他文档）是清楚的 | | | | | | | |

续表

| 项目 | 强烈同意 | 同意 | 有些同意 | 中立 | 有些反对 | 反对 | 强烈反对 |
|---|---|---|---|---|---|---|---|
| 10 很容易找到我需要的信息 | | | | | | | |
| 11 信息能有效地帮助我完成任务 | | | | | | | |
| 12 系统屏幕上的信息组织清晰 | | | | | | | |
| 13 系统界面令人愉悦 | | | | | | | |
| 14 我喜欢使用系统界面 | | | | | | | |
| 15 该系统拥有我期望的功能和能力 | | | | | | | |
| 16 整体上，我满意该系统 | | | | | | | |

PSSUQ 一共测度 4 个均值：整体，项目 1～16 的平均值；系统质量，项目 1～6 的平均值；信息质量，项目 7～12 的平均值；界面质量，项目 13～15 的平均值。根据 Lewis（1995）的信度分析结果，PSSUQ 的总体信度为 0.94，3 个分表的信度分别为 0.9，0.91，0.83。PSSUQ 的计分方式采用的是李克特量表，从强烈同意到强烈不同意计分，分数越低代表用户满意度越高。有研究者更喜欢用相反的计分方式，这样分数越高代表满意度越高。虽然从严格意义上来说应避免这样的操作，除非可以证明这样的操作不会对因素结构产生影响，但是 Lewis（2002）认为 PSSUQ 对这种类型的小操作有一定的鲁棒性（健壮性）。需要注意的是，如果要对不同的研究进行比较，一定要注意各个研究使用的分制。使用 PSSUQ 不要付许可费，但要说明引用出处，同时在网站 https://uiuxtrend.com/pssuq-calculator/上有在线测量版本，研究者还可根据实际应用背景进行适度修改。

Lewis 在发表 PSSUQ 之后，为了适应非实验室测试的测验环境，更改了措辞，编制了计算机系统可用性问卷（computer system usability questionnaire，CSUQ）。因此，CSUQ 在项目数、计分方式等方面与 PSSUQ 是一模一样的。CSUQ 的总体信度为 0.95，系统质量的信度为 0.93，信息质量的信度为 0.89，界面质量的信度则为 0.89，Lewis（1995）。如果要在 PSSUQ 和 CSUQ 间作比较，在实验室测试环境下选择 PSSUQ，在非实验室测试环境下选择 CSUQ。

4）系统可用性量表（SUS）

系统可用性量表（software usability scale，SUS）最初发表于 1996 年（Brooke，1996），这篇文章在谷歌学术上的引用已经超过 8700 次。标准的 SUS 包括 10 个项目，5 个积极描述（奇数项目）和 5 个消极描述（偶数项目），如表 6-5 所示。SUS 采用的是从 1（强烈不同意）到 5（强烈同意）的 5 点计分，其计算方式为：[Σ（积极描述得分-1）+Σ（5-消极描述得分）]×2.5，这样，最终的计算结果就是一个 0～100 的数字，其中，100 表示用户体验可用性最佳，0 表示用户体验可用性最差。SUS 的总体信度为 0.92。同样，使用 SUS 时不需支付许可费，但要说明引用出处，研究者可根据实际应用背景进行适度修改。SUS 目前已成为可用性评估领域影响力最为广泛的量表之一，同时，不同语言版本也随之出现，包括阿拉伯语、波兰语、意大利语、波斯语和葡萄牙语等，这些不同语种的测量问卷也证实了其与英语版本类似的信效度。

**表 6-5　标准 SUS 测量题项（Brooke，1996）**

| 项目 | 强烈同意 | 同意 | 中立 | 不同意 | 强烈不同意 |
|---|---|---|---|---|---|
| 1 我会经常使用该系统 | | | | | |
| 2 我发现该系统有不必要的麻烦 | | | | | |
| 3 我认为该系统易于使用 | | | | | |
| 4 我认为需要技术人员帮助使用该系统 | | | | | |
| 5 我发现该系统很好地集成了各种功能 | | | | | |
| 6 我认为该系统有很多不一致 | | | | | |
| 7 我想大部分人会很快学会使用该系统 | | | | | |
| 8 我发现该系统使用起来很麻烦 | | | | | |
| 9 我非常自信能使用该系统 | | | | | |
| 10 在使用该系统前，我需要学习很多东西 | | | | | |

根据 Brooke（1996）的观点，参与者应在使用被评估的系统之后但在进行任何总结或讨论之前完成 SUS 量表。SUS 评分方法要求参与者对所有 10 个项目做出即时回答，而不是深思熟虑后再回答。如果是由于某些原因参与者无法回答某个项目，他们应该选择量表的中间分数。

Lewis 和 Sauro（2009）将其中前 8 个项目归类于可用性（usable），后 2 个项目为可学性（learnable）。通过验证，发现用包含 8 个项目的可用性量表代替总量表是可行的，因为 2 个量表结果高度相关，信度只从原来的 0.92 变为 0.91。替换后的量表虽然少了 2 个项目，降低了调查时间，但是由于失去了可学性（learnable）因素，且无法和其他用 SUS 的研究相比较，因此仍提倡采用完整量表。此外，Lewis 和 Sauro 还提供了积极版的 SUS（全部项目采用积极描述），其信度达到 0.96，与原版 0.92 的信度并不存在显著差异。

SUS 的得分代表什么可用性水平一直有争议。Bangor 等（2008）通过分级量表对得分进行解释：60 分以下为 F，60～69 分为 D，70～79 分为 C，80～89 分为 B，90 分以上为 A，每个分数有其对应的等级。一般而言，低于 60 分，说明产品的可用性非常差，如图 6-3 所示。

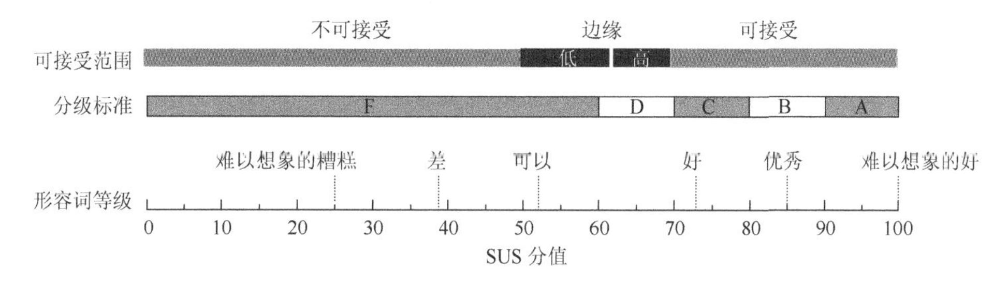


图 6-3　SUS 分值对应的可用性水平参考表（Bangor et al.，2008）

在 Bangor 等将其研究数据共享出来后，Sauro 和 Lewis 使用对数转换对分值进行归一化处理，然后计算整个 SUS 分数范围的百分等级，提出了一个从 F（0～51.6 分）到 A+（84.1～100 分）的 11 级分级，如表 6-6 所示。

**表 6-6　可用性分级标准（Lewis，2018）**

| SUS 分值范围 | 分级 | 百分值范围 |
|---|---|---|
| 84.1～100 | A+ | 96～100 |
| 80.8～84.0 | A | 90～95 |
| 78.9～80.7 | A− | 85～89 |
| 77.2～78.8 | B+ | 80～84 |
| 74.1～77.1 | B | 70～79 |
| 72.6～74.0 | B− | 65～69 |
| 71.1～72.5 | C+ | 60～64 |
| 65.0～71.0 | C | 41～59 |
| 62.7～64.9 | C− | 35～40 |
| 51.7～62.6 | D | 15～34 |
| 0～51.6 | F | 0～14 |

2. 场景式可用性评估问卷

整体评估问卷是可用性测试的重要工具，但它们一般在较高水平上评估满意度。在与竞争产品或产品的不同版本进行总体满意度比较时，这可能是优点，而在用户界面中寻求对问题区域的更细节的分析时，这可能是缺点。为了解决这一弱点，许多研究人员在参与者完成可用性研究中的每个任务或方案后，会立即对感知的可用性进行快速的评估，相当于给用户创造了一个场景，因此这类评估被称作场景式可用性评估或者任务评估。以下介绍几种代表性的测量问卷。

1）场景后问卷

场景后问卷（after-scenario questionnaire，ASQ）也是由 PSSUQ 和 CSUQ 的作者 Lewis（1995）发表的（表 6-7）。该问卷只有 3 个项目，分别测量用户在 3 个方面的满意度：任务难度、完成效率和帮助信息。和 PSSUQ 量表相似，ASQ 的项目采用从强烈同意到强烈不同意的李克特量表形式，ASQ 分数即是 3 个项目得分的平均分。

**表 6-7　ASQ 量表题项**

| 项目 | 强烈同意 | 同意 | 有些同意 | 中立 | 有些反对 | 反对 | 强烈反对 | NA |
|---|---|---|---|---|---|---|---|---|
| 1 整体上，我对完成场景任务的简单性感到满意 | ○ | ○ | ○ | ○ | ○ | ○ | ○ | ○ |
| 2 整体上，我对完成场景任务的时间感到满意 | ○ | ○ | ○ | ○ | ○ | ○ | ○ | ○ |
| 3 整体上，我对完成任务的支持信息（在线帮助、信息、文档）感到满意 | ○ | ○ | ○ | ○ | ○ | ○ | ○ | ○ |

Lewis 指出，ASQ 分数与 PSSUQ 分数之间存在 $r = 0.8$ 的强相关，与场景任务的成功率也存在 $r = -0.4$ 的显著相关，在一定程度上反映了利用 ASQ 评估可用性与任务的成功

率存在同时效度（concurrent validity）。像 PSSUQ 一样，从业人员和研究人员可以免费使用 ASQ，但使用它的任何人都应标明引用来源。

2）单项难易度问卷

单项难易度问卷（single ease question，SEQ）是仅包括一个项目的语义差异测量，这个项目与 ASQ 的项目一类似，均是用户对任务难易度的评估（表 6-8）。SEQ 的评分方式包括 5 点计分和 7 点计分，但研究表明，7 点计分的信度更高，且更受用户的偏爱（Preston and Colman，2000）。

**表 6-8 SEQ 量表题项**

| 整体上，你认为任务难度如何？ | | | | | | | | |
|---|---|---|---|---|---|---|---|---|
| 非常难 | 1 | 2 | 3 | 4 | 5 | 6 | 7 | 非常容易 |
| | ○ | ○ | ○ | ○ | ○ | ○ | ○ | |

Sauro 和 Dumas（2009）发现 SEQ 分数与 SUS 得分呈现 $r = -0.56$ 的相关性，与任务完成时间（$r = -0.9$）和任务出错率（$r = -0.84$）均存在显著相关性。同时，通过比较 SEQ、SMEQ 和 UME 三个任务后评估问卷，他们也发现 SEQ 分数与 SMEQ 分数存在 $r = 0.94$ 的强相关，与 UME 分数存在 $r = 0.95$ 的强相关。以上均证明了 SEQ 的同时效度的存在。2018 年，绍罗（Sauro）在 MeasuringU 网站上声称 250 多项任务测试中发现 SEQ 能很好地预测任务的成功率和任务时间，用户对简单的任务的预计成功率约为 44%，任务时间约为 28%。

根据 MeasuringU 网站 2018 年的测试结果（图 6-4），平均 SEQ 值为 5.3～5.6（约为 5.5），因此，可以把这个值作为任务难度的一个基准，来判断用户完成任务是容易还是困难。

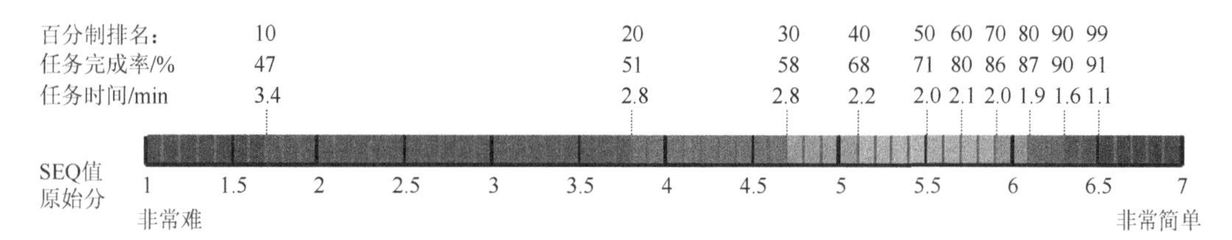


图 6-4 SEQ 值、任务成功率和任务时间的关系

SEQ 适合当用户做完一项任务后无论是否成功立即进行询问。因为其仅用一个项目来测量用户对任务难度的感知，因而支持和反对 SEQ 的理由很多。支持的人认为其形式简单明了，只需要一个问题和一个数字响应，比一些复杂的问卷更高效；简单的评分方式也意味着易于解释，不必花很多时间去思考不同概念的含义；在执行任务后立即用 SEQ 来询问，数值具有针对性而且不会受到记忆的影响，更为准确。反对的人则认为简单作为 SEQ 的特点也是一个弱点，失去了对很多其他场景因素的考虑；其评定结果还需要去验证，尤其是将一项任务评为非常困难时要查看任务完成时间和成功率来更好地了解其真正的困难程度；而且，SEQ 毕竟是一个测量感知的主观指标，还需要用一些客观的动作指标来对应。

总之，SEQ 问卷为研究人员提供了细粒度评估任务难度的方法，它是针对特定的任务而设计的，但是研究人员还需要根据实际的场景来获得更多的见解。

3）主观心智负荷问卷

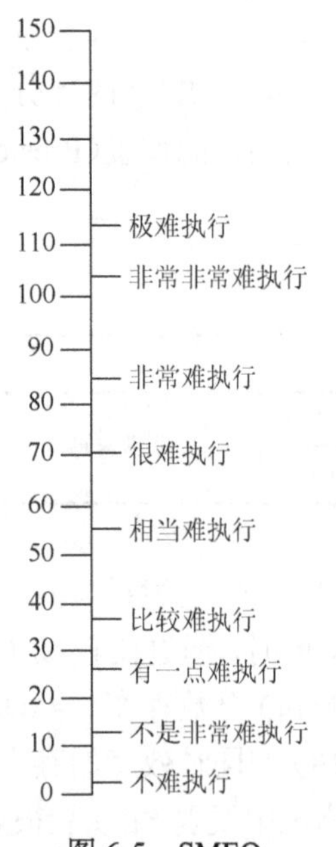


图 6-5　SMEQ
（Sauro and Dumas，2009）

主观心智负荷问卷（subjective mental effort questionnaire，SMEQ）最初出自 Zijlstra 和 Doorn（1985）的一份技术报告中，也称为脑力负荷问卷。和 SEQ 一样，SMEQ 仅包含一个测量任务难易度的项目，是一个从 0 到 150，包括 9 个文字标签的定距测量，从仅超出 0 分的“一点儿也不困难”，到 110 分以上的“极其困难”，如图 6-5 所示。在 SMEQ 的纸质版本中，参与者通过画出一条线，表示完成任务所需的感知上的心智努力，其中 SMEQ 分数为参与者标记线高于 0 基线的毫米数。Sauro 和 Dumas（2009）开发了对应的在线版本。与 SEQ 不同，SMEQ 的测量得分为定距分数。这意味着得分 45～50 分的差距与得分 120～125 分的差距是一样的，更加便于比较。

在同时效度的检验中，Sauro 和 Dumas（2009）发现 SMEQ 分数与 SUS 得分呈现 $r = -0.60$ 的中等相关性，与任务完成时间（$r = -0.82$）、任务成功率（$r = 0.88$）和出错率（$r = -0.72$）均存在显著相关性。

4）期望评级（ER）

期望评级（expectation ratings，ER）是 Albert 和 Dixon（2003）提出的，他们认为任务的难度是与用户进行任务前的预期难度相关的。因此，ER 包括两个项目：一个在进行任务前测量用户对任务难度的预期判断（期望评级）；另一个在任务后测量用户对任务难度的体验判断（经验评级）。

ER 的项目采用从 1（非常容易）到 7（非常困难）的 7 点评分。与其他问卷比较最终得分的解释方法不同，ER 的分数解释通过预期分数和体验分数两个维度构成的象限分布图来帮助改进设计，将注意力集中在对用户满意度产生负面影响的可用性问题上，通过积极的可用性体验来增进用户的满意度。如图 6-6 所示，存在 4 个象限分布区间。

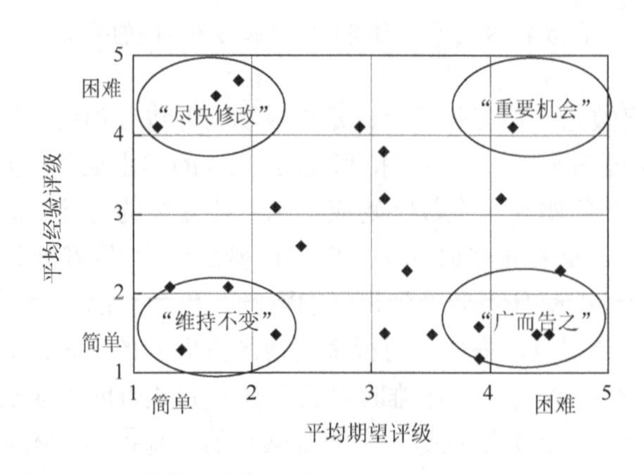


图 6-6　ER 量表 4 个象限分区（Albert and Dixon，2003）

左下（don't touch it，维持不变）是执行前后都被认为容易的任务，因此让这些任务保持现状是合理的，也没有办法通过这些任务来提升用户的满意度。

左上（fix it fast，尽快修改）是被测者原以为容易，却发现其实很困难的任务，是用户不满意的潜在来源，也是主要关注改进的任务类型。

右上（big opportunitics，重要机会）是被测者在执行前后都感知到困难的任务，执行这些任务对用户的满意度没有什么负面影响。这些任务代表了潜在的改进机会，也是提高用户满意度的重要策略。经过改进它们将其向下移到“广而告之”区域。

右下（promote it，广而告之）：是被测者原以为困难，却发现比预期容易些的任务。应该适度推广产品的这些特点，因为能够增进用户满意度，但是机会有限，因为很快用户会适应它，从而预期和实际取向一致。

5）可用性等级评估

可用性等级评估（usability magnitude estimation，UME）是由 McGee（2003）提出的，McGee 任职于 Oracle 公司可用性和界面设计部门，因而 UME 曾在 Oracle 公司成功应用。等级评估是一种用于评估物理刺激的心理感觉的心理物理测量方法。通过让参与者执行评估一系列对象的主观感知任务，获取一个关于评估对象主观感知的比率尺度（ratio scale）数据。然后，可以使用该比率尺度数据对被测对象进行各种汇总判断和参数统计。在可用性研究中完成每个目标任务后，被测者要回答一个关于任务相对于参考基准难度的开放式问题。与其他任务后测量问卷不同，UME 并不限定被测者的作答区间，可以是从绝对零值到正无限的任意值。这意味着 100 分的任务就是比 50 分的任务困难 2 倍，为解释结果提供了便利。例如，Sauro 和 Dumas（2009）的研究设置一个图标搜索任务，让被测者在 5 个明确标示的图标中选出搜索图标，并将难度定义为 10，被测者对任何测试任务的难度评估均以 10 为基准难度给出。

虽然提倡 UME 的人员相信，它为感知有用性的测量提供了便利，如克服了量表这类多点问卷可能会过度限制反应（天花板或地板效应）的缺陷，但是对于 UME 的使用，目前仍存在着诸多争议。一些被试对基线的理解存在困难，训练被试理解“两倍难度”“一半难度”等概念也会增加测试成本和误差（Sauro and Dumas，2009）。两人在研究中指出：UME 分数与 SUS 分数呈现 $r=-0.316$ 的轻度相关，与任务完成时间之间存在 $r=-0.91$ 的显著相关。同时 UME 与 SEQ 存在 $r=0.95$，与 SMEQ 存在 $r=0.84$ 的强相关，与 ASQ 前两项的均值（$r=0.955$，$p<0.01$）存在强相关。这些都证实了 UME 是一个有效、灵敏、灵活和稳定的可用性测量方法。

### 3. 网站感知可用性的评估问卷

网站与软件有共通之处，因而可以用传统的可用性量表进行评估。但是另一方面，网站本身具有特殊性，如信任因素是决定用户是否使用网站的一个主要影响因素，而 QIUS、SUMI、PSSUQ、SUS 4 个量表均不包含信任因素。因此专门开发出适用于评价网站感知可用性的问卷。

1）网站分析和测量量表（WAMMI）

网站分析和测量量表（website analysis and measurement inventory，WAMMI）是由

爱尔兰科克大学人因研究组与斯德哥尔摩的诺莫斯管理公司（Nomos Management Altiebolag）合作开发。项目参考了来自大量设计师、用户以及网站专家对网站体验的各种意见。目前 WAMMI 官网（http://www.wammi.com）上提供了英语、丹麦语、荷兰语、德语、法语等 12 种语言的版本，无中文版。官网宣称 WAMMI 能用于网站用户体验测量、对网站进行基准测试、跟踪网站用户体验随时间变化、研究网站访问用户、生成清晰呈现的数据以供决策等目的。

WAMMI 包括 20 个项目，测量的因子与 SUMI 相同，也是从吸引力（attractiveness）、可控性（controllability）、效率（efficiency）、帮助性（helpfulness）和易学性（learnability）5 个方面分别测量。全部项目采用从 1（强烈同意）到 7（强烈反对）的 7 点评分（表 6-9）。WAMMI 还提供一套附加的问题库，并允许自主增加项目，但不推荐对其原有的项目进行变更。被评估网站的用户满意度可以与专有的 WAMMI 数据库数值进行比较，该参考数据库包含的数据来自超过 300 项研究的 350000 条记录。

**表 6-9　WAMMI 量表题项**

非常感谢您帮助我们评估某网站，如果您之前没有访问过该网站，请访问链接（***），访问后再填写本问卷。您所填写的信息完全保密，任何人都无法识别出您的身份，您可以选择是否愿意参加问卷调研，也可以在任何时候自愿退出调研。

| 项目 | 强烈同意 | 同意 | 部分同意 | 中立 | 部分反对 | 反对 | 强烈反对 |
|---|---|---|---|---|---|---|---|
| 1 该网站有很多我认为有趣的内容 | ○ | ○ | ○ | ○ | ○ | ○ | ○ |
| 2 该网站很难自由浏览 | ○ | ○ | ○ | ○ | ○ | ○ | ○ |
| 3 我能很快从网站上找到我需要的内容 | ○ | ○ | ○ | ○ | ○ | ○ | ○ |
| 4 该网站设计得很符合逻辑 | ○ | ○ | ○ | ○ | ○ | ○ | ○ |
| 5 该网站需要更多的引导式解释 | ○ | ○ | ○ | ○ | ○ | ○ | ○ |
| 6 网站页面很吸引人 | ○ | ○ | ○ | ○ | ○ | ○ | ○ |
| 7 我对使用网站有掌控力 | ○ | ○ | ○ | ○ | ○ | ○ | ○ |
| 8 网站太慢了 | ○ | ○ | ○ | ○ | ○ | ○ | ○ |
| 9 该网站能帮助我找到我想要找的 | ○ | ○ | ○ | ○ | ○ | ○ | ○ |
| 10 学会在网站上导航是一个问题 | ○ | ○ | ○ | ○ | ○ | ○ | ○ |
| 11 我不喜欢使用该网站 | ○ | ○ | ○ | ○ | ○ | ○ | ○ |
| 12 在该网站上我能非常简单地联系别人 | ○ | ○ | ○ | ○ | ○ | ○ | ○ |
| 13 使用该网站我认为是有效率的 | ○ | ○ | ○ | ○ | ○ | ○ | ○ |
| 14 很难判定该网站是否有我想要的内容 | ○ | ○ | ○ | ○ | ○ | ○ | ○ |
| 15 第一次使用该网站是很简单的事 | ○ | ○ | ○ | ○ | ○ | ○ | ○ |
| 16 该网站有些令人厌烦的特点 | ○ | ○ | ○ | ○ | ○ | ○ | ○ |
| 17 记住自己在网站中的位置很困难 | ○ | ○ | ○ | ○ | ○ | ○ | ○ |
| 18 使用该网站是浪费时间 | ○ | ○ | ○ | ○ | ○ | ○ | ○ |
| 19 当我点击该网站时能得到我想要的内容 | ○ | ○ | ○ | ○ | ○ | ○ | ○ |
| 20 该网站上的一切很容易理解 | ○ | ○ | ○ | ○ | ○ | ○ | ○ |

对于测试结果提供详细的描述报告及与其数据库的对比报告，一般情况下不会返回原始数据，但可以申请返回用户隐私数据之外的原始数据。WAMMI 提供的分析报告包含以下内容：①单独的陈述题项分析，可以为使用者提供网站哪些方面需要改进的更多信息（图 6-7）；②总体可用性分值（global usability score，GUS）和 5 个分量表对固定选择提问（如年龄、性别、教育程度等）的交叉列表；③GUS 和 5 个分量表对复选框答案（如使用网站的目的）的交叉列表；④未经编辑的对开放式问题的回答；⑤被调查者的文档和 WAMMI 分析结果的数字摘要（表 6-10）。

图 6-7　WAMMI 分析报告示范

表 6-10 WAMMI 各分量表评分示例

| 量表 | 均值 | 标准差 |
| --- | --- | --- |
| 吸引力 | 67.47 | 25.98 |
| 可控性 | 57.91 | 19.73 |
| 效率 | 67.24 | 22.43 |
| 帮助性 | 64.24 | 22.81 |
| 易学性 | 56.69 | 21.94 |
| 整体可用性 | 62.34 | 19.36 |

WAMMI 的总体信度为 0.9～0.93，几个因子的测试信度分别如下。吸引力：0.64；可控性 0.69；效率：0.63；帮助性：0.7；易学性：0.74。相比于其他量表，这些分量表的信度偏低，因此 WAMMI 对于样本量有比较严格的规定：可用性测试不少于 30 人，学术应用不少于 100 人。该工具对教育用途的使用免费，商业用途收费，具体的使用条款可以参看其官网上的信息。

2）标准通用的百分等级量表

标准通用的百分等级量表（standardized user experience percentile rank questionnaire，SUPR-Q）用 8 个题项测量网站用户体验，其官网为 www.suprq.com。除了提供一个总体质量指标外，SUPR-Q 还提供网站的可用性（usability）、可信度/信任（trust/credibility）、忠诚度（loyalty）和外观（appearance）4 个分指标，另外针对电子商务网站额外提供 2 个题项（表 6-11）。沃尔玛、PayPal、联想等公司都曾使用 SUPR-Q 对网站进行评估。

表 6-11 SUPR-Q 量表

| | |
| --- | --- |
| 可用性：<br>1. 该网站易于使用<br>2. 该网站易于导航 | 可信度/信任：<br>3. 网站提供的信息是可信的<br>4. 网站上的信息是值得信任的<br>5. 在该网站上购物我觉得舒适的（适用于电子商务网站）<br>6. 在该网站上开展交易我觉得是可信任的（适用于电子商务网站） |
| 忠诚度：<br>7. 你会向朋友/同事推荐该网站的可能性<br>8. 今后我有可能会访问该网站 | 外观：<br>9. 我认为该网站吸引人<br>10. 该网站有清晰简单的外观 |

SUPR-Q 的题项基本采用从 1（强烈反对）到 5（强烈同意）的 5 点评分。但在忠诚度的分量表中题项“你会向朋友/同事推荐该网站的可能性”，是采用从 0（完全不可能）到 10（极其乐意）的 11 点评分。这个题项也被人单独使用，即构成净推荐值（net promoter score，NPS）量表。SUPR-Q 的总分计算方式是所有题项得分的总和（NPS 得分只计一半）。这些原始的 SUPR-Q 分数可以从低分 7 到高分 45。在进行数据库对比的时候，SUPR-Q 的分数可以转化为百分等级分数进行判断。即，如果总体网站的百分等级为 80，则意味着该网站的 SUPR-Q 得分高于参考数据库中 80%的网站。SUPR-Q 参考数据库来自 200 多个网站，超过 5000 个用户记录，涉及的网站类型有各种大小规模的电子商务网站、旅游

网站、政府网站和移动端页面。官网显示，使用 SUPR-Q 商业许可价格为 499 美元，若要获得参考数据库数据，许可价格为 1999 美元。

SUPR-Q 的总体信度为 0.86，各个分量表的信度分别是：可用性 0.88、可信度/信任 0.85、忠诚度 0.64 和外观 0.78。SUPR-Q 得分与 SUS 分数之间存在 $r>0.88$ 的强相关，与 WAMMI 分数也存在 $r>0.88$ 的强相关（Sauro，2015）。

#### 4. 其他量表

##### 1）有用性、满意度、易用性量表

有用性、满意度、易用性（usefulness，satisfaction，and ease of use，USE）量表，由 Lund 于 2001 年提出。该量表由 4 个分量表共 30 个题项构成，4 个分量表分别测量有用性、易用性、易学性和满意度，全部题项都是从 1（强烈反对）到 7（强烈同意）的 7 点评分，如表 6-12 所示。

**表 6-12 USE 量表**

| | |
|---|---|
| 有用性：<br>它有助我更高效<br>它有助于我提高工作产出<br>它是有用的<br>它让我对生活有了更多的控制<br>它使我想完成的事情更容易完成<br>当我使用它时，它节省了我的时间<br>它满足了我的需要<br>它做了我期望它做的一切 | 易用性：<br>它很容易使用<br>它使用起来很简单<br>它对用户是友好的<br>它用尽可能少的步骤来完成我想用它做的事情<br>它是灵活的<br>使用它很容易<br>我不用书面说明就能使用它<br>我在使用它时没有注意到任何不一致之处<br>无论是临时用户还是常规用户都会喜欢它<br>我可以很快很容易地从错误中恢复过来<br>我每次都能成功地使用它 |
| 易学性：<br>我很快学会了使用它<br>我很容易记住如何使用它<br>学会使用它很容易<br>我很快就熟练使用它 | 满意度：<br>我很满意<br>我会把它推荐给一个朋友<br>使用起来很有趣<br>它按照我想要的方式工作<br>太棒了<br>我觉得我需要它<br>使用起来很愉快 |

资料来源：http://hcibib.org/perlman/question.cgi?form=USE

##### 2）用户体验的可用性测量（UMUX）

用户体验的可用性测量（usability metric for user experience，UMUX）由 Finstad（2010）提出，主要目的是使用更少数目但与 ISO 定义的可用性（有效、高效、满意）更贴切的题项，来获得与 SUS 一致的感知可用性测量。该量表中 3 个分别测量 ISO9241-11 中对可用性的定义：有效性（effectiveness，题项 1）、满意度（satisfaction，题项 2）和效率（efficiency，题项 4），以及 1 个测量综合体验的问题（题项 3）（表 6-13）。

**表 6-13　UMUX 量表（Finstad，2010）**

| 题项 | 强烈反对 | 1 | 2 | 3 | 4 | 5 | 6 | 7 | 强烈同意 |
|---|---|---|---|---|---|---|---|---|---|
| 1. 系统的能力满足我的需要 | | ○ | ○ | ○ | ○ | ○ | ○ | ○ | |
| 2. 使用该系统是一个令人沮丧的体验 | | ○ | ○ | ○ | ○ | ○ | ○ | ○ | |
| 3. 该系统易于使用 | | ○ | ○ | ○ | ○ | ○ | ○ | ○ | |
| 4. 使用该系统时，我不得不花费很长时间纠正错误 | | ○ | ○ | ○ | ○ | ○ | ○ | ○ | |

UMUX 的计分方式为从 1（强烈反对）到 7（强烈同意）的 7 点计分。其总分计算方式借鉴了 SUS，但是有所不同。奇数项的得分为“得分–1”，偶数项的得分为“得分–7”，UMUX 的分值区间为 0～24。然后按照 0～100 分值区间转化，将 UMUX 项目总分除以 24 再乘以 100，采用此转化方法计算出每位参与用户的分数并计算平均值，该平均分作为网站的 UMUX 可用性分值来与其他系统进行比较。

## 6.3　访　　谈

### 6.3.1　访谈的特点

问卷调研需要大量的样本，适合能获得较多数量用户响应的研究。问卷调研也存在一些现实问题，例如调查对象只回答被问到的问题，对于设置的开放式提问，如果需要花费长时间来陈述，用户的回答率往往不高。因此，问卷调研的结果常常宽泛而不够深入。这时，在某些人机交互研究问题中使用的是与调查对象直接交谈的方法，以期能深入采集到问卷调研未能覆盖的数据，发现一些外显现象背后深刻的原因。这种方法称为访谈法，它是指访谈人员和被访者通过有目的地交谈来采集数据的一种研究方法。访谈法是一种口语交际形式，需要通过询问来引导被访者围绕调查主题进行谈话。按照参与访谈的人数，主要有访谈单个受访者和以焦点小组形式访谈多个受访者两种形式。

访谈法第一个，也是最大的优点就是能够进行“深入”调查。访谈人员可以根据被访者的回答及时进行追问，获得更深入的反馈。调查对象还能在鼓励下激发更多的想法，这些都是问卷调研难以达到的效果。第二个优点是灵活性。访谈是采访者与被访者（或者焦点小组的成员）一起进行交流的过程，交流的内容和交流的方式具有很强的灵活性。第三个优点是能保证信息采集的准确性和真实性。访谈过程可以及时避免被访者的理解错误等主观影响因素，还可以观察被访者的表情、动作等非语言行为，在避免获取被误解信息的同时，进一步保证信息的真实性。

访谈法的不足体现在：首先，访谈需要在一个合适的场所进行，对采访者的素质要求也比较高，一次访谈时间有时长达几个小时，所以访谈法的经费、人力、时间成本都较高。相比问卷调研，访谈的高成本性也导致访谈的样本数量要少得多。其次，从访谈过程中来看，访谈法是缺乏隐秘性的，对于一些敏感问题，可能得不到准确的答复，同时，访谈中采访者与受访者之间的交流也会产生一些与研究主题无关的影响。然后，从结果上来看，访谈的原始笔记或者录音很难直接进行分析，将其转换成文本资料是一个挑战。最后，访谈法相对比较随意，访谈情境会随采访者和受访者的交流而改变，受访者可能也会给出矛盾的观点，增加数据整理和分析的难度。

访谈和问卷调研存在一些共有的、固有的缺点。两者采集的数据都会产生与研究任务和情景分离的问题。当参与者报告他们的需求或者经历时，依靠的是参与者的主观记忆，有时候虽然能提供有用的数据，但是可能与现实不符。为了避免这类自我报告数据采集方法带来的主观性问题，研究中可根据需要结合一些其他的研究方法，如行为实验观察或者眼动追踪这类神经生理信号方法来帮助理解所见和主观感知之间的关系。

随着现代信息技术和网络技术的应用，访谈方法不再要求面对面，产生了电话访谈、在线访谈等新形式。例如，通过电子邮件、视频会议、即时通信软件等工具实现和访谈对象网上交流已经广泛应用于各种研究问题中。其优点体现在超越地理位置局限、访谈过程能够借助计算机系统自动记录、在一定程度上也保护了访谈对象的隐私等方面。但是也存在要求访谈对象能掌握网络聊天的技术，必然会排除某些调查对象；访谈节奏一般比较慢，容易令人失去兴趣；以及面对的是计算机界面交流的方式不如现场面对面生动性和感染力强等不足。

### 6.3.2　访谈的结构

根据其结构形式，访谈又可以分为结构化访谈、半结构化访谈和非结构化访谈。

#### 1. 结构化访谈

结构化访谈是根据事先准备好的采访提纲，按相同的顺序和方式向每名被访者提出相同的问题。虽然在实施过程中有些提问会根据被访者之前的回答省略，但是不会在访谈时新增或者删除采访提纲中的问题，也不会改变提问的顺序。从某种角度来看，这种访谈形式和问卷调研中的开放式提问非常类似，不同的是对用户来说，访谈时访谈对象可以自由地采用口述的方式，比填写问卷中的开放式提问更容易获得用户多样化的反馈。

结构式访谈因为使用的是同一个访谈提纲，不允许采访者在调查过程中增加或者减少提问，对所有的调查对象采集的都是同样问题的回答，所以访谈中产生的误差比较小，获取的数据明确，分析也更容易。这种访谈形式适用于正式的、较大范围的调查，但是也可看出其限制了访谈者的提问和受访者的回答，很难得到新颖的或更深入的信息，灵活性较差。

#### 2. 半结构化访谈

如果想在访谈时根据被访谈者的反馈追加或者修改提问，那么可以考虑采用半结构化访谈方法。这种访谈形式首先也是从事先准备的一个访谈提纲入手，但是访谈过程中不拘泥于访谈提纲上的问题，而是可以根据情形来决定访谈的走向。特别要注意一些半结构化访谈的技巧，例如，当被访者谈到通过网站交互获得的体验影响了对信息质量的评价时，这时提问“请详细谈谈与网站交互产生了哪些体验因素”，在被访者陈述完后，再继续追问“这些体验因素是怎样影响对网站信息质量的评价”。通过这样的方式，能够获得更多深刻的见解。

半结构化访谈避免了结构化访谈灵活性差的缺点，也避免了非结构化访谈成本高、难以定量分析的缺点。它既有完整严谨的访谈提纲，又给受访者留有进一步表达自己观点的空间，可以说是兼有结构化访谈与非结构化访谈的优点。

3. 非结构化访谈

非结构化访谈则更加灵活，它不需要完整的访谈提纲与流程，可能仅基于访谈的主题或者大致的访谈指南来进行。一般采访者会抛出一个初始问题，然后由受访者自主回答，整个访谈的重点在于让受访者围绕主题倾诉他认为重要的内容。如果受访者对这个主题没有可说的，或者谈话陷入僵局，采访者可以从访谈指南中再引出一个主题或问题。非结构化访谈对采访者的素质要求更高，同时，采访耗费的时间也更多，最终结果也难以定量分析。但采访过程可以更加细致深入，挖掘出更多有用的信息。

半结构和非结构访谈都是希望尽可能探索主题的深度和广度，这是结构化访谈难以做到的。然而实施半结构和非结构访谈需要更多的技能和经验，因而不适用于入门的研究人员。何时对调查的反馈进行深入探讨？当被访者的谈话已经偏离主题时，如何将被访问者引回主题？怎样与被访问者保持一致的步调？对不善言谈的被访者如何引导其谈话？这些问题都需要在不断的实践中获得经验，对初步接触访谈的研究人员来说可能是一个巨大的挑战。

3 种不同的访谈形式，其对话的主动权也有区别。结构化访谈和半结构化访谈的主动权在访谈方，引导着访谈对象作出响应，是一种响应式访谈（respondent interview），非结构访谈由访谈对象引导着对话方向，访谈方适时地作出回应，是一种告知式或非定向访谈（informant or nondirective interviews）。

研究人员在考虑使用哪种访谈形式时要根据研究问题的特点和研究目的。结构化访谈适合对不同的访谈对象之间的比较，例如，当需要了解不同的用户对系统或者界面的看法时，可以根据系统的功能模块设计访谈大纲，用户对同样的问题的不同反馈意见能帮助设计人员更好地比较用户的看法差异。半结构化和非结构化访谈适合研究人员想深入挖掘用户的评论、需求和见解，尤其适合研究初期对问题不够熟悉或者对用户不甚了解的情形。通过非结构和半结构化访谈，能够打开理解用户的窗口，从用户自主的谈话中逐渐形成对研究问题的理解，也可能产生后续结构化访谈需要的问题。在此基础上，如果能够继续实施一个结构化的访谈，对于验证最初的半结构化或者非结构化访谈的结论尤其有用，当两轮访谈的结论一致时，可以认为这些结论能够推广到更广泛的用户群体。

### 6.3.3 情景访谈

研究人员可能对人们实际如何使用产品或者如何解决实际问题感兴趣，他们不满足仅仅是向用户提一些问题，而是希望能得到证实或者对某些细节作出深入探索。为了使访谈过程更有效，避免回答访谈问题时记忆的影响，研究人员可以使用一些原型或者创造一些任务情景，让受访者能更准确地回答提问，这种访谈形式称为情景访谈（contextual interview）（Holtzblatt and Beyer，2017）。情景访谈实际上是一种将访谈和观察结合的技术，它在用户执行实际任务的真实情景下进行（如工作场所、家里、购物场所等），很多访谈的问题可以通过观察受访者的实际行动来获得答案。研究人员还可以识别出与任务相关的感兴趣的行为，并依此相应调整后续的提问。

情景访谈可以在项目研究早期进行，以获得用户的目标、用户的需求以及用户执行任务情况的更详细信息。由于这种访谈是在访谈对象的实际任务环境中进行的，能研究用户的活动方式，并且提供机会询问正在发生的事情，尽管也有一些访问提纲，但是采访者可以灵活地与受访者讨论。通过这种方式，可以洞悉人们面对的混乱而复杂的情景，发现一些前所未知的问题。但是由于在访谈中加入了任务情景，所以其一次实施过程比常用的访谈方法要长。Holtzblatt 和 Beyer（2017）认为情景访谈要遵循 4 个原则：情景、合作、解释和焦点，并且总结一套实施流程（图 6-8）。

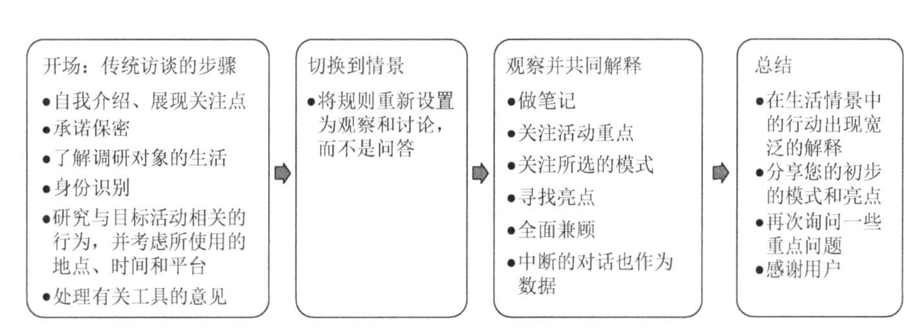


图 6-8　情景访谈的实施流程

（1）情景。是首要的、最基本的原则，对情景访谈至关重要。访谈人员需参与到受访者的工作场所、家庭、学校或者其他地点。信息技术的进步也可以通过视频方式来实施情景访谈，以便仍能观察到受访者的周围环境。除了观察到受访者手头使用的产品外，采访人员还要注意到受访者完成的所有任务和使用的所有物品。为了完全了解情况，采访人还必须考虑到受访者在使用产品或服务过程中所做的一切。

（2）合作。情景访谈更需要访谈员和参与者之间的协作。可以采取两种模式建立合作关系，一种是主动观察，参与者一边执行任务，一边能和访谈员交流，这时，访谈员有机会在任务进行中打断参与者，提出问题。另一种是被动观察，参与者执行任务的过程中不会和访谈员交流，访谈员默默观察，不中断他们的任务，当任务完成后询问所有的问题。

（3）解释。是情景访谈中非常重要一个原则，也是情景访谈不同于观察方法的原因。观察是不需要参与者解释其行为的，所有的结论都由研究人员自己推导。但是，在情景访谈中，参与者需要和访问人员进行交谈获得深入的理解。访问人员不仅是鼓励参与者解释，而且还和参与者一起回顾他们共同探讨的问题，这种机制使得参与者有机会确认研究人员的观察结果是否正确。参与者的反馈可以验证、扩展或者反驳研究人员的发现，从而使得访谈更加准确。

（4）焦点。访谈人员在实施情景访谈前应决定访谈的重点。访谈需要目标来引导参与者的活动围绕在研究人员要观察的内容上。情景访谈的焦点是准确表明访谈人员想通过访谈完成什么研究目标以及如何实施这项访谈计划。这有助于提高情景访谈的效率，避免浪费时间在无关的访谈问题上。6.3.2 节介绍的三种访谈结构对情景访谈同样适用，通过半结构或非结构访谈这类开放式的提问，能帮助研究人员找到许多独特的发现。

良好的访谈是了解用户需求，目标和行为的基本步骤。研究人员可以从任何用户的谈话中学到很多东西，例如，可以在咖啡馆或图书馆中进行常规的采访，也可以通过在用户的家中或工作场所中进行采访，收获更多常规访谈没有发现的问题。情景访谈已经用在测试产品、优化电子商务网站、设计用户界面、增强用户体验、改善员工工作流程、预测用户行为、识别意外的用例、诊断产品缺陷等领域。一个典型案例为，一家销售服装为主的电子商务网站希望改善其在线订购流程。访谈员可以观察客户在其各自设备上浏览网站，将产品添加到购物车中以及完成订购的全过程。然后，访谈员与客户交谈，以了解使在线购物体验变得更加轻松快捷的方法，作为网站优化的思路。

人机交互研究中实施情景访谈时的提问如表 6-14 所示。

**表 6-14　情景访谈问题示例**

| 提问 | 目的 |
|---|---|
| 您享受这个产品的哪些方面？ | 识别出产品受欢迎的方面，在产品换代时这些优势应该保持 |
| 您遇到什么问题？ | 发现用户困惑的原因，这些应该改进 |
| 您什么时候使用此产品/服务？ | 了解用户在日常生活中何时可能使用产品 |
| 您是出于个人还是工作原因使用此产品/服务？ | 知道产品或服务是用于履行工作职责或个人娱乐，则可以更好地定位目标受众 |
| 您将单独使用此产品/服务还是与团队一起使用？ | 了解实际上有多少人与产品或服务进行交互 |
| 您喜欢哪款产品，A 还是 B？ | 当比较两种产品的情景时，这个基本问题可以帮助确定哪种产品更被用户接受 |
| 是什么原因让您选择此产品/服务而不是竞争对手？ | 通过用户亲身体验产品或服务，可以准确传达对本产品/服务差异化的感知 |

### 6.3.4　焦点小组

焦点小组是作为一种更低成本替代一对一访谈的方法。一般由采访者进行引导，然后以小组讨论的形式进行，这种形式更善于发现用户的愿望、动机和态度，提高了获取更广泛的信息的可能性。参与焦点小组的人数规模不宜过大，一般 8～12 人甚至 5～7 人的小组更适合深入讨论。实际应用中，还可以通过召开多次焦点小组达到研究目的，例如，召开 5 次，每次 8 人参加的焦点小组可以采集到 40 人的数据，增加数据采集量。

采用焦点小组的访谈形式能够克服一对一访谈的某些不足。一对一访谈如果受访者不善于言谈则难以成功实施，焦点访谈以小组讨论的形式，在一个集体的氛围中，能调动受访者的积极性，小组成员相互鼓励、相互启发，刺激了参与者在一对一访谈中可能无法发现的问题。同时焦点小组更容易获得直观的对比，一些成员之间矛盾的观点也可能会引导出新的研究问题。

实施焦点小组要注意以下几点：首先，焦点小组不适合采用结构化的访谈，因为这种形式固定，每个参与成员都需要按顺序回答采访者的同样的提问，参与者之间几乎没有任何互动，实际上等同于同时进行多次一对一的访谈。半结构和非结构化的访谈因其灵活性而适合用于焦点小组，但是焦点小组中的提问数量往往少于一对一的访谈，因为要为互动交流提供时间。其次，在焦点小组中，争论和分歧是必不可少的，一些涉及隐私的问题也不适合用焦点小组的方式访谈。然后，如果在焦点小组中存在特别健谈的或者权威人物，那么可能引起垄断对话、排挤他人观点的不利问题，这种情况要尽量避免；最后，还要考虑焦点小组成员的同质性问题，是选择具有相似特征还是多样化的成员各有其利弊，同质化的成员能够容易形成共识，但是为研究带来的局限性也限制了结论的推广，多样化的成员能激发不同的观点，但是也容易导致争论，甚至中断访谈。

### 6.3.5　访谈的实施

有关访谈的实施方法很多文献中都有详细介绍，访谈的实施流程大体如图6-9所示。

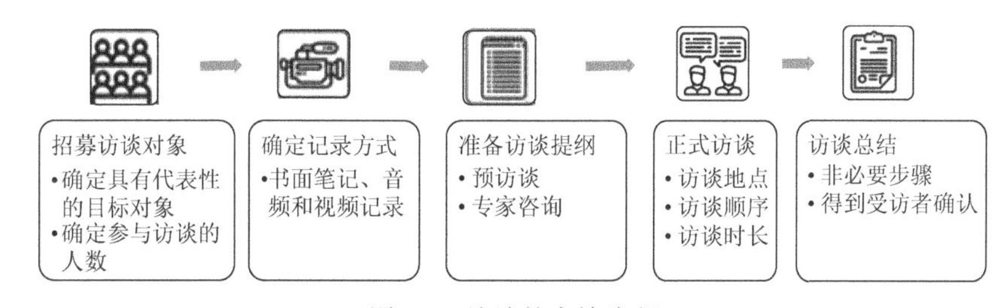


图6-9　访谈的实施流程

（1）招募访谈对象。访谈需要的人数远少于问卷调查，但是没有统一的要求，尽可能从利益相关者（stakeholder）中根据研究问题确定具有代表性的目标对象，以保证能够获得尽可能丰富的数据和信息。如果访谈中可能提出敏感性问题，务必事先告知受访者，而且在某些研究中，一项访谈的实施还需要获得伦理审查委员会的批准。

（2）确定记录方式。书面笔记、音频和视频记录是常见的访谈记录形式，各有优缺点。书面笔记的方式更便于对最后结果的整理总结，对于简单的结构化问题，以书面形式来记录受访者的回答是最有效的，而在相对灵活的非结构化访谈中，一些开放式的问题可能很难以书面的形式记录下来，这种时候选择音频、视频会更合适。同时，音频、视频更能捕捉到受访者在语气、行为上的特点，但是音频、视频的录制可能会给受访者带来压力，并且最终的结果分析更加麻烦。无论采用哪种方法，在进行访谈之前，要确保获得每个受访者的许可。

（3）准备访谈提纲。在制定访谈提纲时，可以先进行一两个测试性的访谈，一方面可以发现一些难以理解的问题，另一方面如果测试时访谈时间过长（一般超过2h为过长），则需要考虑进行调整。对于焦点小组，测试可能会比较困难，可以请熟悉焦点小组的专家审阅讨论的问题和其他材料，根据建议进行修改调整。

（4）正式访谈。与受访者坐在一个舒适、放松的安全空间中，从相对简单的问题开始，这为建立信任和准备更难的提问打下基础。相对复杂的问题结束后，也可以加入一些简单的问题，以化解受访者的紧张或焦虑。访谈前要向受访者明确说明他们可以拒绝回答任何问题，尤其是敏感主题。最后在访谈时间较长时，需要给受访者休息的时间，一般而言，访谈和焦点小组适当的时长应该控制在 2h 以内。

（5）访谈总结。如有必要，采访者可以对受访者的回答进行一个简单的总结，并询问受访者是否还有需要添加的内容或者需要纠正的误解。

访谈提问还要注意一些基本的技巧和事项。例如，一是提问要尽可能简单和容易理解，尽量不要使用一些专业术语或技术用语；二是当对多个比较对象提问时最好对每一个对象分别提问，尽量不要混合。三是提问尽可能不要有采访人的偏见和倾向，宜采取中立的方式。四是提问要尽可能贴合被访人的背景，考虑他们的文化、职业、语言风格等特点，采取他们能接受的提问方式。图 6-10 是专门为儿童开发的“fun toolkit”系列访谈提纲，可用于从儿童那里收集意见。由 4 部分构成：微笑量表（smileyometer）、趣味量表（funometer）、趣味分类机（fun sorter）以及重复表（again-again table）。微笑量表和趣味量表相似，都对应着李克特量表，区别在于前者是用离散型数据测量，后者用连续型数据测量。趣味分类机允许儿童根据一个或多个因素对项目进行排序，记录下儿童对技术或者活动的看法，以衡量儿童的喜爱程度。重复表同样也能衡量儿童对某项活动或者技术的喜爱程度，但是采取的是询问儿童是否愿意再次参与活动的方式。

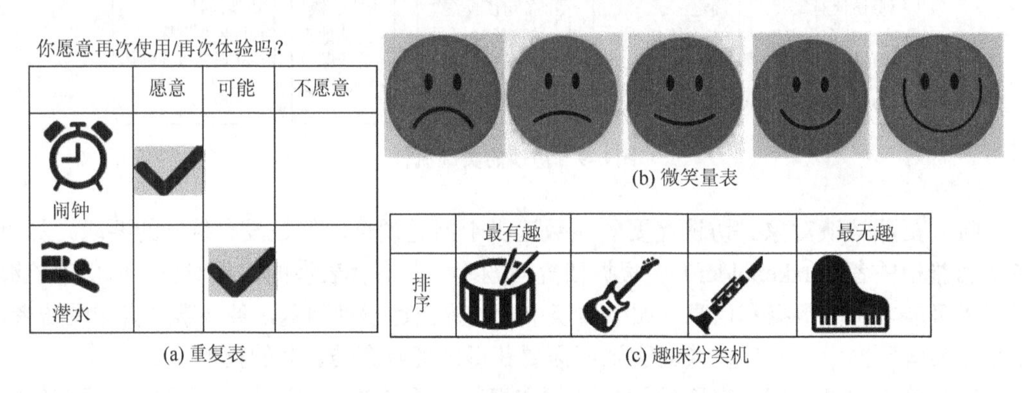


图 6-10 “fun toolkit”系列

### 6.3.6 访谈在人机交互中的应用

人机交互的很多研究都需要理解用户对产品的需求、用户的实际使用环境、用户对产品的接受态度和使用体验等问题，以便更好地设计和开发出新的版本或者优化已有版本，这时访谈是一个很好的深入采集信息的策略。在产品开发的几乎每一个阶段，无论是初始的探索和需求分析，开发过程中产品原型的评估，还是总结性的测试，都可以应用访谈法来了解相关信息。

早在 20 世纪 80 年代初，桌面信息系统开始流行，但是施乐公司 Palo Alto 研究中心的研究员 Thomas Malone 发现开发者不能完全理解用户是如何组织信息的，以致当时的桌面信息系统并不是模仿真实的工作台工作方式。为此，Malone（1983）采访 10 名办公室员工，要求他们描述办公室的布局、信息存储的位置和原因。虽然这项研究已过去近 40 年，但是 Malone 所开展的访谈方法和提问内容为之后人机交互研究中访谈的应用开创了先例。这项研究也是在产品开发初期的探索性工作中应用访谈的示范，这个阶段的访谈不需要问非常具体的问题，而是和可能的潜在用户进行广义的交流，理解用户的目的和需求，以对之后的产品开发工作有一个深入、细致的认识。例如，当为老年人设计一个可穿戴健康设备时，可以探索性地问他们，平时有哪些健康数据需要记录，如脉搏、血压、睡眠时间……是书写在纸张上还是录音？这些数据记录频次如何？有没有定期翻看的习惯？一般每天什么时候记录这些数据？记录场所是哪？这些健康数据有什么价值？使用过当前市面上的可穿戴健康设备吗？是否满意这些产品？这些问题能帮助开发人员理解用户使用待开发产品的环境。

上述广义的简单问题可能无法反映出用户具体的需求和兴趣，这时就需要一些深入的提问来洞悉用户。此时的访谈可以要求参与者自由描述他们对穿戴产品的期望，尽管很多老年人对穿戴产品的预期功能的描述可能在当前的技术背景下无法实现，但至少，这种描述代表着用户美好的愿望，也是未来版本迭代的依据。深入的访谈可以运用本书前面提到的各种技巧，例如，在设计老年人穿戴设备时，当访谈对象提到正在使用当前的某一款可穿戴设备时，可以请他们展示实物，对一些任务进行演示和评价，帮助研究人员理解他们做什么以及可能碰到什么问题。了解用户交互的细节，甚至到某个菜单该如何设计，某个功能在什么情况下能被激发，在什么情况下用户希望屏蔽该功能。基于情景的访谈技巧和焦点小组也能帮助老年人更畅所欲言，表达对产品的需求和兴趣。

随着产品开发工作的推进，随时保持和用户的对话交流对于控制产品的质量能起到很好的作用。无论是草图阶段，还是原型开发出来后，或者是产品已经考虑投入市场，访谈可以捕捉到不同用户的反应，用户越早反馈，越能帮助设计人员修正设计中出现的问题。总之，访谈作为一种重要的用户交互行为数据采集手段，有助于理解用户更细致、丰富的细节。

## 6.4　观　察　法

### 6.4.1　观察法的特点

观察也是一种在人机交互领域应用广泛的重要研究方法。它是指研究人员依据研究目的提前制定研究提纲或观察表，借助感官和辅助工具直接或者间接观察研究对象，从而采集相关研究问题一手数据的方法。Chu 和 Ke（2017）指出观察方法很少单独用于一项研究中，常和其他的研究方法（如访谈、问卷以及后面介绍的实验研究等）结合使用。

观察能为研究者带来以下价值：首先观察可以基于研究对象的实际环境开展，因而能帮助研究者更好地理解真实情形下的用户；其次，设计良好的观察方案能够帮助研究者准确采集一手数据，避免主观臆测；然后，观察能够发现一些研究对象不愿意口头讲述的问题；最后，观察还可以通过参与的方式发现一些常规的方法难以意识到的现象。

观察法的局限性为：观察的行为具有间断性；被观察者受影响可能会改变自然行为；有些事件不易被观察以及不知导致行为发生的内在原因等。对于这些优点和缺点的理解，本书将结合一些观察方法的应用技巧来介绍。

### 6.4.2 观察的类型

1. 观察场地

按照观察场地不同，观察可分为远程观察（remote，off-site observation）和现场观察（on-site observation）。例如，通过一个慢性病在线论坛来观察病人的情况，这属于远程观察，而如果深入到一群慢性病人群体中的观察则属于后者。除了上述两种观察场地外，还有一种实验观察类型介于两者之间，指将观察对象邀请到实验室，严格控制观察的情景与条件，实施观察过程并记录观察结果的一种研究方法。在实验室进行的观察法，应严格控制实验条件，借助各种实验仪器设备准确记录下受试者的一系列生理和心理反应。某些情况下，实验室观察甚至是唯一的选择方式，例如，空间站等危险环境下人类行为研究。

实验室观察方法有如下优点：第一，由于严格地控制了实验条件，因此可以尽可能地排除由无关因素干扰而引起的误差，得到的数据较为精确。第二，可以收集研究对象完整、全面的行为动作数据。第三，实验室观察法不仅可以观察到被试的外部反应（如谈话、表情和行为），还可以借助各种仪器精确测量、记录其生理和心理反应。如可以通过实验室观察法观察儿童在阅读时的各种表情动作，判断其读书的专注程度。第四，实验室观察具有精确、客观和可重复验证的优点，可以用来研究和发现事物之间的因果关系。

实验室观察法也存在一些缺点：第一，这种方法过分注重外显的行为数据，忽视了人的内在心理活动。人们的心理活动会受到环境的影响，在实验室控制条件下的心理和实际环境中的心理可能存在差异。实验中观察到的被观察者行为很难确定是由所关注的刺激因素引起的，还是由实验室控制下的心理反应引起的。因而不能肯定实验室得出的结论一定能够很好地解释和说明生活中的问题。

第二，个别群体参加实验得出的结论不能广泛推广，也即实验室观察的外部效度不是很理想。实验被试的来源面很狭窄，大部分被试都来自身边便利的资源，通过对一小部分人实验得出的结论，不一定能够运用到更广的实践中，这是实验室观察法被质疑的主要问题之一。

第三，实验室观察法缺乏社会性考虑。实验室观察法极少从文化的角度、社会历史背景探讨个体心理和行为的产生和发展，群体或社会层面至多当作情境性因素加以分析。脱离文化和社会历史背景去从事研究，势必阻碍人们对行为和心理本质的正确认识。

第四，实验室观察的应用范围有限。如集群行为或隐私行为这类研究问题难以控制条件在实验室中进行；而很多可以在实验室中观察的社会现象和人类行为，由于实验效应的存在，某种程度上失去了人类生活的现实性，因而实验室观察的发现不能直接推论到实验室以外去解释现实生活的社会现象。

第五，不同的研究者采用不同的实验手段对同一问题进行研究，其结论存在差异，甚至会得出相悖的结论，但是往往又都有各自的理论和数据支持。因而需要整合实验结论，元分析（meta-analysis）就是为整合实验研究结论而出现的方法。

2. *观察参与程度*

观察法还可按照观察者角色来分类，观察者角色是指观察者与所感兴趣的环境之间在物理上、心理上或者情感上的距离，即观察者的参与程度。按照观察者对环境的参与程度可分为非参与式观察（nonparticipant observation）和参与式观察（participant observation）（图 6-11）。无论观察者参与的角色如何，都要在研究的客观性、交互的洞察性以及研究伦理之间权衡。

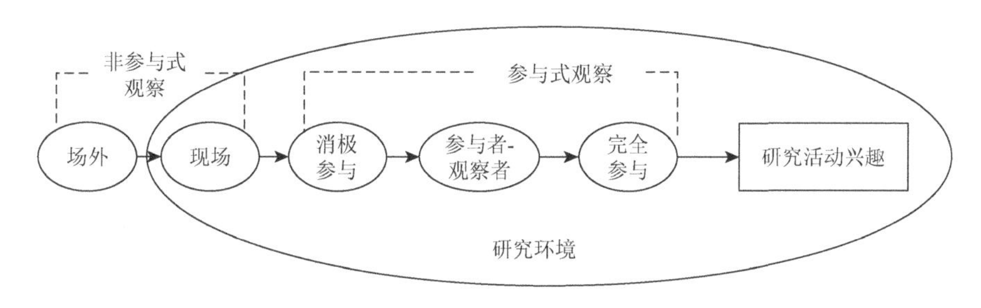


图 6-11 观察者角色

非参与性观察是指观察者以一种严格的非介入方式观察，和参与者之间没有任何的交互。远程观察属于这一类，观察者注册一个论坛的账号，对于论坛的用户来讲，完全没有意识到自己正在被某位观察者研究。现场观察也可以是非参与性观察，例如，研究者想观察教室里学生和教师的互动方式，会以普通听课的方式进入一个课堂，被观察的学生和教师可能没有意识到他们被观察，也可能知道他们处于被观察中，但是观察者不会干涉他们的行为。

参与式观察是指观察者介入到观察环境中，与参与者之间存在不同程度的交互。按照交互程度差异，可以分为三种：消极参与者（passive participant）、参与者-观察者（participant-observer）和完全参与者（complete participant）。例如，在研究学生和教师互动方式的项目中，采用消极参与者的方式时，观察者会告知学生和教师自己的身份，然后在课堂结束后以提问的方式了解学生对教师课堂交互的看法或者帮助教师分发一些课堂练习。采用参与者-观察者方式时，观察者除采取前面的行动外，会以旁听学生或者助教的形式参与到课堂教学中。采用完全参与者方式时，观察者完全沉浸在自己的学生角色里，会和同学们一起参与课堂提问和回答，一起记录课堂笔记等，会和学生形成友好的关系。

### 6.4.3 观察的实施

观察的实施流程如图 6-12 所示。

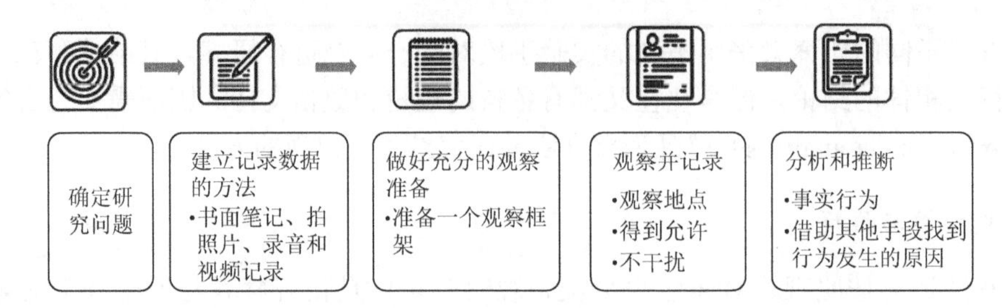


图 6-12　观察的实施流程

1）确定研究问题

研究问题直接关系到观察的内容。例如，如果研究人员想了解用户怎样通过在线医疗网站进行远程医疗，那么就需要知道观察用户使用在线医疗网站的习惯、模式、行动、反应等，以理解用户的远程医疗行为。

2）建立记录数据的方法

观察通常需要借助录音笔、摄像机等记录数据的设备。当被观察者知道他们在被视频拍摄时，会觉得不自然，此时观察采集的数据通常不能反映真实情况。但是，如果不告诉他们正在拍摄，又不符合研究的伦理。为了使观察有效，减少或者希望消除这些记录设备对观察方法的影响，需要选择合适的记录方式。记笔记是最常用的记录方式，在一些公共场合，观察者也可以考虑拍摄照片、录音或者其他记录方式。

3）做好充分的观察准备

观察可以以非正式的方式或者正式的方式进行。非正式观察是指研究者对研究问题本身没有过多深入的了解，期望通过观察能够有所发现。这种观察过程是非常开放的，虽然也有研究问题来引导，但是问题不具体，也没有固定的编码框架和时间限制，适合用在对一个问题的研究初期。正式的观察是指一种结构化的观察，有明确的问题引导和理论基础，也有一个可供核查的编码框架，是一种节约时间的观察方式。

无论观察的出发点是什么，为了能够观察有效，最好准备一个观察框架。观察框架有两个作用，一是提醒观察者观察的内容和观察的关键点，二是能够帮助观察者分析观察数据。本书介绍三种常用的观察框架。

（1）Roller 和 Lavrakas（2015）提出的一个观察网格，如表 6-15 所示。以火车旅游者为例，主要观察的内容有行为、对话、环境、用户类型、心情和其他观察到的要素。

**表 6-15　观察网格（Roller and Lavrakas，2015）**

| 观察网格：火车旅游为例 | | | |
|---|---|---|---|
| 观察地点： | 日期： | 开始时间： | 结束时间： |
| 观察要素 | 候车 | 延误 | 检票乘车 |
| 行为（发生什么？谁？在哪儿？） | | | |
| 对话（谈论内容，谁？在哪儿？） | | | |
| 情境（周围发生什么？天气如何？是否为假期？） | | | |

续表

| 观察网格：火车旅游为例 | | | |
|---|---|---|---|
| 观察地点： | 日期： | 开始时间： | 结束时间： |
| 观察要素 | 候车 | 延误 | 检票乘车 |
| 旅客类型（独自一人/家庭旅行/商业旅行） | | | |
| 总体心情（什么心情？表达方式？谁？） | | | |
| 其他观察要素 | | | |
| 批注 | | | |

（2）设计专家 Crawford 提出的一个快速实施观察的框架——POEMS，包括人（people）、对象（objects）、环境（environments）、信息（messages）和服务（service）几个观察要素，如表 6-16 所示。人是指环境中用户的人口统计学特征、角色、行为和数量；对象是指用户交互的对象，如家具、设备、机器、家电、工具等；环境是指建筑物、照明、家具、温度、气氛等；信息是指社交、工作或者专业以及与环境交流的用语和语气；服务是指所使用的应用程序、工具等。

**表 6-16　POEMS 观察框架**

| 项目名称： | | 活动： | 地点： | |
|---|---|---|---|---|
| 时间： | | 日期： | | |
| 活动详细描述： | | | | |
| 人 | 对象 | 环境 | 信息 | 服务 |
| 列举主要的人 | 列举人所交互的对象以及对环境产生作用的对象 | 描述周围环境，主要的特征是什么？ | 活动中交流了哪些信息，如何交流？ | 列举提供的服务，列举人们能使用的服务 |
| 用户体验的评论： | | | 总的想法和批注： | |

（3）Robinson 提出的 AEIOU，包括活动（activity），环境（environments）、互动（interactions）、对象（objects）和用户（users）5 个观察要素，如表 6-17 所示。活动是针对目标的一系列动作，即人们想要完成任务的路径，能够获悉人们工作的方式是什么，他们经历的具体活动和过程是什么；环境指进行活动的整个舞台、整个空间，能够知道每个人的空间以及共享空间的特征和功能是什么；互动是人与人或其他事物之间的互动；它们是活动的基石。能够理解人与人之间、环境中的人与物体之间以及远距离之间的常规和特殊交互的本质是什么；对象是环境的构建块。关键的对象有时被用于复杂或意想不到的用途，从而改变其功能、含义和环境。帮助识别人们在环境中拥有哪些对象和设备，它们与人们的活动有何关系；用户是观察其行为、偏好和需求的人。可以发现谁在哪儿，他们的角色和关系是什么，他们的价值观和偏见是什么。

**表 6-17　AEIOU 观察框架**

<table>
<tr><td>日期：</td><td colspan="2">项目名称：</td><td colspan="2" rowspan="2">研究类型：</td></tr>
<tr><td>时间：</td><td colspan="2">研究人员：</td></tr>
<tr><td>活动<br>完成任务路径</td><td>环境<br>活动的舞台和空间特征</td><td>互动<br>人与其他事物的交互</td><td>对象<br>环境的建构块</td><td>用户<br>参与活动的人</td></tr>
</table>

4）观察并记录

来到观察地点实施观察，在尽可能不打扰的情况下记录数据，可以是记笔记、拍照片、录音和录像等形式。但是要注意，除了笔记外，其他的几种都要得到被观察者的允许，并且要保证这些记录活动不会干扰到观察对象。

5）分析和推断

观察仅能告诉研究者发生了什么（事实行为），但是对行为发生的原因需要借助其他的研究方法才能够做出推断。这也是观察很难单独应用的原因，研究者总是期望找到行为发生背后的原因。观察的数据仍然可以通过分析发生的频次、时序来建立交互、响应、行为等现象之间的关系。例如，观察到大部分用户在将商品加入到购物车支付之前都会检查地址信息，这就可以建立两个动作之间的顺序关联，但是对于这个行为发生的原因，需要用访谈等方法来进一步推断。

### 6.4.4　观察者效应和参与者效应

观察者效应和参与者效应是指实施观察的人员或者被观察的对象的某些特质可能会对研究带来不利的因素。观察者效应主要包括观察者的偏见或观察的不一致性所引起的问题。观察者的偏见是指观察者的态度、价值观或者个性可能会改变观察的结果或者导致有偏见的观察。例如，当观察者以完全参与的角色去实施观察时，他如果使用他具有的个人专长或知识来帮助参与者，这种行为会影响到观察结果，因为实际的观察群体是不具有这个条件的。观察的不一致性是指观察者采取不一致的观察方式会给数据的准确性造成影响，例如，研究家庭生活中信息产品的使用情况时，在一个家庭中观察电视和游戏机的使用情况，在其他的家庭中则不是采用同样的观察内容。

要避免观察者效应，可以采取以下控制手段。

（1）观察者应尽可能与观察对象、观察环境匹配，例如，观察者的年龄、背景特征和观察对象较为接近，进入观察环境不太引人注目，才可能与观察对象融洽相处。

（2）观察者还要擅长扮演局内人和局外人的双重角色，既能从参与者的角度又能从旁观者的角度客观观察事件。这项技能非常关键，双重视角增强了数据的可信度，因为当观察者将参与者的含义内化时，它会诚实地说明观察到的事件，同时通过保持客观，避免非主观判断的观点将观察者偏见的可能性降到最低。

（3）持续地保持作为一名观察者的客观性。客观性对任何研究都是至关重要的，对观察实施来说要持续地监控和控制客观性，避免观察者对数据进行不合适的价值判断或毫无根据的猜测。

（4）在参与式观察时需要观察者采取一定的“行动”，“在角色上”走出自己的脚步并保持不同角色的能力是一项重要技能。“融合”和“不干涉”的能力有助于最大限度地减少观察者对其观察到的行为和事件的影响。

（5）观察者可以采取持续和详细的自我评估方式来了解他/她可能如何改变所观察到的结果。例如，保持反思性日记，这种自我评价成为制定（和调整）有关研究结论的关键工具，从而通过披露这一自我批评过程来增强研究的可信度。

（6）为了减少观察的不一致性，尽管观察中经常有变数发生，难以保持一个固定的研究方案，但是仍然建议在以下方面保持观察活动的一致性：①研究目标，包括有关该主题的背景信息以及如何使用研究结果；②优先考虑的特定观察领域及优先地位的依据；③优先考虑的具体结构或问题及其优先地位的依据；④观察框架及网格，包括如何设计使用、如何完善网格以及如何向网格中添加重要但无法预料的观测组件；⑤观察者将要工作的观察点的类型，以及在某些情况下如何识别特定的关注观察点可能需要因地制宜；⑥解决压力和疲劳的方法。

参与者效应是指参与者本身对观察的影响，参与者不是采取自然的行动，导致观察结果存在偏见。管理学上把被观察的对象因为知道正在被观察从而有意识或者无意识地改变观察中要测量的内容的这种现象称为霍桑效应。为了减少参与者效应，观察者要注意一些可能导致参与者行为改变的情形。例如，当观察者靠近他们时，人们倾向于停止交谈；与观察者互动时出现不愿意或不舒服的迹象；来自正在研究的小组的相同成员反馈出不一致的信息。观察者最好在实地观察之后向参与者了解他们感觉到正在接受观察研究时可能与平时不同的地方。如果研究人员发现情况确实如此，研究者从观察数据中推出结论时则需要考虑到这一事实，并在报告时披露这些事实对研究结果的影响。

## 6.5　民族志方法

### 6.5.1　民族志方法的特点

民族志（ethnography）方法根植于非西方文化的人类学研究，以往人类学家通过在传统村庄生活和工作多年来加深对陌生文明的理解，并收集到其他研究方法难以获取的数据，这种形式的参与性研究是民族志方法的雏形。社会科学家 Angrosino（2007）将民族志定义为描述一个人类群体社会制度、人际关系、物质产出和文化信仰的艺术和科学。实际上，民族志是观察、访谈和用户参与相结合的研究方法，这种方法在特定的研究背景下利用深度沉浸和用户参与来达到其他研究方法无法实现的研究目的。民族志方法的核心理念是深入、参与式的研究才能真正理解复杂的人类环境和行为。人机交互中开展的民族志研究的时间跨度要比社会学、人类学领域短得多，研究人员用几年甚至几十年植根于研究对象的活动环境中，这在人机交互问题研究中几乎很少出现。

民族志方法是一种归纳性的质性研究方法，区别于实验测试的严格控制，民族志的每个案例研究都是独一无二的。这种特点也使得很多研究者将其和案例研究混淆，民族志方法与案例研究法的相同点在于两者都具有时间密集性和个性化，都旨在讲述事件背后的情境故事，都需要通过多种类型的数据来达到研究目的；不同点在于案例研究法通常是在建立假设的基础上，在短期内以相对受限的观察、访谈方式获取数据，而民族志方法需要尽可能地深入接触被研究群体以获取丰富的视角，民族志方法相当于长期的、高度互动的案例研究。

民族志方法的主要优点如下。第一，帮助研究人员更加细微深入地理解用户的行为和态度。研究人员可以利用民族志方法详细、多方面地理解任务的完成过程、用户与系统的交互过程、用户的情感等，即使是从未涉足的陌生群体，也能依靠民族志方法来达到尽可能理解用户的目的。第二，帮助研究人员理解群体环境下个体的行为。实验研究虽然也能够对用户和系统的交互细节进行探究，但是受实验模拟环境的限制，研究结论很难推广。而民族志方法关注的是理解个体、群体、过程及信念，这种从群体环境下研究的个体行为对设计和开发信息系统更具有实用性。第三，帮助研究人员识别和分析突发事件。通过民族志参与式研究，研究人员能够基于原位来思考，能够注意到研究情境中意想不到的问题，提出具有新意的发现。

对民族志研究的主要批评之一是时间花费大。与其他许多方法相比，民族志研究更倾向于花费更长的时间来生成和分析数据。还有一个批评是，被研究的群体在短时期内可能受到干扰，无法以自然的方式行动，需要研究人员花费较多努力建立信任才可能达到效果。例如，在对一家公司进行工作流程设计的民族志研究时，第一周观察到所有受试者都遵循对正确程序的最严格解释。但是，随着时间的流逝，越来越明显的是，几乎所有员工都有“变通方法”和“捷径”，为加快工作速度而广泛使用。这些行为对于帮助重新设计流程非常有启发性。如果研究人员在现场停留的时间不够长，就无法观察到这些现象，影响了研究结论。

随着数字技术、网络技术的发展，人们生活的场所不再仅是现实的世界，在很多研究问题中需要理解人类在虚拟世界的行为和事件，民族志研究开始应用于虚拟数字世界中，出现了诸如虚拟民族志（virtual ethnography）、在线民族志（online ethnography）、数字民族志（digital ethnography）、网络民族志（netnography、cyber-ethnography 或 webnography）等形式。这种新颖的模式或者方法意味着是以在线形式进行民族志研究，但从本质上和传统的民族志研究没有什么不同，都是集成了观察、访谈等核心研究方法。例如，有一项研究（Álvarez and Montesi，2016）是分析 Twitter 上发生的科学交流活动，通过追踪一群具有 Twitter 账号的研究者交换的信息类型和研究人员进行的活动，来了解和描述此平台上发生的科学活动的类型，这项非参与观察的虚拟民族志研究得出的结论是，研究人员主要将 Twitter 用作公开其专业活动并散布其本人或紧密合作者的研究成果的一种方法，以使他们具有更大的知名度和影响力。

### 6.5.2 民族志方法的实施

一般来说，一项民族志研究分为 7 个阶段（图 6-13）。

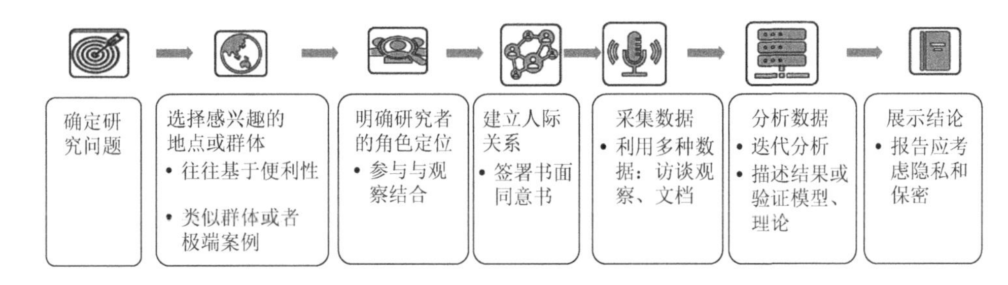


图 6-13　民族志的实施流程

1）确定研究问题

明确研究问题，并提出问题陈述。这些问题可能是和人们如何使用系统或者如何和计算机打交道有关，研究者希望能更好地理解文化、人机关系、交互、过程或者其他任何会影响人们思维或行动方式的因素。

2）选择感兴趣的地点或群体

选择地点或者群体类似于选择案例进行案例研究，要找到符合逻辑的、感兴趣的、可行的研究对象，能够支持研究目标的实现。一些研究者往往会基于便利的原则选择自身熟悉的地点、组织和群体，但这种选择可能会限制研究的客观性。如果研究范围已确定，可以寻找具备相同特征的类似群体或者该群体的极端案例作为研究对象。例如，一项针对学校信息化的项目，可以从规模较大的学校和规模较小的学校分别找到合适的研究对象。对于有多个候选群体的民族志研究，研究人员应在研究开始之前与每个群体进行互动，选择更加友好和积极的群体，并与群体成员建立信任关系。

在一些特定类型的民族志方法应用中，研究人员的参与可能会受到限制。例如，国家卫生保健系统中的病人信息、学校里的学生信息、银行的财务信息、政府和军事信息等，获取这些信息往往需要较长时间的审批过程，并需要签署保密协议及其他法律条款。

3）明确研究者的角色定位

民族志方法的核心在于“参与”，研究人员需要加入研究对象群体，成为完全参与者，尽可能完整地从内部理解研究对象。这意味着研究者可能会被“本土化”，从而失去独立观察的能力。一些研究者隐藏自己作为研究人员的身份加入到群体中，更直接地接触群体，这种方法适用于公共环境，而在私密环境中，这意味着研究人员对群体成员的欺骗，颇受道德争议。一些研究人员为避免“本土化”和道德争议，开始尝试另一个极端——最低限度的参与，即研究人员作为完全观察者观察群体行为，但不直接互动。这种参与导致观察者可能会在细节方面产生误解，无法保证信息的真实性。

大多数人机交互中民族志方法的应用都避开了完全参与和完全观察这两种极端情况。一些研究人员临时加入被观察群体中，并且向所有参与者透露自身作为研究人员的角色，或多或少地参与群体活动，将“参与”和“观察”结合起来。在单一的研究过程中，研究人员的角色可能会不断演变，如图 6-14 所示。一种可行的平衡方法是以一个完全观察者的身份开始研究，利用最初的发现为之后更深入的参与提供问题和目标。

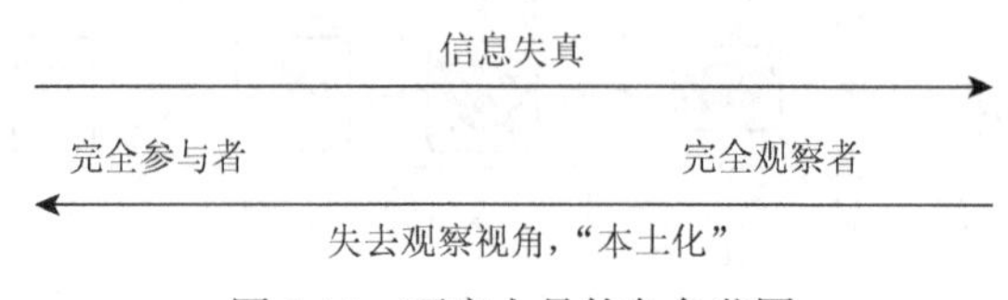


图 6-14　研究人员的角色范围

4）建立人际关系

参与者群体中往往存在对于研究缺乏兴趣、漠不关心甚至怀有敌意的成员，他们可能担心研究会对他们的工作不利。为改善工作环境，研究人员作为参与者时可以通过帮助参与者群体里的其他成员使之产生善意，作为观察者时应向成员解释研究的目的，并且保证研究不会暴露成员隐私或对他们的工作产生威胁。研究人员还需要理解参与者群体成员共有的惯例和规范，包括他们的习惯、期望、价值观、行话等文化因素。让参与者群体签署书面的同意书十分必要，这样能让决策者知道研究人员将要采用什么观察方法，如何参与到参与者群体中，如何获取信息等，从而做好心理上的接纳准备。

5）采集数据

民族志研究利用多种数据（如访谈、观察、文档等）来提供原始资料。相对于传统的访谈法，民族志研究中的访谈持续的时间更长。民族志方法的应用开始于与少数人的交谈（也称为线人），在少数人的帮助下适应环境和工作方式，并能让群体更多地交谈。此外还应避开无法提供良好信息的成员，如语言表达能力差、不善观察的人。在找到了合适的“线人”后，研究者也应当注意避免与其过于亲密。研究人员不能过于相信“线人”的观点，而是结合他们的观点提出问题、建立理论，并且计划进一步深入调查。在这个过程中，研究者应恰当地提出引导性的问题，引起群体对这个问题更加详细的解释。当研究进入数据收集和分析阶段时，应对群体成员进行更加正式的访谈，从而验证模型或结论。

在使用观察法的过程中，人们往往会对事实进行过滤，并利用自身的历史、经验、专业知识和偏见对观察到的现象进行解释。研究人员在观察过程中应该对时间、地点、在场人员、场景描述、成员行为、互动情况以及对话等细节进行记录。文档、档案等也是民族志研究方法的重要数据来源，包括记录活动的图片、信件、电子邮件、可交付文件等能够提供关于群体工作方式和动态的信息，但这些数据也可能存在不完整、偏见和差错的情况。

6）分析数据

民族志研究中的数据分析通常是为了进一步收集数据：研究人员在利用某个数据点验证模型时可能会发现其他问题，而其他数据点可能会开辟全新的提问渠道，研究人员可以在随后的访谈中提出自己发现的问题以获取解释，这个迭代过程可以持续多轮直到研究人员弄清楚所有被发现的问题（图 6-15）。民族志研究中数据分析的目的可以是对观察结果的描述，也可以致力于发展模型和理论，将观察结果融合于理论模型或框架中。

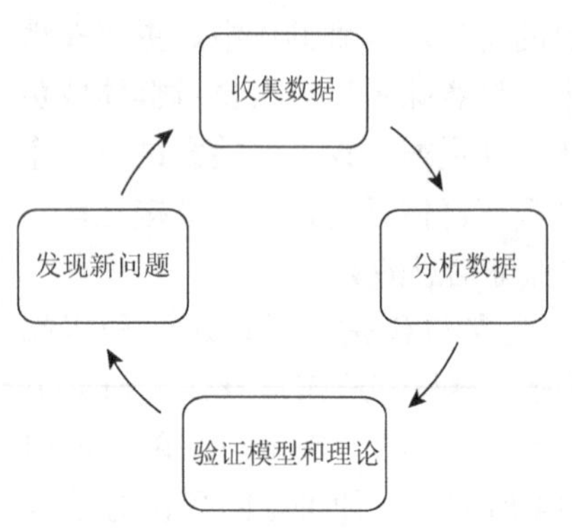


图 6-15　民族志研究的迭代分析过程

7）展示结论

一项民族志研究的结论展示有着鲜明的特色，类似于案例研究报告，以一种自然叙事的方式讲述着发生的故事以及故事背后的情境。一般包括目标、方法、选择特定群体的理由、数据收集和分析方法、原始数据和分析结果。在报告中可以适当引用有趣的事件使之更加引人入胜。研究人员可以在报告发布之前与群体成员共享报告，让他们了解研究过程，使他们对这次经历有更加积极的感受，“线人”也可以帮助研究人员完成重要的现实检查工作。报告还应考虑隐私和保密问题，尽量将相关的详细信息匿名化。

### 6.5.3　民族志方法在人机交互中的应用

民族志的理念受到很多人机交互领域研究者的认同，被广泛应用于家庭、工作、教育和虚拟环境下。研究人员深入参与到用户使用产品或服务的实际情境中，理解人类如何使用系统以及如何和计算机进行交互，从而达到研究目的。这一应用价值主要体现在以下四个方面。

第一，民族志方法既能探讨个体的行为，又能帮助理解群体的行为。早在 1987 年，Suchman（1987）就开展了一项著名的民族志研究。他通过观察、记录和分析工作场合下用户在复印机帮助系统中完成照片复印任务的情况，详细而丰富地揭示了用户对复印机的人类模型与专家系统模型之间的差异是如何成为导致通信故障和任务失败的原因。这项研究的价值不仅在于研究问题本身，而且在于它是民族志在人机交互研究中的一个应用典范。

Suchman 的研究关注的是工作场合中个体的行为，随着信息技术的发展，传统的计算机应用开始具有互联的功能，移动技术更使得人类可以通过网络实现彼此之间的即时通信、交流与协作，群体的行为开始受到关注。在群体的环境下，用户的行为不仅与自身有关，而且还受到周围人、氛围、组织机构、社会关系等因素的影响，采用民族志的形式参与到群体的活动空间，能够获得其他方法难以达到的详细和细微的理解目的。

第二，民族志方法有助于理解系统或界面的实际使用环境。一项旨在改进系统的民族志研究的场所就是真实的环境本身，针对真实的用户、真实的工作流程以及真实的氛围开展，这是采用实验设计等研究方法将研究变量简化为少量的假设不能比拟的优点。民族志研究的目的是发现复杂的现实环境下使用系统存在的问题并提出相应的改进建议，它的研究结论不是以推广到更一般的情形为目的。

第三，民族志研究有助于系统设计开发时分析用户的需求。采用民族志研究能在真实的系统使用场景下获得更多丰富的需求信息。这个优点尤其有利于研究人员对所设计的系统的使用环境不是很熟悉的情况。

第四，民族志研究还可用于参与性设计（participative design）中。参与性设计是指将用户纳入设计的每个阶段，从最初的讨论到经过头脑风暴找到各种设计可能、评估原型直至系统的持续优化过程，贯穿了系统开发的整个生命周期。参与性设计中采用民族志方法能够帮助理解设计问题，并将民族志研究中的研究对象作为系统设计的参与者。

# 6.6 眼动研究

## 6.6.1 眼动研究的起源和发展

传统的人机交互研究往往依靠鼠标或键盘交互得到的测量数据，掌握用户控制计算机的信息。这种方法虽然可用性较强，但所描绘的画面必然是不完整的。仅仅依靠用户按了哪些键以及鼠标移动到哪里并不能帮助我们理解发生了什么——用户在看哪里？系统的哪些方面或哪些部分吸引了用户的注意？眼动研究可以帮助我们回答上述问题。

眼动研究作为一种正式的研究方法纳入科学研究体系的历史并不长，但是追溯到其萌芽和起源阶段，则有着悠久的渊源。现代眼动研究的创始人之一，苏联心理学家亚尔布斯（Yarbus）于1965年出版的*Eye Movements and Vision*对后来的眼动研究产生了深远的影响，也是从事眼动研究被引用最多的成果之一。在这本书中，Yarbus基于自主开发的一个名为“suction caps”的设备首次进行了眼动扫描实验。其中，通过对7个实验任务情境下被试扫描一幅油画的眼动轨迹的分析，Yarbus总结了两点发现：一是当不同的被试扫描同一幅油画时，虽然眼动轨迹相似但是不完全一样，人们有很强的倾向去看油画中人物的眼睛；二是同一个被试根据实验任务的不同，会呈现出不同的注视轨迹。图6-16为Yarbus在实验中选取的油画家伊利亚·列宾（Ilya Repin）（1884～1930年）的作品《不速之客》（*the Unexpected Visitor*）以及其中的一个被试的眼动扫描轨迹（Tatler et al.，2010）。

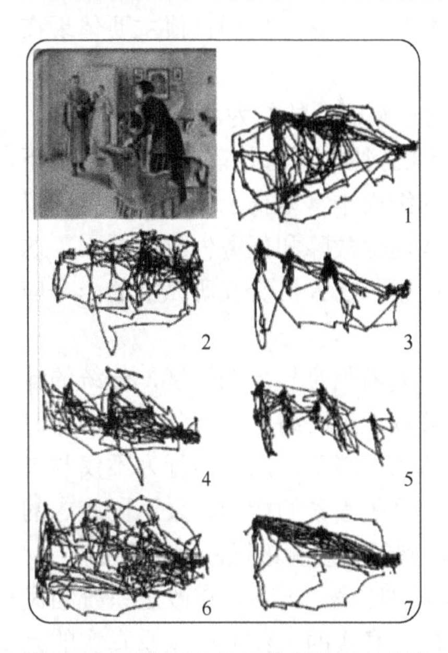


图6-16　《不速之客》的眼动扫描轨迹（Tatler et al.，2010）

图6-16中7条眼动扫描轨迹分别对应于7个不同的实验任务，从上到下，从左到右依次为：自由扫描；估计照片中家庭的富裕情况；猜出不速之客的年龄；猜测在不速之客到来之前，这个家庭正在做什么；记住人们穿的衣服；记住房间里人和物体的位置；估计这位不速之客离开家有多久了。

眼动研究从起源到发展，主要有4个明显的阶段，在人机交互领域的应用也有100多年的历史。

（1）古希腊萌芽期。古希腊时期是人类文明史上的辉煌篇章，尤其是古希腊哲学对世界本源问题的思考，其中就有古希腊哲学者提出的各种视觉机制理论，解释眼睛的结构以及人能看见物体的原理。如亚里士多德的介质理论、柏拉图的遇见说、德谟克利特的进入说以及毕达哥拉斯的发射说。虽然这些先贤们对视觉的理解观点不一，从现代科学角度来看也存在局限性，但是他们揭开了眼睛的神秘面纱，也为一个新的领域孕育生长的土壤。

（2）中世纪诞生期。11 世纪，即中世纪早期，阿拉伯人对观察仪器进行改良，把数学和实验光学与解剖学结合起来，发展了视觉理论。他们解剖动物的眼睛，以确定光折射入各种眼睛介质的特性，并与眼动观察中获得的结果进行比较。世界上第一部生理光学手册——《光学之书》（*Kitab al-Manazir*）诞生，其作者为伊本·海赛姆（lbn al-Haytham）。这本书详细描述了眼睛的结构和视觉系统的解剖特点，并提出了中心视觉和边缘视觉的理论。这一时期开始使用仪器设备对眼动进行观察和实验，然而很多研究结果都有臆测成分，客观性和科学性都受到限制。

（3）19 世纪至 20 世纪中叶，眼动研究体系的形成期。中世纪之后，眼动研究沉寂了 8～9 个世纪，直到 19 世纪，两位现代生理学的奠基人贝尔（Bell）和穆勒（Müller）发表一系列眼动研究论文，对眼动特征进行了精确的分析，这一领域开始重新得到关注，有关视觉-眼动系统的研究越来越多，相继出现各种视觉测量方法。20 世纪上半叶以前，眼动研究人员通过各种方式组合角膜反射和运动图像技术，取得了新的进展。其中，代表性的成果如下。1901 年，道奇（Dodge）和克莱因（Cline）利用角膜反射光开发出第一台精确的、非强迫式的眼追踪设备。他们的设备仅将水平的眼球位置记录在照相底板上，要求用户的头部保持静止。1905 年，贾德（Judd）、麦卡利斯特（McAllister）和斯蒂尔（Steel）应用电影摄影技术记录二维眼动的时间变化。他们的技术记录了用户眼中插入的一小块白色斑点的运动，而不是利用角膜反射光。1930 年，Tinker 和他的同事开始应用摄影技术研究阅读中的眼动，通过改变字体、字号、页面布局等因素，探究了其对阅读速度和眼动模式的影响。1935 年，巴斯韦尔（Buswell）发明了世界上第一台非接触式的眼动记录设备，用于阅读和图像观察研究。1947 年，保罗·菲茨（Paul Fitts）及其同事使用电影摄影机研究飞行员降落飞机时在驾驶舱控制装置和工具时的眼动。这项研究代表了眼动追踪技术（在如今被称为可用性工程）的最早应用，即对用户与产品进行交互以改善产品设计的系统研究。1948 年，哈特里奇（Hartridge）和汤普森（Thompson）发明了第一台头戴式眼动仪，以当前标准来看，这项创新使人们摆脱了对头部运动的严格约束，从而使眼动参与者摆脱了困境。1958 年，麦克沃思（Mackworth）等设计了一个系统来记录眼动，该眼动系统叠加在参与者观察到的不断变化的视觉场景上，这是将眼动追踪应用于人机交互方面的另一个重要进展。

（4）20 世纪 60 年代以来，红外技术和微电子技术的飞速发展提出了一些比较实用的方法，眼动研究开始迅猛发展。高精度眼动仪的研发极大地促进了眼动研究在心理学以及相关学科中的应用。各种各样的眼动设备的应运而生，有助于心理学家探索人在各种不同条件下的视觉信息加工机制，观察其微妙的心理活动。这一时期代表性的成果如下。60 年代，沙克尔（Shackel）、麦克沃思（Mackworth）和托马斯（Thomas）提出了头戴式眼动追踪系统的概念，进一步减少了对参与者头部运动的限制。70 年代，眼动追踪技术以及将眼动数据与认知过程相关联的心理学理论都取得了长足的进步，这一时期出现了许多著作，如 *Eye Movements and Psychological Processes*（Monty and Senders，1976），*Eye Movements：Cognition and Visual Perception*（Fisher et al.，1981），许多工作都集中于心理学和生理学研究，探索人眼如何运作以及揭示感知和认知过程。但是如 Monty（1975）所说：“花几天时间处理仅花费几分钟收集的数据并不少见”，因为缺乏有效的数据分析方法，将眼动追踪用于可用性领域的研究却停滞不前。80 年代，随着个人计算机的普及，研究人员开始将眼动研究应用于人机交互问题，因为眼动追踪的实时性和客观性非常适合回答人们如何和机器交互，如在计算机菜单中搜索命令这类问题。在助残领域、飞行驾驶领域等看到了眼动研究的大量应用。到了 90 年代，随着互联网、电子邮件和视频会议等技术的发展，研究人员再次将眼动追踪用于可用性研究，并且将其作为计算机的输入设备，这表明眼动追踪不仅是一种数据采集和分析的手段，而且是一种与计算机交互的手段。

### 6.6.2　眼动数据记录的原理和设备

我国战国时期思想家、儒家学派的代表人物之一孟子在其《离娄·句上》有这样的论述：“存乎人者，莫良于眸子。眸子不能掩其恶。胸中正，则眸子瞭焉；胸中不正，则眸子眊焉。听其言也，观其眸子，人焉廋哉？”无独有偶，1000 年后，西方意大利文艺复兴时期的著名画家达·芬奇从人物画的角度说出了一句流传至今的名言——“眼睛是心灵的窗户”。透过眼睛这个窗口，我们可以探究人的内心活动的规律。在所有感知器官中，人类尤其依赖视觉，通过视觉获得的信息约占总信息量的八成以上。

Just 和 Carpenter（1980）提出眼动研究的两个假设：直接性假设（immediacy assumption）表明，一旦参与者看到刺激，就会试图解释它；眼-脑假设（eye-mind assumption）表明，参与者只要在处理信息时，他的视线会一直注视着该目标，所以可以用注视持续时间来表示对信息的处理时长。实际应用中，这些假设可能不会成立，如只是简单地注视到一本书上的一行文字，大脑却没有赋予这些文字含义。但是在眼动研究中，承认眼动数据的有效性通常是认为这些假设是可被接受的，特别是执行某一特定任务时。因此，通过研究人们的视线位置和视线的转移方式可以揭示人们的行为甚至想法，更深层次地研究人们的行为，对图像、产品、网页、环境及其他视觉目标进行评估。

根据眼动数据记录方式的不同，眼动研究的原理也有差异，为了准确记录人的眼动过程，研究人员一直致力于开发先进的眼动设备。从早期的观察法和机械记录法到基于瞳孔和角膜反射的视频记录法，眼动仪的精度不断提高，制造成本不断降低。本书简要介绍几种主要的眼动数据记录方式。

（1）观察法。1897 年，在雅瓦尔（Javal）的实验中，主试站在被试后面，并用一面镜子直接观察被试的眼球在镜子中的运动情况。1928 年，迈尔斯（Miles）提出了窥视孔法（peep-hole method）研究阅读中的眼动行为，即主试与被试面对面坐着，被试拿着阅读材料并挡住自己的脸，在阅读材料中间穿一个直径为 0.25 英寸的小孔，主试通过小孔观察被试阅读该文章时的眼动。观察法简单易行，操作方便，在最初对眼动的研究中，观察法发挥着重要的作用，眼动的一些基本规律（如注视、眼跳等）都是通过观察法发现的。但它对眼动数据的采集粗糙，效率低下，目前的研究很少看到其踪迹。

（2）机械记录法。这类方法是通过把眼睛与记录测验装置用机械传动方法联结起来实现的。基于这种记录原理的方法称为头部支点杠杆法，利用角膜呈凸状的特点，通过一个杠杆传递角膜的运动情况。将杠杆支点固定在被试头部，杠杆光滑的一端在轻微的压力下轻触被麻醉的眼球表面，而杠杆的另一端在运动着的纸带上进行记录。这种记录方法装置复杂、结果准确性较低，对参与者造成较大的干扰，带来较重的心理负荷，在现在研究中已被淘汰。

（3）光学记录法。将一个小镜子附着在被试眼睛上，在感光带上记录下射向镜子的光线被反射后随着眼球的运动而变化的轨迹。很多研究者利用这种光学记录原理自制实验装置，开展了许多经典的眼动实验。例如，1950年，拉特利夫（Ratliff）和里格斯（Riggs）把一片贴有小镜子的弧形的接触镜片放在用户眼睑内部的角膜上，当被试眼动发生时，小镜子也随之运动，于是反射的光线便可在记纹鼓或照相底板上记录下眼动曲线（韩玉昌，2000）。后来这种方法又进一步发展为隐形眼镜嵌入眼球的方法，图6-17为眼睛中插入隐形镜片的过程。这种方法采集眼动数据相当精确，但是也极具侵入性，用户可能佩戴后引起不适。利用光学原理直接记录眼动的方式在眼动实验中历史最长，研究成果最多，它也是现代一些眼动仪的主要应用技术。

(a) 吸附于镊子

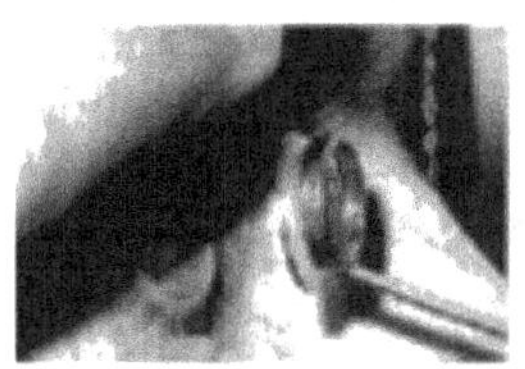
(b) 靠近眼睛

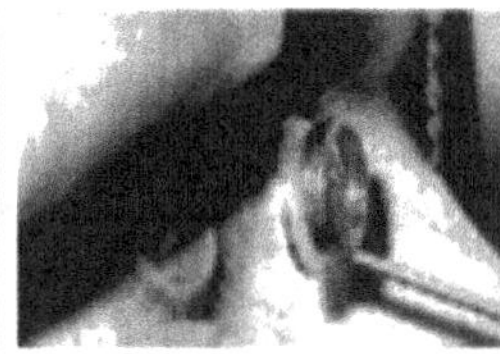
(c) 贴附于瞳孔

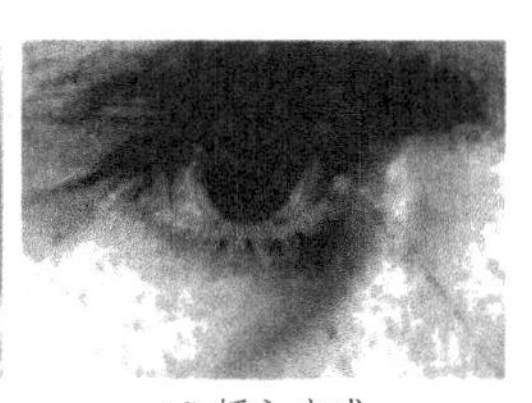
(d) 插入完成

图6-17 隐形眼镜的插入过程（韩玉昌，2000）

（4）角膜反光法。角膜反光法是当前眼动研究中一种重要的眼动记录方法，是基于光学反射原理采集数据。这种方法的优点是被试的眼睛不用戴任何装置，实验更趋于自然。角膜反光法的原理是：当眼球运动时，光以变化的角度射到角膜，并被角膜反射，得到不同方向的反光。这样就可以通过普通照相法或者电影电视摄像法记录角膜反光来分析眼动。前面提到的Dodge和Cline的研究是最早使用角膜反光法记录眼动数据的。目前许多公司根据角膜和瞳孔的反光原理来设计眼动仪，例如，20世纪90年代美国应用科学实验室（Applied Science Laboratories，ASL）生产的EVM系列眼动仪。

（5）眼电图法（electro-oculogram，EOG）。这是利用眼动时引起不同的角膜网膜电位差来判断眼动方向（图6-18）。其原理为：由于眼角膜代谢速率小而视网膜则相对较大，因而存在角膜网膜电位差。当眼球转动时，眼球周围的电位随之发生变化，分别将两个贴在皮肤表面的电极放在眼部上下两端，眼球向上移动时，网膜的阴极便接近下面的电极，阳极接近上面的电极，这样便产生一定的电位差，通过电位差来判断眼球移动方向。这种测量方法在技术实现上较为复杂，也不能保证测量结果的准确性。

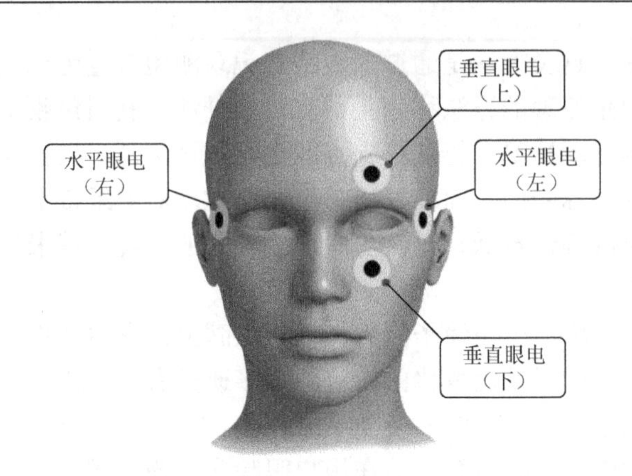


图 6-18　眼电图的电极分布

除了上述按照眼动数据记录方式对眼动追踪技术进行分类外，还可将眼动追踪技术按其所借助的媒介分为以硬件为基础和以软件为基础两类。其中以硬件实现眼动跟踪技术的是利用图像处理技术，借助能锁定眼球位置的眼摄像机，通过摄入从人眼角膜和瞳孔反射的红外线连续地记录视线变化，从而达到记录分析眼动过程的目的。这是目前很多眼动仪厂家的技术原理。以软件实现的眼动跟踪技术是在利用摄像机获取人眼或脸部图像后用软件实现图像中人脸和人眼的定位与轨迹，从而估算用户的注视位置。目前，这种眼动追踪技术以开源眼动跟踪软件（open source eye-trackers）为代表，具有价格低廉的优点，例如，由哥本哈根信息技术大学的凝视小组（gaze group）和社区的其他贡献者在凝视交互协会通讯（Gaze Interaction Association）的支持下开发的 ITU GazeTracker 可以将网络摄像机或数字录像机转换成眼动跟踪器。

对眼动研究而言，高性能的眼动仪是开展眼动研究的必要条件。一个理想的眼动仪应在自然佩戴的方式下尽可能少地干扰用户，不直接接触眼睛，提供广阔的视野，具有较高的分辨率，提供良好的时间动态、响应速度且对眼睛平移不敏感，易于扩展到双眼记录，同时能够兼容头部和身体的记录。目前市面上使用的主流眼动仪大多来自国外厂商，石建军和许键（2019）的调研发现目前全世界有超过 44 家眼动仪生产商。主要的产品有加拿大 SR 公司利用角膜反射法生产的 Eyelink 型眼动仪，德国 SMI 公司生产的 iView 型眼动仪，美国应用科学实验室（ASL）生产的 H6 型眼动仪，日本 ISCAN 公司生产的 ETL500 系列眼动仪，澳大利亚 SEEING MACHINE 公司生产的 faceLAB 非接触式眼动仪，瑞典公司生产的 Tobii 系列眼动仪，其性能对比见表 6-18。

**表 6-18　各种眼动仪性能对比（石建军和许键，2019）**

| 厂家 | 型号/系列名称 | 外形结构 | 采样速率 | 系统分辨率/(°) | 追踪原理 | 系统精确度/（°） | 视场范围/（°） | 位置跟踪器 | 系统优缺点 |
|---|---|---|---|---|---|---|---|---|---|
| 加拿大 SR 公司 | EyeLink | 头盔式 | 250Hz/500Hz | 0.1 | 瞳孔/角膜反射 | 0.5 | 水平：±45<br>垂直：±35 | 视频跟踪器 | 精度高，价格高 |
| 德国 SMI 公司 | iView | 头盔式 | 50Hz/60Hz | 0.1 | 瞳孔/角膜反射 | 0.5～1.0 | 水平：±3<br>垂直：±25 | 电磁跟踪器 | 易操作，易校准 |

续表

| 厂家 | 型号/系列名称 | 外形结构 | 采样速率 | 系统分辨率/(°) | 追踪原理 | 系统精确度/(°) | 视场范围/(°) | 位置跟踪器 | 系统优缺点 |
|---|---|---|---|---|---|---|---|---|---|
| 美国 ASL | H6 | 头盔式 | 50Hz/60Hz | 0.25 | 瞳孔/角膜反射 | 0.5～1.0 | 水平：±5<br>垂直：±4 | 电磁跟踪器 | 分辨率低，视场范围大 |
| 日本 ISCAN 公司 | ETL500 | 头盔式 | 60Hz | 0.1 | 瞳孔/角膜反射 | 0.5～1.0 | 水平：±25<br>垂直：±25 | 电磁跟踪器 | 视场范围小 |
| 澳大利亚 SEEING MACHINE 公司 | faceLAB | 非接触式 | 60Hz | 0.1 | 瞳孔/角膜反射 | 1.0 | 水平：±9<br>垂直：±45 | 视频跟踪器 | 易于室内研究，束缚少 |
| 瑞典 Tobii 公司 | Tobii | 非接触式 | 60Hz/120Hz | 0.2 | 角膜反射 | 0.5 | 水平：±45<br>垂直：±3 | 视频跟踪器 | 便携，价格低 |

在实际应用中，研究人员根据需要和实际情况选择合适的眼动仪（图 6-19）。2016 年，Lund 调研了在图书情报领域眼动仪的使用情况，从 13 家主要眼动仪生产厂家的数据来看，来自瑞典的 Tobii 公司生产的 Tobii 系列眼动仪受到研究人员青睐，占研究总数的 44%，远超位居第二的来自德国的 SMI 公司生产的 iView 型眼动仪（12%）。

(a) 非接触式眼动仪Tobii X3-120

(b) 眼镜式眼动仪Tobii Pro Glasses 2

(c) 头盔式眼动仪iView X HED

(d) 支架式眼动仪

图 6-19　各种眼动仪

### 6.6.3 眼动研究的主要指标

眼动研究中主要使用的指标是基于眼动的知识。眼睛主要有 3 种运动形式。

1. 眼跳

1878 年，Javal 首先提出眼球的跳动（简称眼跳，saccade）形式，指从一个注视点到另一个注视点的速度很快的跳跃式眼动，也称为扫视运动、飞跃运动、冲动性眼动。当眼球从某个目标上移动，去注视另一个目标时，眼跳发生，它能很快地把新目标投入视网膜的中央凹区。眼跳是一种联合运动（即双眼同时移动），研究证明：从刺激开始到出现眼跳的潜伏期为 150～200ms，正常情况下，其速度为 600～700°/s，最高可达 1000°/s，持续时间一般为 10～80ms，超过 80ms 以上的眼动常常要辅以头动，而且眼动与头动的方向一致。眼跳有时表现为一种有计划、有目标的眼动形式，有时又表现为一种随意的运动，在眼动时几乎不获取任何信息，视觉是模糊的。

2. 注视

注视（fixation）是指视觉观察过程眼睛的中央凹区对准观察的对象停留的眼动形式。这种停留是相对的，眼睛仍有微小的运动。绝大多数的信息只有在注视时才能获得加工，按照运动幅度的大小、速度快慢和频率高低还可以区分为微细闪动、微细漂动和微细抖动。一般认为，眼睛每隔 1～1.5s 便发生一次不规则的运动，运动的幅度很微小，平均为 0.045～0.06mm。

3. 眼球平滑跟踪运动

眼球平滑跟踪运动（smooth pursuit）是指眼睛为了追随运动目标而引起的一种连续反馈的伺服运动，也称为眼追迹运动或跟随运动。这是一种慢速的眼动，眼动与目标物的运动之间保持一种固定关系。平滑跟踪运动是因注视对象运动的刺激而产生，而眼跳是注视对象与视线之间的背离引起的，两种眼动产生的原因不同。在读书或者看照片时，发生的眼动是有计划的，由眼跳来实现，而在看飞行的鸟时，由鸟的运动引起的刺激是一种平滑跟踪运动。

实际的眼动行为不止 3 种，有的学者还提出辐辏运动、前庭性眼震等运动形式（于国丰，1983）。各种眼动经常交错在一起，目的均在于选择信息，将要注意的刺激物成像于中央凹区域，以形成清晰的成像。眼动研究中使用的主要测量方法来自眼睛的注视和眼跳两种运动，许多眼动测量指标都是这两种运动派生而来，包括凝视（gaze）、扫描路径（scanpath）以及瞳孔大小（pupil size）和眨眼率（blink rate）等，Poole 和 Ball（2006）总结了在人机交互研究中采用的眼动指标主要有以下 4 种。

1）注视指标

注视发生的原因存在不同的解释，既可以反映信息加工中的兴趣点，也可以表示目标在理解上的复杂度。与主要的注视眼动指标及其解释如表 6-19 所示。

**表 6-19　主要的注视眼动指标**

| 注视类指标 | 解释 |
| --- | --- |
| 注视次数（fixation count） | 用户在浏览过程中的注视点的个数（单位个）。注视次数越多，处理该加工所需的努力就越大，认知负荷越大 |
| 注视时间（fixation duration） | 指所有注视点的时间的总和。对于兴趣区的注视时间越长，表明提取信息越困难，或者表明该兴趣区越吸引人 |
| 首次注视时间（time to first fixation） | 指刺激材料呈现后，用户用了多久第一次进入兴趣区域。对于目标的首次注视时间越短，说明目标越能引起注意 |
| 凝视时间（gaze duration） | 注视点落到另外一个区域上之前，对当前所注视区域的总的注视时间。用于比较目标之间的注意力分配，也可用于对情况感知的预期度量 |
| 注视的空间密度（fixation spatial density） | 注视点集中在一个区域内，表明这是一个高效率的搜索过程，同时也说明这个区域是关键区域 |
| 重复注视次数（repeat fixations） | 某个目标被重复注视的次数，表明该目标缺少有效意义或者视觉上可见性不高 |
| 目标的注视率（fixation rate） | 目标的注视次数除以总注视次数。注视率越高，说明对目标的视觉搜索效率越高 |

2）眼跳指标

尽管在眼跳这种眼动形式中，并没有对信息进行加工，但是一些眼跳指标能作为信息加工难度和加工效率的度量，尤其是在阅读研究中，有许多眼动指标都是基于眼跳的，如重读时间（re-reading time）、回视次数（regression count）。闫国利等（2013）梳理了阅读研究中的眼动指标，本书列举了与眼跳眼动有关的主要指标及其解释，如表 6-20 所示。

**表 6-20　主要的眼跳指标**

| 眼跳指标 | 解释 |
| --- | --- |
| 眼跳次数（number of saccades） | 眼跳次数越多，表明视觉搜索发生得越频繁 |
| 眼跳幅度（saccade amplitude） | 眼跳幅度越大，表明新区域或新位置有越多有意义的线索 |
| 眼跳距离（saccade distance） | 反映了信息提取情况。它是反映信息加工效率和加工难度的重要指标。眼跳距离大，说明被试一次注视所获得的信息相对较多，加工效率较高 |
| 第一遍回视（first pass regression） | 指对兴趣区完成第一遍注视后，从该区域向前的回视。通常是计算做出第一遍回视的概率，它可以反映在关键词区域时遇到的加工困难 |
| 回视路径时间（regression-path duration） | 指的是从某区域的首次注视开始到最早一次从这一区域离开之前的所有注视时间之和。它包含了从首次注视到离开注视之前的所有注视活动，是反映后期加工的良好指标，在分析信息的精细加工过程的研究中，这一指标非常有用 |
| 眼跳潜伏期（saccade latency） | 刺激呈现的第一个眼跳启动的时间，潜伏期越长，表明当前区域的加工越困难 |
| 回视型眼跳次数（regressive saccades count） | 包括两种类型：回视出次数（regression out count）和回视入次数（regression in count）。回视出次数指注视点落到某个区域时开始，从该区域发生回视时离开该区域的眼跳次数。回视入次数指从后面区域回视落入当前区域的眼跳次数 |

3）扫描路径

扫描路径是指用户眼动中对不同区域浏览的先后顺序。与前两类眼动研究指标不同，扫描路径反映了信息加工的顺序问题和人类的解决问题的思维过程，近年来已成为眼动研究者比较推崇的指标，尤其是和机器学习方法的结合使用。列举与扫描路径有关的主要指标及其解释如表 6-21 所示。

**表 6-21　主要的扫描路径眼动指标**

| 扫描路径指标 | 解释 |
| --- | --- |
| 扫描持续时间（scanpath duration） | 持续时间越长，表明视觉搜索效率越低 |
| 扫描路径长度（scanpath length） | 扫描路径越长，表明视觉搜索效率越低 |
| 空间密度（spatial density） | 空间密度越小，表明越是直接型搜索 |
| 转换矩阵（transition matrix） | 转换矩阵显示了从一个区域到另一个区域的转换顺序。具有相同空间密度的扫描路径可以具有完全不同的转换矩阵，预示着两种不同的搜索效率，一个有效且直接，而另一个在区域之间来回移动、不确定 |
| 眼跳/注视比（saccade/fixation ratio） | 眼跳时间与注视时间的比值，较高的比值表明扫描路径上发生更频繁的搜索 |
| 扫描方向（scanpath direction） | 可以确定视觉搜索策略，如自上而下与自下而上的扫描路径 |

4）瞳孔大小和眨眼率

当认知负荷比较大时，瞳孔直径增加的幅度也较大，瞳孔直径的变化为测量信息加工时的认知负荷提供了一个量的指标，尤其是在完成与认知有关的任务时，如短时记忆活动、语言加工、思维、知觉辨认等，以瞳孔直径的变化来推测认知加工的努力程度或认知负荷的大小得到许多学者认同（闫国利等，2013）。目前比较能达成共识的观点是，当视觉刺激令人愉快时能引起瞳孔的扩大。但是，令人不愉快的刺激是否一定能引起瞳孔直径的收缩尚无定论。较低的眨眼频率被认为表示较高的工作量，而较高的眨眼频率则可能表示疲劳。使用这两个指标时还要注意，影响瞳孔大小和眨眼率的因素还可以是其他因素，如环境光水平。所以，这两种指标在眼动研究中很少被使用。

眼动指标可以分为时间维度指标、空间维度指标和计数指标三类。时间维度指标包括上面提到的注视时间、凝视时间、首次注视时间、回视路径时间、扫描持续时间等；空间维度包括注视顺序、注视的空间密度、眼跳距离、眼跳幅度、扫描路径长度、扫描方向等；计数指标如总注视次数、重复注视次数、回视型眼跳次数等。时间和计数指标很容易用现有的眼动仪软件采集，经常被定量使用。空间指标在研究中使用最少，可能是因为空间指标（如注视顺序和扫描方向）通常以定性的方式进行分析，这会耗费更多的时间和精力。

开展眼动研究除要了解上述眼动指标外，还有几个眼动分析常用的工具，很多眼动仪配套的眼动分析系统或软件都提供了这些工具的集成功能。

（1）兴趣区（area of interest，AOI）。是研究者感兴趣的视觉刺激区域，由研究者自行定义 AOI 的边界，实验被试并不知道兴趣区的存在。所有的眼动分析指标都可以基于兴趣区来采集，是非常重要的眼动分析工具。

（2）注视轨迹图（gaze plot）。指在静态刺激材料（如一幅图片或场景）上呈现注视点的顺序和位置。圆点中的数字标识注视的顺序，圆点的大小反映注视时间的长短。注视轨迹图用来展现被试在整个眼动记录环节的眼动（图 6-20），它反映了眼动的时空特征，具体、直观、全面。

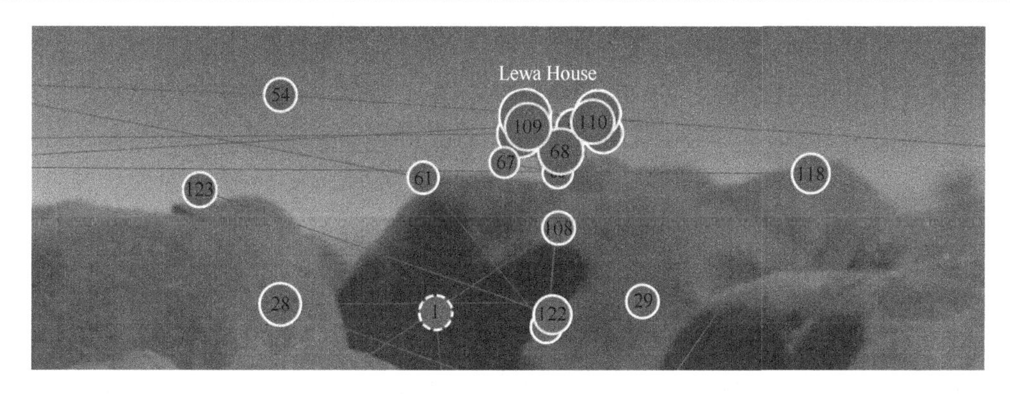


图 6-20　某被试的注视轨迹图

（3）热图（heatmap）。是把大量的眼动数据以最直观的形式体现出来。热图使用不同颜色来呈现被试对一张图像的关注区域的视觉停留时间或注视点数，以体现不同区域的注视热度。深色（在软件中会显示为红色）通常表示注视点最多或注视时间最长的区域，颜色越浅（在软件中会用黄色和绿色显示）表示注视热度越低的区域。热图是以可视化方式展示眼动分析结果的一种常用工具，但是关于其使用中的误用问题也引起学者更热烈的探讨，读者可以参考 Bojko（2009）关于热图的分析。

（4）集簇图（cluster）。集簇图是一种可在背景图上呈现注视点数据密度最大的区域的可视化图形。这种类型的可视化图像可用于表示原始眼动数据中注视点最密集的区域。含有注视点数据的每个簇可用于自动创建兴趣区。图 6-21 中根据注视点密集程度可以形成五个集簇。

图 6-21　集簇图示例

眼动追踪技术是揭示信息加工认知过程的一种强大的工具。研究者不仅需要知道如何将它们作为一种方法，还需要知道如何应用和解释眼动指标的含义，以便正确理解在不同情况下的信息加工认知过程。眼动研究虽然提供的指标很多，但实际上研究者很少在一项研究中使用全部的指标，而需根据不同的研究问题、研究情境选择合适的眼动指标。例如，阅读更关注时间指标，视觉感知更多关注空间指标。Lund（2016）的一项研究调查了图书情报领域眼动研究中使用眼动指标的情况，发现最主要使用的眼动分析指标和工具仅有 6 种，依次为总注视时间、注视次数、兴趣区、眼跳、基于观察的扫描路径以基于算法的扫描路径。不同的眼动仪提供的眼动指标原始数据不同，指标的名称也存在差异，需要根据实际情况来选择、计算和分析。此外，眼动研究还要善于利用眼动分析中的可视化工具，如热力图、注视轨迹图等。

### 6.6.4 眼动研究的应用

在实验心理学发展早期，心理学家就开始利用眼动技术探索人在各种不同条件下的信息加工机制，这也成为当代心理学的重要研究范式，其研究规模和涉及领域在国内外都迅速扩展。基于信息认知加工的眼动研究已经用于解决注意、视觉搜索、认知负荷、决策、学习、用户参与、态度、记忆、阅读等心理活动，涉及的学科有市场营销、驾驶行为、信息系统、人机交互、医学、教育学、语言学、计算机、体育等。在一些传统的人机交互问题（如视觉搜索、阅读行为、自然场景感知和可用性研究）中眼动追踪技术有着广泛应用基础。

其中，视觉搜索是应用最多的领域，关注人类如何在各种干扰因素下寻找目标的行为，如在停车场找到自己的汽车以及在网页中查找特定的图标。眼动追踪技术成功发现了两种视觉搜索模式：并行搜索（指增加干扰物的数量也能轻而易举识别出目标）和串行搜索（指目标物隐藏在干扰物中，增加干扰物的数量带来搜索难度的增加）。Kim 等（2015）进行了一项任务目标和视觉信息感知特征对驾驶员眼动的影响的实验研究，模拟器中的驾驶员被引导到车道上，同时执行针对仪器相关信息的视觉搜索任务，结果发现，参加者的眼动行为根据他们执行任务的视觉信息感知特征的不同而不同，基于驾驶员视觉信息感知特征可以评价驾驶行为和车辆性能。

以雷纳（Rayner）为代表的学者对阅读信息加工活动与眼动之间的关系进行了长达 40 年的探讨，提出用户在阅读时加工信息是由注意力驱动眼球运动的，而注意力又受到词汇处理程度的影响，证实了眼动数据可用于分析信息抽取、阅读理解等信息加工活动（Clifton et al.，2015）。这个方向的研究继续延伸到数字阅读和网络阅读问题中。Arapakis 等（2014）的研究发现具有低情感性和积极情绪的标题会获得更长且更频繁的注视。Porta 等（2013）研究了横幅广告主题与文章内容之间的关系，眼动分析发现，无论是与文章内容相关的横幅广告，还是与文章内容无关的横幅广告，其注视次数和注视总数均没有差异。

自然场景感知是关于人们如何以视觉观察的方式感知自然的场景以及人类的注意如何被引向场景中特定对象的研究。例如，研究计算机屏幕上的视觉注意方向，以及颜色、字体、色调和光线等因素及任务对眼动的影响。Guan 和 Cutrell（2007）的一项研究发现了文本摘要的长度对注意力产生有趣的影响：当寻找特定链接时，摘要越长，用户越倾向于将其作为搜索重点。这种效果在那些不关注特定目标的开放式信息任务中不那么明显。Goldberg（2014）的研究旨在发现字体大小、字体类型对任务完成时间的影响，结论为渐变背景确实影响任务完成时间，非渐变背景上较大的 Tahoma 字体的首次注视时间最短。Romero-Hall等（2014）研究动画教学代理对学习者的视觉注意、情感反应、学习、感知和态度的影响，眼动数据表明，采用情感表达动画教学代理互动的学习者对学习环境有较高的视觉注意，并对悲伤和恐惧的情绪状态有显著影响。

眼动仪被用于可用性研究中的用户行为数据的采集，在传统的可用性量表、启发式评估等可用性研究方法的基础上整合眼动追踪系统，使得测试用户能更自然地关注于测试任务。Wright等（2013）研究使用眼动跟踪技术了解电子病历（electronic medical record，EMR）使用过程中的信息搜索和访问模式来改进电子病历的设计。Bergstrom等（2013）研究总结5项可用性的眼动研究结论，其中4项关注信息搜索任务，1项关于用户链接行为，所有的研究都支持在指定兴趣区上的注视次数与年龄有关，老年人花更多的时间首次注意到界面顶部的兴趣区，年轻人具有更高的准确性和效率。Forsman等（2013）的研究基于15项导航任务和8项诊断信息寻找任务，进行可用性评估，发现数据可视化有助于专科医生和重症监护医生增加对患者感染情况的了解。Jones等（2014）的研究对联机公共目录查询系统（online public access catalog，OPAC）界面进行可用性测试，眼动数据证实用户寻找项目缩略图的时间很短，即使提供了书的封面照片，用户仍主要是查看标题信息。Wolpin等（2015）的一项对病人自我报告诊断系统的可用性测试研究中，利用眼动数据发现了65项可用性问题。

随着移动技术的发展，各种移动设备（如智能手机、平板电脑、智能手表等）相继问世，导致用户与信息的交互方式以及搜索信息的方式发生了变化。这种发展在如何研究用户的信息行为及其与使用移动设备的信息系统的交互方面提出了许多新的挑战。移动技术还推动了相应的移动用户界面的开发，能根据移动设备的类型而变化。许多眼动仪厂商也推出了可适用于移动设备的眼动追踪系统，为研究移动设备的用户交互行为提供了一种新手段。移动设备眼动追踪系统有的采取传统的桌面式眼动系统搭配支架使用，有的则更先进，利用安装在眼镜和耳机上的传感器来跟踪用户在特定环境中工作或进行日常活动时的视线方向，提供输入、对象识别和控制的机会。Kim等（2016）的一项研究探讨了移动设备上的Web搜索引擎界面设计问题，发现三种不同屏幕尺寸（早期智能手机、近期智能手机和平板电脑）在执行任务的效率上没有显著差异，但是参与者表现出不同的搜索行为：在大屏幕上的顶部链接中有较少的眼动，在中等大小屏幕上链接选择之前有一些犹豫的快速阅读，在小屏幕上频繁使用滚动。这一结果表明，设计每个屏幕搜索结果的显示时，有必要考虑搜索行为的差异。

## 6.7 发声思维法

### 6.7.1 发声思维法的特点

发声思维法（think-aloud method或think-aloud protocol，TA/TAP）也称为出声思维法（talk-aloud protocol），来源于认知心理学中，最早可追溯到埃里克森（Ericsson）和西蒙（Simon）于20世纪80～90年代提出的口述数据分析（verbal reports as data），将其定义为参与者被要求用口语表述出在执行任务期间的想法、观点、决定、喜恶。来自IBM

公司的 Lewis 将其命名为发声思维法。这是一种要求用户在执行既定任务时既要完成所给的任务，同时又要在任务结束后立即大声表达出自己想法的质性研究方法。可用性专家尼尔森（Nielsen）对该方法的定义为要求参与可用性测试的用户使用系统的同时大声持续地说出想法——即“简单”地要求用户在界面上移动时说出他们的想法。和观察方法不同，观察人员并不知道用户在想什么，只能根据观察到的现象去揣测，而要想知道用户在与界面或系统交互时的真实想法，发声思维法是一个很好的解决方案。

发声思维法来源于思维的内省(inspection)，这一个具有悠久历史的心理学研究方法。内省是指人们可以观察到意识中发生的事件，也可以或多或少地观察到意识以外的事件。发声思维的理论假设为从与思维过程并行的短期记忆的信息中获取到观点、看法以及见解等内容。Ericsson 和 Simon（1980）基于信息加工范式提出人们只有在特定的启发条件下才能提供有关其认知的准确报告，两人对研究证据进行了广泛的调查，认为在谨慎和适当的指导下，发声思维不会改变思考过程（course）或结构（structure），只是略微减慢了思考过程。1984 年，两人把口述分析分为共时（concurrent）口述和事后（retrospective）口述两种类型。前者是参与者在完成特定任务的同时讲述自己的心理认知状况，后者是参与者在完成特定任务后追述自己的认知心理过程。这也构成了当前对发声思维方法的最主要的两种分类：共时发声思维（concurrent think-aloud，CTA）和事后发声思维(retrospective think-aloud，RTA)。RTA 的优势在于可以让参与者以更自然的方式执行任务，通过任务完成后立即采集的发声思维数据来补充观察的结果。但是，RTA 参与者受到短时记忆能力的局限，可能无法记住他们在任务执行过程中所想到的一切，导致事后采集的发声思维数据较少，不完整或者需要重构。1993 年，Ericsson 和 Simon 将多年研究心得总结到其再版著作 *Protocol Analysis：Verbal Reports as Data* 一书，成为发声思维法的奠基性成果。

Van den Haak 等(2003)在评估在线图书馆目录可用性时比较了 CTA 和 RTA 的差异。他们发现两种发声思维方法均揭示了相似的可用性问题。但是，RTA 组的参与者表现优于 CTA 组，并且可观察到的问题更少。两人将这个发现用双重认知工作量来解释，CTA 使得更难以充分完成任务。在可用性研究中，发声思维方法与眼动分析等客观生理信号采集方法结合起来使用成为趋势，优于单独使用其中一种方法。眼动分析结合哪种发声思维类型更合适？一般来说，当用户一边谈论界面元素，一边完成眼动任务时，他的注视时间会增长，对可视化的眼动分析带来偏差。例如，热力图可能会显示某处是一个受关注的区域，但是仅仅是因为被试对该区域有许多要谈论的内容，而不是这个区域引起用户更多的注意；此外，当被试谈论某个主题时，他有可能环顾该区域周围，即使他实际上对周围区域并没有什么兴趣，这种现象会带来更多的注视点，也影响了眼动分析的准确度。因此研究中通常采用的是 ET + RTA 方式，Elling 等（2011）将其命名为 ETE（retrospective think-aloud with eye-tracking）方式，指在执行完任务后，由参与者观看凝视回放（gaze replay），同时描述自己当时的想法。例如，观察到某个用户视觉扫描了网站主页后，很长时间都在凝视主页的静态图像。研究人员想知道，是什么原因导致用户有长时间的凝视行为，可以在用户眼动实验后进行 RTA，此时会在凝视回放中展示用户的视觉轨迹、从主菜单到图片到其他的界面元素，给参与者提供更丰富的细节，能对参与者的记忆产生积极影响，参与者在发声思维阶段能做出充分的、积极的响应。

心理学领域认为发声思维法的优点之一是能洞察出难以仅凭外在推测的人类认知活动，这一思想被人机交互研究者吸收，利用发声思维方法广泛开展软件界面、网站和帮助文档等的可用性研究。著名的可用性专家 Nielsen 在谈到发声思维法在可用性研究中的应用时，有以下一段话：

“发声思维可能是最有价值的单一可用性工程方法。我在 1993 年的《可用性工程》一书中写道，今天我坚持这一评价。事实上，该方法在 19 年中一直排名第一，这充分说明了这种可用性方法的长久生命力。”

简单来讲，在可用性等人机交互领域，发声思维是一扇“心灵之窗”，能了解用户对产品的真实看法。这种方法的优点可概括为经济、稳健、灵活、简便 4 点。

经济，指实施发声思维不需要研究者有特殊的设备，一套录音或录像设备就可以开展一个正式的研究。研究者所做的事情就是完整地记录下参与者的口述言语信息，在很短的时间就可以采集到大量的资料，这种经济性是其他方法（尤其是定量可用性分析方法）难以比拟的。

稳健，指采用发声思维方法进行可用性问题诊断时，对方法本身有一定的容错性。即使没有严格按照标准的流程来实施，也可能还是能得到相当让人满意的结果。当然让参与者真实表达想法这一个基本前提还是要遵守的。相反，以定量数据分析方式开展的可用性研究则非常依赖方法的正确实施，一个微小的错误也可能导致一项研究的失败。

灵活，指在产品开发生命周期的任何阶段以及任何类型的产品开发都可以采用发声思维方法。无论是纸张原型设计阶段还是系统运行阶段，无论是从桌面系统还是到移动终端，各种软件应用程序、消费型产品、移动 App 等都可以采用灵活的发声思维方法。

简便，指发声思维方法的实施流程简单易学。发声思维的数据采集没有特别复杂的技术要求，一些常用的质性数据分析方法对分析发声思维的数据也是适用的。但是这种方法对研究者的经验是个考验，初次接触该方法或者对质性数据分析不了解的研究者在经过一些训练后，也能很快上手。

这种方法的特性也带来一些问题，例如，需要对参与者进行一定的培训才能让用户保持自然持续地自言自语。参与者一边执行任务，一边大声说话的方式对被试执行任务有一定的干扰，增加任务完成时间。这种方法是希望用户将脑海里最直接的想法说出来，而不是反思和解释自己的行为。但用户出于顾虑，可能会将一些想法夸张，而不是表达原始的思想。这些问题都是研究人员需要考虑的因素。

### 6.7.2 发声思维的采集流程

van Someren 等（1994）在其著作 *The Think Aloud Method* 中总结了一套采集发声思维数据的流程。

（1）研究场景设置。参加者需要在一个轻松、舒适的环境中才能更有效地大声说出自己的想法。如保持房间安静、提供必要的饮用水、椅子应该舒适，这对任何涉及心理研究的问题情景都是必需的基本条件。对于参与发声思维的被试，当时间过长会引起嗓子的不适，尤其要注意。研究人员要向参与者介绍研究目的、具体的实施流程以及用户隐私保护等事项，强调是对用户解决问题的方式感兴趣而不是对用户潜意识的情绪或者隐藏的内心感兴趣。所有这一切的目的是希望减少参与者的各种顾虑，能够尽可能轻松、开放地表述解决问题的过程。因此，营造一种自信和轻松的气氛至关重要。

（2）引导。发声思维方法看似非常简单，但是仍然需要对参与者进行引导。例如，“我会给你一个问题，请在解决这个问题时保持不停说话”，或者“在你进行网络搜索的时候，请大声把你脑海中想到的每件事都说出来。请一直不停地讲出你的想法。”避免使用以下这类引导用语“告诉我您的想法”，如果这样来引导参与者，他可能会以为研究者是在征求他们的意见或者对他们的观点进行评估。发声思维采集的是用户对解决问题的真实思考，而不是随意的报告刚闪现出来的想法。引导语不要太复杂，否则会误导参与者提供更多的解释。

（3）热身。对很多人来讲，一边完成任务一边大声说出想法不是一个自然的行为，研究人员有必要开展一些技术训练，以达到热身目的。有的研究者会采取一个很正式的训练，例如，让受试者反复地完成某个任务（如阅读一份报纸）的同时进行发声思维报告，用录音或录像的方式记录下发声思维数据。研究人员将质量好的数据（如停顿和沉默时间短、内容丰富的）挑选出来，给受试者回放，让他们从中感悟到什么样的报告方式才是理想的发声思维。有的研究者可能在正式实验前，仅用几分钟来热身。建议选择和研究目的类似的热身任务，让受试者习惯发声思维过程，并且知道是表达他的想法，而不是解释其想法。

（4）提醒机制。van Someren 等（1994）的观点是研究人员尽可能不干涉参与者整个发声思维过程，仅是在其长时间沉默时提醒其继续讲话。提醒方法有多种，常见的有两种：灯光提醒和声音提醒。对这两种方法的选择应该根据测试任务而定，测试任务主要是视觉行为（如阅读理解、视觉搜索）的，可以选择声音提醒；测试任务主要是听觉行为（如听力理解）的，可以选择灯光提醒。Boren 和 Ramey（2000）在语音交流理论的基础上，针对可用性研究情境提出了一套更有效的实施发声思维方法的流程。他们建议主持人扮演积极的听众，并在演讲者和听众之间建立自然的对话。主持人通过使用短语和声音来做到这一点，这些短语和声音向说话者表明听众正在注意并正在与所说的内容进行互动。从严格的经典流程到研究者积极干预参与者的任务处理这种更“宽松”的实施过程都被不同的研究采用。后者这类宽松的发声思维方法被 Krahmer 和 Ummelen（2004）指出可能会影响到任务执行中的行为，但是不会影响发现的问题数量。

（5）记录。发声思维采集的是言语数据，很多能用于记录音频、视频的设备或者软件都可采用。研究者在实施过程要检查录音或录像设备是否正常工作。这些设备通常被安装在隐蔽的位置，以尽可能不干扰到参与者，但是一定要提前告知参与者，征求其同意。研究过程中，不仅要记录正式任务执行阶段的数据，之前的引导和热身数据也要同时记录，以形成完整的数据采集流程，以供审查方法的正确性。

（6）数据的转录。是指将采集的言语数据转化为文字以供分析的过程。这是一项基础性的关键工作，同时也是一个耗时较多的环节。数据转录要遵循完整、忠实和可靠原则。完整是指将转录的文字要包括发声思维中尽可能全的信息，除了主要内容外，各种非语言信息，如停顿、沉默、动作等也要如实记录。忠实是指转录的文字一定要忠于真实情况，录音、录像上有什么就转写什么，不增加或删减内容。可靠是指采用一致的转写符号系统，转写的文字符号要与声音相符合，不歪曲原录音、录像的原始内容，同样的语音在转写过程中需对应于同样的文字符号。转录的质量受到很多因素的影响，如口述者语音的清晰度和流利度，转录者的经验和辨别语音语义的能力等。图 6-22 为一段数据转录的片段。

嗯让我们再看看上诉中发生了什么，在上诉法院的判决中，嗯，依据第2和第3条已经免除了他（停顿5秒），嗯，已经被证明已经接受已经被证明已经接受（停顿10秒），并且他们已经根据第1条和第2条对他进行了判决（停顿5秒），已被判刑现在它涉及[不可预见的]准备和实施行为，哦对不起，是准备行为和不实施行为，因此它比（停顿5秒），嗯不能尝试，因为据我所知必须有一个实施的开始（停顿10秒）

图 6-22　发声思维的数据转录示例（Muntjewerff，2014）

（7）数据审查。在转录结束后，转录者最好与受试者一起，边听录音（或看录像）边核对转录文本的准确性，这一过程称为数据审查。对于转录中有疑惑的地方，转录者应征询受试者的意见进行修改。这样的转录材料才能成为较为准确、客观的数据。

发声思维方法应用形式灵活，当采用不同形式的发声思维方法时，研究者要仔细记录他们的具体发声思维数据获取的方式，以促进跨研究比较。实施过程中，还要防止一些误区。例如，实施发声思维方法时应仅要求参与者同时或回顾性地发声，而不应要求参与者以口头或其他方式描述或解释他们的思想，决定或行为方式。研究人员要注意避免参与者出现如使用回顾性方法的“我最初的想法是……”的情形，而应该让参与者报告更笼统的想法，如“我就是这样做的”。再如，长时期让参与者进行发声思维报告会给他们带来心理和身体上的负荷，有可能很长时间参与者都保持沉默状态，尽管可以用提醒的方式让其继续讲话，但是从已有经验来看，也很少有效。因此，有经验的研究人员建议发声思维的时间限制在几分钟内来保持报告的质量。

### 6.7.3　发声思维数据的编码

经转录后的发声思维数据属于质性数据，对质性数据的分析，常使用编码作为处理方式。它是从原始数据中抽取出某种模式的过程，Saldaña（2015）将编码定义为通常是一个单词或者短语，为部分基于语言或视觉的数据象征性地分配了概括性（summative）、显著性（salient）、捕捉本质的（essence-capturing）和具有回味性（evocative）的属性标识。这些数据可以是访谈记录、现场观察的笔记、文献、文档、照片、语音、视频、网站等形式。Corbin 和 Strauss（2014）认为编码涉及与数据的交互、数据之间的比较等，在此过程中，派生出代表这些数据的概念，然后根据这些概念的属性和维度来发展这些概念。对从事质性研究的研究者，必须学会良好而轻松地进行编码，研究的出色表现在很大程度上取决于编码的卓越表现。发声思维的原始数据是以言语形式呈现的，是一种囊括各种信息的集合体，被称为混沌性数据，直接进行编码有一定难度。经过转录后的文本形式的编码包括以下 3 个方面。

（1）切分（segmentation）。是指将数据以短语/分句（也称为小句）或者词/语段（相当于段落）为单位进行分割。这些切分单元一般被认为是一个思维单位，表达了当时工作记忆处理的信息内容，在一定程度上反映了特定时间内认知机制处理信息的状态和规律。切分的经验表明，切分这一步骤不是在数据转录完成后才着手进行的，而是最好与数据转录工作同步进行。如果仅是基于转录后的文本进行切分，切分变得更加困难且可靠性降低，而如果在转录的同时，根据语音中的停顿来分割发声思维数据，不仅自然，而且分割的结果更为可靠。

（2）编码模式（coding schema）。对于缺乏经验的研究人员来说，识别编码模式可能是一项非常艰巨的任务。编码类别的来源可以依据已有的经典理论框架、研究者的解释（研究表明的概念）和参与者提供的原始术语（体内编码）。当数据集不是很大时，建议在开始编写任何代码之前从头到尾阅读文本。在第一轮阅读中，研究者可能会发现有趣的问题，并感到有必要在文本或页边空白处写作。第一轮阅读的目的是让研究者沉浸在被试的经历中，在关注任何具体方面之前，对数据集有一个总体的、不带偏见的想法，之后，研究者就可以开始编码。没有经验的编码人员可能会发现很难识别数据中任何有趣的东西（或任何值得编码的东西），特别是当编码类别还没有建立，而他们正在进行开放编码来识别编码类别或主题时。有经验的编码人员可能会遇到另一种情况：他们可能觉得数据非常丰富，以至于几乎需要对每个单词或短语进行编码。最终，他们也许会被他们试图记录的大量编码项目所淹没，可能会被不太重要甚至琐碎的编码项目分散注意力，无法识别数据中最有趣或信息最丰富的内容。为了避免这两种情况，建议在编码时寻找特定的项目，如目标，描述行为的单词、短语和句子，失败的原因等；比较不同编码类别下的实例；比较不同参与者组编码的结果；将结果与以前的研究进行比较。

（3）分类（classification）和聚合（aggregation）。分类类似于内容分析的过程，将转录和切分后的数据按照编码分类框架分配到指定的类目下。不同的是，发声思维数据和用户的认知活动有关，这些编码分类之间有逻辑思维过程。如果编码分类框架非常详细，则可以将每个片段直接对应到各个分类下，但是往往构建的编码分类框架非常宽泛，需要在实际应用中去增加、删减和修订，这个过程也是一个开放编码的过程。有时候，一些编码分类难以涵盖所有的数据，例如，有的参与者会谈论和任务无关的问题（哦，我觉得说累了，需要喝点水），这类数据不需要进行分类。有些时候，对一些特别的情境要予以关注，如长时期的沉默，此时进行的编码分类往往具有必要性，因为可能表明任务的难度或者参与者的认知负荷。有时候，发声思维发生的时刻具有重要的意义，表明了动作执行的时间特征，这时候也应将其分类到编码框架中。当所有的数据都进行分类后，就可以聚合同一编码分类下的所有数据，从中发现规律性的内容。

## 6.8　卡片分类法

### 6.8.1　卡片分类法的特点

很多时候研究人员想知道人们认为内容应该如何组织和命名，产品如何分类和标签，才能生成更有效的信息架构（information architecture）。信息架构是指产品的结构和内容的组织，信息的标签和分类以及导航和搜索系统的设计。信息架构既包括软件、网站上的信息设计，还包括现实世界的实体组织，例如，汽车仪表板上的控件，超市里的商品陈列。好的架构可以帮助用户查找信息或项目，并轻松完成任务。卡片分类（card sorting）就是这种可以帮助研究人员了解用户如何认为信息和导航应在产品中排列和布局的方法，也有的称为堆分类（pile sorting）或自由分组（free grouping）。具体定义为，通过将相似的内容、名称、图标、对象、想法、问题、任务等项目放入一个现实或者虚拟的集合中来对其进行分类或分组的方法。

卡片分类法是从用户的角度理解对产品的结构和使用方式，区别于开发人员从系统的角度根据底层技术（如数据库）来做出有关信息体系结构或产品布局决策的思维过程。它可以灵活用于各种与信息或项目组织有关的研究问题中，无论是整个综合性网站的信息架构，还是其中一个子网站的设计，无论是桌面系统还是移动界面，都可以通过卡片分类的运用达到理解用户心智模型的目的。通过这种方法，还可以比较不同用户群体在对产品结构和使用上的差异，如新手和专家用户。总之，卡片分类法能采集到丰富的数据，其中，有用户对整个平台上的界面元素的组织体系的看法、执行任务时认为必要的信息元素、在用户头脑里使用的术语以及对不同信息分类的命名方式、用户认为不需要的设计元素等内容。

卡片分类法的优点体现在：①成本低廉。不需要特殊的设备，仅需要建立一套排序卡片；②数据采集过程快捷。可以同时要求多个人执行卡片分类，产生大量有价值的数据；③应用成熟。是人机交互领域使用时间非常悠久的研究方法，拥有大量成熟的经验和案例；④用户参与。体现出面向用户的设计理念，便于了解用户的潜意识以及他们期望如何组织信息，能提供很好的见解。

卡片分类法的不足主要是：①卡片标签脱离上下文情境，用户排序时易造成语义理解上的困扰。而且用户无法将卡片放到研究情境中，他们可能在没有准确理解研究问题的情况下提供了卡片分类结果，影响实施效果。②有时候用户的卡片分类结果差异很大，难以形成一致的结论。③数据分析过程复杂。卡片分类的数据分析过程可能很复杂且耗时，尤其是大量用户排序结果不一致时。

### 6.8.2　卡片分类法的类型

#### 1. 开放式卡片和封闭式卡片

开放式卡片分类（open card sorting）指不预先设定分组，而是将卡片发放给用户，由用户根据相似性将卡片分成不同的组，并对其分组进行描述。开放式卡片分类适用于需要构建新的组织架构或者需对已有信息架构进行重新划分类别的情境。封闭式卡片分类法（fixed card sorting）则提前设定好分组后要求用户将卡片放入这些预定的分组中。封闭式卡片分类适用于在已有的组织架构中增加新的内容或者在开放式卡片分类后收集反馈信息的情境（图6-23）。

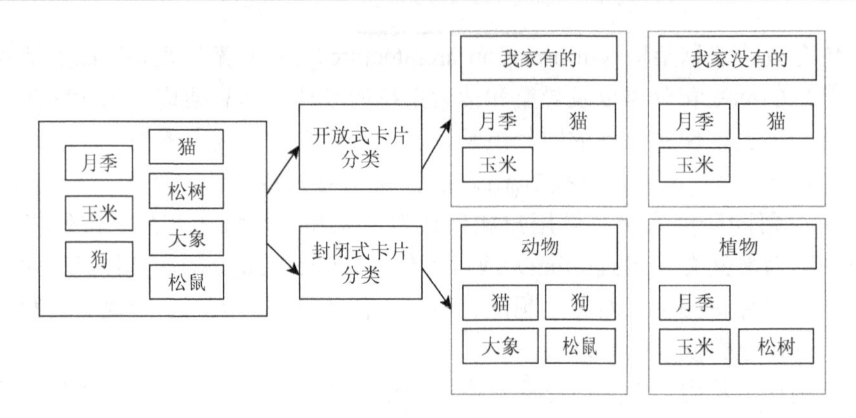


图 6-23　开放式卡片分类和封闭式卡片分类

开放式卡片分类法的优点是：用户具有更大的灵活性来表达对项目分类的看法，研究结果能更准确反映出用户的直观分组；用户能够自由地命名创建的组，研究人员能获得用户自然的命名方式。这些优点也使得开放式卡片分类法在信息架构的早期研究（如概念形成阶段）非常有用。另外，封闭式卡片分类更适合改进现有产品的信息架构。开放式卡片分类需要花费更多的时间实施和分析结果，因为参与者需要做更多的工作（如生成类别名称），并且与封闭式排序相比，需要更多的分析步骤。

2. 实体卡片和电脑卡片

早期主要采用实体卡片（一张张类似扑克牌的卡片）来实施分组排序，而电脑技术使得用户这一过程可以借助一些软件来实现，无论是对参与分类的用户还是研究人员分析数据都极大地节省了时间。另一个优点也很明显，用户能够一次同时看到电脑界面上显示出多个卡片的内容，有助于用户从整体上形成分类思维。图 6-24 和图 6-25 分别为两种卡片分类的示例。

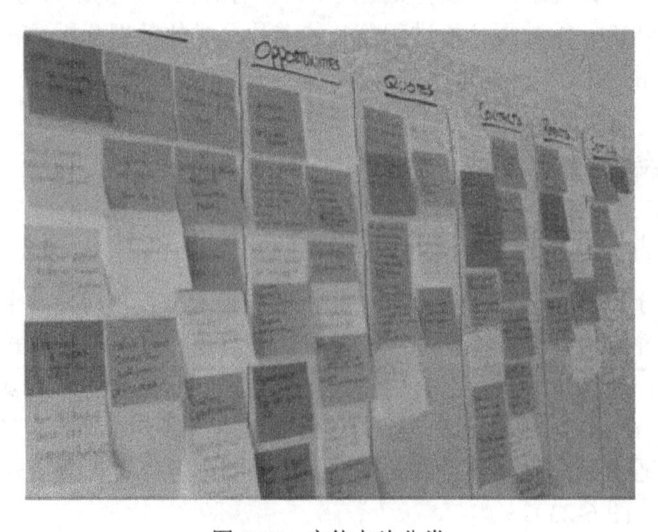

图 6-24　实体卡片分类

图 6-25　利用 OptimaSort 实现卡片分类

常用免费、收费电脑卡片程序或网站有：OptimalSort（https://www.optimalworkshop.com），Proven by Users（https://provenbyusers.com/），UserZoom（https://www.usertesting.com/platform/userzoom），xSort（https://xsortapp.com/）。

3. 远程卡片和现场卡片

远程（remote）卡片分类也称为在线卡片分类，指通过网络平台让用户参与到卡片分类活动中，克服了现场卡片分类的地理位置限制，能够采集到来自更多用户反馈的信息。但是不利的因素是，因为缺乏现场卡片分类中主持人的角色，参与者有可能会在卡片分类的过程中遇到困难，影响数据质量。并且，现场卡片分类可以和发声思维法结合使用，捕捉用户更多的思维数据，这对于远程卡片分类来说几乎很难实现。远程卡片分类还有一个用户隐私的保护问题需要引起研究者的重视，参与者可能不愿意有关他们的数据通过网络来传输。

4. 一对一卡片和集体卡片

在进行现场的卡片分类时，研究人员还要考虑是选择一对一的方式还是集体的方式。集体卡片分类是指多名受邀请的参与者同时、同一空间各自独立地进行卡片分类活动。集体的方式并不是各用户之间能相互帮助和协作，而是意味着能够在较短的时间内帮助研究人员收集到多个用户的数据，节约了时间。不利的是不能和其他方法（如发声思维方法）结合使用。有些人不主张用集体卡片分类的理由是容易让参与者产生彼此之间在竞技的感觉，但 Courage 和 Baxter（2010）的研究经验表明这不是问题，只要研究人员让用户自己掌控时间长度，直到完成所有项目的排序，对研究结论产生的影响很小。可以采用两者结合的方式，在集体卡片分类结束后，让少量的人采用一对一的方式进行卡片分类，同时配合发声思维方法的运用，达到更好地理解用户的目的。

## 6.8.3　卡片分类法的实施

在进行卡片分类法之前，首先要判断卡片分类法是否适合研究问题。卡片分类法适用于解决信息元素庞杂，且分类不明确的情形，如网站版块重构，或者应用导航设计等。如果没有明确自己的研究目的，错误使用了卡片分类法，只会事倍功半。决定采用卡片分类法后，实施流程一般分为三个阶段，分别为准备卡片、实施卡片分类、结果分析和解释。

### 1. 准备卡片

1）确定和开发卡片体系

根据研究目的和问题确定和开发出一套卡片体系，包括卡片上呈现的对象术语及其定义（图 6-26）。对象术语的来源取决于研究目的是对一个已有的产品改进还是形成一个设计概念。如果是一个已有的产品，如一个已经运行多年的网站，那么可以向网站信息架构师或者内容策划师咨询，查看已有的网站内容清单，将各信息内容要素作为卡片内容。如果是需要重新开发一个网站，那么需要开发团队经过前期调研，制定出一套包含不同对象的卡片。在确定对象后，卡片上还需要提供对对象简单而清晰的定义，帮助参与者理解对象含义。有时候，研究人员还可以通过要求参与者自由列出与卡片相关的所有项目来获得卡片分类的对象，即给出一个主题，让参与者写下所有相关的单词或短语。例如，如果要开发一个旅游网站，参与者写下的机票、景点门票、酒店、汽车租赁等都可以作为卡片上的对象。这种做法的好处是，能了解用户日常的术语习惯。关于准备多少数量的卡片合适这个问题，Baxter 等（2015）认为不宜太多，90 个是合理的数量，除非能有充足的理由要使用上百条卡片。最后，当卡片开发出来后，如有可能，实施一个预实验是非常有用的，能帮助研究人员再次确认卡片上的术语是否能被准确理解，也能掌握整个卡片分类过程需要耗费多少时间。

| 地　铁 |
| --- |
| 是在城市中修建的快速、大运量、用电力牵引的轨道交通 |

图 6-26　卡片示范

2）准备活动素材

除卡片外，一些必要的实验条件还包括彩色的空白卡纸、橡皮筋、信封、随手贴、订书机、马克笔等办公用品以及一个供参与者摆放卡片的工作台或者面板。采用现场卡片时最好为每个参加者准备一套全新的卡片，因为他人用过的卡片可能留下一些痕迹，会影响用户独立思维的过程。采用远程卡片时，要检查程序是否运行正常，研究人员的卡片全部上传到系统中，参与者的电脑和网络都能正常工作。

（1）规划采集数据内容。

卡片分类能了解用户是如何组织信息或者项目的。如果采用开放式卡片分类，还可以知晓用户头脑里对概念最自然直观的命名方式。此外，通过对开放式卡片分类过程的观察，研究人员能获得用户增加、删除、重命名的项目详情以及对项目定义的不同理解和将一个项目放置到不同分组的情形。依据不同的卡片分类类型，能够采集的数据内容不尽相同，研究人员在实施前要做好规划工作。

（2）确定参与卡片分类的人员。

一次卡片分类方法的实施至少需要以下角色。

参加者。首先要排除逻辑思维能力极差的人群，因为逻辑思维能力强的人，其卡片分类的结果才比较符合客观事实。其次要排除利益相关者，例如，为了对网站版块重构进行的卡片分类法，需要排除网站的开发、测试人员等利益相关者，避免因为自身利益影响结果的公正性。最后与研究问题完全不相关的人群也要排除，因为这类人群可能无法准确理解卡片内容，也会影响分类结果。一项针对 168 名参加者的研究表明，由 15～

20 名参加者组成的卡片分类可以与整个数据集产生 90%的相关性，超过 30 名参加者时，得到的回报越来越少（Tullis and Wood，2004）。Baxter 等（2015）推荐 30 名参加者，但是在开放式卡片分类下，参加者数量不一定要这么多，可以先招募 5～6 名参加者，对分析结果汇总后再招募 2～3 名，看是否有新的发现。

协调员。其工作是提供初步的说明、分发/收集材料、回答参加者疑问等。当发现参加者相互交流看法时协调者也应及时阻止。

录像员。有时候研究人员想对参加者卡片分类的过程进行详细分析，以更深入了解用户的思维活动。这时就需要录像员的角色，以记录这一过程。

观察员。这一角色是非必需的，一些集体的卡片分类不需要一个观察员安静地坐在旁边。但是如果是一对一的卡片分类，需要和参加者进行交流，理解参加者的想法时，可以有一位观察员在现场。

2. 实施卡片分类

不同的卡片分类方式在正式实施阶段流程上有细微差别，以现场卡片分类为例，主要经历以下环节。

（1）欢迎参加者。参加者来到实验地点就座后，向其介绍实验目的和卡片分类方法，熟悉实验环境、签订参加实验的同意书，并准备好一些备用饮食。同时，给参加者一些训练卡片分类的道具，参加者自由练习卡片分类的过程，如果对过程不清楚，由协调者负责解释。

（2）参加者浏览卡片和分类。Baxter 等（2015）为研究人员提供了一个如何向参加者展示实验任务的示范，如图 6-27 所示。

> 我们正在进行一项＜插入产品描述＞的研究，需要了解如何最好地组织产品中的＜信息或任务＞，这将帮助产品的用户更轻松地找到他们想要的东西。
>
> 在每张卡片上，我们都在拟提供的产品中写了＜信息或任务＞及其说明，请通读所有卡片，并确保理解术语和定义。如果这些术语或定义没有意义，请直接在卡片上进行更正，使用空白行将对象重命名为对您更有意义的名称。另外，请让我知道您正在做哪些更改，以便可以确保我了解您在写什么。
>
> 审核完所有卡片后，您可以开始将它们属于同一组的放在一起。这项活动没有正确或错误的答案。尽管可以采用多种方式对这些概念进行分组，但是请向我们提供您认为最有意义的分组。
>
> 进行卡片分类时，您可以将您不使用、不理解的任何卡片放入丢弃组中，并可以使用空白卡片添加没有提供的对象卡片。如果您认为某张卡属于多个分组，可使用空白卡创建尽可能多的重复卡，并将其放置在您认为最合适的分组及其辅助组中，完成排序后，请您使用空白卡为每个分组命名。

图 6-27　实验任务说明示例

依据卡片分组的方式，还有些提醒。例如，如果是集体卡片分类方式，可以加上“请不要与您的邻居合作，我们想了解您个人认为这些卡片应如何分组，因此请不要看邻居的卡片。”如果是一对一的卡片分类，可以加上“您可以一边分类一边大声告诉我们您对卡片分组的想法，我们会在您长时期沉默时给予提醒。”

（3）参加者命名每一分类。这一环节是开放式卡片分类必须进行的。参加者被要求使用单个单词、短语，甚至句子来描述每一组，并将其写在一个空白的卡片上放在这一组的最上面。完成后，用订书机或橡皮筋将这一组进行捆绑，最后将所有分组的卡片放在提供的信封中。

### 3. 结果分析和解释

卡片分类方法的目的是找到相似信息或项目，形成合理的分类体系，可以采用以下分析方法。

（1）简单的总结。适合小规模的卡片分类研究或者预实验结果分析，研究人员仅直观进行表面分析。例如，总结每个参加者最终分为多少组？其中相同的分组是哪些？不同的分组是哪些？哪些项目的分组结果不一致？这是一种不正式的分析方法，旨在为正式的实验结果作铺垫，提醒研究人员有哪些值得注意的对象。

（2）相似度矩阵分析。相似度矩阵也称为距离矩阵，是表征项目与项目之间的相似情况的一个表格。每位参加者的卡片分类结果都可形成一个这样的相似度矩阵，如果横坐标和纵坐标表示的项目被归为一组，那么矩阵中的值即为1。最后把所有参加者的相似度矩阵进行合并，形成总相似度矩阵（图6-28）。还有一种相似度矩阵，每一行是一张卡片，每一列是一个类别，单元格是这张卡片分到这个类别的概率（图6-29）。分析相似度矩阵单元格的数值，可以发现哪些项目最常被分到一组（值较高的项目），哪些则相反。

| B | C | D | E | F | G | H | I | J | K | L | M | N | O | P |
|---|---|---|---|---|---|---|---|---|---|---|---|---|---|---|
| | 现任领导 | 历任领导 | 师资队伍 | 南大简介 | 南大校史 | 南大标识 | 南大校历 | 科研机构 | 学术期刊 | 成果查询 | 统计资料 | 招生 | 本科生 | 奖助学 |
| 现任领导 | | 9 | 4 | 5 | 4 | 4 | 2 | 0 | 0 | 0 | 3 | 0 | 0 | 0 |
| 历任领导 | 9 | | 4 | 5 | 4 | 4 | 2 | 0 | 0 | 0 | 3 | 0 | 0 | 0 |
| 师资队伍 | 4 | 4 | | 1 | 1 | 1 | 1 | 2 | 2 | 1 | 1 | 1 | 1 | 1 |
| 南大简介 | 5 | 5 | 1 | | 8 | 8 | 5 | 0 | 0 | 0 | 3 | 0 | 0 | 0 |
| 南大校史 | 4 | 4 | 1 | 8 | | 7 | 5 | 0 | 0 | 0 | 2 | 0 | 0 | 0 |
| 南大标识 | 4 | 4 | 1 | 8 | 7 | | 5 | 0 | 0 | 0 | 3 | 0 | 0 | 0 |
| 南大校历 | 2 | 2 | 1 | 5 | 5 | 5 | | 0 | 0 | 1 | 1 | 0 | 0 | 1 |
| 科研机构 | 0 | 0 | 2 | 0 | 0 | 0 | 0 | | 6 | 6 | 3 | 0 | 0 | 0 |
| 学术期刊 | 0 | 0 | 2 | 0 | 0 | 0 | 0 | 6 | | 6 | 3 | 0 | 0 | 0 |
| 成果查询 | 0 | 0 | 1 | 0 | 0 | 0 | 1 | 6 | 6 | | 3 | 0 | 0 | 1 |
| 统计资料 | 3 | 3 | 1 | 3 | 2 | 3 | 1 | 3 | 3 | 3 | | 2 | 1 | 1 |
| 招生 | 0 | 0 | 1 | 0 | 0 | 0 | 0 | 0 | 0 | 0 | 2 | | 8 | 5 |
| 本科生 | 0 | 0 | 1 | 0 | 0 | 0 | 0 | 0 | 0 | 0 | 1 | 8 | | 5 |
| 奖助学 | 0 | 0 | 1 | 0 | 0 | 0 | 1 | 0 | 0 | 1 | 1 | 5 | 5 | |
| 就业创业 | 0 | 0 | 1 | 0 | 0 | 0 | 0 | 0 | 0 | 1 | 1 | 5 | 5 | 4 |
| 图书馆 | 0 | 0 | 0 | 0 | 0 | 0 | 2 | 1 | 0 | 1 | 0 | 0 | 0 | 3 |
| 网络服务 | 0 | 0 | 0 | 0 | 1 | 0 | 3 | 0 | 0 | 2 | 0 | 0 | 0 | 3 |
| BBS | 0 | 0 | 0 | 0 | 1 | 0 | 2 | 0 | 1 | 2 | 0 | 0 | 0 | 1 |
| 国际合作 | 0 | 0 | 0 | 0 | 0 | 0 | 0 | 0 | 0 | 0 | 0 | 0 | 0 | 1 |

图6-28　相似度矩阵1

（横坐标和纵坐标都表示项目，单元格内容表示归为同一组的参加者数量）

（3）聚类分析。当卡片对象在各组内出现的概率比较均匀，或者卡片之间的相关性比较低时，很难通过直接观察判断是否应当放在同一组内。这时可以通过层次聚类分析（hierarchical cluster analysis，又称系统聚类分析）来将距离相近的卡片分为一组。聚类分析的结果通常用树状图显示。很多卡片分类软件都提供聚类分析功能，如SynCaps（http://www.syntagm.co.uk/design/cardsortdl.shtml#software）。图6-30展示的是聚类结果，可以看出，参加者对21个项目最后形成了7个聚类，这对于改进网站页面的信息架构是非常重要的参考依据。

| | 院系部门 | 南大概况 | 人才培养 | 合作交流 | 文化生活 | 科学研究 | 校园服务 |
|---|---|---|---|---|---|---|---|
| 师资队伍 | 56% | 11% | 11% | | | 22% | |
| 南大简介 | | 100% | | | | | |
| 南大标识 | | 89% | | | 11% | | |
| 南大校史 | | 89% | | | 11% | | |
| 南大校历 | | 56% | | | | | 44% |
| 历任领导 | 44% | 56% | | | | | |
| 现任领导 | 44% | 56% | | | | | |
| 本科生 | | | 100% | | | | |
| 招生 | 11% | | 89% | | | | |
| 奖助学 | | | 56% | 11% | | | 33% |
| 就业创业 | | | 56% | | 11% | | 33% |
| 国际合作 | | | | 100% | | | |
| 学生交流 | | | | 78% | 22% | | |
| 留学生 | | | 44% | 56% | | | |
| BBS | | | | | 67% | | 33% |
| 学术期刊 | | | | | 11% | 89% | |
| 成果查询 | | | | | | 78% | 22% |
| 科研机构 | 22% | | | | | 78% | |
| 统计资料 | 11% | 33% | 11% | | | 44% | |
| 网络服务 | | | | | 11% | | 89% |
| 图书馆 | 11% | | | | 22% | | 67% |

图 6-29　相似度矩阵 2

（单元格内容是这张卡片分到这个类别的概率）

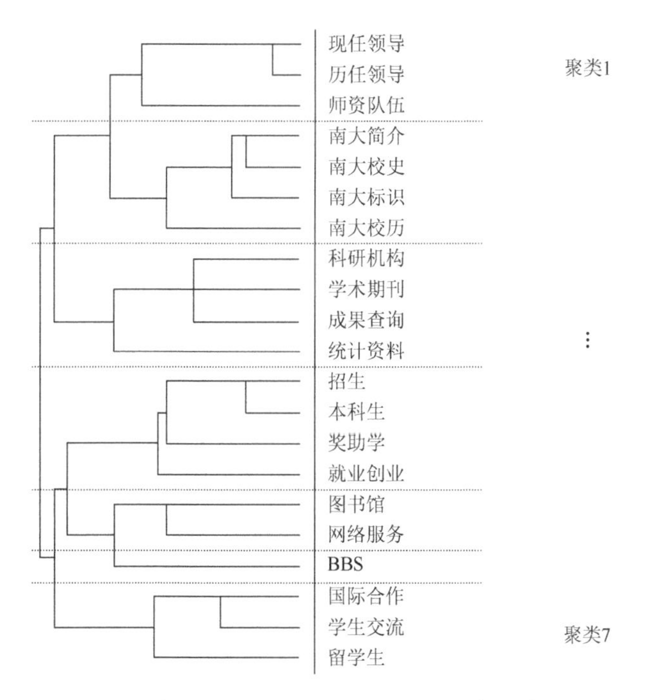


图 6-30　聚类树状图（根据 SynCaps V3 生成结果）

（4）结果解释。聚类分析后形成的树状图的解释非常直观，反映了参加者们认为哪些项目具有相似性，能够放到一组中。对于封闭式卡片分类方式，这种解释是可行的。但是对于开放式卡片分类方式，存在多种情形，如用户增加或修改卡片项目名称的情况，用户对分组不同的命名方式以及是否出现有的项目能分到多个组等，这些都反映了用户的思维模式和信息架构之间的关系，深入分析这些细节能够帮助研究人员解释结果。例如，观察到参加者将一个项目对象分到多个组中时，这说明参加者对项目的最佳位置没有形成一致认识，反映在树状图上就是该项目松散地附着在不属于该对象的组上，如图 6-30 中的"统计资料"这个项目。因此，结果的解释除了依据树状图外，还可以使用收集的其他数据，如新增加的对象、组名、更改的对象术语等名称及定义来帮助解释数据。

上述例子中，聚类的结果形成 7 个组，分别对应"院系部门""南大概况""科学研究""人才培养""校园服务""文化生活"和"合作交流"这 7 个组名。表明用户期望在上述各组分别找到对应的信息链接。而对卡片分类过程的分析发现，用户对其中的一些概念（如统计资料）的定义和归属存在分歧，需重新对其命名。最后，讨论结果以图或表的形式呈现，包括树状图，最终的分组和对象集合表，增加、删除或修改的对象表，对象定义表等。

总之，卡片分类法是一种用户体验设计中的研究方法，从本节的介绍中可以看到，卡片分类法适用于以下研究情境：需要一个信息组织架构而不知从何下手；对当前的信息组织架构不满意但是不知道确切原因；想测试特定的信息组织架构是否比其他架构更加直观易懂。卡片分类法在研究用户的心智模型方面具有优势，一些问题的研究中可以利用该方法探讨用户的知识获取和知识需求，如期刊 *Expert System* 专门设置了一个研究利用卡片分类法分析数据的知识工程专刊。随着应用经验的成熟和推广，卡片分类法不仅用于信息组织架构等问题研究中，而且用于探讨人类思维认知、情感体验等心理问题研究中，更好地服务于为人类设计交互产品的目的。例如，Conrad 和 Tucker（2019）展示了一项将混合式卡片分类方法和定性访谈结合使用，使参加者进行更深入的思考并生成丰富的数据来描述目标人群潜在的心智模型，帮助理解认知、情感和经验的研究案例，读者可以参考。

## 6.9　日 记 方 法

### 6.9.1　日记方法的特点

日记是一种文体，属于记叙文性质的应用文。写日记即为将自己一天中做过的、看过的、听到的或想到的记录下来，通常除了日记的主人外，日记对外人一般是具有保密性的。我国古代对日记一词的出处记载为"司君之过而书之，日有记也"（汉《新序·杂事一》），后来称每天记事的本子或者每天将经历的事情记录下来为"日记"。本书介绍的日记是指能从样本中采集到随时间纵向发展的数据的一种研究方法，本质上和日记的含义相似，但是由于研究需要，日记内容可以提供给研究人员分析，不像日常理解的日记那样具有私密性。这种方法是参与者用自己的话语提供了其内在的和外在的不断变化的体验的一个记录。通过日记，研究人员能了解用户视角的经历是什么，用用户的语言来描述和记录所发生的和所感受的。日记方法也属于自我报告的主观性方法，但是和访谈、问卷这类自我报告方法相比，日记相对客观，它要求用户能及时地记下事件发生的过程和感受等内容，不受记忆的峰值效应和综合效应的影响，能够较为客观地反映出用户的行为和心理。日记方法经常作为其他研究方法的一个有力补充，提供更为丰富的细节内容。

日记方法最初也是源于心理学和人种学研究领域，随后拓展到一般的社会问题研究中，是一种采集定性数据的方法（Bartlett and Milligan，2015）。日记方法采集的数据具有以下特点：①按照时间顺序依次、定期获取数据集，是一种历时性数据；②采集的数据是和个体相关的，个体认为有必要记录的内容记载成日记形式，如事件发生经过、参加的人物角色、互动、感觉和评价等。不同的个体虽然可以采用同一种日记格式，但是在内容上各具特色；③信息的采集是非常及时的，一般是要求事件或活动刚发生或者在当天内及时记录，因而记录准确性很高。

日记方法的优点体现在：①受记忆影响很小，要求参加者在发生事件后立即或者尽快记录下来，一般不超过当天，所以反映的信息准确、翔实，不需要参加者依靠回忆来报告。这也是日记方法相比于访谈或问卷的优势之一。②能准确反映一些数据细节。例如，记住准确的时间和位置对很多人来讲是一个挑战，而日记可以采取一些自动记录的技术帮助用户记录下事件发生的时间或位置等细节信息。③吸收用户积极主动地参与研究，研究人员能深入了解用户的活动场景。④能采集一些敏感性的数据，这些数据通过面对面的访谈或者问卷调查不太容易获取。⑤相对较低的实施成本和灵活性的运用特点，既能采集到一些文本数据，又能采集到一些数值，是其他数据采集方法的一个很好的补充，能提供更多丰富的、多样性的数据。

日记方法实施中的局限为：①写日记对参加者来说是一件麻烦费时的任务，可能需要身体和认知上大量的努力，因此有能力并且能坚持完成整个日记研究流程的参加者不容易招募到。②现代日记方法的实施运用了许多先进的技术手段，对研究人员和参加者来说具备一定的技术能力也是一个现实要求，而一些设备的应用也增加了方法实施成本。③结构化日记研究因为缺乏情境信息，难以解释一些问题。④日记采集的数据以定性为主，包括文本、数值、图像等多种类型，带来分析的困难。⑤由于需要经历一段时间的记录，会存在疲劳效应，导致最后时期日记记录的数据质量不如最初时期的数据质量，这样有可能引起研究误差。

### 6.9.2　日记方法的类型

日记方法可以按照记录形式来分类。日记的记录形式是指采用什么方式、什么存储介质让用户记录下内容。在我国语文知识体系中，日记也可以作为名词，指每天用笔将事情记录的本子，因此最初的记录形式就是笔和纸，随着信息的记录载体的发展，现在记录信息的介质多种多样，可供研究人员灵活选择使用，能采集到丰富的、多样性的信息。日记方法的类型可分为以下几类。

1. 按照记录载体划分

1）纸张方式

纸张是非常方便和廉价的日记记录形式，也符合传统意义上对日记的理解。由研究人员将记录纸或本子提供给参加者，同时还提供回寄地址和付了邮资的信封，要求参加者在纸上或本上记录下内容后回寄给研究人员。这种方式的优点是对参加者没有特别的软硬件技术要求，携带性好、价格便宜。缺点是回收率和有效数据比例比较低，有时候参与者没有能正确理解研究任务，导致日记数据无效；手写的方式增加了文字辨识的工作量；必须等到参加者所有的日记完成后才能收到数据，不如后面的一些记录方式，能够随时监控日记内容，适时调整策略。

2）电子邮件方式

该方式是指参加者利用电子邮件向研究人员指定的邮箱地址定期发送日记内容。研究人员通过电子邮件提醒参加者记录日记，参加者利用个人电子邮箱不仅能发送文本，还可上传照片、视频、网址等信息类型，增加日记采集的多样性。其优点：电子邮件的普及，扩大了研究样本的范围；节省纸张；能够实时提交；所有内容均以数字形式存在，无须辨识和转录。其缺点：对于不习惯随时查看电子邮件的参加者，可能会忘记记录日记，存在数据缺失严重的问题；参加者提供照片、视频等附件时，会觉得不方便，导致能够获得的此类数据不是很多；研究对象仅限于拥有电子邮件账号的参加者，对一些老年人或习惯使用微信等即时通信的参加者不是很习惯。

3）声音记录方式

该方式是指用录音设备记录参加者的语音信息。这些语音是在事件发生时参加者的情绪状态，虽然实际上仅用语音很难解释情绪（例如，兴奋和愤怒都可能表现出急促的语调），但是声音记录方式能为研究人员提供更丰富的背景信息。配合着其他方式，如语音邮件服务或智能手机发送邮件功能，参加者能够及时将语音发送给研究人员。其优点：参加者能方便地将数据上传给研究人员；增加日记记录内容的丰富性。其缺点：采集数据受参加者便利条件和情境的影响，有时参加者不方便及时上传语音，很难准确采集情绪数据；语音信息需转录后才能分析，增加了数据分析的工作量。

4）视频记录方式

该方式是指用摄像设备记录下参加者的日记内容，得益于摄像头在智能手机、平板电脑上的广泛安装的事实，很多人喜欢利用摄像头来记录生活，各种视频类应用软件（如YouTube、抖音等）广受欢迎，使得在用户中推广使用视频日记方式相对容易。其优点：视频记录方式提供了丰富的音频和视频数据，非常适合相关人员感同身受用户的经历；相比声音记录方式，视频记录在判断情绪方面更准确。其缺点：有些场合不方便使用视频记录，如手机正在被占用时，会导致数据缺失；上传视频需要一些额外的通信费用，增加了实施的成本；参加者拍摄视频时往往自由发挥，导致不一定按照研究人员预设的脚本来记录，采集到很多无效和干扰数据；同样存在转录的问题，增大了数据分析的复杂性。

5）短文本记录方式

SMS 短消息是指类似于手机短信这种方式来记录日记内容，并发送到研究人员指定的一个通信账号中去。在微信没有流行之前，短信是一种很受欢迎的通信方式，因此研究人员利用这种方式来记录日记。其优点：不需要转录；参加者提交时不受干扰和环境因素的限制；还可以利用彩信功能发送照片。其缺点：通信费用要考虑；参加者会觉得手机输入相当麻烦，不愿意过多解释。

6）社交软件记录

随着社交软件的出现和流行，微信、微博等也成为研究人员青睐的日记记录工具。社交软件记录能克服短信输入字数有限、提供内容单一的缺点，再加上其用户群体覆盖范围广，因而是一种很有潜力的日志方法。例如，Sie（2016）利用微信作为远程日记工具研究消费者如何进行日常金融交易，帮助研究者采集到丰富的数据。其优点：能提供更多的背景信息和解释；能提供多种类型的信息，包括照片、视频、网址链接等；方便及时的提交功能，如微信朋友圈的发送。其缺点：利用社交软件分享日记内容时如果没有设置私人共享方式，参加者会有所顾虑，因而可能不如其他的日记方式真实，所以建议采用私人共享方式；有些社交软件（如 Twitter）限制字数，影响参加者描述内容的详尽程度；很难为参加者设置结构化的日记形式。

7）在线日记应用软件

一些在线网页版的日记记录软件或者移动应用（application，APP）的问世也为研究人员实施日记方法提供了便利。例如，LiveJournal、Penzu、Diary、Monkkee 等都是受研究者喜爱的日记研究工具，且都有相应的免费版本或者移动端 APP。用户可以在智能手机上安装移动端 APP，实现 24/7 全天候分享想法。这些在线日记软件或移动应用都不约而同地将用户隐私放在首要位置，设置了不同的安全权限来保护日记的私密性。在线日记记录形式的优点如下：不需要额外的转录工作；软件具有自动提醒机制，不需要研究人员手动方式提醒参加者提交日记；如果参加者的手机安装了日记应用，可以随时随地方便记录，采集更多丰富的数据；参加者如果授权同意，结合地理位置识别还可以自动采集到用户的情境数据。其缺点如下：能参加测试的用户群体受限，忽视了不习惯使用或者不具备使用电脑或智能手机的用户群；还需要考虑网络传输时的费用，增加实施成本。

#### 2. 按照日记记录的格式划分

除了按照记录载体来对日记方法分类外，还可以按照日记记录的内容格式分为结构化日记或者非结构化日记。

1）结构化日记

结构化日记是指参加者按照研究人员的指导，采用统一的日记格式和条目记录下其想法、感受和行为。早在 20 世纪 30～50 年代，最著名的一项结构化日记研究项目是 MOP（Mass Observation Project，http://www.massobs.org.uk/），呼吁英国各地的人们记录从早晨起床到晚上睡觉的所有活动，由此产生的日记使人们可以一窥英国人民的日常生活，并已成为研究该时期历史的宝贵资源。1981 年，这项研究重新启动，几百名来自全国的志愿者按照指定的开放式问题指令来记录日记，并将结果用邮寄或者电子邮件的方式反馈。该指令通常包括 2～3 个主题，涵盖个人问题（家庭、工作）、政治（如 2014 年苏格兰公投）和历史事件（第一次世界大战、家族史研究）等。Alaszewski（2006）指出结构化日记的 4 个特征如下。

（1）能按照一定规律定义条目，围绕一段时间内的一系列常规日期条目来进行组织。

（2）具有私密性。日记主体对日记的访问具有控制权，但是可以通过授权他人访问来让研究人员获得日记内容。

（3）具有同时性。日记是在事件或活动发生的同一时间或非常接近的时间被记录的，因此不会像其他某些方法受到记忆偏差的限制。

（4）日记是一种时间结构的记录，无论采用哪种载体记录，日记中的条目（entries）包括参加者认为相关且重要的内容，如交互、事件、经验、活动、思想和感受。

图 6-31 展示了一项对睡眠问题进行研究时研究人员指导日记记录的提纲（部分）。

---

完成睡眠日记的指导

这项任务有三个目标。第一个目标是让您熟悉睡眠医学评估嗜睡和筛查潜在睡眠问题的某些方式。第二个目标是让您通过完成睡眠日记自觉地反思自己的睡眠活动及其后果。第三个目标是根据您提供的数据得出有关睡眠研究价值的结论。该日记模板复制了希斯洛普（Hislop）等开发的音频日记模板，并进行了某些修改。

为了进行睡眠评估，您将完成一份五晚的定性睡眠日记。这将包括您在连续三个早晨从睡眠中醒来后的睡眠摘要。以下几点是关于您可能在日记中包含的各种内容的建议，您也可以写下您认为在此期间对睡眠状况产生正面或负面影响的任何其他信息。

每份日记的记录条目是（如果适用）：

●日期。

●前一天晚上的睡眠方式。以 1～5 分评估睡眠（1 = 非常差的睡眠，3 = 平均睡眠，5 = 非常好的睡眠）。

●您昨晚（大约）上床睡觉的时间，您（大约）起床的时间以及您最终早晨起床的时间。

●当天早上您如何醒来。例如，自然醒来还是被闹钟叫醒？醒来时的感受如何？您为何有这种感觉？

●前一天晚上的睡眠质量。例如，您是否比平时更晚或更早上床睡觉，醒来或起床；无论您深度睡眠还是轻度睡眠，您都以多长时间入睡。您多久记得醒来一次，周围的环境是否使您醒来；您醒了多长时间，醒来时是否与他人交流过觉醒状态；以及其他人在您清醒时有什么行动。

●您习惯的入睡策略，醒来后如何重新入睡，如何实现更长的睡眠时间。

●您认为可以解释睡不好的原因。例如，前一天的压力事件或互动、前一天的饮食或饮酒习惯、药物干扰、受伤、噪声/沉默、温度、气味、物质影响（床上用品、睡眠环境）和前一天小睡过多。

●（如果适用）影响睡眠的生物/物理因素。如翻身等。

●（如果适用）睡眠伴侣或附近的睡眠者/非睡眠者对您睡眠的影响（正面或有问题的影响）。

●（如果适用）“非人类因素”对您的睡眠的影响（积极或有问题的影响）。如您的睡眠空间、宠物、野生动物等因素。

●您感到的可能对您的睡眠产生影响的其他任何有趣的经历。

●在每个日记条目的末尾都附上您的想法的总结。您从这篇日记中学到了什么睡眠知识？日记的内容如何确认或评价您的定量睡眠评估？

---

图 6-31　日记记录提纲示例（Gawley，2018）

尽管结构化日记可以单独使用，但是更常见的方式是与访谈、问卷调查结合使用，采用混合研究的方式，弥补单一研究方法的不足，增加数据采集的质量和数量。结构化日记的一个优点在于能够围绕着相同的主题来进行纵向比较研究，例如，探讨一段时期的饮食习惯、健身行为、旅游经历等，研究这类问题时，给参加者一个明确的指导有助于参加者定期汇报同样的条目，从而发现一些模式和规律。

2）非结构化日记

非结构化日记是指日志记录过程是开放式的，没有或者很少由研究人员来指导，而是由参加者自由地决定记录的格式和内容。对于研究问题没有更多可供参考的文献，研究人员希望探索式研究时，这种日志记录方式非常适用。与结构化日记的区别是，充分考虑到参加者的研究伦理和道德规范，不强制要求在日记中记录某些条目，而是由参加者自愿汇报。这种日记是参加者自发记录的，具有私密性，但是它们提供了个人经历的快照，对于探索文化现象、心智见解和参与者的情感体验非常有用，如果能用于研究，将是宝贵的资源。非结构化日记记录松散，内容、形式都不作强制性要求，参加者可以随意地记录下所看、所想、所感和所为，随时上传照片或音频、视频，增加了数据采集的丰富度，但是有些时候参加者的日记偏离了研究主题，导致无效数据增多，也给研究带来了挑战。为了平衡，一些研究人员倾向于采用半结构日记的方式来吸收两者的优点，例如 Orban 等（2012）对双职工家庭中职业妇女的行为模式随时间变化的原因感兴趣，为此进行了半结构化的时间-地理位置日记研究。为了捕捉参加者的观点，时间-地理位置日记是开放格式的，但是，对日记的内容进行以下说明：正在从事的事情内容、从事事情发生改变的时间、地理位置、和谁一起做事、做事期间的心情状态。在记录 24h 的内容后，参加者还被要求用 5 分制来对一天的生活进行打分。这里既包括结构化的日记条目，也赋予了参加者一定的自由描述的权利。

除了上述分类外，还可采取其他的日记分类视角。例如，按照日记的记录周期分为一般性日记（general diary）和时间性日记（time diary），主要区别是前者的记录周期不固定，记录的条目是随机发生的。后者则要求个人定期记录，并且每次要记下时间信息。对人机交互研究来说，若时间是一个重要的研究条目，可考虑用时间性日记，例如一个应用程序从打开到找到某个功能的时间。Carter 和 Mankoff（2005）提出按照日记的目的可以将日记分为反馈式（feedback）和启发式（elicitation），反馈式日记是为了向研究人员提供感兴趣的事件的信息，启发式日记记录下用户感兴趣的事件以便于作为稍后访谈的提示线索。

### 6.9.3　日记方法的实施

日记研究项目的实施主要分为以下三个阶段：

1. 实施前的准备工作

有很多事项和问题需要在准备阶段考虑。

（1）日记研究方法的定位和选择。是将日记研究方法单独使用还是和访谈、问卷结合使用，如果是选择后者，如何和其他方法结合，实施顺序和各自采集数据的目的是什么？对于确定要采用日记研究方法来采集的数据，研究人员还要考虑数据的记录类型和载体用什么合适，使用结构化日记还是非结构化日记等问题在准备工作阶段都要有清晰的规划。

（2）确定日记记录的频率。日记研究并不是严格地遵照一日一记的原则，最简单的日记研究要求参加者每天（通常在晚上）只进行一次录入。而有些研究要求参加者每天进行多次输入，意味着在一天内可以有多次日记提交。研究人员可以选择使用基于时间间隔的采样（固定时间如每天或每周）、基于事件的采样（当某些事情发生时报告，例如当需要进行移动搜索时）或基于提醒信号的采样（在研究人员短信或电子邮件发送提醒时进行报告）。对于有规律发生的行为采用基于时间间隔的采样较为合适，如每天的睡眠。而如果有些行为的发生不具有规律性（例如有时研究人员观察一天也不常见有搜索地图的行为发生），就可以采用基于事件的采样，由参加者在该事件发生时用日记记录。经验抽样方法（experience sampling methodology，ESM）是一种基于信号的采样方法，由 Hektner 等（2007）提出。这种方法是研究人员随机抽取参与者关于他们当时的经历的样本，参与者接到通知后，报告自己正在发生什么以及其体验。由于这是随机的，因此有可能无法在关键的时刻“抓住”参与者。但是，如果研究人员想了解更频繁或更持久的体验，这是个合适的选择。例如，Church 等（2014）开展的一项大规模的日常信息需求的研究，采用了基于情境的经验采样方法，使用短信技术的基于片段的日记技术以及在线 Web 日记。人们一整天都需要信息，但是这些需求往往瞬息万变，以至于甚至都没有意识到。采用 ESM 方法很可能会在许多信息需求时刻吸引参与者，他们可以描述自己的经历，例如触发需求的原因、他们在哪里、在哪里寻找信息。

（3）准备日记记录提纲。非结构化日记虽然自由、松散，但是仍要围绕着研究问题给参加者提供指导，对于结构化日记，日记记录提纲则是一个必要的准备素材。研究人员要考虑哪些问题参加者能够回答，是否能准确回答以及是否侵犯了用户的隐私。通过预研究，不断地修订日记记录提纲上的提问条目。如果希望能进行纵向的历时比较研究，日记上的条目最好不要给参加者带来过多的认知负荷，例如将地理位置、时间或者体验的主观评价的评分等作为标准化的日记格式，有助于研究者进行数据分析和解释工作。

（4）招募参加者。找到愿意将自己的经历和体验用日记的形式展示给研究人员的参加者是一件不容易的事情。研究人员对参加者要开诚布公地介绍研究的目的、内容和要求，包括日记记录的形式和详尽程度、提交的频率和方式等，还要预估每次记录日记大约需要的平均时间，从而让潜在的参加者能够对是否具备参加研究的能力和条件有所认识，减少研究中断发生的概率。参与日记研究的人至少要满足三个要求：理解日记研究持续性的目的；有动力和精力准确记录日记；具备使用日记记录工具的能力。有关招募参加者的人数没有统一的标准，Baxter 等（2015）建议，在人机交互研究项目中一般招募 10～20 名参加者，但是也有的研究招募了 1200 名参加者，参加者的数目要根据所研究的目标群体和行为的特点来定，如果目标群体和行为具有多样性，那么扩大参加者的规模是必要的。

如何激励参加者能坚持完成一段时间的记录对日记研究项目来讲是一个值得注意的问题。从研究伦理上讲，任何参加者都可以随时提出退出研究的要求，适当的激励措施是必要的。可以将研究进程分为几个阶段，当参加者完成一个阶段的日记提交时提供一些报酬或者礼品作为奖励。有经验的研究人员表明，这个奖励也不能太大，以避免有些参加者单纯为了获得奖励而递交低质量的日记。总之，承认参加者为这项研究所付出的努力和精力，让他们真心主动地参加到日记研究项目中来，这是日记方法实施时重要的科研伦理问题。

2. 实施过程

日记研究的准备工作完成后，可以先进行预演。预演的目的是了解参加者是否能准确理解任务要求，是否能正确提交日记，日记上记录的数据是否满足研究需要。将研究开始几次的日记提交数据进行初步的分析，及时向参加者反馈存在的问题，例如哪种照片可以作为提交的数据，输入的数据条目是否为研究人员期望的结果。这些措施对于减少研究风险非常必要。然后是对数据采集过程的监控。传统的纸质方式一般是到最后一起提交给研究人员，而如果在项目中期进行控制，可以提高日记记录的质量，也能鼓励参加者继续完成。以数字形式记录的日记，为随时监控数据提供了便利，因此如果研究人员采用这种方式进行研究，不要等到研究结束后再查看数据，而应每天或定期检查数据是否存在异常。对未提交任何数据或提交异常的参与者要及时提醒。是忘记了提交还是改变了参与的想法？发生了一些存在明显错误的数据，或者提供的信息片段不足的情况，应及时联系参与者以获得反馈。如果参加者做得很好，可以鼓励他们继续做得更好！

3. 数据分析与研究结果呈现

（1）数据清洗。日记研究收集的数据的丰富性和多样性使得数据分析之前的清洗工作非常重要。研究人员需要通读所有的日记数据，熟悉日记内容，然后将对研究问题意义不大的和无关的数据片段剔除。这里包括参加者没有按照指示报告的数据或者错误输入的日记条目数据，还包括各种非文本的数据的筛选。经过清洗的数据可以保存为文本形式或者 Excel 表格形式。

（2）定性数据分析。大部分日记都是以定性的文本数据方式存在，一些广泛使用的定性研究方法，如内容分析、主题分析、扎根理论等都可以用于分析日记文本。这些定性分析方法的优点是能从自然叙述的文本中经编码，压缩出摘要格式，减轻了分析负担；有助于建立研究目标和定性数据之间的关联；以及能够从定性数据中识别出模式，构建新的理论。一些常用的定性数据分析工具如 NVivo、MAXQDA 等的问世也为分析日记数据带来便利，这些工具有的可以帮助研究人员寻找数据的模式、趋势或提供量化数据；有些支持开放式的分析过程，如创建类别、组合类别之间的关系，然后搜索与这些类别匹配的文本，甚至多媒体文件；有的能自动识别出主题，实现自动编码。尤其对于非结构化日记格式，这类工具为数据分析过程带来了工作效率的提高。

（3）定量数据分析。对于结构化数据，可以按照每个条目参加者的报告将其存储为表格中的字段；或者对于非结构化的文本数据，经内容分析编码后，能够反映数量特征。因而日记方法不仅能采集到定性的数据，而且能获得量化的数据。例如，在一个结构化日记格式中，调查用户上网搜寻的信息内容时，要求用户按照提供的选项作出选择，定量数据可采用各种统计方法分析，如描述性统计、相关分析、假设检验等，根据采集的条目的数据类型进行选择。这种数据分析方式和结构化问卷的方式类似。

（4）研究结果呈现。日记研究的结论可以用各种合适的方式展示出来，如人工制品笔记（artifact notebook）、故事板（story boards）和海报（posters）等。人工制品笔记向读者展示日记研究收集的各种文本、照片、音频和视频，丰富呈现研究的内容。例如用户对某个产品使用时记下的各种想法，对帮助研究人员设计和改进产品非常有用。这些人工制品可以是印刷的纸质方式，也可以是电子化的形式，附加的一些照片和视频能提供更直观、生动的说明，这些都是研究成果的一部分。故事板也称为故事叙说，是指通过情节提要来说明用户的特定任务或“生活中的一天”（使用代表性图像说明任务/场景/故事），是关于用户行为、环境、情绪体验等的生动展示。这种展示方法能吸引读者的注意力，不需要过多的语言解释就能感受到用户所表现出的情绪状态和面临的问题。例如，在为自由行旅客设计一个旅游APP时，可以创建一个故事板，展示一位自由行游客从开始制定旅游计划到准备出行，再到出行过程的所有场景下的信息需求和信息搜寻行为。从而能够让读者直观感受到用户的需求随着情境变化的特点，以及在不同的情境下对APP 的不同要求。海报是一种在公开场合（如会议、室外广告）宣传研究发现的方式，海报将研究的主要过程和结论展示出来，以使读者了解参加者日记报告的最常见问题、共享的照片、有见地的观点、对新产品的期望等内容。

### 6.9.4 日记方法在人机交互研究中的价值

日记方法在人机交互研究中也有着较长的应用历史，主要源自对社会学和历史学研究的借鉴。过去对人机交互研究批评较多的一点是用户通常被邀请到一个设计过的、受控的环境下开展交互行为研究（如可用性用户测试实验），无法真正代表用户真实自然的使用环境。日记方法的出现，可以在一定程度上填补自然环境和受控环境之间的空白，既能使研究人员关注到一些不方便或不能进入的用户使用环境（如输入密码），同时又能克服受控环境下对用户的交互行为产生影响的生态有效性问题（如移动应用场景）。Hayashi 和 Hong（2011）认为日记特别适用于研究跨越多种技术、多地点和多环境的使用模式。Davidson 等（2014）在研究老年人决定为开源软件项目进行捐款的原因时，很难为老年人用户找到一个可供观察或者实验的环境，而采用日记研究就能克服这些障碍。

日记方法和访谈、问卷调查一样，都属于自我报告类数据采集方法。日记方法的优势在于对记忆的依赖性不强，特别适合研究情绪、感知、直觉、意愿这类研究问题，因为这类现象通常是随时间和情境而变化的，是流动的数据。姓名、家乡、出生日期等人口属性数据几乎不会受到记忆的限制而影响用户报告的准确性，属于静态的数据。如果对用户访谈或者调查上述具有流动特性的数据，用户可能忘记一些细节，反馈存在偏差或者错误。

和问卷调查相比，日记方法还有一个优势是允许用户用自己的语言去表达感受，问卷采集则常常需要使用预先确定好的问题，因而日记采集的数据会更详细、丰富。问卷调查研究虽然能很好地描述人们的行为，但在解释或理解他们为什么这样做方面却不甚有效，日记方法的应用价值正好在于能很好地理解用户交互行为为什么会发生。

在提供丰富的交互细节方面，日记方法也展示了其用于人机交互研究的优势。在技术使用的过程中，用户的“灵光突现”是很难用访谈、问卷调研等方法去捕获的，而日记正好能达到记录这些交互细节的目的。例如，用户在线学习时在浏览到某一个信息片段，突然对某个知识点有了深刻的理解，这个瞬间如果能激励用户用日记的形式记录下来，对于改进在线学习平台是一个很有价值的发现。

## 6.10 数据分析

### 6.10.1 研究数据

研究中采集的数据是完成一项研究必不可少的原料。根据不同的分类标准可以形成不同的研究数据类型。例如，根据是研究人员亲自采集的数据还是使用其他人或组织采集的数据可分为一次数据（primary data）和二次数据（secondary data）。对于致力于探索一个新研究问题的研究人员，亲自去采集一手数据是十分必要的。一次数据是专门为了解决研究人员特定的研究问题而采集的，而且采集过程中研究人员能实施控制手段，保证数据质量，但是存在采集费用和时间成本高的问题，研究人员还需要掌握正确的数据采集方法。二次数据指研究中使用来自政府部门的报告、市场调研机构的统计数据或者其他学者的研究数据，其优点是不用研究人员亲自去采集，因而不存在技术难度问题。同时一些专门的数据部门采集的数据往往时间跨度长、覆盖地域广、具有周期性，能为纵向研究提供可能。但是二次数据的采集过程对研究人员来讲不是很透明，因而对其数据产生过程无法控制，同时二次数据不是为研究人员特别准备的，研究人员需要对采集的数据进行预处理和清洗以满足研究需要。

还有一种常见的数据分类方式是根据数据的形式是量化的数字还是文字分为定量数据和定性数据。定量数据能够帮助研究人员理解大规模的样本数据集中的数量统计特征、如频次、平均值、相关性等，还可以验证变量之间的因果关系。定量数据的研究结论是可以重复测试的，具有系统性和客观性的优点。但是定量数据集的采集过程需要研究人员具备一定的技能，且对样本数量有要求。如果研究人员想了解用户的想法、观点、经历，或者从一段叙述中理解其意义，此时所面对的数据就不是以数字的形式呈现，这就是定性数据。定性数据的采集和分析过程灵活，研究人员能根据研究问题和实际情形来自主设计，需要的样本数量也远低于定量数据。其劣势在于，定性数据的分析过程较为烦琐、推论的结果主观性较强，很难推广到一般或更广泛的总体的情形下。

通常来讲，采集数据时使用的方法和数据类型没有绝对对应关系，表 6-22 为主要的数据采集方法、采集的数据类型以及适用场景，其中大多数数据采集方法在本章都有过介绍，这些方法都是用于采集一手数据的，对于二手数据采集，本书没有涉及，表中的系统综述是一种二手数据采集方法，案例研究则既可以采集一手数据又可以采集二手数据。

**表 6-22　常见的采集数据类型以及适用场景**

| 采集方法 | 一手/二手 | 定性/定量 | 适用场景 |
| --- | --- | --- | --- |
| 调查 | 一手 | 一般为定量，也可采集少量定性数据 | 了解群体的一般特征 |
| 访谈、焦点小组 | 一手 | 定性 | 更深入地理解研究问题 |
| 民族志 | 一手 | 定性、定量 | 观察在自然环境下的事件如何发生 |
| 发声思维 | 一手 | 定性 | 探讨思维和认知 |
| 日记方法 | 一手 | 定性 | 探讨一段时间的变化特征 |
| 卡片分类 | 一手 | 定性、定量 | 用于信息组织架构、探讨人类思维认知 |
| 眼动研究 | 一手 | 定量 | 统计分析和假设检验 |
| 实验 | 一手 | 定量 | 检验因果关系 |
| 系统综述 | 二手 | 定性、定量 | 评估研究主题的现状和趋势 |
| 案例研究 | 一手、二手 | 定性、定量 | 深入理解特定的群体或背景 |

不同数据类型带来不同的数据分析方式，统计分析是非常典型的定量数据分析方法，能够发现数据之间的数量关系以及检验某些研究假设。以扎根理论、主题分析这类为代表的定性数据分析方法则能够深入揭示和发现复杂的数据背后隐藏的模式和含义。定量分析和定性分析的比较见表 6-23。

**表 6-23　定量分析和定性分析比较**

| 类型 | 研究目的 | 样本 | 数据采集 | 数据分析 | 结论呈现 | 特性 |
| --- | --- | --- | --- | --- | --- | --- |
| 定量 | 验证理论和假设 | 较多 | 封闭式提问、量表测量等 | 统计分析 | 数字、图、表 | 测量、客观、可复制 |
| 定性 | 探索概念、思想、形成理论或假设 | 较少 | 开放式提问、观察、自由交谈等 | 总结、分类、解释 | 主要是文字 | 理解、情境、主观、复制 |

## 6.10.2　定性数据分析

1. 定性数据分析的适用场景

定性分析的目的是将众多零散的、非结构或者半结构的文本数据经过研究人员详细的描述和洞察，发现其中可能的模式（pattern）和概念（concept）。定性数据的无结构或半结构特征使得分析过程不如定量数据明确、系统。在一些学者看来，定性数据分析缺少严谨性和科学性，研究过程很难复现，研究结论对研究人员的依赖性很强，带有很浓厚的主观性。面对这些质疑，如何规范定性数据的分析流程、提高定性数据分析的严谨性和有效性、消除研究人员个体偏见的影响，承认主观性是解释定性数据不可避免的特质的前提下，提高定性数据分析在解决一些特定问题中的应用价值，成为很多定性研究人员极力推崇和倡导的目标。

Punch（1998）认为定性研究是一个从数据到普遍式的主题提炼再到概念化理论或模

型构建的过程。Lofland 和 Lofland（2006）概括出 6 种从定性数据中发现模式的方法，分别为：频率（frequence）、程度（magnitude）、结构（structure）、过程（process）、原因（cause）和结果（consequence）。定性分析将建立构建的概念和发现的模式与数据之间的证据链，用数据中的实例数据来支撑特定概念，体现出研究人员对相关研究问题的熟练和精深。适宜采集定性数据研究的问题有以下场景：①探究事物发生、发展、演变过程的规律和特征，例如，人机交互过程中情绪是如何发生变化的？②探讨特定情境下发生的社会现象，例如，新冠疫情背景下公众呈现出不同于一般日常信息行为的独特性在哪些方面？③对行为活动现象进行描述，例如，儿童是如何进行远程线上学习的？④理解用户的内心想法，例如，老年人对使用穿戴设备的态度。⑤从行为主体角度对特定社会现象进行解释，例如，用户的信息的加工方式为什么能影响其行为和决策？

2. *主要的定性分析方法*

常见的定性分析方法主要有内容分析（content analysis）、扎根理论研究（grounded theory method）、主题分析（thematic analysis）、对话分析（conversation analysis）、符号学（semiotics）、话语分析（discourse analysis）、叙事分析（narrative analysis）、现象学研究（phenomenological analysis）。这些定性分析方法在专门的质性研究方法类书籍中有系统的介绍，本书仅简单概述其中常见的、应用广泛的三种定性分析方法。

（1）内容分析是指将文本或者其他非结构数据（如对话、图像、音频、视频等）构建出具有代表性描述表示的过程，它是一种通过客观、系统地识别信息中特性并推断的技术。内容分析能够深入分析内容，发现新的模式且可能作出解释，体现出“构建良好的主题、类别、语境发展以及对过程或随时间变化的解释”（Corbin and Strauss，2014）。一般认为内容分析是一种定性分析方法，但是在内容分析的编码过程中，除了识别出标签外，还会对标签的数量特征进行统计，因而也有学者将其视作一种定性和定量相结合的研究方法（Neuendorf，2002）。内容分析方法适合研究的问题是“5W1H”，即是谁（Who），说了什么（What），对谁说（Whom），为什么说（Why），如何说（How）以及产生什么影响（What effect）。

（2）扎根理论研究是 Glaser 和 Strauss 两位学者于 1967 年提出的定性研究方法。这种研究方法通常从一组经验观察或者数据开始，而不是根据先前的理论预先形成一个或多个假设开始，旨在从这些数据中发现模式或者扎根出理论。在扎根理论形成的过程中，研究人员很少有先入为主的观点，可以进行多轮数据的收集和分析，使得理论的形成基础更为充分，是一种归纳取向的研究策略。扎根理论研究是一种应用广泛的定性数据分析方法，本书前面介绍的访谈、观察、民族志研究以及日记等数据采集的结果都可以运用扎根理论研究。Myers（2013）认为成功实施扎根理论的关键是研究人员的创造力和开放的心态，而自其提出以来，有关扎根理论研究的实施程序一直存在分歧，形成了不同的流派。读者可访问网站（http://www.groundedtheory.com）或其他相关资料来理解扎根理论研究的理论和实践发展。

（3）主题分析作为一种定性分析方法，旨在描述或探索采集到的数据中所反映出的用户观点、看法、经历或价值等属性特征。Braun 和 Clarke（2006）合作的论文是对主题分析进行系统介绍的经典文献，迄今为止仍被广泛引用。两人认为主题分析有不同的实施形式，一种是分为归纳式主题分析和理论式主题分析，前者和扎根理论研究类似，主题的产生和形成来自数据本身，是一种自底向上的方式，编码的过程中没有先入为主的编码框架或者理论指导。扎根理论研究强调从数据收集和数据分析的持续相互作用中发展出一套新的理论或模型，归纳式主题分析则是以主题的形式来对数据进行丰富的描述。理论式主题分析受到研究者的理论基础或者分析兴趣点的影响，是一种显式的分析驱动方式，它不是为了对数据集合进行丰富的描述，而是旨在对数据的某一个侧面，往往也是研究人员感兴趣的研究问题进行深入的分析。另一种主题划分类型为显性的主题分析和隐性的主题分析。显性的主题分析只关注数据表面的、外在的特征，不对数据背后的语义进行解读，数据分析的目的是发现语义内容模式，从这一特点来看，有很多人将其与内容分析法混淆。隐性的主题分析是对数据背后的潜在思想、假设、概念进行识别和审查，也就是为显性主题分析所揭示的表象特征寻找合理的解释和假设。主题分析的不同实施形式也使得一些学者认为内容分析法、扎根理论研究、现象学研究等都是主题分析的具体形式。

### 3. 定性数据的分析流程

Corbin 和 Strauss（2014）认为定性数据分析包括三个阶段，首先，采集与研究问题有关的数据集，例如，一项研究旨在探讨老年人对一款健康穿戴设备的使用行为，通过这项研究，可以发现老年人使用健康穿戴设备的情境、活动、态度、情感等主题。其次，深入到每个主题之下，以找到相关的描述性的属性和维度。通常，研究人员还可以探究这些维度之间的关系，第三步即是从集成每个单独维度下的发现来更好地理解原始素材，并对原始素材作出推论。定性分析的结论呈现可以是文本叙事，也可以采用模型图或总结表的形式，为理解定性数据的潜在复杂关系提供视角。这三个阶段代表着一种普遍的对定性数据的分析思路，而实际中，一些学者依据不同的定性数据分析方法的特点和使用目的提出了具体的实施程序。

Datt 和 Chetty（2016）总结内容分析法的 8 个实施步骤如表 6-24 所示。

**表 6-24　内容分析法的实施步骤**（Datt and Chetty，2016）

| 步骤 | 实施内容 |
|---|---|
| 1. 准备数据 | 将各种形式（如访谈、观察）采集的数据进行转录 |
| 2. 定义分析的单位 | 分析单元可以是单词、短语或者句子 |
| 3. 开发编码方案 | 编码方案的类别名称可以是相关的理论或者实证研究、原始的数据 |
| 4. 对编码方案用小样本预测试 | 从数据中随机挑选出少量样本由两位研究人员独立编码，计算编码一致性系数，如果系数很低，需要修正编码方案 |
| 5. 对所有文本编码 | 两位研究人员独立应用编码方案对所有数据文本编码 |
| 6. 评估编码一致性 | 对编码结果进行一致性系数计算 |
| 7. 根据编码结果进行推理 | 根据编码结果中各类别进行推理，探索性质、维度和关系，发现模式 |
| 8. 展示结果 | 用图表、矩阵或概念框架的形式呈现结果，并辅助对文本数据的引用来解释结论 |

Simmons将经典的扎根理论研究过程分为6个步骤（http://www.groundedtheory.com），如表6-25所示。

**表6-25 扎根理论的步骤**

| 步骤 | 实施内容 |
|---|---|
| 1. 准备 | 扎根理论研究很少有具体的研究问题，但是会有宽泛的研究主题，没有详尽的理论基础 |
| 2. 数据收集 | 深度访谈，参与式观察，收集定性和定量的数据。数据收集和分析可以同步进行，初步的分析决定了下一步数据收集的方向 |
| 3. 数据分析 | 从数据中产生观点，观点不断地迭代出其他的思想。数据分析编码过程通常采用开放编码、主轴编码和选择性编码方法 |
| 4. 备忘录 | 备忘录是关于编码及其关系的理论化写作。数据收集、分析和备忘录通常同步进行，相互重叠。备忘录是在数据采集和分析过程中产生的即时想法 |
| 5. 整理和理论生成 | 对备忘录进行概念整理，形成理论纲要，展示概念之间的关系。这一过程会激发出更多的备忘录，甚至会促使产生新的数据采集和分析过程 |
| 6. 写作 | 在整理的概念分类基础上，精炼和完善文稿 |

Braun和Clarke（2006）将主题分析法的流程分为6个步骤，如表6-26所示。

**表6-26 主题分析法步骤**（Braun and Clarke，2006）

| 步骤 | 实施内容 |
|---|---|
| 1. 准备和熟悉数据 | 将各种形式的数据转录成文本，通读文本并随时做上标记，记录最初的想法，反复地精读数据 |
| 2. 初始编码 | 对感兴趣的编码单元（词组、句子或者段落）用醒目的符号和标签（即编码）进行标记，整理与初始编码有关的数据 |
| 3. 产生潜在的主题 | 将经编码的标签进行整理，识别出其中的模式，并产生主题。通常一个主题由若干个编码整合而成，代表着更广泛的概念 |
| 4. 审查主题 | 将潜在的主题进行一级审查（编码层）和二级审查（数据集层），思考是否遗漏什么，这些主题是否存在于数据中，能如何改进主题？通过主题的增、删、合并、分解等操作提高主题的准确性和效用，必要时可以提供一个主题图 |
| 5. 定义和命名主题 | 根据研究的目的和问题持续地分析和提炼每个主题的内容，为每个主题找到一个简洁、易懂的命名并给出一个准确、清晰的释义 |
| 6. 研究结论的报告 | 详细地描述主题研究的数据采集和分析过程，对每个主题依次阐述，报告每个主题的含义和特征，并为每个主题提供充分的数据例证。最后，还要将主题分析的结论和研究问题进行关联，解释主题是如何回答研究问题的 |

4. 编码

编码是定性数据分析的核心，几乎一些主要的定性分析研究都包括了编码环节。编码是指为文本或其他定性数据形式的观察值分配类别和描述符（标签）的过程。常见的内容分析方法的编码即是实现这一目标的。然而，Corbin和Strauss（2014）认为编码不仅仅是抽取出关键词，还涉及与数据的交互、数据之间的比较等深加工，从而能推导出概念。编码关系着定性研究的质量，采用符合大多数人认同的编码过程能够减轻研究人员主观偏见的影响。编码的对象可以是来自研究人员对目标一手采集的信息，如将通过访谈、焦点小组、日记等采集的内容转换而来的非结构文本或者多媒体信息；编码的对象还可以是媒介信息，包括来自图书、期刊、报纸上的公开出版物，电视、广播内容，或者网站上的新闻、博客、论坛等信息。

1）编码模式分类

编码的类别来源可以是现有的理论框架、参与者的原始术语（Vivo 编码）以及研究者自定义的概念。按照编码类别来源方式的不同，编码的主要模式有两种：先验式编码（priori coding）和突现式编码（emergent coding）。先验式编码依据既定的理论或假设来指导分类标签的选择，这些分类标签可以是先前的研究文献，也可以是研究人员先前对问题的调查。先验式编码的理论框架能帮助研究人员从质性数据中识别出主要的类别和项目并分配编码，解释研究结论。突现式编码是指在没有任何理论或模型的情况下进行的定性分析，编码人员只需注意材料中出现的感兴趣的概念或想法，并不断地改进这些想法，直到能够形成一个连贯的模型，以捕获重要细节。

在人机交互研究中，这两种编码模式既可以根据研究问题单独使用，也可以混合使用。采用内容分析方法的研究一般会使用先验式编码模式，而采用扎根理论研究的文献往往使用的是突现式编码模式，主题分析方法则两者都可以使用。先验式编码在人机交互中也被称为分类体系（taxonomies），例如，将执行任务分为“结构化任务和非结构化任务”或者“周期性任务和间歇性任务”等类别，以使得研究人员能用一致的方式探讨任务属性。扎根理论研究中使用的突现式编码又可分为开放编码、主轴编码和选择性编码三种。开放编码（open coding）是从文本中识别出研究人员感兴趣的模式、观点、行为等要素，而因为没有任何预先设定的理论约束，研究人员能以非常开放的方式编码出数据中浮现出的兴趣点。开放编码的类别标签以从文本中直接抽取出研究对象所使用的概念和术语居多，这种编码称为 Vivo 编码，能够最大限度保持质性数据的本意。而当原始的数据中没有很合适的词语时，可采取研究者指定概念（research-denoted concepts）的编码方法。主轴编码（axial coding）是对概念之间的关系进行识别和定义的过程，例如，将具有类似属性的概念分到同一组中，对不同的概念组之间的因果关系、序列关系、相关关系等进行建构。选择性编码（selective coding）是对质性数据中所反映的现象做出推论和预测性的陈述过程。在这一过程中，概念之间的关系更加明确，以前编码的质性数据也会从新生成的理论中被重新审视。三种编码在扎根理论研究中通常会迭代反复进行，新的概念从开放编码中不断地涌现，新的关系也在不断地构建和提炼。

2）编码过程

编码的过程对于编码人员（尤其新手）是一个艰巨的挑战。一些编码人员可能对每个细小的数据都感兴趣，导致只见树木不见森林，忽视了数据中最重要的信息，而另一些编码人员则觉得从一大堆质性数据中识别出编码的兴趣点不是一件易事，尤其是对开放编码，并没有一个预先设定的编码方案。编码过程可遵循以下三个步骤。

第一步是发现关键的项目。编码中要对一些特定的项目语句更多关注，这些特定的项目语句往往蕴含着丰富的信息内容，表 6-27 中的一些陈述对于编码类别的建构非常有用。

**表 6-27　编码中的关键项目**

| 关键项目 | 作用 | 示例 |
| --- | --- | --- |
| 使用目的 | 交互行为和方式与使用目的有关 | 使用穿戴设备的目的是记录日常的生理数据，掌握健康情况 |
| 行动 | 交互过程中用户的具体动作、发生频次，行动也关系到交互的结果 | 输入密码、拍照 |
| 结果 | 具体的行动是否有助于目标的实现 | 目的是否成功达成 |
| 后果 | 具体的行动是否导致负面的影响结果 | 数据被无意识覆盖或删除 |
| 原因 | 理解目标未成功的原因 | 内存有限 |
| 情境 | 理解用户不同的主观看法的可能原因，为解释结论提供更丰富佐证 | 是新手用户还是熟练用户？是固定使用场景还是移动使用场景？ |
| 策略 | 能为后续验证提供研究设计参考价值 | 避免特定的执行任务、多模态交互 |

第二步是尝试对数据提问。发现新的概念或者模式以及识别出概念之间的关系需要编码人员不断地对数据提问。这些问题与交互过程中的具体行动、结果、后果、原因等要素有关。例如，当对具体行动编码时，可以思考这项行动成功了还是失败了？如果失败了，产生什么后果，会很严重吗？原因是什么？主要是用户引起的还是系统引起的，或者是执行的任务不合适引起的？带着主动提问、主动思考的方式考察数据会收获许多意外的发现。

第三步是反复比较数据。编码过程中比较的运用十分必要，包括对不同的编码类别下的实例进行比较、对不同的参与者群组进行比较，以及将本次研究发现和以往的研究进行比较。Glaser 和 Strauss（1967）在研究护理人员的行为和病人的死亡概率的关系时，从部分实例中发现有护理人员认为“病人的死亡是一种社会损失”。将这一观点在其余护理人员中进行检验，得到了多个实例的支持。而通过不同群组比较则能探讨出一些人口因素（如年龄、性别、教育背景等）是否引起了群组之间的差异性。通过将研究置身于和其他学者研究的比较中，可以发现本次研究是支持了已有的研究文献还是提出了不同的观点，对不同的结论能否给出合理的解释。

第四步是记录编码。编码的记录是指对质性数据中需要的编码项目和类别标签进行标记的过程。这些标记能够帮助编码人员理解编码类别和引用的内容——特定的字段、语句和词组之间的关系。记录编码可借助一些质性数据分析软件，将在本节后续会介绍。

第五步是迭代和提炼编码。概念构建是一个不断发展的过程，编码也需要多次迭代和提炼。编码的过程中，概念在不断生成，概念之间的关系也在演变，尤其是突现式编码，即编码时浮现出新的概念，其反映了编码人员产生了新的理解，需要将其不断的补充修订到原有的编码方案中。即使是采用先验式编码方式，研究人员也往往只是预先给出一个初步的框架，实际编码时再逐渐细化和调整。尽管这种反复迭代来形成编码方案的过程费时费力，但是确实符合人类理解概念不断发展的本质特点。

3）编码质量控制

6.10.1 节提到定性数据分析面临最主要的质疑是研究人员的主观偏见影响了结论的客观性，而如何规范定性数据的分析流程、提高定性数据分析的严谨性和有效性是定性研究需要解决的关键问题。提高编码的信效度是保证定性数据分析质量的一个重要途径。

在编码问题上，编码的效度（validity）是指编码流程严谨、结构完善、有章可循以及不同的编码人员遵循的编码过程相同。定性数据编码的效度意味着需要从多角度来反映研究人员对数据的准确理解，对于以理论形成为目的的定性研究，研究者要表明其解释有牢固的事实数据基础，即论点是源于原始素材的准确推理。Yin（2014）建议为了提高定性研究的效度，可以采取以下措施。首先，建立一个数据库，包括所有研究中收集和生成的素材，如笔记、文档、照片、图表、总结、解释、批注等。其次，根据数据库中的分析结果追溯到原始数据，验证实例背后的相关细节和数据收集是否相似，形成结果之间的比较。这种关联建立数据和结论之间的证据链，也为进一步的分析提供了一个路径。然后，提高研究的效度可以从多个独立的实例（如多个访谈对象都提及）中发现共同的模式，多个数据源的支持能增强结论的有效性。尽管编码过程中不可避免地存在主观性，编码人员要尽可能减少偏见，对每个数据点都予以关注和仔细审查、保持开放的心态、寻找可以解释观察结果的可替代性理论。编码要求类别标签的字面含义能够准确反映数据的真实内容，形成的理论模型中的各个构念之间有良好的结构效度。

编码信度（reliability）是指编码人员对同一个质性数据集的编码结果具有一致性。编码信度包括稳定性（stability）和再现性（reproducibility）两个维度。稳定性是指编码的内部可靠性，即同一个编码人员在编码过程中保持相同的编码方式。再现性也称为外部一致性，是指不同的编码人员对同一数据集会产生相同的编码结果。评估外部一致性的一个常用指标是一致性系数［式（6-1）］，达到一定的阈值后可以认为编码具有较高的信度，研究结论是可靠的。按照 Neuendorf（2002）的观点，当超过 80%时认为是可接受的，而对于编码不一致的数据，还需要编码人员相互讨论取得一致意见。

$$一致性系数\% = \frac{两位编码者相同的编码条目数}{编码的总条目数} \tag{6-1}$$

此外，Cohen 提出的 Kappa 系数（范围为 0～1）可以用于评估编码者之间的可靠性［式（6-2）］，0 表示可靠性非常低，1 表示可靠性非常高。

$$K = \frac{P_a - P_c}{1 - P_c} \tag{6-2}$$

其中，$P_a$ 为编码一致的百分比，反映出编码的准确性（accuracy）；$P_c$ 为偶然一致性（consistent）的百分比。两者的值可以根据一致性矩阵运用式（6-3）和式（6-4）计算。

$$P_a = \frac{对角线元素之和}{整个矩阵元素之和} \tag{6-3}$$

$$P_c = \frac{\sum_i 第i行元素之和 \times 第\ i\ 列元素之和}{\left(\sum 矩阵所有元素\right)^2} \tag{6-4}$$

一般认为，当 Kappa 系数超过 0.60 时是可被接受的编码结果，表 6-28 在 Lazar 等（2017）的基础上总结了 Kappa 系数结果和一致性判断的标准。

**表 6-28　Kappa 系数结果和一致性判断的标准**

| Kappa 系数范围 | 解释 |
| --- | --- |
| 0.0～0.20 | 极低的一致性 |
| 0.21～0.40 | 一般的一致性 |
| 0.41～0.60 | 中等的一致性 |
| 0.61～0.80 | 高度的一致性 |
| 0.81～1 | 几乎完全一致 |

### 5. 定性分析工具

定性研究面临的主要挑战是如何管理和分析大量的、无结构的质性数据，受人类自身的记忆等生理和认知的局限，定性研究很多时候是一件烦冗沉闷的工作，因而为了提高定性分析的效率和准确性，一些人表示需要用计算机软件来处理资料的录入、编码、搜寻与检索、呈现、建立概念关联等工作，各种各样的定性分析工具应运而生。运用计算机软件来辅助定性数据的分析可以使得分析过程更为系统、清晰、保障数据的完整性和细致性，能实现不同的个案之间的跨度比较，且更容易帮助研究人员从数据中识别出模式和关系。计算机技术在定性研究中的应用帮助定性研究摆脱了“人工”的印记，而这是过去人们认为主要的定性研究特征。

将计算机技术应用于定性研究中的主要功能可概括为表 6-29 所示。

**表 6-29　定性分析工具的主要功能**

| 功能 | 说明 |
| --- | --- |
| 注释 | 数据采集阶段随时进行补充备注 |
| 转录 | 将各种形式的质性数据转录为文本数据类型 |
| 清理 | 整理、修订、去重、扩充 |
| 编码 | 为感兴趣的文本赋予关键词标签，供后续进一步分析 |
| 存储 | 把文件存放在一个组织好的文档中 |
| 搜寻与检索 | 提供编码、文字的查找定位功能 |
| 资料关联 | 将文字根据编码关系连接起来，形成有序的资料类目层次或网络关系 |
| 备忘 | 在编码文本的过程中，形成的即时性的反思批注，能作为后续分析的参考 |
| 内容分析 | 计算编码的次数、顺序和位置 |
| 内容展示 | 将编码类目对应的文本按照有组织的方式呈现出来 |
| 推导结论 | 帮助分析者理解呈现的文本内容和关系，形成较为合理的结论 |
| 构建理论 | 从文本数据中提炼出一个系统理论，构建概念之间的关系 |
| 图表呈现 | 用图表的方式展示推导的结论或理论，更具形象生动性 |
| 报告结果 | 帮助形成最终的报告，展示研究发现 |

限于篇幅，本书不展开介绍这些定性分析工具的详细细节和使用方法。其中，国内学者关注较多，使用较为广泛的定性分析工具主要是 Atlas.ti、NVivo 和 MAXQDA 三款。这三款软件都支持中文文本处理，功能和操作过程相似，都是将选中的文字或者多媒体段落标记并备注编码，对不同的编码节点采用不同的颜色区分，编码能实现查找、合并、增删等操作，同时都支持编码过程和结果的可视化显示以及编码结果的数量频次分析。图 6-32 为采用 NVivo 工具实施定性数据分析的流程和主要功能。

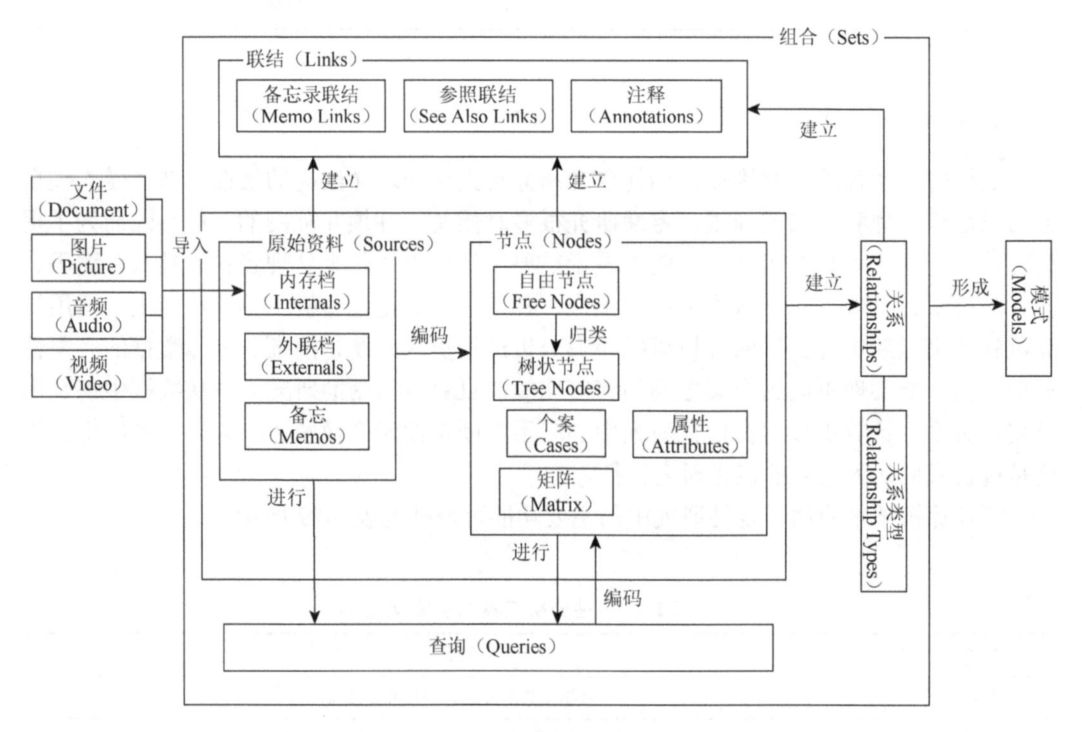


图 6-32　NVivo 软件的分析流程和功能

### 6.10.3　定量数据分析

本书介绍的各种研究方法中，问卷和实验等能够采集到以量化为主要形式的数据，这些定量数据按照测量尺度主要分为三类变量：一是连续变量，其特征是数据可以按照某种有意义的方式排序，数据之间可以进行加、减、乘、除等运算，反映了变量类别之间的差异性。例如，一个人的年龄、体重、收入、考试分数都是连续型数据。二是定类变量，其特征是能够对数据进行分类，但是不能进行排序，例如，按照性别分为男性和女性，分别赋予数值“0”和“1”，这里的数值并不能比较大小。三是定序变量，其特征是数据能体现出类别之间的序列等级关系，虽不能进行运算测量出各类之间的数量差异，但是数据类别本身反映了排序。例如，教育背景分为“初中及以下、高中、大学本科、硕士研究生、博士研究生”，这种排序反映了教育背景越来越高。

数据的类型是影响不同的定量分析方法的主要因素，此外，还需要根据研究问题和数据分析的目的选择合适的定量分析方法。通常来讲，定量数据分析主要的目的是两个：描述和推断。描述性统计（descriptive statistics）是指选择能反映客观现象的样本数据，总结样本中的数据形态特征和规律，发现数据之间的相关关系，例如，平均数、中位数、众数等描述性统计指标能表示数据的集中趋势特征，全距、四分差、平均差、方差、标准差能表示数据的离散趋势。而相关系数分析能用来探讨数据之间是否具有统计学上的关联性，这种关联统计可以检验两个变量之间的共变程度，例如，教育背景和收入具有显著相关性，那么，知道某人的教育背景比不知道更有助于预测其收入。

推断性统计（inferential statistics）是研究如何根据样本数据去推断总体数量特征的方法，它在对样本数据描述的基础上，对统计总体的未知特征做出以概率形式表述的推断。例如，通过样本发现高焦虑人群比低焦虑人群对负面词语的视觉关注更多，如何使得焦虑程度与负面词语的选择性注意之间的联系能够在这个样本代表的更广泛的总体中同样被发现，推断性统计提供了一种估计方法。相关性描述是推断性统计的基础，通过推断性统计来确定这种相关是否在更大的总体中存在。

本书的重点不是讲述这些统计方法的数学原理或者介绍具体的定量分析工具的使用方法，而是总结人机交互领域常见的定量研究情境中使用的统计方法，以帮助读者选择合适的定量分析方法。这些定量数据分析方法大部分可以使用 SPSS、AMOS 这类定量分析工具来实现。

1）描述数据分布和形态特征

对利用问卷、实验等收集的量化数据，需要描述数据的特征，以帮助研究人员对样本有一个整体把握，同时也是对各组进行差异性检验的基础，这里比较的是绝对数值，不具有统计学上的显著意义，初步反映了不同组别之间在不同的属性上的差异性。

（1）集中离散趋势特征。数据的集中趋势主要依据均值类指标，如算术平均值、中位数和众数等。当多个分组完成同一项测试时，将各测试项目的分数统计，如果发现一组的平均值明显高于另一组，那么需要进一步进行后续的推断式检验，使用 $t$ 检验、$F$ 检验或者方差分析。因为样本中的这些差异可能在总体中并不存在，而是由抽样误差引起的。当研究人员想知道数据偏离数据中心的程度，也就是离散特征时，主要依据取值范围、方差和标准差等指标。离散特征能反映出某一组是否更具同质性。取值范围是最大值和最小值之间的举例，范围越大，数据集的分布越广；方差是各个数据与数据集均值之差的平方和的平均数，标准差是方差的平方根。较高的方差或标准差表明数据的离散程度越高。

（2）形状特征。正态分布是一种常见的数据分布特征，用平均值和标准差定义，从形状上呈现出一种特殊的钟形分布。许多社会研究领域中的数据分布都是具有正态分布规律的，如学生的成绩、人口的身高等，在进行显著性检验时，会以数据集是正态分布或近似正态分布为前提。对不符合正态分布的数据集，还需要进行数据转换，使其具有正态分布特征，或者采取非参数检验。

其他形状特征还有根据峰的个数分为单峰、双峰或者多峰，根据数据形状是否对称分为对称和偏态，以及根据峰度分为尖峰态、常峰态和低峰态。这些数据集的形状特征示例见图 6-33～图 6-36。不同的分布特征为检验自变量（或称干预变量）对因变量（或称结果变量）的影响提供了不同的途径。

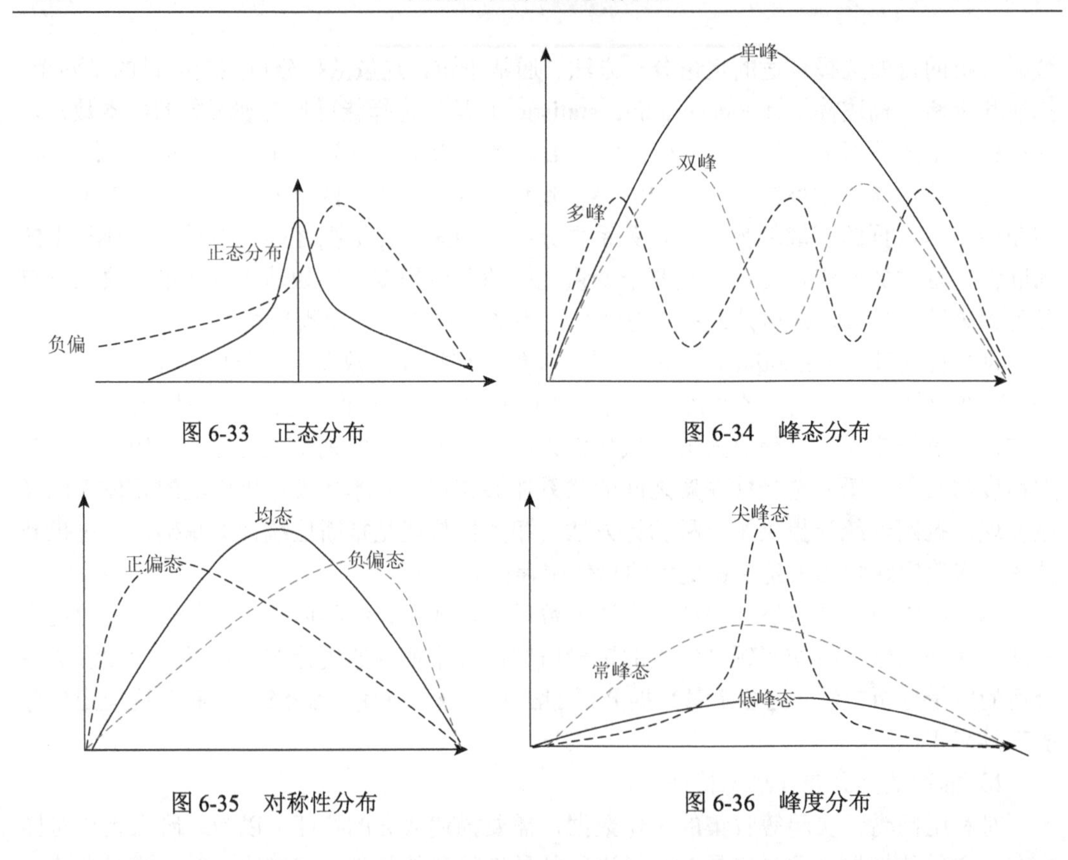


图 6-33　正态分布

图 6-34　峰态分布

图 6-35　对称性分布

图 6-36　峰度分布

（3）比例特征。当需要比较参与不同组实验的各组在观察的结果变量之间的差异时，由于本身的分组不同属于分类变量，因而可以统计不同组在观察变量中占的比例或者百分比，从而作出初步的判断。在产品可用性测试中经常有一种 A/B 测试，是指在产品正式发布之前，将测试用户分为若干组，让每组用户对应不同的设计方案的产品，通过比较几组用户的效果来证实哪种版本的产品可用性更高。例如，某电商网站想对主页进行改版，通过新旧版本的 A/B 测试，比较使用原来网站的用户和改版页面的用户的详细页面点击率，发现原来网站的详细页面点击率是 60%，新改版页面的详细页面点击率为 75%。这种比例的差异是描述性的统计结果，而如果想知道组间的差异是因为偶然因素还是真实差异，就需要进一步进行双样本检验。

2）变量之间相关性

相关系数能检验两个变量之间的共变程度，常见的指标如 Pearson 积差相关系数、Spearman 秩相关系数和 Kendall 秩相关系数。Pearson 积差相关系数适用于线性相关的情形，即变量为连续型，且呈双变量正态分布。Spearman 秩相关系数适用于变量为定序类型的数据，它的适用范围比 Pearson 相关系数更广，但统计效能要低于 Pearson 相关。Kendall 秩相关系数适合分类变量相关性的判定。后两者的相关系数都是建立在秩和观测值的相对大小的基础上，属于非参数检验。相关系数的范围决定了相关关系是否存在以及相关程度，以 Pearson 积差相关系数 $r$ 为例，Pearson $r$ 值范围为$-1.00$～$1.00$。当 $r=-1.00$，表明两个变量之间存在完美的负线性关系，一个变量得分的增加都将完美地预测另一个变量得分的减少。当两个变量之间的 $r=1.00$ 时，表明两个变量之间存在完美的正线性关系，一个变量得分的任何增加都将完美地预测另一个变量得分的增加。当 $r=0$ 时，意味着这两个变量之间没有线性关系，一个变量的增加或减少并不能预测另一个变量的任何变化。当 $r>0.7$ 或者 $r<0.4$ 时被认为高度相关或者高度不相关。

3）比较组间差异的推断性统计

对很多人机交互研究问题，不仅是为了描述不同组间数据的特征和差异，还希望发现这些组间差异是偶然存在还是真实反映总体的情况，这就需要进行组间差异的推断性统计。确定何种推断性统计方法除了考虑数据的类型外，还要依据比较的组的数量、组间是相互独立还是配对、因变量的分布是否符合正态特征等问题。图 6-37～图 6-39 总结不同的研究情形下适用的统计方法。

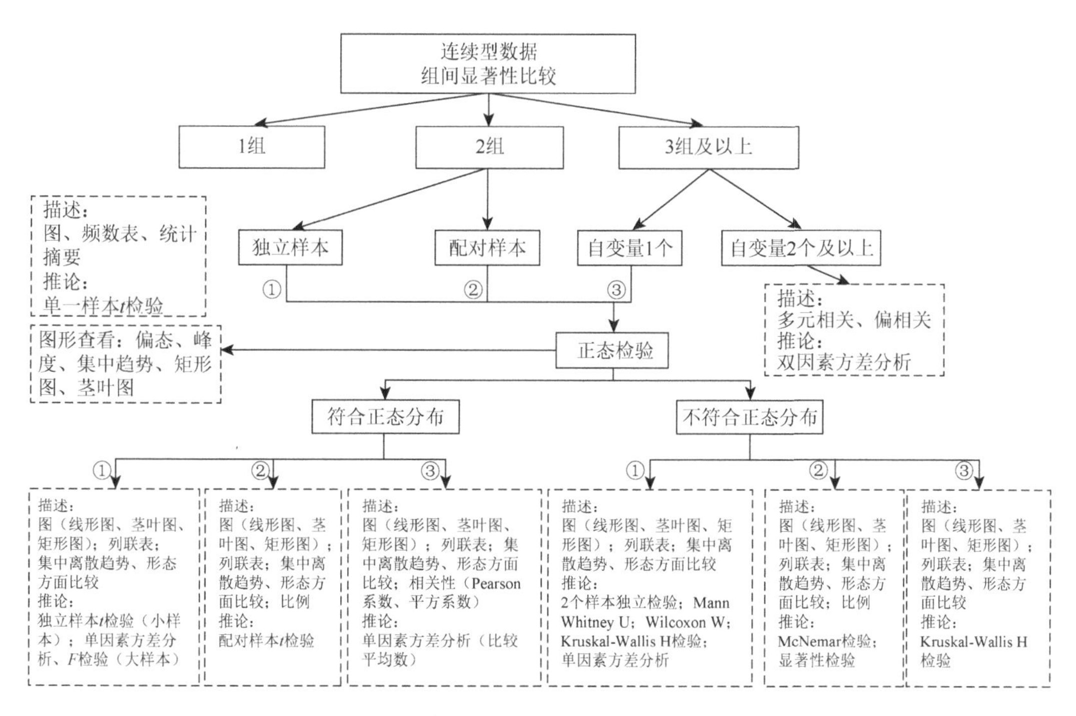


图 6-37　当因变量为连续型数据类型时的统计方法

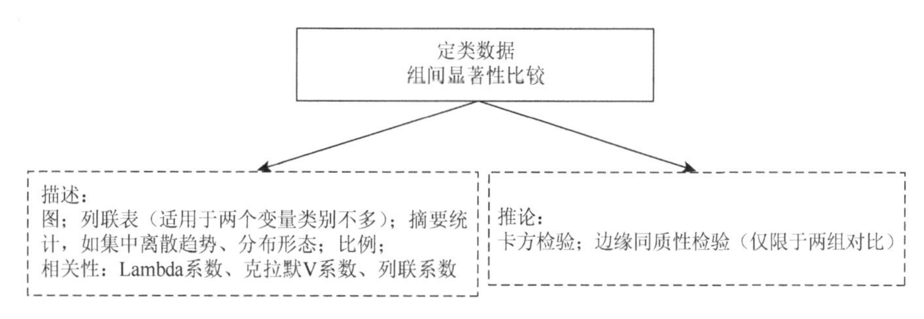


图 6-38　当因变量为定类数据类型时的统计方法

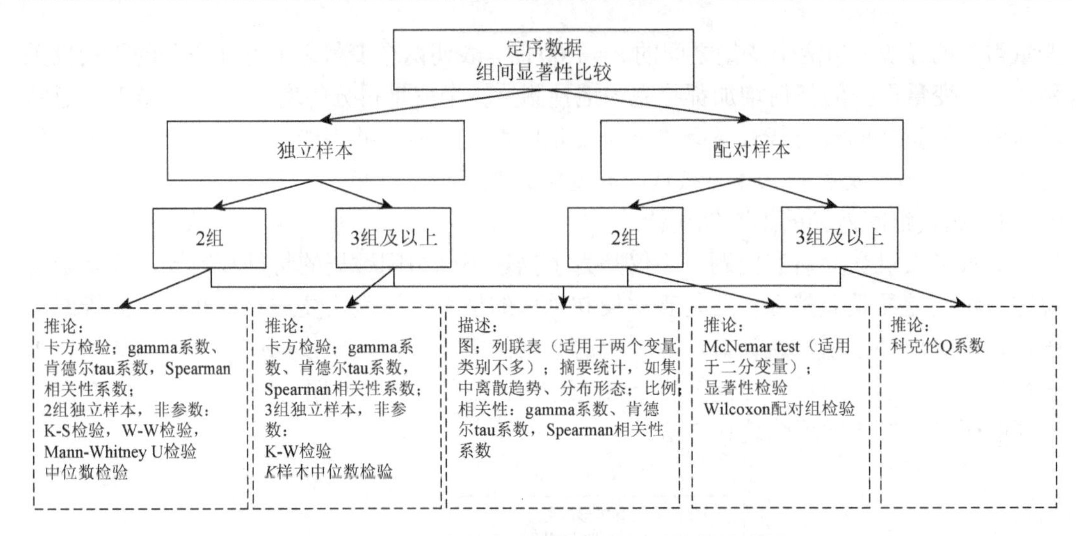


图 6-39　当因变量为定序数据类型时的统计方法

## 思考与实践

1. Wobbrock和Kientz描述的人机交互的7种研究贡献类型是什么？为每一种类型的知识贡献找到研究范例，并予以分析。

2. 从学术数据库中检索人机交互的纵向研究文献，并分析这类研究设计在数据采集和数据分析上的特点。

3. 想象一下，您将要研究为什么人们选择参加控制饮食的在线健康社区这一问题。您应该考虑哪些学科背景知识？您想与哪些类型的人交谈？哪种类型的指标可能适合理解该社区？提出三种可用于研究此在线社区的方法。

4. 问卷调研的抽样方法有哪些？人机交互常采用非概率抽样方法的原因是什么？

5. 在为特定的用户群体（如老年人和儿童）设计产品时，如果采取访谈方法理解他们的需求和想法，这时的访谈需要注意什么问题？如何建立信任？焦点小组是否作为考虑的访谈形式？当碰见这类用户群体未能准确理解提问时，该如何处理？

6. 基于本书中介绍的几个观察框架，选择周围的人群为研究对象，观察他们如何使用智能手机的移动支付功能。思考你的观察行为是否引起了参与者效应？

7. 为某个在线社区设计一个民族志研究方案，如在线约会网站、病友圈、游戏部落，请问怎样才能以一种符合研究伦理的方式参与到研究社区中并且能够采集到需要的数据？

8. 眼动研究应用于人机交互行为研究的优点和局限性有哪些？

### 参 考 文 献

韩玉昌. 2000. 眼动仪和眼动实验法的发展历程. 心理科学，23（4）：454-457.

石建军，许键. 2019. 眼动跟踪技术研究进展. 光学仪器，41（3）：87-94.

闫国利，熊建萍，臧传丽，等. 2013. 阅读研究中的主要眼动指标评述. 心理科学进展，21（4）：589-605.

于国丰. 1983. 眼球运动的类型及其表现形式. 心理科学进展，1（2）：33-40.

Alaszewski A. 2006. Using Diaries for Social Research. Thousand Oaks：Sage.

Albert W，Dixon E. 2003. Is this what you expected? The use of expectation measures in usability testing// Usability Professionals Association Conference. Scottsdale：1-4.

Álvarez B，Montesi M. 2016. Researchers' communication on Twitter，a virtual ethnography in the area of information science. Revista Española de Documentación Científica，39（4）：e156.

Angrosino M. 2007. Doing Ethnographic and Observational Research. London：Sage.

Arapakis I，Lalmas M，Cambazoglu B B，et al. 2014. User engagement in online news：under the scope of sentiment，interest，affect，and gaze. Journal of the Association for Information Science and Technology，65（10）：1988-2005.

Bangor A，Kortum P T，Miller J T. 2008. An empirical evaluation of the system usability scale. International Journal of Human-Computer Interaction，24（6）：574-594.

Bartlett R，Milligan C. 2015. Methodological issues and future directions//What is Diary Method? http://dx.doi.org/10.5040/9781472572578.ch-006. [2021-11-3].

Baxter K A，Courage C，Caine K. 2015. Card sorting//Baxter K A，Caine K，Courage C. Understanding Your Users：A Practical Guide to User Research Methods. 2nd Edition. Burlington：Morgan Kaufmann Publishers：302-337.

Bergstrom J C R，Olmsted-Hawala E L，Jans M E. 2013. Age-related differences in eye tracking and usability performance：website usability for older adults. International Journal of Human-Computer Interaction，29（8）：541-548.

Bojko A. 2009. Informative or misleading? Heatmaps deconstructed. International Conference on Human-Computer Interaction. Heidelberg：Springer：30-39.

Boren T，Ramey J. 2000. Thinking aloud：reconciling theory and practice. IEEE Transactions on Professional Communication，43（3）：261-278.

Braun V，Clarke V. 2006. Using thematic analysis in psychology. Qualitative Research in Psychology，3（2）：77-101.

Brooke J. 1996. SUS：A quick and dirty usability scale. Usability Evaluation in Industry，189（194）：4-7.

Carroll J M. 1989. Evaluation，description and invention：paradigms for human-computer interaction. Advances in Computers，29：47-77.

Carter S，Mankoff J. 2005. When participants do the capturing：the role of media in diary studies// The 2005 ACM Conference on Human Factors in Computing Systems. Portland：ACM：899-908.

Chu H T，Ke Q. 2017. Research methods：What's in the name?. Library & Information Science Research，39（4）：284-294.

Church K，Cherubini M，Oliver N. 2014. A large-scale study of daily information needs captured in situ. ACM Transactions on Computer-Human Interaction，21（2）：10.

Clifton C，Ferreira F，Henderson J M，et al. 2016. Eye movements in reading and information processing：Keith Rayner's 40year legacy. Journal of Memory and Language，86（1）：1-19.

Conrad L Y，Tucker V M. 2019. Making it tangible：hybrid card sorting within qualitative interviews. Journal of Documentation，75（2）：397-416.

Corbin J，Strauss A L. 2014. Basics of Qualitative Research：Techniques and Procedures for Developing Grounded Theory. 4th Edition. Los Angeles：Sage.

Courage C，Baxter K. 2010. CHAPTER 3-Card sorting// Wilson C. User Experience Re-Mastered.Burlington：Morgan Kaufmann Publishers：73-104.

Crawford K. 2017. Design Thinking Toolkit，Activity3-POEMS. https://spin.atomicobject.com/2017/09/20/poems-template-user-observation.[2021-11-22].

Datt S，Chetty P. 2016. 8-step procedure to conduct qualitative content analysis in a research. https://www.projectguru.in/qualitative-content-analysis-research.[2021-07-28].

Davidson J L，Mannan U A，Naik R，et al. 2014. Older adults and free/open source software：a diary study of first-time contributors// The International Symposium on Open Collaboration. Berlin：ACM：1-10.

Elling S，Lentz L，de Jong M. 2011. Retrospective think-aloud method：using eye movements as an extra cue for participants' verbalizations// The SIGCHI conference on human factors in computing systems. New York：ACM：1161-1170.

Ericsson K A，Simon H A. 1980. Verbal reports as data. Psychological Review，87（3）：215-251.

Finstad K. 2010. The usability metric for user experience. Interacting with Computers，22（5）：323-327.

Fisher D F，Monty R A，Senders J W. 1981. Eye Movements：Cognition and Visual Perception，Mahwah：Lawrence Erlbaum.

Forsman J，Anani N，Eghdam A，et al. 2013. Integrated information visualization to support decision making for use of antibiotics in intensive care：design and usability evaluation. Informatics for Health & Social Care，38（4）：330-353.

Gawley T. 2018. Using solicited written qualitative diaries to develop conceptual understandings of sleep：methodological reviews and insights from the accounts of university lives. International Journal of Qualitative Methods，17（1）：1-12.

Glaser B G，Strauss A L. 1967. The Discovery of Grounded Theory：Strategies for Qualitative Research. Chicago：Aldine Publishing：105-113.

Goldberg J H. 2014. Measuring software screen complexity：relating eye tracking，emotional valence，and subjective ratings. International Journal of Human-Computer Interaction，30（7）：518-532.

Guan Z，Cutrell E. 2007. An eye tracking study of the effect of target rank on web search// The SIGCHI Conference on Human Factors in Computing Systems. San Jose：ACM：417-420.

Gurcan F，Cagiltay N E，Cagiltay K. 2021. Mapping human-computer interaction research themes and trends from its existence to today：a topic modeling-based review of past 60 years. International Journal of Human-Computer Interaction，37（3）：267-280.

Harrison S，Tatar D，Sengers P. 2007. The three paradigms of HCI//Session at the SIGCHI Conference on Human Factors in Computing Systems. San Jose：ACM：1-18.

Hayashi E，Hong J. 2011. A diary study of password usage in daily life// The SIGCHI Conference on Human Factors in Computing Systems. Vancouver：ACM：2627-2630.

Hektner J M，Schmidt J A，Csikszentmihalyi M. 2007. Experience Sampling Method：Measuring the Quality of Everyday Life. London：Sage.

Holtzblatt K，Beyer H. 2017. Principles of contextual inquiry//Holtzblatt K，Beyer H. Contextual Design. 2nd Edition. San Francisco：Morgan Kaufmann Publishers：43-80.

Jones W E III，Pritting S，Morgan B. 2014. Understanding availability：usability testing of a consortial interlibrary loan catalog. Journal of Web Librarianship，8（1）：69-87.

Just M A，Carpenter P A. 1980. A theory of reading：from eye fixations to comprehension. Psychological Review，87（4）：329-354.

Karvonen H，Saariluoma P，Kujala T. 2010. A preliminary framework for differentiating the paradigms of human-technology interaction research//Third International Conference on Advances in Computer-human Interactions. Saint Maarten，Netherlands Antilles：IEEE Computer Society：7-12.

Kim J H，Lim J H，Jo C I，et al. 2015. Utilization of visual information perception characteristics to improve classification accuracy of driver's visual search intention for intelligent vehicle. International Journal of Human-Computer Interaction，31（10）：717-729.

Kim J，Thomas P，Sankaranarayana R，et al. 2016. Understanding eye movements on mobile devices for better presentation of search results. Journal of the Association for Information Science and Technology，67（11）：2607-2619.

Krahmer E，Ummelen N. 2004. Thinking about thinking aloud：a comparison of two verbal protocols for usability testing. IEEE Transactions on Professional Communication，47（2）：105-117.

Kraut R，Burke，M. 2015. Internet use and psychological well-being：effects of activity and audience. Communications of the ACM，58（12）：94-100.

Lazar J，Feng，J H，Hochheiser H. 2017. Research Methods in Human-Computer Interaction. Burlington：Morgan Kaufmann Publishers.

Lewis J R. 1995. IBM computer usability satisfaction questionnaires：psychometric evaluation and instructions for use. International Journal of Human-Computer Interaction，7（1）：57-78.

Lewis J R. 2002. Psychometric evaluation of the PSSUQ using data from five years of usability studies. International Journal of Human-Computer Interaction，14（3-4）：463-488.

Lewis J R. 2018. The system usability scale：past，present，and future. International Journal of Human-Computer Interaction，34（7）：577-590.

Lewis J R，Sauro J. 2009. The factor structure of the system usability scale//Human Centered Design，First International Conference. San Diego：Springer：19-24.

Liu Y，Goncalves J，Ferreira D，et al. 2014. CHI 1994-2013：Mapping two decades of intellectual progress through co-word analysis// The SIGCHI Conference on Human Factors in Computing Systems. Toronto：ACM：3553-3562.

Lofland J，Lofland L H. 2005. Analyzing social settings：a guide to qualitative observation and analysis. 4th Edition. Belmont：Wadsworth Publishing Company：127-145.

Lund A M. 2001. Measuring usability with the use questionnaire. Usability interface，8（2）：3-6.

Lund H. 2016. Eye tracking in library and information science：a literature review. Library Hi Tech，34（4）：585-614.

Malone T W. 1983. How do people organize their desks? Implications for the design of office information systems. ACM Transactions on Information Systems，1（1）：99-112.

McGee M. 2003. Usability magnitude estimation. The Human Factors and Ergonomics Society Annual Meeting，47（4）：691-695.

Monty R A. 1975. An advanced eye-movement measuring and recording system. American Psychologist，30（3）：331-335.

Monty R A，Senders J W. 1976. Eye Movements and Psychological Processes. Hillsdale：Lawrence Erlbaum.

Muntjewerff A. 2014. Using the think-aloud method to gather data on what it takes to comprehend a legal decision. http://www.lawandmethod.nl/tijdschrift/lawandmethod/2014/12/RENM-D-13-00001.pdf. [2020-12-1].

Myers M D. 2013. Qualitative Research in Business and Management. 2nd Edition. Los Angeles：Sage.

Neuendorf K A. 2002. The Content Analysis Guidebook. Los Angeles：Sage.

Orban K，Edberg A K，Erlandsson L -K. 2012. Using a time-geographical diary method in order to facilitate reflections on changes in patterns of daily occupations. Scandinavian Journal of Occupational Therapy，19（3）：249-259.

Pew R W. 2007. An unlikely HCI frontier：the Social Security Administration in 1978. Interactions，14（3）：18-21.

Poole A，Ball L. 2006. Eye tracking in HCI and usability research：current status and future prospects// Claude Ghaoui.Encyclopedia of Human Computer Interaction.Hershey：IGI Global：211-219.

Porta M，Ravarelli A，Spaghi F. 2013. Online newspapers and ad banners：an eye tracking study on the effects of congruity. Online Information Review，37（3）：405-423.

Preston C C，Colman A M. 2000. Optimal number of response categories in rating scales：reliability，validity，discriminating power，and respondent preferences. Acta Psychologica，104（1）：1-15.

Punch K F. 1998. Introduction to Social Research：Quantitative and Qualitative Approaches. London：Sage.

Reinecke K，Gajos K Z. 2014. Quantifying visual preferences around the world// The SIGCHI Conference On Human Factors in Computing Systems. Toronto Ontario：ACM：11-20.

Roller M R，Lavrakas P J. 2015. Applied Qualitative Research Design：a Total Quality Framework Approach. New York：Guilford Publications：173.

Romero-Hall E，Watson G，Papelis Y. 2014. Using physiological measures to assess the effects of animated pedagogical agents in multimedia instruction. Journal of Educational Multimedia and Hypermedia，23（4）：359-384.

Saldaña J. 2015. The Coding Manual for Qualitative Researchers. London：Sage.

Sauro J. 2015. SUPR-Q：A comprehensive measure of the quality of the website user experience. Journal of usability studies，10（2）：68-86.

Sauro J，Dumas J S. 2009. Comparison of three one-question，post-task usability questionnaires// The 27th International Conference on Human Factors in Computing Systems，CHI 2009. Boston：ACM：1599-1608.

Shneiderman B. 2011. Claiming success，charting the future：micro-HCI and macro-HCI. Interactions，18（5）：10-11.

Shneiderman B. 2016. The New ABCs of Research：Achieving Breakthrough Collaborations. Oxford：Oxford University Press.

Sie J，Eng K W，Zainuddin S，et al. 2016. WeChat as a remote research tool using WeChat to understand banking with Chinese consumers//4th International Conference on User Science and Engineering(i-USEr). Melaka：IEEE：17-22.

Suchman L A. 1987. Plans and situated actions：the problem of human-machine communication. https://cs.colby.edu/courses/J16/cs267/papers/Suchman-PlansAndSituatedActions.pdf. [2021-10-20].

Tatler B W，Wade N J，Kwan H，et al. 2010. Yarbus，eye movements，and vision. I-Perception，1（1）：7-27.

Tullis T，Wood L. 2004. How many users are enough for a card-sorting study?//Usability Professionals Association（UPA）2004 Conference. Minneapoli：1-9.

van den Haak M J，de Jong M D T，Schellens P J. 2003. Retrospective vs. concurrent think-aloud protocols：testing the usability of an online library catalogue. Behaviour & Information Technology，22（5）：339-351.

van Someren M W，Barnard Y F，Sandberg J A C. 1994. The Think Aloud Method：A Practical Approach to Modelling Cognitive. London：Academic Press.

Wobbrock J O，Kientz J A. 2016. Research contributions in human-computer interaction. Interactions，23（3）：38-44.

Wolpin S E，Halpenny B，Whitman G，et al. 2015. Development and usability testing of a web-based cancer symptom and quality-of-life support intervention. Health Informatics Journal，21（1）：10-23.

Wright M C，Dunbar S，Moretti E W，et al. 2013. Eye-tracking and retrospective verbal protocol to support information systems design. The International Symposium on Human Factors and Ergonomics in Health Care，2（1）：30-37.

Yin R K. 2014. Case Study Research：Design and Methods. 5th Edition. Thousand Oaks：Sage.

Zijlstra F R H，Doorn L V. 1985. The construction of a scale to measure subjective effort. Technical Report，Delft University of Technology，Department of Philosophy and Social Sciences. https://www.researchgate.net/publication/266392097_The_Construction_of_a_Scale_to_Measure_Perceived_Effort. [2021-11-12].

# 第7章 可用性测试

## 7.1 可用性及可用性测试概念

### 7.1.1 可用性

可用性（usability）是人机交互领域的一个核心概念。有学者认为可用性源自“用户友好”（user friendly），指用于描述计算机系统的一种表达方式，该系统旨在通过用户与计算机之间的不言自明或不言而喻的交互作用，使未经培训的用户易于使用（Chandor et al.，1985）；还有学者指出可用性最早来自20世纪80年代倡导的“易学易用”（easy to learn，easy to use）的产品设计理念，这种理解符合ISO/IEC 9126-1（2001）将可用性视为软件质量的描述，即关于用户使用产品所需要的努力以及对使用的个人评估的一组用户陈述或者暗示（Carroll，2013）。

自20世纪90年代以来，可用性的含义进一步扩展，Cockton（2013）指出可用性演变为支持用户达到目标，而不仅仅是交互的特征。一些标准化组织开始探讨可用性的定义，其中，ISO 9241-11（1998）正式定义可用性是指特定的用户在特定的环境下使用产品并达到特定目标的有效性（effective）、效率（efficient）和满意（satisfaction）的程度。有效性指用户完成特定任务时所具有的正确和完整程度，即用户能否用产品做想做的事。效率指用户完成任务的正确性和完整程度与所使用资源（如时间）之间的比率。满意度指用户的主观满意和接受程度，即在使用过程中是否感到愉快和满意。这一定义在当时得到很多可用性专家的认同，并一直作为可用性的主流定义。

随后，在ISO/IEC 9126-1（2001）文件中将可用性分为代表软件产品内在质量和外在质量的组件定义为在特定条件下使用时，软件产品应被理解、学习、使用并对用户有吸引力的能力。根据这一定义，可用性指产品的5个属性：可理解性（understandability）——软件产品能使得用户理解是否合适使用，在特定任务下如何使用以及使用条件；易学性（learnability）——软件产品能够使得用户学习如何使用；可操作性（operability）——用户能操作和控制软件产品的使用；吸引力（attractiveness）——软件产品对用户具有吸引力；合规性（compliance）——软件产品遵守与可用性相关的标准、约定、样式和指南。ISO/IEC 25010（2011）在ISO 9241-11（1998）的3个标准的基础上，增加了2个标准：无风险性（absence of risk）和情境覆盖（context coverage）。无风险性关注终端用户的安全性，情境覆盖为一个广泛的概念，在可用性中是用户对使用情境的目标。

除了受到国际标准组织的关注外，一些学者和可用性专家也给出可用性的不同定义。例如，Nielsen和Loranger（2006）在ISO 9241-11（1998）定义基础上，指出可用性的5个属性为可学习性、效率、可记忆性、错误和满意度。Preece 等（1993）认为的可用性属性包括安全、效率、有效性和享受，后来又更正为可学习性、吞吐量、灵活性和态度。Seffah等（2006）提出的可用性因素可能涵盖最全面的可用性属性，包括效率、有效性、生产力、满意度、学习能力、安全性、信任度、可访问性、通用性和实用性等10个方面。Gualtieri（2009）认为，可用性应该让用户觉得有用（useful）——用户能实现他们的目标，可用（usable）——用户应能以最小的努力执行任务，以及向往（desirable）——应能够吸引用户使用。用户对产品的向往受到很多因素的影响，如图像、语言、美学、娱乐等，能够让用户将情感投入产品上。

虽然可用性仍没有一个公认的定义，但可用性的内涵越来越宽泛，包含了人类与界面交互之前、之中以及之后所产生的各种情绪、信念、偏好、感知、生理和心理反应、行为等人类众多的特征。可用性的重要性也得到了学界和业界的承认。和可用性有关的另一个概念是用户体验（user experience，UX），没有明确的定义，通常被认为是用户不仅关于界面，而且是关于产品或者应用，甚至扩展到整个家族的一个总体感受，包括生理上的和心理上的反应。图7-1为用户体验相关的概念体系。Kim（2015）认为可用性评估和用户体验评估的区别在于前者的目的是改善用户的绩效，后者则是通过达到双重目标来提高用户的满意度。

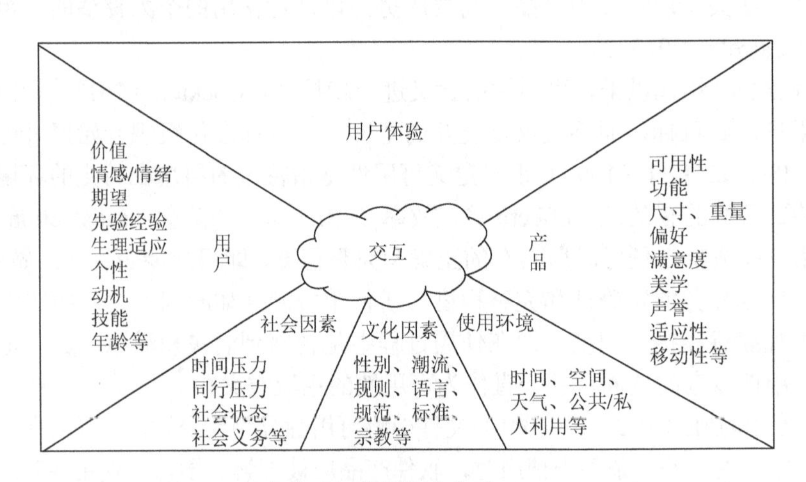


图7-1　用户体验相关的概念体系（Kim，2015）

### 7.1.2　可用性测试

可用性测试（usability testing）或者可用性评估（usability evaluation）指针对可用性问题开展的用户研究。但是，可用性测试的目的不是测试和评估用户，而是界面，旨在让界面更优化，符合用户特点和达到用户目标。Lewis（2006b）将可用性测试定义为代表性用户在一个典型的环境，一个原型产品或者一个界面的工作版本下执行代表性的任务。根据这一定义，可用性测试的对象非常宽泛，包括停留在原型阶段正在开发的具备部分功能的中间产品、刚从实验室开发出来的产品以及已经在市面上发行一段时间的成熟产品等。

可用性测试使得产品设计和开发团队在编码之前确定设计理念，越早发现产品可能存在的问题并解决问题，对开发者的时间和开发计划的影响就越小。通过可用性测试，产品的开发团队能够了解目标用户是否能够成功完成指定任务、需要多久能够完成任务、对产品满意或者不满意的地方、如何找到痛点，提高用户对产品的满意度并且分析产品是否能够达到可用性的目标。

第 6 章介绍了人机交互领域中常用的研究方法，这些方法同样适用于可用性测试问题中。例如，通过访谈实际用户或者潜在用户，了解他们对产品的看法，或者通过观察用户对某个产品的使用行为从而找到产品的可用性问题，还可以通过一项民族志研究深入用户群体，深度发现产品使用时的问题。可用性测试的方法很多都是在这些基本的研究方法基础上进行适当的改进，更面向工业领域的需要，常综合运用多种方法，取长补短。Lazar 等（2017a）总结了用于可用性测试场景和用于经典的社会学研究问题场景中实验设计、民族志方法的使用，以及民族志和实验设计研究方法的比较（表 7-1）。本章主要介绍专家审查可用性测试、用户可用性测试以及自动可用性测试三类主流可用性测试方法。

**表 7-1　用于经典的社会学研究问题场景和用于可用性测试场景的研究方法的比较**

| 研究方法 | 用于经典的社会学研究问题场景 | 用于可用性测试场景 |
|---|---|---|
| 实验设计 | 理解特定现象，并将实验构造下的研究结论推广到更一般的情形 | 发现一个特定的界面设计存在的问题，不能推广到一般情形 |
| | 需要大量的实验参与者 | 只需要少数的实验参与者 |
| 民族志 | 观察理解情境中的人、群体、组织 | 观察理解用户在交互界面的什么位置出现问题 |
| | 鼓励深入研究社区中，强调参与和嵌入 | 研究人员不鼓励参与到用户行动中，除非需要干预来帮助用户 |
| | 长期的研究 | 短期的研究 |
| 民族志和实验设计 | 用于理解或者回答研究问题 | 用于系统和界面开发 |
| | 用于早期阶段，常与界面开发过程分离或只是部分关联 | 可用于早期原型阶段，对后期的界面开发产生影响；也可用于后续界面已被开发阶段，目的是评价解决方案效果 |

## 7.2　专家审查可用性测试

这种可用性测试是由专家主导参与的，由专家来评估界面可用性的各个方面。专家的背景非常重要，产品的开发者或者对产品很熟悉的人不能作为评估专家，这是一个成功实施可用性测试的因素。另一个成功实施可用性测试的因素是要有一套合理的评估准则，由专家根据评估准则审查界面问题，提出界面改进的建议。许多可用性测试都是基于专家审查开展的，其中，最常见的两种为启发式评估（heuristic evaluation）和认知遍历（cognitive walkthrough）。

### 7.2.1　启发式评估

启发式评估与访谈方法类似，专家根据一套启发式评估准则（也称为拇指规则）对应找出界面存在的问题。选择的专家对这套启发式评估准则非常熟悉，也有很丰富的使用经验。其中，可用性专家尼尔森（Nielsen）提出的 10 条用户界面评估原则和施奈德曼（Shneiderman）总结的 8 条界面设计黄金规则是著名的启发式评估准则。

尼尔森最初于 1990 年和罗尔夫·莫利奇（Rolf Molich）合作开发了启发式评估原则；1994 年，尼尔森基于 249 个可用性问题的因子分析对启发式算法进行完善，以达到具有最大解释力的启发式评估原则集合，即为后来广为流传的 1994 年版本；2020 年，在其官网（https://www.nngroup.com.[2023-11-30]）上更新了文本解释，并新增许多示例，细化定义语言，保留了 1994 年的基本原则。尼尔森认为虽然过去了二十多年，但是当年提出的 10 条可用性用户界面评估原则仍适用于下一代用户界面。这 10 条用户界面评估原则如表 7-2 所示。

**表 7-2　尼尔森的可用性启发式评估原则**

| 序号 | 评估原则 | 解释 | 示例 |
|---|---|---|---|
| 1 | 系统状态可见性 | 通过某种方式让用户了解系统的状态 | 电子邮件会告知有多少未读邮件 |
| 2 | 系统与用户现实世界相互匹配 | 系统使用用户熟悉的术语，采用符合现实世界习惯的方式展示信息 | “隐喻”桌面、文件夹、回收站等概念来自现实世界 |
| 3 | 用户自由控制 | 用户能自如控制交互，而不是由系统控制的被动交互 | “撤销”功能允许用户控制 |
| 4 | 一致性与标准 | 系统的所有术语、风格、动作保持一致，系统的交互界面尽量和其他系统一致 | 保存文件时标准化设计标签为“是否保存对文件的修改”而非“是否放弃对文件的修改” |
| 5 | 错误预防 | 提供充分的错误预防措施 | 按钮图标尽量不要相似，删除文件时出现一个对话框要求用户确认 |
| 6 | 识别而不是回忆 | 交互时尽量提供给用户一些可视化的选项而不是让用户记住一大堆命令或参数 | 菜单或向导让用户选择命令而非输入命令 |
| 7 | 使用的灵活性与效率 | 交互方式灵活，交互手段简单，提高用户的交互效率 | 既可以用菜单选项也可以用快捷键 |
| 8 | 美观而精炼的设计 | 色彩搭配、字体选择、内容布局 | Google 主页设计 |
| 9 | 帮助用户认识、诊断和修正错误 | 系统出错时用通俗易懂的语言精确指出问题所在，并给用户提供修正错误建议 | 系统出错时，直接指出错误原因而非给出出错码 |
| 10 | 帮助和文档 | 给用户提供帮助，用户在需要的时候能方便获取 | 网站上随时能弹出在线客服 |

## 延伸阅读：游戏设计中的尼尔森十条用户界面评估原则

对视频游戏来说，娱乐是用户的主要目标，尼尔森的官方网站提供了游戏设计中如何应用十条准则的案例。

1. 系统状态可见性

帮助用户确定系统状态是至关重要的，在电子游戏中，反馈对玩家尤其重要，可以知道他们的互动是否被执行。在许多游戏中，特别是动作游戏，都有健康或者生命力的计量器，这些动态信息显示了玩家在整个游戏中的健康状态。例如，在任天堂的游戏《塞尔达：旷野之息》中屏幕的左上角用 3 个心脏容器代表健康指数，可以通过食用食物在整个游戏中填充，当玩家在战斗中受伤时，这些容器会减少；一旦获得资源后，生命值得到提升，为玩家的健康和生命状况提供了一致且几乎同时的反馈（图 7-2）。

图 7-2　塞尔达游戏

2. 系统与用户现实世界相互匹配

*Playerunknown's Battlegrounds*（PUBG）是一款竞技型射击类游戏，该游戏设计了几十种武器，玩家可以在游戏中拿起并使用，这些武器的类型从手枪和近战武器到冲锋枪和狙击步枪，都和现实世界一致。对于具有类似游戏经验或了解真实武器的用户来说，使用真实世界的名称有助于他们快速选择武器，因为他们不需要花时间熟悉独特的武器术语。而另一款战斗游戏——Apex Legends 使用了独特的武器术语，如一支半自动狙击步枪被命名为"G7 侦察兵"（G7 Scout），其在现实世界中是不存在的。独特的术语增加了用户的认知负荷，因为用户必须将这些新的信息吸收到他们现有的类似武器的心智模型中，同时在游戏中努力保持专注，并记住他们在那一刻试图做什么。

3. 用户自由控制

《国际象棋》（*Chess*）是一款手机游戏，能允许用户撤销最后一次操作。此功能使得玩家能够纠正游戏过程中最后的误操作或者修改对战策略。这项功能被放在屏幕右上角的显著位置（UNDO），如图 7-3 所示。

图 7-3　*Chess* 游戏为用户提供了撤销最后一步的控制和自由

4. 一致性与标准

用户通常会根据之前玩其他游戏的经验来预测按钮的功能，多年的游戏设计形成了一些设计标准。例如，Xbox 游戏中玩家通常认为点击“A”按钮会导致角色跳转，因为有很多游戏，如 *Apex Legends*、PUBG、乐高等均遵循此标准。而在一些游戏，如《镜之边缘》(*Mirror's Edge*) 中“A”的按钮是用于交互，而非通常的跳转功能。用户抱怨“我真的很享受这个游戏，我唯一真正的抱怨就是跳转按钮……为什么他们会给这么一个笨拙的按钮跳跃功能”。当控制不以标准方式使用时，玩家必须花时间和精力学习如何执行每个动作，主动避免自己因习惯而误操作按钮的错误。

5. 错误预防

一些常见的预防错误的设计也出现在游戏中。例如，在《超级马里兄弟》游戏中，为了防止用户意外操作，在退出游戏前要求再次确认，这对于一些不可逆转的操作特别重要，但也不要过度使用它们，因为用户可能习惯了之后为了跳过而同意一切（图 7-4）。

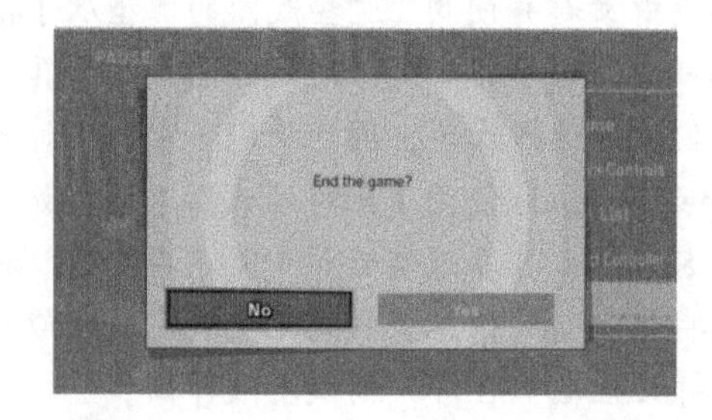


图 7-4　《超级马里兄弟》游戏提供退出游戏确认对话框

6. 识别而不是回忆

控制台游戏通常非常复杂，有许多上下文相关的控件。例如，《荒野大镖客 2》游戏在最小化玩家认知负荷方面做得非常好（图 7-5），通过在屏幕右下角显示与上下文相关的控件（本例中用于与马互动的控件如查看其货物）。

图 7-5　《荒野大镖客 2》游戏中用户直接看到屏幕中上下文控件而不用去记忆中回想

### 7. 使用的灵活性与效率

游戏用户不希望做太简单的任务，玩家喜欢具有挑战性，喜欢竞争，不想轻易取胜。因此，游戏必须具有面向新手和熟练用户的不同设置。对熟练用户可以采用一些快捷方式或者加速器来实现高效游戏的目的。例如，在游戏 CS：GO（Counter-Strike：Global Offensive）中可以使用游戏提供的热键来加速交互，如切换武器。精明的玩家也可以绑定命令，从而设置他们喜欢的控件。这个功能使得用户可以创建一个与他们的游戏风格相匹配的设置，获得一个更舒适和熟练的体验。

### 8. 美观而精炼的设计

游戏系统需要容纳许多不同的活动，并且需要展示所有这些活动的信息。在设计时应该利用渐进式披露并且只显示与当前任务相关的信息，不应包含无关或很少需要的信息。在《马里奥卡丁车 8 豪华版》游戏中屏幕的右下角有一个突出的显示玩家在比赛中的位置（图 7-6，是第二名）以及一张显示其他车手图标位置的赛道地图。这些数据的布局和显示在视觉上很吸引人，而且易于理解。马里奥卡丁车使用极简但信息丰富的游戏屏幕，确保玩家可以专注于驾驶，同时使用覆盖的信息来补充和提高他们的体验。

图 7-6　《马里奥卡丁车 8 豪华版》呈现的极简但信息丰富的游戏屏幕

### 9. 帮助用户认识、诊断和修正错误

有效的错误信息需要清楚地指出错误问题，减少用户解决问题所必须做的工作量，并引导用户下一步操作。这些原则同样适用于界面和游戏。《地铁跑酷》是一款无止境的跑步者手机游戏，在编写错误信息方面做得很好。当用户在游戏中途失败后，会出现一个对话框：“救救我！”要从他们失败的地方继续游戏，用户可以“观看广告”或“使用游戏钥匙”（一种游戏货币）。如果用户试图使用钥匙但是没有足够的钥匙时，则会出现一条使用简单的语言表明诊断问题的错误消息（“钥匙不够！”），表示有多少钥匙是必要的，并提供一个明确的行动呼吁：“购买钥匙”。

### 10. 帮助和文档

在具有复杂交互或大量交互的游戏中，用户经常忘记如何做某件事，此时用户希望能够访问帮助文档，弄清楚自己想做什么，然后回到游戏中去。一个简单的帮助文档要让玩家更容易找到需要的东西，同时帮助的内容是清晰的和有条理的。PUBG 手游在 iOS 系统上保持帮助文档可访问并在游戏主页的右上角可见，甚至允许用户通过描述他们的问题搜索需要的帮助（图 7-7）。该帮助文档主页上内容按使用频率分组（推测）；甚至还有一个热点话题（hot topics）包含访问最多的内容。

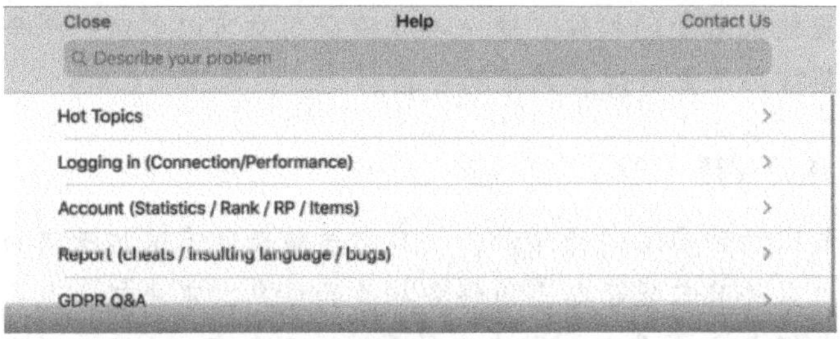

图 7-7　PUBG 手游保持帮助文档的可访问性、组织性和简洁性

施奈德曼为美国马里兰大学人机交互实验室创始人，其经典著作《设计用户界面：有效的人机互动策略》中总结了 8 条界面设计黄金法则（表 7-3）。

**表 7-3　施奈德曼的界面设计黄金法则**

| 序号 | 评估原则 | 解释 | 示例 |
| --- | --- | --- | --- |
| 1 | 一致性 | 在设计类似的功能和操作时，可以利用一致的设计规范，帮助用户快速熟悉产品 | 苹果的 MacOS 操作系统从 20 世纪 80 年代开始，菜单栏设计保持一致 |
| 2 | 重度用户使用快捷键 | 对经常使用产品的用户，随着频率的增加，减少互动的次数，提高任务完成效率 | 高频率的操作如复制、粘贴等能用快捷键实现 |
| 3 | 提供有意义的反馈 | 每完成一个操作，系统要给出反馈，让用户感知到下一步如何操作 | 选中的文件夹会高亮显示，形成视觉反馈 |
| 4 | 设计对话产生结束 | 当操作结束时，系统要提供反馈让用户知道动作已经完成，以减轻使用者的压力，提高满意度 | 在线购物网站完成后会收到“订单已完成”或“支付已完成”的对话 |
| 5 | 预防错误 | 系统具有预防错误发生的机制，即使有错误发生，系统也应该能够侦测出来，并提供一个简单、易理解的处理方式 | 填写表单时对于用户漏填的字段会提示 |
| 6 | 提供简单的错误恢复 | 鼓励用户进行探索，减轻焦虑，一旦发生了错误，能恢复到之前正常的状态 | 很多软件具有恢复或撤销的功能 |
| 7 | 满足使用者控制的需求 | 用户感觉到是自己在控制系统，而不是作为系统的响应者 | 操作系统的活动监视器允许用户在程序意外崩溃时“强制退出” |
| 8 | 减少短期记忆需求 | 系统界面应当尽可能简洁，保持适当的信息层次结构，让用户去确认信息而不是去回忆 | 手机界面设计时屏幕底部的主菜单区域只允许放 4 个左右的程序图标 |

启发式评估是用户界面可用性评估中最受欢迎的方法之一，其优点：①实施效率高，在很短时间内就能获得对界面可用性的基本认识，从效果来看，确实优于常用的评审会议效果；②成本效益较高，只需少量的专家就能够发现非常明显的可用性问题，还可通过帮助识别出明显的可用性问题来降低完整的可用性的测试成本，这样可用性测试就可

以致力于解决隐藏得更深或者其他更艰难的挑战；③适合用于产品设计的后期阶段或者用于与现有产品的对比研究。

但是在实施启发式评估时还需注意以下 2 点：①通常由外部专家领导启发式评估，他们利用最佳的实践和自身的经验，但他们不是产品的真正用户；②启发式评估需要和用户测试结合起来，如果出现结论不一致时，则可考虑将启发式评估的建议作为用户测试的基础。

### 7.2.2　认知遍历

认知遍历也称为认知走查法，是在访谈和观察等方法基础上衍生出来的一种专门用于可用性问题研究的方法。由界面专家模拟用户的角色，走查一系列典型的任务，发现界面存在的可用性问题。这种方法背后的理论是只有当用户需要执行任务时，才能通过探索功能、学习系统来知道如何使用一个界面。实施认知遍历的专家不仅要具备通用的界面设计知识，还能理解产品的用户，知道用户希望能在界面上执行什么任务。这种可用性测试方法具有探索的特点，能够理解用户初次接触界面时会遭遇什么情景（Hollingsed and Novick，2007）。施奈德曼认为对于经常执行的任务以及很少执行但重要的任务适合采用认知遍历方法。正因为这种面向任务为主的特点，一些学者认为实际上测试的是任务本身而非用户。这种可用性测试方法能够识别出系统的交互模型与用户的交互模型之间的差距，较适合用在早期设计阶段即交互模型的构建阶段进行可用性评估。

认知遍历可用性测试具有 5 个特点：①该方法是由专家主导的、反映的是专家的判断，和启发式评估一样不是基于真实用户的可用性测试；②测试时是通过模拟用户完成典型的任务情况追踪用户的心理加工过程来发现可用性问题，而不是对整个界面作整体测试；③测试过程只是分析用户是否采用正确的操作序列而不预测用户行为；④测试的目的不仅能发现界面中可能存在的可用性问题，而且期望找出问题发生的原因；⑤测试时没有考虑用户的背景可能对其心智过程产生影响。

认知遍历的实施过程可分为三步：①实施前的准备工作。包括对产品用户背景的假定、选择典型的任务、为每个典型任务设计完整清楚的操作序列以及对每个操作序列后的界面状态进行描述。②走查阶段。对每个正确的操作用一个成功的故事叙事解释为什么用户会选择这个操作，或者用一个失败的故事叙事来指出为什么用户不会进行这个操作。记录下出现的问题、可能的原因以及假定。同时考虑或者记录可能的替代方案。③后续改进。根据走查的结果来决定是否要对界面存在的问题进行改进。

认知遍历的优点是适合用于在界面设计的早期阶段发现存在的可用性问题及原因，有利于及时改正错误以避免严重的后果。但是认知遍历受到的批评更多，在使用时存在以下问题：专家走查过程和分析阶段中不可避免要以自身作用户测试，很难确定真实的用户意图；典型任务的选择比较难。Cuomo 和 Bowen（1994）将认知遍历和启发式评估、用户测试等方法进行比较，发现认知遍历揭示的问题只有用户测试揭示出来的 40%或多一点，启发式评价发现的问题比认知遍历多、实施成本反而比认知遍历少。表 7-4 为认知遍历与其他常用的可用性评估方法的比较。

表 7-4　几种可用性评估方法的比较

| 项目 | 认知遍历 | 启发式评估 | GOMS | 用户测试 | 发声思维 |
| --- | --- | --- | --- | --- | --- |
| 测试对象为用户 | × | × | × | √ | √ |
| 任务特性 | √ | × | √ | √ | √ |
| 追踪正确路径 | √ | × | √ | 有时 | 有时 |
| 发现错误的原因 | √ | 有时 | × | 有时 | √ |
| 分析用户心智过程 | √ | × | √ | × | 有时 |
| 评估学习时间 | 有时 | 有时 | √ | 有时 | 有时 |
| 评估绩效时间 | × | × | √ | √ | 有时 |

# 7.3　用户可用性测试

## 7.3.1　用户可用性测试的定义和类型

用户测试是可用性测试中最普遍的方法，甚至在一些场合，提到可用性测试就是指代用户测试。它是由代表性的用户执行代表性的任务从而对系统的可用性做出评估，可用于产品开发的各个阶段。用户测试的主体是真正使用产品的用户，代表着用户的观点和看法，这是区别于专家或者产品开发者实施的产品测试。

用户测试有不同的类型，按照测试进行的阶段可分为形成性可用性测试（formative usability testing）、总结性可用性测试（summative usability testing）和验证性可用性测试（validation usability testing）。形成性可用性测试是在产品开发的初期进行，旨在探索早期的设计概念，形成低保真原型。形成性可用性测试的目的不是关注用户如何完成任务，而是获得用户对界面的看法。对一个低保真原型，用户更愿意提出批评反馈意见，因为他们认为开发低保真原型的成本不会很高，一旦原型具备完善的功能后，用户可能就吝啬其批评了。例如，在开发一个新网站的项目中，需要对主页上的链接标签进行分类，从用户那里获得想法。总结性可用性测试发生在已经有一个相对完善的高保真原型阶段，其目的是评价界面的特定设计。例如，给参加测试的用户若干个信息搜寻任务，通过找到目标的时间和正确率来发现网站信息架构的问题。验证性可用性测试是在产品即将向普通用户开放阶段进行，用于比较同类产品的界面设计差异，评估新系统是否能达到用户使用产品的目标。例如，新一版网站发布前，邀请实际用户参与测试，验证新网站是否能够提高用户的满意度。三种可用性测试的对比参照表 7-5。

表 7-5　形成性可用性测试、总结性可用性测试、验证性可用性测试比较

| 项目 | 形成性可用性测试 | 总结性可用性测试 | 验证性可用性测试 |
| --- | --- | --- | --- |
| 测试目标 | 探索设计概念 | 评价设计质量 | 是否满足用户需要 |
| 测试阶段 | 多用在产品开发初期 | 多用在产品开发完成之后 | 产品发布之前 |
| 测试对象 | 低保真原型 | 高保真原型 | 新、旧版产品、竞品 |

续表

| 项目 | 形成性可用性测试 | 总结性可用性测试 | 验证性测试 |
| --- | --- | --- | --- |
| 被试样本 | 少量，5 个左右 | 较多，20 个左右 | 实际代表性用户 |
| 测试方法 | 发声思维、访谈等定性方法 | 量表、实验 | 量表、实验 |
| 测试地点 | 一般在用户现场 | 实验室、用户现场 | 实验室、用户现场、远程测试 |
| 数据采集和分析 | 一般将观察的问题记录下来定性分析 | 需要制定研究流程、对任务成功进行标准化定义，保证测量的信效度、定量分析 | 需要制定研究流程、对任务成功进行标准化定义，保证测量的信效度、定量分析 |
| 结果输出 | 形式不限，包含对问题的解决方案 | 建立用户体验的评估维度 | 可用性分析报告 |

### 7.3.2　可用性测试地点的选择

如果用户测试是在实验室开展的，一个标准的可用性实验室就是测试的地点。但是有很多的可用性研究是在用户的工作场所或者活动场所开展，这种测试称为现场用户可用性测试。其优点一是方便了用户、避免了奔波到实验室的麻烦；二是用户在自己熟悉的环境下完成可用性测试任务会感觉更轻松，采集到的用户行为数据更能如实反映实际情况。但是现场用户可用性测试也有不利的方面，首先，测试人员需要一一到访每位参加测试的用户现场，带来了实施成本的增加。其次，需要考虑在用户现场重新配置测试环境还是将测试装置移植到用户现场。前者更自然，但会引起一系列技术问题，如测试软件无法在用户使用的电脑上安装，后者技术上相对简单，但又带来用户对操作的环境不熟悉的问题。最后，在现场实施的可用性测试数据采集和记录是个挑战，这种挑战一方面源于观察人员在现场给用户带来的心理压力，另一方面源于数据记录条件不可比拟实验室。一种可行的解决措施是建立一个可移动的可用性实验室（portable usability laboratory），即模仿可用性实验室的布局在用户现场建立一个临时的可用性实验室，配置数据记录设备，这类移动可用性实验室往往价格昂贵，费时费力，但在充分利用现场用户测试优点的同时保证了数据记录的质量。

还有一种可用性测试，称为远程可用性测试（remote usability testing），适用于需要在不同的地方开展用户可用性测试的情形。例如，需要开发一个目标用户分布在不同国家的网站，邀请不同国家的用户到实验室来或者测试人员去不同的国家进行现场测试都不现实时，可以采用远程可用性测试，通过网络传输的同步视频或者异步视频来帮助研究人员进行分析。远程可用性测试可分为有主持人参与的远程测试（moderated remote testing）和无主持人参与的远程测试（unmoderated remote testing）。前者指测试人员和测试用户通过远程设备连接起来，使得不在同一地点的双方同时处于同一个“真实”的空间中，测试人员通过远程设备观察到用户的操作行为，并能在测试过程中与测试用户进行实时在线交流。后者指测试用户根据测试人员的要求，自由选择测试时间完成测试，并自行记录下自己的操作过程发送给测试人员。整个过程中，测试人员不进行干预与互动，测试数据的分析在测试完成后进行。

远程可用性测试的优点为：一是不受测试用户地理位置限制，可招募到更多的理想测试用户；二是为测试人员和用户双方提供了便利，测试人员能够以快速、低成本的方式开展可用性测试，用户也可以自由安排何时测试；三是借助一些软件可以方便地采集到用户的点击流数据等定量数据，并且传输到测试端。其缺点为：一是缺少测试人员在现场，一旦碰上一些用户无法解决的突发问题，则会影响测试进程；二是测试的环境也不可控，用户可能被一些意外事件打扰，中断执行任务甚至会放弃测试；三是测试过程中测试人员无法与用户进行直接互动，无法直接观察到用户的身体语言和场外信息，也难以甄别测试用户的态度，提高了沟通成本。尤其是无主持人参与的远程测试，仅靠一些视频去推测用户执行任务的情境，有失真实性。

随着智能手机的普及，越来越多的可用性研究项目是基于移动界面开展的，而用户使用移动手机的场景是不断变化的，这时远程可用性测试的优势就体现出来了。不需要将用户限制在一个固定的实验室或者实地环境，只需要在用户的手机上装上能支持远程可用性测试的软件，就能够采集到可用性分析中需要的数据。有主持人参与的远程可用性测试可以利用视频软件能实时看到用户的操作，并能与用户互动，如 QQ 视频。在无主持人参与的远程可用性测试中，这类工具包括 UserZoom、Appsee、Reflector 等。

### 7.3.3　可用性测量指标

可用性测量指标可分为定量类指标和定性类指标。定量可用性评估是指根据用户执行任务的绩效，从量化的角度进行评估。常见的定量指标包括任务性能（task performance）、任务时效（time performance）以及用户满意度（user satisfaction），沿袭 ISO 9241-11（1998）对可用性的定义。任务性能指用户能否正确完成任务的度量，如任务正确率、出错率、使用帮助的次数。任务时效是指每项任务成功完成所需时间的相关指标，如任务完成时间、错误平均恢复时间。用户满意度通常通过标准化的、经过验证的量表来衡量用户对产品的满意态度。随着眼动追踪技术应用于可用性分析中，很多眼动指标如注视次数、注视时长等定量指标也是从数量角度来测量可用性。需要注意，虽然任务绩效和可用性非常相关，但是不能将任务绩效评估等同于可用性评估，任务绩效评估有时只能揭示出反映任务执行过程中性能和效率（如易用性）方面的问题，对可学习性等方面难以衡量，再加上找到典型的代表性任务不是一件容易的事情，因此用任务绩效评估来代替定量的可用性评估过程有失合理性。可用性测试中常用的指标如表 7-6 所示。

**表 7-6　可用性测试中常用的指标举例**

| 指标 | 含义 |
| --- | --- |
| 任务成功率/正确率 | 用户成功执行的任务占所有任务的比率，或者用户执行任务来回答问题的任务情景，用正确回答问题数占所有问题的比率来测量 |
| 严重错误 | 用户完成任务的情况与预定目标之间有严重偏差的情况，如由于用户的执行策略不当，而无法完成任务，此时可被认定为一个严重错误 |
| 非严重错误 | 指用户能够自我修复成功完成任务的情况。这类错误导致任务执行效率较低，但是不会带来任务失败 |

续表

| 指标 | 含义 |
|---|---|
| 无错误率 | 完成任务且没有任何严重错误或非严重错误的比率 |
| 任务完成时间 | 用户完成任务所花费的时间 |
| 主观测量量表 | 用户根据主观测量问卷自我报告的数据，如满意度、易用性等 |

第 6 章介绍的各种常用的可用性测量问卷是在问卷调查的基础上发展起来，直接用量化指标（如任务完成时间）来测量出系统的可用性值或者用一个量表来得到用户的主观反馈数据的一种可用性评估方法。一些典型的任务性能指标，如任务完成时间、出错率、准确率等虽然能够提供一个直观的可用性数据，但是也会存在以偏概全的问题，如用户的满意度和感知不能直接从任务性能评估中得到，这时可以考虑用一些主观测量量表来克服单纯的数量难以刻画的可用性因素。这类量表存在的问题是受到用户内在背景的影响，也可能产生一些偏见。一些建议也被提出以改进该方法的不足，如增大调研对象样本量，采用李克特量表或者提高问卷的语句表述的准确性。Kim（2015）总结了可用性测量量表设计指南（表 7-7）。

**表 7-7　可用性测量量表设计指南**

| 可用性测量量表设计指南 | 解释 |
|---|---|
| 减少题项数量 | 题项过多导致用户疲劳，带来不可靠结果 |
| 采用 5 点或 7 点这类奇数度量尺度 | 奇数尺度方便用户选择居中的选项 |
| 使用一致极性 | 如所有题项的度量用 1 表示极端负面评价，用 5 表示极端正面评价 |
| 题项描述语句简洁易懂 | 清楚陈述问题，易于用户理解 |
| 适量报酬 | 对参加问卷调研的用户给予一定形式的报酬，提高回答的积极性 |
| 题项分组编排，具有逻辑性 | 从简单的问题开始调研，语义相关的题项分组编排，如将所有关于“易用性”的问题放在一起回答 |

为了克服单纯的定量评估可用性可能引起的问题，需要在定量评估的基础上考虑将定性可用性评估方法结合起来。定性的数据，尽管存在一定的主观偏见性，但是能反映用户实际上想要什么，以及背后的原因，能弥补定量评估的某些不足。定性指标对可用性测试同样重要，尤其是在形成性可用性测试时。例如，采用发声思维方法的可用性测试，用户会说“保存按钮在哪里呢？我想保存填写的信息怎么找不到这个功能？”“这个网站的信息组织太混乱了，我找不到我要的内容”等类似的言语来表达其在交互过程中遇到的问题和想法。尤其是多次听到用户报告类似的问题时，不得不提醒测试人员注意到这可能是产品设计中非常严重的可用性问题。测试人员还可以在用户完成测试任务后，访谈用户，询问他们最喜欢的产品的方面，最不喜欢的内容以及对产品的改进建议。第 6 章对访谈和发声思维方法这类获取定性数据的方法有详细的介绍。

### 7.3.4　可用性测试的实施

用户可用性测试是真正基于真实用户使用产品的可用性评估方法，这种测试可以在实验室进行也可以在用户实际的工作现场进行，还可以通过远程方式开展。无论可用性测试地点在哪，当用户完成一系列典型的任务，研究人员可以进行观察、倾听、测量和记录，能准确反馈用户使用产品的表现。可用性测试的目的是收集各种定性和定量数据，识别产品存在的可用性问题。一项有效的用户可用性测试需要准备测试、招募测试用户和执行测试。

1. 前期准备工作

以实验室开展的用户可用性测试为例，前期准备工作主要包括下述内容：

首先，研究人员要明确测试的目的。用户可用性测试不是评估用户的能力，而是帮助改进交互设计，通过测试了解人机交互中有待改进的地方，弄清用户出错的原因，而不仅是知道哪里出错。用户可用性测试的目的还可能是评估交互界面的整体质量，根据可用性测试指标，评测交互的水平，比如用户在哪些交互任务上完成效率不高，容易出错等，也可以对多个可选设计针对确定的性能需求进行横向比较性测试。

其次，准备测试环境。要确保测试环境的舒适，房间具有足够亮度，安静，不受干扰，在门上贴上“正在测试，请勿打扰”这类标志，有条件的可使用专门的可用性实验室。

再次，对可用性测试中要使用到的设备进行调试，确保正常工作。常用的可用性测试实验中的仪器包括摄像机、麦克风、耳机、电脑、录音笔等。一些特殊的可用性测试中还可能使用眼动仪等，对数据采集、记录软件要保证能正常打开。

最后，确定可用性测试中各种角色。一个典型的可用性测试包括测试用户、测试负责人和实验助手等角色。测试负责人全面控制可用性测试、与测试用户交谈以及撰写测试报告。实验助手负责操作记录设备、记录测试过程中的重要事件以及对可能出现的计算机问题进行解决等工作。

图 7-8 为一个常见的可用性测试实验室布局。被邀请的用户坐在一个房间里（测试

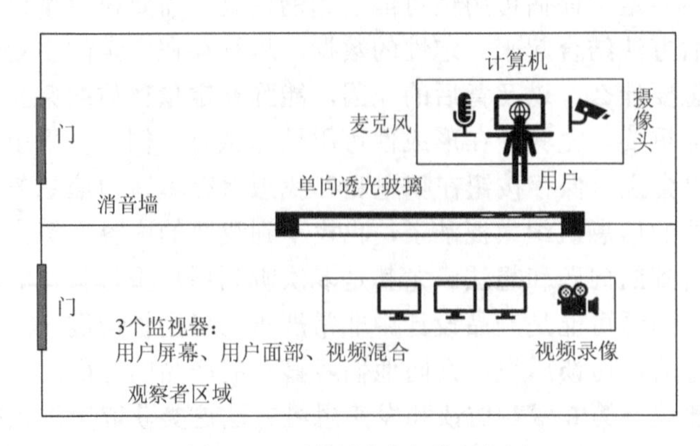


图 7-8　可用性测试实验室布局

间），在计算机上完成预先设计的交互任务。这个房间配备了麦克风和摄像头记录用户的操作动作，并记录用户计算机屏幕上的输出。在另一个房间（观察间），测试负责人和数据记录员观察用户在测试过程中的行为。观察间通常有多个计算机屏幕，监视器和记录设备，观察间和测试间之间是一面单向玻璃，以使观察间的人员可以直接观察测试用户在做什么，但用户无法看到观察间的情况。

准备工作完成后，还可以执行引导测试，一项在正式用户可用性测试之前进行的预研究，以保证正式的可用性测试能顺利进行，注意引导测试采集的用户数据不能用于正式的可用性分析中。预测试的内容为测试实验装备的正常、演练在测试中记录的过程、了解用户是否能够正确理解测试过程和执行的任务。

2. *招募测试用户*

对用户可用性测试来说，招募的测试用户至关重要。一个最基本的要求是用户具有代表性，能在一定程度上代表产品的目标用户群体的特征。例如，一个为经销商设计的订货系统邀请大学生作为测试用户就不合适，他们不是真正要使用系统的人。Tullis 和 Albert（2008）建议选择具有代表性的测试用户要综合考虑年龄、性别、受教育程度、职业背景、领域知识、使用产品的经验和个人技能等因素。

另一个重要的是招募测试用户的数量。在人机交互可用性分析领域，对这一问题尚无公认的结论。招募更多的用户虽然可能发现更多的可用性问题，但也会产生更高的成本，如何选择合适数量的测试用户达到可用性分析目的是要考虑的问题。Nielsen Norman 集团根据 83 项可用性测试项目中招募的用户数量和发现的可用性问题之间的关系绘制了图 7-9，图中的确反映了两者之间具有相关性，但是很弱，测试更多的用户并没有引起更显著的可用性问题的洞察力提升。包括尼尔森在内的多名研究者建议可用性研究中如果有 5 个人则可以发现绝大部分的可用性问题。也有学者认为 5 个人是不足以实施有效的可用性测试的（Lindgaard and Chattratichart，2007；Spool and Schroeder，2001）。Schmettow（2012）甚至提出即使是 10 个人也不够发现 80%的可用性问题。没有统一的标准指导在可用性测试中招募多少用户合适，有学者建议要综合考虑可用性研究的精确度、目标、

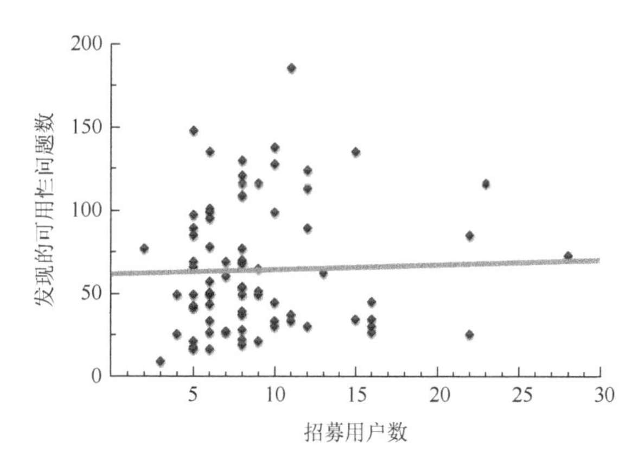


图 7-9　可用性测试用户数量和发现的可用性问题之间的关系

项目实施预算、可获得的用户的便利性、数据分析方法以及设计的测试任务等因素来权衡（Lewis，2006a）。采用启发式评估等定性方法，则 5 个用户可以发现绝大部分可用性问题，但是如果要采用定量统计方法，那么至少 20 个用户才能达到统计学意义上的信效度。本书前面介绍的眼动追踪技术则要求至少 30 名有效用户才能得到稳定的热图结果。

在招募可用性测试用户环节必不可少的工作是给潜在的测试用户发一封邀请信函，对愿意参与测试的用户确认后续参加测试的具体事项。

## 延伸阅读：可用性测试的邀请信函

usability.gov 网站上提供一系列可用性测试时会对潜在的测试用户发送邀请信模板，可供实际参考。

模板 1：招募参加邀请信

**主题行：美国能源部邀请您参加一项网站研究，赚取[$XX]！**

您好！

我的名字是_____。为了改进网站，我们正在寻找有兴趣尝试使用与[主题]相关的网站并在使用后提供反馈的人。如果您符合资格，您将获得[$XX]的报酬。

**我将在可用性研究中做什么？**

您将被要求使用一个网站做几个简短的任务。您还将被问及有关您对网站的体验和看法的问题。

**每次测试多长时间？**

一小时。

**何时何地？**

研究将在[天，日期]举行。您将被要求[亲自到我们位于 XX 的办公室]或[通过电话。无须旅行，因为这是一项远程研究，将在网上进行。您可以使用办公室或家用电脑参与]。

**有兴趣参加吗？**

请用您的联系信息回复此电子邮件，或致电[添加电话]。我会给您打电话，问您一些问题，帮助我们确定您是否有资格参加这项研究。

如果您有任何问题，请通过[电子邮件]与我联系。

谢谢您的关注，

[姓名和职务]

模板 2：提醒用户参加现场测试的确认信

**主题行：确认：您参与我们的可用性研究**

尊敬的[参与者姓名]：

感谢您同意参加美国能源部能效和可再生能源办公室（EERE）网站的测试。正如我提到的，您将被要求试用这个网站，并告诉我们您对您的经历的想法。您不需要在测试前做任何准备。

您计划按如下方式参加：

日期：[天，日期]

时间：[时间]

地点：[地址，链接到地图]

以下几点关键提示：

- 您将获得[$XX]作为参与的交换。（注：除非您在自己的时间参与，否则政府雇员和/或受让人没有资格获得酬金）
- 在研究期间，我们将要求您使用网站完成一些任务。您将在工作时大声说话，以便主持人能够跟进。
- 如果您允许，我们将录制会话。我们将只使用录音来决定如何改进网站。您的姓名将不会用于本次测试以外的任何目的。

此外，我们一次只能安排一个人参加这些会议，因此，如果您发现无法在计划的日期参加，请尽快与我联系，以便我可以重新安排您的测试。

再次感谢!

[主持人姓名和联系方式]

模板3：确认用户远程参加的确认信

**主题行：确认：您参与我们的可用性研究**

尊敬的[参与者姓名]：

感谢您同意参加美国能源部能效和可再生能源办公室（EERE）网站的测试。正如我提到的，您将被要求试用这个网站，并告诉我们您对您的经历的想法。您不需要在测试前做任何准备。

您计划按如下方式参加：

日期：[天，日期]

时间：[时间]

地点：您的电脑

几天后，我们将发送一个提醒，其中包含您的会话电话号码和Web链接。

**请尽快执行以下操作：**

1. 验证您是否可以使用GoTo Meeting。

这项研究使用了名为GoTo Meeting的屏幕共享软件。此基于Web的应用程序允许研究主持人远程查看计算机屏幕上的内容，并在您浏览网站时记录屏幕。

请确认您可以使用GoTo Meeting并在学习时间之前执行任何必要的安装或更新。如果您以前从未使用过GoTo Meeting，请与我联系，我们可以安排时间在会议前一起尝试。

提示：最好使用免提耳机或使用手机扬声器，以便您可以与培训师交谈，同时浏览网站。

2. 阅读理解您的参与文件（附件）

如果您允许，我们将录制会话。您将被要求在会议开始时口头同意录像。我们将只使用录音来决定如何改进网站。您的姓名将不会用于本次会议以外的任何目的。

**以下几点关键提示：**

- 您将获得[$XX]作为参与的交换。（注：除非您在自己的时间参与，否则政府雇员和/或受让人没有资格获得酬金）
- 在研究期间，我们将要求您使用网站完成一些任务。您将在工作时大声说话，以便主持人能够跟进。
- 请预留一个安静的空间，在我们的会议期间，您不会受到打扰。

此外，我们一次只能安排一个人参加这些会议，因此，如果您发现无法在计划的日期参加，请尽快与我联系，以便我可以重新安排您的会议。

再次感谢!

[主持人姓名和联系方式]

模板 4：提醒用户参加现场测试

**主题行：提醒：明天开始网站测试**

尊敬的[参与者姓名]：

再次感谢您同意帮助我们测试美国能源部能源效率和可再生能源办公室（EERE）网站。我们期待着与您见面。

**您计划按如下方式参加：**

日期：[天，日期]

时间：[时间]

地点：[地址，链接到地图]

**以下几点关键提示：**

•您将获得[$XX]作为参与的交换。（注：除非您在自己的时间参与，否则政府雇员和/或受让人没有资格获得酬金）

•在研究期间，我们将要求您使用网站完成一些任务。您将在工作时大声说话，以便主持人能够跟进。

•如果您允许，我们将录制会话。我们将只使用录音来决定如何改进网站。您的姓名将不会用于本次会议以外的任何目的。

此外，我们一次只能安排一个人参加这些会议，因此，如果您发现无法在计划的日期参加，请尽快与我联系，以便我可以重新安排您的会议。

再次感谢！

[主持人姓名和联系方式]

模板 5：提醒用户参加远程测试

**主题行：提醒：明天开始网站测试**

尊敬的[参与者姓名]：

再次感谢您同意帮助我们测试美国能源部能源效率和可再生能源办公室（EERE）网站。这里是关键信息的概述。

日期：[天，日期]

时间：[时间]

地点：您的电脑

**请在计划的会话时间前至少 5 分钟执行以下操作：**

1. 单击此链接以加入 GoTo Meeting 会话：[插入链接]

●允许 GoTo Meeting 运行并安装加入会话所需的任何软件。

●输入您的姓名和电子邮件地址。

●如果需要密码，请输入会议密码：[插入密码]

2. 拨打以下音频会议号码：[插入通话信息]

**以下几点关键提示：**

●您将获得[$XX]作为参与的交换。（注：除非您在自己的时间参与，否则政府雇员和/或受让人没有资格获得酬金）

●在研究期间，我们将要求您使用网站完成一些任务。您将在工作时大声说话，以便主持人能够跟进。

●请预留一个安静的空间，在我们的会议期间，您不会受到打扰。

此外，我们一次只能安排一个人参加这些会议，因此，如果您发现无法在计划的日期参加，请尽快与我联系，以便我可以重新安排您的会议。

如果有任何问题，请随时与我联系。

再次感谢！

[主持人姓名和联系方式]

3. 执行正式测试

在正式测试阶段，测试人员要注意以下策略：

首先，无论是在实验室还是用户现场进行的可用性测试，都要给测试用户提供一个舒适、轻松的氛围。可用性测试的是产品而不是用户，邀请用户参与测试是为了更好的改进产品设计。

其次，测试过程中测试人员全程要保持中立的态度，只需要聆听和观察，不需要发表个人的倾向性观点，也不需要在用户遇到困难时立即施以援助。如果有用户提出问题时，可以回答“您是怎么认为的？”根据测试的需要决定给予不同程度的帮助，可以是一些提示，或者是实质性的帮助。

再次，做好笔记。应尽可能详细地记录用户的行为以及言语。测试中记录的笔记越详细，后续分析就越容易。

最后，可用性测试中尽可能包括定量的行为数据和主观评价数据。人们的行为表现和主观评价并不总是匹配的。用户经常会表现不佳，如成功率低、执行任务时间长以及经常出错，但他们对产品的主观评分却很高。采集两方面的数据进行对照，有助于更深刻发现问题。

图7-10是一个可用性测试的流程示范。

(1) 主持人欢迎用户来参加可用性测试，向其介绍测试过程，让用户签署相关的同意书，询问用户个人背景信息

(2) 主持人解释什么是发声思维方法，让用户预演该方法并回答用户的提问，当用户理解之后宣布实验开始

(3) 用户阅读任务书，开始执行任务，同时进行发声思维

(4) 数据记录员记录下用户的行为、评论、出错点以及每项任务的执行结果（失败还是成功），用户执行完所有任务或者达到分配的时间方可停止

(5) 主持人在用户执行完任务后进行提问，或者给用户发送调查问卷，感谢用户，提供参与测试的报酬，并宣告测试结束，感谢用户参与，送该名用户离开测试地点

(6) 主持人重置材料和设备，等待下一位参与者的到来

图7-10 可用性测试的流程示范

4. 数据的分析

收集了各种定性的和定量的可用性测试数据后，需要对这些数据进行分析，以期发现产品的可用性问题，达到可用性测试目标。

在数据的分析工作中，要仔细阅读测试过程中记录的笔记，发现一些规律和模式，描述可能存在的问题。对定量数据，将各项定量指标输入统计软件中进行统计分析，运用各种描述性方法和推断性方法发现数量特征和关系。对定性数据，记录用户的行为路径、评论和开放式问题的看法，运用定性分析方法描述用户在何种场景下遇到该可用性问题及其对用户的影响。综合各种数据分析结果，判断产品可用性问题的严重程度和普遍程度。一些可用性问题对用户使用产品产生严重的影响，如果不解决此类问题，用户无法完成任务，那么就要将其评估为严重等级；一些可用性问题对用户使用产品产生影响，如果不解决此类问题，会让用户产生沮丧，而放弃使用该产品，此类问题被评估为中等严重等级；还有一类可用性问题，用户不满意，但是仍能够完成任务，这类问题被评估为次要严重等级。问题的普遍程度是指该可用性问题是局部存在还是一个很普遍的问题，如用户在测试中反馈某个网站页面上文字过于密集，影响了其搜寻目标，研究人员需要思考究竟仅是该页面上存在文本密集的问题，还是整个网站上都存在文本密集问题。区分不同严重程度和普遍程度能帮助设计人员有针对性地予以改进。

## 7.4　自动可用性测试

自动可用性测试是指利用应用程序自动对系统界面进行诊断，发现系统或界面上的可用性问题。这些应用程序上加载有一系列界面或系统评估准则，能够将产品出现的问题和这些评估准则进行对比，生成系统或界面的可用性评估报告。实质上是将前文介绍的专家审查的可用性评估过程用计算机自动处理的方式实现。非常适用于可用性评估工作相对成熟，但是有大量的界面或系统需要进行测试的情形。

自动可用性测试的优点为：①减少了可用性测试的成本，在很短的时间内对多个界面进行可用性测试；②克服了可用性评估原则的不一致问题和专家评估易引起的主观性问题，采用的是同样的评估原则和评估流程，结果客观，具有可比性；③由于自动可用性测试的实施时间可以预先计算，对整个产品开发阶段来说，能更精确地预测进度计划和实施成本；④省去了寻找优质可用性评估专家的需求，降低了实施难度；⑤能用于产品开发的各个阶段，而不像某些可用性测试方法只适用于特定的阶段。

尽管自动可用性测试具有上述优点，但其不足也很明显，毕竟是利用软件自动处理，有很多深层次的可用性问题难以发现。Au 等（2008）发现自动化的可用性测试应用程序擅长测试某些统计信息，如使用的字体数量，平均字体大小，可单击按钮的平均大小，菜单的最深级别以及图形的平均加载时间。这些对于诊断可用性是有用的指标，但它们不能确定用户如何与这些界面进行交互，而只能确定界面符合某些基本的可用性要求。一个利用自动化的网页可访问性测试案例由 Lazar 等（2017b）实施，对美国联邦机构的网站进行了测试。因此，自动可用性测试建议和标准化的可用性测试方法结合使用。

自动可用性测试工具的开发和应用一直在开展，Ivory 和 Hearst（2011）综述了自动可用性测试领域的研究进展，从数据的捕获、分析以及诊断三方面比较了不同的自动可用性测试方法。迄今为止，这篇论文仍受到关注。在应用方面，一些基于 WCAG（web content accessibility guidelines）开发出来的对网站页面可访问性进行测试的工具也相继出现，详细信息可查阅官方网页（https://www.w3.org/WAI/ER/tools/）。

## 7.5　可用性测试报告

可用性测试报告是一项可用性测试研究最后呈现出来的成果，是相关人员决策参考的重要依据。Rubin 和 Chisnell（2008）认为可用性测试报告要清楚阐述三个问题：为什么开展可用性测试以及如何进行准备？测试是如何开展的？可用性测试结果应用以及改进产品的建议是什么？可用性测试报告没有固定的格式，一般而言，包括以下几部分。

（1）背景和摘要：简要介绍可用性测试的对象，测试地点和测试时间、采用的测试方法和使用的设备，测试团队的信息。

（2）方法：详细描述可用性测试方法和测试过程，为他人复制测试结果提供参考。介绍测试的产品类型，收集的测试指标以及构建的测试任务场景。提供一个描述参与测试的用户的人口统计特征、招募方式的简要摘要，为保护参与者的隐私，不能在测试报告中提供参与者的真实姓名或其他可能推测参与者身份的信息。

（3）测试结果：根据采集的不同类型的数据提供相应的分析结果。定量数据可以描述任务成功率、完成时间，成功执行任务的参与者百分比等数据，主观测量的量表可以提供用户对产品满意度评分的描述性结果，对开放式提问和评论数据，可以归纳出测试用户普遍认为存在的可用性问题。为了使得测试结果直观明了，采用图表方式是一个有效的方式。

（4）发现和建议：将数据分析的结果进行整理和归纳，形成几点发现。每点发现都应该有数据或事实为基础，必要的时候用真实的案例来支撑。这些发现既可以是当前产品版本中存在的短板问题，这是可用性测试人员首要关心的问题，也可以是当前版本中积极的方面，这些被称赞的方面也应引起开发人员的注意，在今后的版本迭代设计中保持下去。对每一个发现的可用性问题要描述其发生的情景，并且要有相应的改进建议。

本书主要介绍美国国家标准与技术研究院（National Institute of Standards and Technology，NIST）发布的通用工业格式（common industry format，CIF）和来自可用性研究组织推荐的可用性测试报告形式。

### 7.5.1　通用工业格式的可用性测试报告

1997 年 10 月，美国国家标准与技术研究院联合 IBM、微软、惠普、甲骨文等几家主要的软件产品供应商和采购商自愿发起了一项称为工业可用性报告计划（industry usability report，IUSR），其背景是许多企业在软件生产和使用中因为可用性问题严重而遭受了巨大的损失，亟待对软件产品的可用性质量进行标准化的测试并需要以一种标准报告格式来展示结果。这项计划最终希望达到 3 个目的：①鼓励软件企业能更好理解用户的可用性需求和任务；②建立一个通用的可用性质量报告规范，促使可用性测试更加规范以利于相互沟通和共享；③进行先导实验来确定 IUSR 可用性报告规范的使用效果和在软件采购中的使用价值。

IUSR 开发的通用工业格式的可用性测试报告根据 ISO 9241-11（1998）可用性的定义规定了在评价产品可用性质量时所需提供的基本信息，实际使用时可以根据产品的特点进行调整。作为一种产品可用性测试的标准，该技术规范主要规定了可用性测试报告的结构包括以下内容。

### 1. 封面页

主要提供：报告版本和联系信息，如 Common Industry Format for Usability Test Report v2.0，Comments and questions about this format：iusr@nist.gov；测试产品和版本；测试工作的领导者；测试的时间；报告的编制日期；报告的编制者；客户公司名称；客户公司联系人；有问题时的联系人；报告提供者的联系电话；报告提供者电子邮件；报告提供者邮寄地址。

### 2. 执行摘要

这是报告中独立的一个章节，为报告的使用者提供一个简化的可用性测试总结。执行摘要中要包括：产品的名称和描述；测试方法的概要，如参与人数、执行任务情况；测试结果。还可以提供以下信息：产品测试的原因；性能结果的摘要；如果发现产品之间的不同，要确保这种差异不是偶发的。

### 3. 引言

1）完整的产品描述

包括：产品的正式名称和版本；评估产品的哪个部分；产品的目标群体。还可以提供：对产品的特殊需求；产品使用环境的简要描述；产品能支持的用户工作。

2）测试目标

包括：测试的目标特定的兴趣领域，如用户使用产品完成工作任务的绩效或者使用产品的满意度；用户直接或者间接交互的功能和组件。当只是对产品的某个功能测试时，还可以提供为何只关注该局部功能的理由。

### 4. 测试方法

1）参与者

包括：多少人参与测试；测试用户的分组情况；用户组的主要特征；参与者的选择标准；参与者样本和用户总体的可能差异；提供一个包含每个参与人的人口特征、专业背景、计算机经验和特殊需求的表格（表 7-8）。

**表 7-8　参与者信息表**

| 编号 | 性别 | 年龄 | 教育程度 | 职业 | 职业经验/年 | 计算机经验 | 产品经验 |
|---|---|---|---|---|---|---|---|
| P1 | | | | | | | |

2）产品使用情境

包括任何已知的要评估的产品使用情境和期望使用情境的差异，使用情境如下。

（1）任务。包括：测试任务情景；为什么选择这些测试任务（如最频繁执行或者最麻烦的任务）；任务的来源（如观察用户在类似产品上的行为、产品的营销方案）；提供给参与者的任务数据；每个任务成功完成或者执行绩效的标准。

（2）任务设施。包括：评估执行的场所和空间（如可用性实验室、办公室、工厂等）；任何可能影响结果的相关环境特征（如录像和录音设备、单面透光玻璃、自动数据采集设备）。

（3）参与者的计算机环境。包括：计算机配置环境；如果需要使用浏览器，浏览器的名称和版本，是否需要插件；显示设备、音频设备、输入设备等的详细信息。

（4）测试管理工具。包括：如果采用标准化可用性测试问卷，则在附件中提供；记录数据的硬件和软件。

3）实验设计

包括测试的逻辑基础、自变量和控制变量、每个条件的测量数据。

（1）程序。包括：测量变量的操作化定义；自变量和控制变量的描述；任务的时间限制；测试时主试和被试的交互策略和程序，如从迎接参与者到欢送的次序、签署同意书、热身、任务前的培训、参与者对自身权利的正确理解、执行测试和记录数据的步骤、测试时主试和被试交流的次数、测试时是否有其他人员在场、参与者是否获得报酬等。

（2）参与者的通用引导。包括：对参与者的指导语、实验中参与者如何与他人（如实验助手或其他参与者）交流。

（3）参与者的任务引导。

4）可用性指标

（1）有效性。包括：任务的成功率，如完成任务的人数百分比；出错情况；使用帮助情况，如需要帮助的任务占比和无需帮助的任务占比。

（2）效率。包括：参与者完成每个任务的平均时间、极值范围、标准差。效率指标可以用完成速率和平均任务时间来衡量。

（3）满意度。包括：测量满意度的指标、可采用标准的问卷。

### 5. 结果

（1）数据分析。包括：数据采集和分值、数据精简、统计分析过程。

（2）结果展示。包括：执行每个任务或任务组的性能结果以及满意度测评结果。性能结果可采用表格或图形的形式总结所有任务的执行性能结果，如表 7-9 所示。

**表 7-9 任务执行性能结果展示**

某一任务：Task A

| 用户编号 | 未辅助的任务有效性（成功率/%） | 辅助的任务有效性（成功率/%） | 任务时间/分钟 | … | 出错次数 | 辅助次数 |
|---|---|---|---|---|---|---|
| 1 | | | | | | |
| 2 | | | | | | |
| *N* | | | | | | |
| Mean | | | | | | |
| Standard Deviation | | | | | | |
| Min | | | | | | |

总结

| 用户编号 | 所有未辅助的任务有效性（成功率/%） | 所有辅助的任务有效性（成功率/%） | 总任务时间/分钟 | … | 总出错次数 | 总辅助次数 |
|---|---|---|---|---|---|---|
| 1 | | | | | | |
| 2 | | | | | | |
| *N* | | | | | | |
| Mean | | | | | | |
| Standard Deviation | | | | | | |
| Min | | | | | | |
| Max | | | | | | |

满意度结果的展示模板如表 7-10 所示。

**表 7-10 满意度结果展示**

| 用户编号 | 度量 1 | 度量 2 | 度量 3 | … | 度量 *n* |
|---|---|---|---|---|---|
| 1 | | | | | |
| 2 | | | | | |
| *N* | | | | | |
| Mean | | | | | |
| Standard Deviation | | | | | |
| Min | | | | | |
| Max | | | | | |

6. 附录

附录中可以包括：对客户开展的调查问卷；参与者的指导文件；任务指导语；结果可能的注释或者更新信息。

CIF 测试的对象是最终产品的可用性质量，侧重于提供同类产品之间可比的可用性质量的数据，能让产品采购商获悉，在特定的环境下，特定类型用户使用某产品完成特定任务的效果。实施 CIF 测试的人既可以是产品的供应方，也可以是产品的采购方，还可以是独立的第三方专业人员。

自 CIF 发布以来，从软件产品到网站、移动设备得到广泛应用。Clasen（2011）根据 CIF 技术规范对老年用户使用 iPhone 手机进行可用性测试，这项测试邀请 4 名 55 岁以上的参与者执行 3 项核心任务（短信、邮件和网络链接），基于可用性的 3 个主要指标，这项研究给出的建议如表 7-11 所示，详细报告可查阅参考文献（Clasen，2011）。

**表 7-11　可用性测试的研究建议示范**

| 改进 | 理由 | 严重程度 |
| --- | --- | --- |
| （1）产品营销时强调“放大”功能<br>（2）增加“放大”按钮作为辅助字体放大的措施 | 缓解因为年龄衰老感官退化的问题<br>所有 4 名参加者都未能使用“放大”来减轻眼疲劳问题<br>25%的参与者浏览网页任务失败 | 高 |
| （3）将默认状态自动更正为“关闭”或者在主屏上直接提供设置链接 | 缓解因为老龄化导致的认知挑战<br>50%的参与者表示这一特点是分散注意力，但不知道如何关闭 | 中 |
| （4）增加“新建”图标的说明标签<br>（5）修改“Web 浏览器”（Safari）的说明标签<br>（6）将“plus”图标更改为“contact”，并保证一致性 | 减轻因老龄化而记忆衰退<br>75%的参与者无法识别“Safari”是浏览器<br>100%的参与者无法识别“plus”是访问联系人列表<br>75%的参与者在协助后仍无法识别“plus”图标 | 高 |

### 7.5.2　可用性组织的可用性测试报告

除了根据国际标准化组织制定的技术规范外，一些可用性公司或者组织也有自己的可用性测试报告格式。下面为 usability.gov 网站上提供的一个可用性测试报告改编的案例，通过该案例可以洞悉一份完整的可用性测试报告的各部分内容，为实际可用性测试报告的撰写提供参考。

1. 引言

[包括和介绍可用性测试对象：网站或应用程序以及网站的基本情况。]

AIDS.gov 作为一个信息门户，推动国内人类免疫缺陷病毒（又称艾滋病病毒，HIV）/艾滋病信息和资源的交流，用户可以方便地访问相关的信息资源。

[提供关于谁进行测试以及使用什么测试方法的摘要以及简要介绍采集的数据。]

可用性工程师在一台供测试用的笔记本电脑上对 AIDS.gov 网站实施可用性测试。两台使用 Morae 软件的笔记本电脑捕捉了用户的面部表情、评论、导航选择和日志。测试管理员和数据记录人员在测试室。交互过程中记录了每个参与者的导航选择、任务成功率、评论、总体满意度评分、问题和反馈等信息。

2. 执行摘要

[执行摘要描述可用性测试的时间和地点、测试的目的、参与测试用户数量和测试时长以及相关的附件文档；简要概述测试结果，包括对整体可用性和用户人口统计信息，列举可用性问题列表；说明附件文件所包含的内容。]

这个 AIDS.gov 项目组于 2007 年 5 月 21～22 日在新奥尔良举行的 HIV 预防领导会议（HPLA）上进行现场可用性测试。HPLA 是该国最大的艾滋病病毒/艾滋病预防会议。测试的目的是评估 Web 界面设计、信息流和信息体系结构的可用性。

7 名与会者参加测试 1，6 名与会者参加测试 2。每次测试时间大约持续 1 小时，测试场景在两个测试日内有所不同。

一般来说，所有参与者都发现 AIDS.gov 网站清晰、明了，92%的人认为网站易于使用。13 名参与者中有 10 人（77%）每月至少一次使用该网站查找艾滋病病毒/艾滋病信息。

测试只发现了几个小问题，包括：①项目资助页面缺乏主题分类。②治疗和护理信息存在非常明显的重复问题。③缺少情况说明书/手册类别部分。④缺少 HIPAA 类别部分。⑤缺少心理健康类别部分。⑥缺少站点索引。⑦在新闻页面上缺少对新闻项目的任何分类。⑧缺少 HIV + 数据部分（如感染人数）。

本报告提供参与者反馈、满意度评分、任务成功率、完成难度或难易程度评分、完成任务的时间、错误以及改进建议。

附件文档提供情景和问卷的副本。

3. *方法*

1）实施过程

[描述如何招募参与者。描述每位用户测试时长以及在这些测试过程中发生的事情。解释参与者被要求做什么以及测试后发生了什么，描述测试前或测试后的问卷。附件部分包括主观和总体问卷]

测试负责人通过 AIDS.gov 网站从 HPLA 与会者列表中招募测试用户。测试负责人向与会者发送电子邮件，询问参与测试的可能性，在得到同意参与的回复后，商定了合适的测试时间。

每次测试大约持续 1 小时。在测试过程中，测试主持人解释了测试过程，并要求参与者填写一份简短的背景调查问卷（附件 A）。参与者阅读任务场景并尝试在网站上查找信息。在完成每项任务后，参与者依据任务后情景主观测量量表，即任务后问卷（附件 B）对界面进行 Likert 评分，评分范围从强烈不同意到强烈同意（满分为 5 分），包括：①从主页上找到信息的难易程度；②是否能够跟踪他们在网站上的位置；③预测网站哪个部分包含目标信息的准确性。

最后一项任务完成后，参与者使用 Likert 评分量表（强烈不同意到强烈同意）对网站进行总体评分，即测试后总体主观问卷（附件 C），包括以下 8 个主观指标：①易用性；②使用网站的频率；③在网站中跟踪位置的难度；④可学习性；⑤找到目标信息的速度；⑥外观和感觉的吸引力；⑦网站内容的吸引力；⑧网站组织水平。

此外，主持人还向参与者提出了以下开放问题：参与者最喜欢网站的方面、参与者最不喜欢网站的方面、参与者的改进建议。

2）参与者

[提供参与者的描述，包括测试日期、当天参与测试的人数、参与人员的人口统计/背景调查表结果的摘要]

所有参与者都是 HPLA 的与会者和 HIV/AIDS 社区专业人员。在两个测试日期安排 16 名参与者，其中 13 名完成测试，包括 6 名男性，7 名女性。5 月 21 日和 5 月 22 日分别有 7 名和 6 名参与者参与测试。

在艾滋病病毒/艾滋病社区中的角色：

参加测试的用户选择他们在艾滋病病毒/艾滋病社区中的角色，如来自联邦机构、州和公共卫生部门、受让人和研究机构等，一些参与者可拥有多重身份，如表 7-12 所示。

**表 7-12　参与测试人员的角色**

| 联邦职员/机构 | 州/公共卫生部 | 受让人 | 医疗机构 | 研究机构 | 其他组织 |
| --- | --- | --- | --- | --- | --- |
| 1 | 3 | 2 | — | 2 | 7 |

3）评估任务/场景

[解释是谁创建任务场景，列举任务标题]

测试参与者尝试完成以下任务（完整任务情景见附件 D），每个参与者完成一个自我引导的任务（即他们选择的任务）：任务①找一个关于纽约过渡性住房的新闻；任务②为组织寻找联邦资助项目；任务③查找家庭治疗中发现艾滋病病毒/艾滋病呈阳性的信息；任务④查找 HIPAA 信息；任务⑤查找全国艾滋病检测日期；任务⑥查找 HIV + 退伍军人宣传手册。

4. 结果

1）任务成功率

[依次解释成功率为 100%的任务、成功率次高的任务以及成功率较低的任务，用表格的形式展示结果]

所有参与者都已成功完成任务①（找一个关于纽约过渡性住房的新闻）；7 人中有 6 人（86%）完成了任务⑤（查找全国艾滋病检测日期）；大约一半（57%）的参与者能够完成任务④（查找 HIPAA 信息）；29%的参与者能够完成任务②（为组织寻找联邦资助项目）；没有一个参与者能够完成任务⑥（查找 HIV + 退伍军人宣传手册）。任务完成情况见表 7-13。

**表 7-13　任务完成情况**

| 参与者 | 任务① | 任务② | 任务③ | 任务④ | 任务⑤ | 任务⑥ |
| --- | --- | --- | --- | --- | --- | --- |
| 1 | √ | — | √ | — | √ | — |
| 2 | √ | — | √ | √ | √ | — |
| 3 | √ | √ | √ | √ | √ | — |
| 4 | √ | √ | √ | √ | √ | — |
| 5 | √ | — | — | — | √ | — |
| 6 | √ | — | — | √ | √ | — |
| 7 | √ | — | √ | — | — | — |
| 成功人数 | 7 | 2 | 5 | 4 | 6 | 0 |
| 成功率/% | 100 | 29 | 71 | 57 | 86 | 0 |

2）任务评分

完成每项任务后，参与者将完成任务的难易程度分为三个因素：①我很容易从主页上找到这些信息；②当我在搜索这些信息时，我能够跟踪我在网站上的位置；③我能够准确地预测网站的哪个部分包含这些信息。

5 分等级从 1 分（强烈不同意）到 5 分（强烈同意）。

（1）易于查找信息。[描述此评级变量的结果，从平均评分最高的任务开始，然后是平均评分最低的任务。]

所有参与者都认为很容易找到治疗信息（平均同意率 = 4.7），86%的人认为很容易找到艾滋病病毒检测日（平均同意率 = 4.3）。只有 29%的参与者认为很容易找到宣传手册（平均同意率 = 2.4），只有 43%的参与者认为很容易找到基金信息（平均同意率 = 2.9）。

（2）跟踪现场位置。[描述此评级变量的结果，从平均评分最高的任务开始，然后是平均评分最低的任务。]

所有参与者都发现，在寻找治疗信息（平均同意率 = 4.7）和寻找艾滋病病毒检测日（平均同意率 = 4.7）的同时，很容易跟踪他们在现场的位置。此外，86%的人发现在查找新闻时很容易跟踪自己的位置（平均同意率 = 4.0）。然而，只有 67%的参与者发现在查找宣传手册时很容易跟踪自己的位置（平均同意率 = 2.9）。

（3）预测信息部分。[描述此评级变量的结果，从平均评分最高的任务开始，然后是平均评分最低的任务。]

所有参与者都同意预测哪里可以找到治疗信息很容易（平均同意率 = 4.7），85%的参与者同意预测哪里可以找到 HIV 检测日信息很容易（平均同意率 = 4.6）。然而，只有 44%的人同意他们可以预测在哪里可以找到基金信息（平均同意率= 2.6），只有 29%的人同意很容易预测在哪里可以找到宣传手册（平均同意率 = 2.3）。

[在表格中显示结果（表 7-14）]

**表 7-14　测试 1-平均任务评分和同意百分比**

| 任务 | 易于查找信息 | 跟踪现场位置 | 预测信息部分 | 总体 |
|---|---|---|---|---|
| 任务① | 3.6（57%） | 4.0（86%） | 3.0（29%） | 3.5 |
| 任务② | 2.9（43%） | 3.9（72%） | 2.6（44%） | 2.9 |
| 任务③ | 4.7（100%） | 4.7（100%） | 4.7（100%） | 4.7 |
| 任务④ | 3.6（57%） | 3.3（83%） | 3.3（57%） | 3.6 |
| 任务⑤ | 4.3（86%） | 4.7（100%） | 4.6（86%） | 4.5 |
| 任务⑥ | 2.4（29%） | 2.9（67%） | 2.3（29%） | 2.7 |

注：同意百分比（%）= 同意和强烈同意回答的总和。

（4）任务时间。测试软件记录每个参与者的任务时间。有些任务本来就比其他任务更难完成，这反映在平均完成任务的时间上。

[按任务描述提供任务，包括任务标题或目标以及平均完成时间，提供任务完成时间范围]

任务⑥要求参与者查找 HIV + 退伍军人宣传册，完成时间最长（平均 210s）。但是，完成时间从 110（约 2min）～465s（超过 7min），大多数时间少于 200s（少于 4min）。见表 7-15。

［按任务显示参与者表中的时间数据，并按任务包括平均总时间］

**表 7-15　任务时间**

| 任务 | P1 | P2 | P3 | P4 | P5 | P6 | P7 | 平均完成时间 |
|---|---|---|---|---|---|---|---|---|
| 任务① | 65 | 95 | 61 | 310 | 210 | 71 | 50 | 123.1 |
| 任务② | 130 | 370 | 50 | 200 | 110 | 55 | 390 | 186.4 |
| 任务③ | 20 | 215 | 15 | 80 | 120 | 30 | 35 | 73.6 |
| 任务④ | 150 | 65 | 55 | 150 | 180 | 67 | 240 | 129.6 |
| 任务⑤ | 43 | 127 | 29 | 60 | 79 | 30 | 115 | 69.0 |
| 任务⑥ | 146 | 110 | 120 | 465 | 130 | 175 | 325 | 210.1 |

（5）错误。

［在此插入发现错误的人员］发现参与者在尝试完成任务场景时所犯错误的数量。

［描述参与者犯错误最多的任务和没有非关键错误的任务。以表格形式提供结果，显示参与者和任务的错误数。］

（6）数据摘要。表 7-16 显示测试数据的摘要。可将低成功率和满意度评分以及高错误和任务时间突出显示。

**表 7-16　总结任务完成情况、错误、任务时间、平均满意度**

| 任务 | 任务完成情况 | 错误 | 任务时间 | 平均满意度* |
|---|---|---|---|---|
| 任务① | 7 | 4 | 123 | 3.52 |
| 任务② | 2 | 10 | 186 | 2.90 |
| 任务③ | 5 | 2 | 74 | 4.70 |
| 任务④ | 4 | 9 | 130 | 3.57 |
| 任务⑤ | 6 | 3 | 69 | 4.52 |
| 任务⑥ | 0 | 14 | 210 | 2.67 |

*平均满意度 = 三个任务后测量的平均综合评分：信息查找的容易程度、跟踪站点位置的能力和站点信息预测的准确性。

3）总体指标

（1）总体评级。任务完成后，参与者对该网站进行 8 项总体评估，即测试后总体主观问卷（附件 C）。

［首先描述“同意”满意度的最高百分比。将“强烈同意”和“一致同意”评级合并为“同意”评级，然后描述满意度最低的变量。在表格中显示结果（表 7-17）］

大多数参与者（92%）同意（即同意或强烈同意）该网站易于使用。大多数参与者（85%）同意他们会经常使用这个网站，而且网站的内容会让他们不断回来。尽管参与者的平均同意率为 3.9，但只有 54%的人同意主页的内容会让他们想浏览网站。

表 7-17　任务后总体问卷

| 参与者感受 | 强烈反对 | 不同意 | 中立的 | 同意 | 强烈同意 | 平均同意率 | 同意百分比/% |
|---|---|---|---|---|---|---|---|
| 我觉得这个网站很好用 | | | 1 | 12 | | 3.9 | 92 |
| 经常使用网站 | | | 2 | 6 | 5 | 4.2 | 85 |
| 发现很难跟踪他们在网站上的位置 | 3 | 6 | 3 | 1 | | 2.1 | 8 |
| 以为大多数人会很快学会使用网站 | | | 5 | 8 | | 3.6 | 62 |
| 可以快速获取信息 | | 1 | 2 | 8 | 2 | 3.9 | 77 |
| 主页的内容让我想浏览网站 | | 1 | 5 | 2 | 5 | 3.9 | 54 |
| 网站上的内容会让我不断回来 | | | 2 | 6 | 5 | 4.2 | 85 |
| 网站组织得很好 | | | 5 | 6 | 2 | 3.8 | 62 |

注：同意百分比（%）= 同意和强烈同意回答的总和。

（2）喜欢、不喜欢、参与者推荐。

在完成任务后，参与者就他们最喜欢和最不喜欢的网站元素提供反馈，并提出改进网站的建议。

[此处插入**最喜欢的评论**]

[在此插入**最不喜欢评论**]

[在此插入**改进建议**]

### 5. 建议

“建议”部分提供由参与者成功率、行为和评论驱动的更改设计和理由。每项建议都包括一个严重性等级。这些建议将提高总体易用性，并解决参与者遇到问题或发现界面/信息体系结构不明确的领域。

[提供任务标题和任务概述。在表格中，列出变更、变更理由和变更严重性等级。对每个建议都这样做，见表 7-18 示范]

表 7-18　为组织寻找联邦资助项目（任务②）

| 改变 | 理由 | 严重程度 |
|---|---|---|
| 将类别添加到基金页面<br>在基金机会主页上添加其他描述性文本 | 两项测试的参与者对寻找基金信息的难易程度评分为 2.9 分（满分 5 分），只有 38%的人认为很容易找到基金信息<br>基金信息没有分类，需要用户通读所有的基金机会，以找到感兴趣的与会者的意见，还包括以更简洁的方式对资金进行分类，以便更容易找到 | 高 |

注：任务②要求参与者找到组织基金（测试 1）或个人基金信息（测试 2）。

### 6. 结论

[提供一个简短的结论。对参与者的发现和网站/应用程序的关键点进行总体陈述]。

大多数参与者发现 AIDS.gov 有条理，全面，干净整洁，非常有用，使用方便。拥有一个中心站点来查找信息对于许多（如果不是所有）参与者来说是关键。实施这些建议并继续与用户（即真正的非专业人士）合作，将确保网站继续以用户为中心。

7. 附件（略）

[添加附件。附件可能包括：附件A背景调查问卷，附件B任务后问卷，附件C测试后总体主观问卷，附件D任务情景]

## 思考与实践

1. 理解可用性和用户体验之间的关系，分析影响用户体验的相关要素。

2. 假设你作为一名可用性评估专家，请根据尼尔森的十条用户界面评估原则或施奈德曼的八条界面设计规则对支付宝移动支付应用程序进行启发式评估实践，总结支付宝功能的优缺点。

3. 专家审查可用性测试和用户可用性测试的区别是什么，对一项可用性测试先开展哪种测试较为合适？

4. 形成性可用性测试、总结性可用性测试以及验证性可用性测试的区别是什么？

5. 可用性测试中常用的定量指标有哪些？

6. 在可用性测试时，采用已有的标准化问卷的好处是什么？

7. 根据可用性测试地点可分为哪几类可用性测试？分析每种可用性测试类型的优缺点。

8. 假设你需要对学校的官网进行可用性测试，你对招募测试用户有什么选择标准，请写一份邀请用户参与现场可用性测试的邀请函。

9. 访问国内外知名IT企业的可用性测试部门网站（如网易、新浪、腾讯、阿里巴巴、京东等），了解这些可用性部分的主要工作内容和研究成果。

## 参考文献

施奈德曼·普莱斯，等. 2006. 用户界面设计：有效的人机交互策略. 4版. 张国印，李健利，等，译. 北京：电子工业出版社.

Au F T W，Baker S，Warren I，et al. 2008. Automated usability testing framework// The 9th Australasian User Interface Conference. Wollongong：ACM：55-64.

Carroll J M. 2013. Human computer interaction brief intro. https://www.interaction-design.org/literature/book/the-encyclopedia-of-human-computer-interaction-2nd-ed/human-computer-interaction-brief-intro [2021-11-3].

Chandor A，Graham J，Williamson R. 1985. The Penguin Dictionary of Computers. 3rd Edition. London：Penguin Books Ltd.

Clasen W. 2011. Common industry format for usability test report v2.0 iPhone 3G ver. 4.1 for elderly users. http://www.thewebsuccess.com/Clasen_Sample_Usability_Test.pdf. [2021-11-23].

Cockton G. 2013. Usability evaluation. https://www.interaction-design.org/literature/book/the-encyclopedia-of-human-computer-interaction-2nd-ed/usability-evaluation. [2021-11-20].

Cuomo D L，Bowen C D. 1994. Understanding usability issues addressed by three user-system interface evaluation techniques. Interacting with Computers，6（1）：86-108.

Gualtieri M. 2009. Best practices in user experience(UX)design. Forrester Research：1-17.

Hollingsed T，Novick D G. 2007. Usability inspection methods after 15 years of research and practice// The ACM Conference on

Design of Communication. El Paso：ACM：249-255.

Ivory M Y，Hearst M A. 2001. The state of the art in automating usability evaluation of user interfaces. ACM Computing Surveys（CSUR），33（4）：470-516.

Kim G J. 2015. Human-Computer Interaction：Fundamentals and Practice. Boca Raton：CRC Press.

Lazar J，Feng J H，Hochheiser H. 2017a. Research Methods in Human-Computer Interaction. Burlington：Morgan Kaufmann Publishers.

Lazar J，Williams V，Gunderson J，et al. 2017b. Investigating the potential of a dashboard for monitoring U.S. federal website accessibility// The 2017 Hawaii International Conference on System Sciences（HICSS）. Hilton Waikoloa Village：IEEE Computer Society：2428-2437.

Lewis J. 2006a. Sample sizes for usability tests：mostly math，not magic. Interactions，13（6）：29-33

Lewis J. 2006b. Usability testing//Salvendy G. Handbook of Human Factors and Ergonomics. 3rd Edition. Hoboken：John Wiley & Sons：1275-1316.

Lindgaard G，Chattratichart J. 2007. Usability testing：what have we overlooked?// The ACM Conference on Human Factors in Computing Systems. San Jose：Association for Computing Machinery：1415-1424.

Nielsen J，Loranger H. 2006. Prioritizing Web Usability. Berkeley：New Riders Press.

Preece J，Benyon D，Davies G，et al. 1993. A Guide to Usability：Human Factors in Computing. Boston：Addison-Wesley.

Rubin J，Chisnell D. 2008. Handbook of Usability Testing. 2nd Edition. Indianapolis：Wiley Publishing.

Schmettow M. 2012. Sample size in usability studies. Communications of the ACM，55（4）：64-70.

Seffah A，Donyaee M，Kline R B，et al. 2006. Usability measurement and metrics：a consolidated model. Software Quality Journal，14（2）：159-178.

Spool J，Schroeder W. 2001. Testing web sites：five users is nowhere near enough// The ACM Conference on Human Factors in Computing Systems. Seattle：ACM：285-286.

Tullis T，Albert W. 2008. Measuring the User Experience：Collecting，Analyzing，and Presenting Usability Metrics. Burlington：Morgan Kaufmann Publishers.

# 第 8 章　人机交互的研究展望和挑战

## 8.1　用户的多样化

信息科学对用户研究有着悠久的历史，这一概念在信息科学领域早期指的是人（person），到了 20 世纪 70～80 年代被称为用户（user）。根据 Bouazza（1989）的说法“用户研究的历史可追溯到 20 世纪 20 年代”，指使用某种服务（如图书馆）或资源（如书籍或系统）的人。Choo（1998）认为信息科学的研究从以系统为中心的方向（信息是客观的、存在于文档或系统中，主要问题是如何获取信息）转变为以用户为中心的方向（信息是主观的、存在于人的头脑中，并且只有在用户创建了含义时才有用）。人机交互的研究同样经历着从以技术为中心向以用户（人）为中心的转变。用户是人机交互的核心要素，受计算机科学的影响，早期人机交互中的用户是指使用特定计算机系统或应用程序的人，它与操作员（operator）的区别在于，后者更多地参与机器或系统，将人员分配给设备的方式更特定。在以技术为中心的人机交互研究背景下，人很少受到重视，系统设计仅仅将其作为“天真的用户”（naive users）或者“随意的用户”（casual or discretionary users）。这种理解用户的方式忽视了一个这样的事实，即用户通常是一个有一系列任务要执行的人，他们对计算机的使用可能只是完成任务所必需的一个要素，如果仅将用户作为使用计算机或应用程序的人，那么就会忽视了从系统视角以外的角度看待问题的能力（Bannon，1991）。

人机交互领域下的用户具有丰富的内涵，然而，同很多涉及人为研究对象的学科类似，人机交互研究人员常常简单通过便利性原则将招募的学生作为样本。一些研究人员指出以往假设人的习惯和态度具有同质性，因而设计出通用性的产品的观点越来越受到质疑。面对多样性的用户，产生了研究不同的用户需求和交互行为的迫切性，“社会背景、个人认知和生理能力、工作环境……”只有基于特定的学科视角去创建才有效（Gutiérrez et al.，2019）。Talja（1997）指出“关于个人或群体之间差异的概括通常是有问题的。首先，没有考虑到个人社会角色、任务和身份的多样性等因素。其次，不可能获得关于一个人认知技能甚至信息寻求行为的非中介知识，因为这些技能的解释方式总是通过文化建构来实现。这些解释不应被视为个人或群体的永久态度或实际行为模式的事实。”传统的用户多样性研究体现在从人口属性（demographic）、心理属性（personality/psychology）、交流能力（communication abilities）、技术可达性（technology accessibility）、交流角色（role in communication transaction）、位置（location）、交流控制的本质（nature of communication controls）、生活方式（life-styles）、网络环境（network setting）、使用目的（purpose of system used）等不同的标准形成的用户分类（Dervin，1989）。Dervin 认为这些分类存在一些局限性，提出可以按照行动者的情境（situation）、意义建构的差距（gaps in sense making）、目的（purpose）、信息使用策略（information-using strategy）、信息价值（information values）、信息属性（information traits）来界定用户的多样性。用户的多样性对人机交互领域的挑战催生了一些研究热点。

（1）人口属性的多特征。人口属性按照 Dervin（1989）的描述，包括年龄、性别、种族、民族、收入、教育、婚姻状况、家庭规模、职业、社会经济状况十个属性。人口属性是影响用户与计算机界面交互过程的一个突出因素。以年龄作为划分标准为例，不同年龄的用户研究呈现出较大的差异性，其中尤以老年人群用户群体的交互行为研究备受瞩目。当今全世界 65 岁以上的人口有 5 亿～6 亿，估计到 2050 年将增加到 15 亿，老年人占人口比例在全球范围内不断增加，尤其在中低收入国家中增长最快，人类逐渐进入了老年社会（Ahmad and Mozelius，2019）。Dohr 等（2010）提出老年人主要有六种日常需求：健康、安全/保障、心态平和、独立性、移动性和社会接触。而在信息和通信技术高速发展的数智时代，如何为老年人提供日常生活帮助的科技产品是维持和提高老年人生活质量的关键。老年人进行特定的日常生活十分困难，他们的认知和身体能力会随着年龄的增长而退化，老龄化过程还限制了他们的社交活动，影响了他们的社会生活，并增加了他们对安全可靠的生活环境的需求。一些研究指出老年人使用信息产品时在界面上屏蔽干扰或无关刺激的能力较低（Jia et al.，2015），注意力常集中在可视区域的中心附近，需要更大文本、更宽的按键间距、鲜明的颜色对比、更强的明亮度等（Hawthorn，2000）。Kurniawan 和 Zaphiris（2005）专门针对面向老年人访问的网站设计了一套包括避免深度菜单结构、提供站点地图、避免移动文本、提供当前页面的位置、避免滚动条以及保持屏幕布局一致性的网页设计指南。一些有疾病问题的老年人，对健康和医疗服务有着强烈的需求，许多老年人独居，更需要能感知位置、生命体征，以及在危险的情况下能主动发出警报的产品，这对于数字医疗产品设计师和研究人员来讲，是一个迫切而艰巨的任务。Ahmad 和 Mozelius（2019）在综述老年人与 ehealth 产品人机交互研究主题的基础上，指出数字健康产品设计的挑战主要为信任、个人诚信、技术接受度、数字健康素养以及信息和通信技术的可及性。Sharma 等（2016）从界面设计、适应性设计、功能复杂性、情感、美学和隐私等方面探讨了为老年人设计智能家居产品的挑战。一些研究人员（Le et al.，2012；Demiris and Hensel，2008）将为老年人设计的健康智能产品功能总结为 6 种：生理监测（如测量血压、呼吸和脉搏率）、功能监测（如各种日常活动和膳食摄入的测量）、安全监控和协助（如自动照明、事故预防、危险检测和警告以及个人警报）、安全监控（如识别社交网络中的入侵者或熟人）、社会互动监测和援助（如电话和会议电话）、认知/感官帮助（如药物提醒）。总之，为老年人群提供的交互产品应该是可理解的（sensible）、现代的（modern）、可适应的（adaptable）、可响应的（responsive）以及可有形的（tangible），帮助老年人感受到生活质量的提高和进行日常活动的方便，体现现代技术为用户提供的最佳价值。

（2）用户的分层性。全面发展的人机交互（Human-Computer Interaction for Development，HCI4D）是将传统的人机交互方法和技术用在为以下三类群体提供设计和实施方案：面向的对象有未能接受充分服务的（under-served），如老人、低收入、文盲或半文盲；未能充分拥有资源的（under-resourced），如移民或者难民；未能充分被代表的人群

（under-represented），如病人、女性、农民等（van Biljon and Renaud，2019）。我们通常将这里所列举的三类人群归属于弱势群体。进入信息时代的人机交互研究，对以残疾人为代表的弱势群体给予了更多的关注和关怀，并且致力于让这部分人群享受到平等的普遍接入服务。一些研究也发现人机交互技术主要是在功能上起到辅助作用，但是在解决一些特定问题上面临着瓶颈。例如，一项旨在改善盲人和视觉障碍用户使用计算机系统的研究认为（Qiu et al.，2018），当前用来解决盲人在日常生活中遇到的问题的助残设备或应用程序主要是帮助盲人导航、建立社交网络、摄影、触摸、阅读等，但很少能关注盲人的社会交往障碍。而这类人群在社会交往时因为缺乏目光对接，在与视力正常的人面对面交流时更为内向、顺从、缺乏自信。对于处在社会、资源、能力较低层次的用户，在使用为普遍大众设计的产品时存在着诸多的障碍，因而人机交互研究人员针对这类人群，要能对他们的特定的需求进行洞察、根据这类人群交互行为特点设计具有合适功能的产品，在健康和安全使用产品的前提下、保护个人数据的隐私性和匿名性、尽可能实现人机交互产品的辅助功能和社交功能。

（3）用户的文化差异性。文化学家霍尔（Hall）指出文化是一种“无声的语言”或者“隐藏的维度”，能无意识地引导着人们。自古以来，人类社会的交流现象就受到文化的影响，在虚拟和数字世界，用户使用信息产品的环境具有多文化和跨文化性，近年来文化对人机交互规程的影响效应越来越受到关注。Clemmensen 和 Roese（2010）早就指出由于计算机的使用已经遍布全世界，而当前的传统文化研究和人机交互研究方法都被证实不充分。文化差异引起的思维模式、问题解决策略、心智模型以及使用方式的差异需要考虑到交互产品的设计中。Heimgärtner（2013）的研究验证文化维度和人机交互维度之间的假设关系，人机交互的维度被表述为信息速度、信息密度、信息顺序、行动链等，这些维度和文化差异有关。例如，任务型文化与关系型文化比较，信息表达上不存在冗余，但后者文化下的人具有更高的沟通速度、更频繁的相互交流、更高的信息密度和信息频率。人机交互的研究人员要求能对用户的文化背景准确分析，包括用户所在的地区、语言、生活经历、宗教信仰等文化要素，从中能精准分析出用户的交互环境、洞悉用户的产品需求、理解用户的观点差异，从而有助于开发和验证跨文化思维设计的产品。

（4）价值的多元目标群体。用户的多样化特点需要注意到谁是人机交互的受益者，或者说，一项人机交互的研究成果究竟对哪些用户群体产生价值。研究人员较为关注到的受益人群是同行，然而，作为人机交互的研究成果还要能对研究领域之外产生影响。例如，系统开发或者界面设计人员能从你的研究成果中找到如何进行设计的思路。政策制定者是人机交互研究的另一个需要注意的潜在受益群体。政策制定者喜欢从纵向角度来了解人们行为规律的变化趋势。已有的很多研究已经开始关注到人机交互对指导公共政策制定的影响意义，一个最突出的例子是利用人体工程学的思想对无障碍访问原则的公众政策的支持（Lazar，2014；Lazar et al.，2016）。其他的政策问题还包括对人体参与研究的法律法规、测量标准、数据隐私等。因此，人机交互的研究还要知道所开展的工作与政策制定者关心的问题是否存在共同的交叉空间。

Torok（2016）将人机交互研究领域理解用户的任务描述为 4 个领域，即用户行为、人类极限、用户需求和人类认知。这些共同构成了计算机和人类之间一种新的交互方式的基础，也是未来人机交互用户研究中要致力解决的关键。

（1）理解用户行为。计算机只有充分理解人类的行为模式以及背后的动机才能高效实现人机交互。这是一项极具难度的工作，依赖于高密度、高强度的数据分析。大数据的出现，为人类和计算机之间的协作开辟了新的途径。通过跟踪我们的日常活动，大数据分析技术能提供更多人类的情境信息，从而分析人类的运动模式和行为动机（Russell，2013）。在看到大数据为用户研究带来价值的同时，我们也要意识到在一些具体领域，大数据往往还不可用。例如，有调查统计[①]发现，2018 年从各种应用商店下载的应用程序通常只使用一个会话，时间为 5.6~6.6 分钟，在这么短的时间内，产品供应商无法收集到有效的用户行为数据以助于改进用户界面功能。

（2）理解人类极限。技术的发展能延伸人类的能力，辅助人类完成复杂的任务。然而在人机交互产品设计的哲学理念中，究竟是否考虑人类的极限，对此有不同的看法。以智能手机两大系统为例，Android 的设计理念是给用户更多的自由，因此 Android 操作系统几乎是无限的可定制性。Apple 公司的 iOS 系统的自由度相当有限，所有的应用程序都可以从主屏幕访问，采用简约一致的应用程序界面以及专用的硬件来创造无缝的用户体验。这种设计理念与心理学、认知科学和神经科学对人类认知极限的认识是一致的。

（3）理解用户需求。通过有效的方式采集用户的反馈，从中洞悉用户的需求是人机交互的研究人员经常要探讨的问题。传统的方法如访谈、问卷等主要依赖于用户的自我报告，具有主观性和受记忆影响的局限性。近年来，如何能自动、客观获取用户的反馈成为一种研究趋势，各种神经生理信号方法得到了重视。例如，将用户交互时的视觉注视以及任务执行时的情感状态来作为表征交互过程中的反馈信息。面部表情识别、眼动视线追踪，甚至脑神经信号等神经生理信号采集方法能够为研究人员实时、客观获取到用户的反馈。如今，可穿戴设备变得越来越流行、各种网络摄像和云摄录平台以及众包数据采集以前所未有的规模收集着用户的数据。利用这些先进的技术工具，能够充分挖掘出人类的行为规律和感知特征，从而能更准确、全面理解人类的真实需要。

（4）理解人类认知。用户的认知特性可能是用户最复杂的属性特征。从当前人机交互的过程来看，计算机并不能很好地理解人类的认知特征：人类不仅需要解释自己的意图，而且要找到向计算机解释的方式。例如，为什么对屏幕截图时要用特定的按键组合，这个交互意图只能从以前的经验和惯例中找到解释，即无法自解释（self-explaning）。自解释非常盛行，它的本质是通过心理学上的一个概念“示能性”（affordance）来描述，指通过交互时观察实体要素的外观和环境来感知它的功能（Gibson，1986；Crouser and Chang，2012）。人机交互大师诺曼将示能性用到人机交互领域中，认为行为主体与客体或者环境之间存在一种示能启示。很长一段时间的人机交互方式是依赖鼠标、键盘等非自然手眼协调，不能用自解释来让用户接受交互意图和交互行为为什么能发生。随着触摸屏、虚拟现实、增强现实等现代交互方式的兴起，三维空间的真实感和沉浸感使得示能性效果得到极大的体现，计算机和用户能有效地以一种自然的方式理解彼此的交互意

---

① https://www.statista.com/statistics/202485/average-ipad-app-sessionlength-by-app-categories/

图。总之，理解人类的认知特征，一方面需要计算机和用户之间进行有效的信息传输，另一方面需要研究人员按照人类的感知示能性特征来建立有效的界面。

## 8.2　数据的丰富性

数据是开展研究的基础，不同的研究领域能够获取数据的方式和类型不同。对于人机交互研究来讲，与一般的社会问题研究中数据来源的一个重要差异体现在实施数据采集的主体是研究者本人，而很少由政府或者大型组织机构主导。后者这种由政府官方实施，采取大规模的抽样方法，甚至能够形成常规性的调查周期的做法在社会学研究中经常遇到。社会学研究人员还常借助政府部门公开发布的数据集来满足研究问题的需要。但是在人机交互领域，上述做法很少能存在，大多数人机交互研究人员需要根据特定的研究问题设计对应的数据采集方案，相比之下，数据集规模和范围更小、数据集之间的重合和复用现象很少见。人机交互领域这种数据采集方式也并非没有优势，因为通过对特定情境下的人和事的深度探究，不仅能揭示因素之间的相关性，而且能对行为发生的原因进行解释。

近年来，由神经生理信号介导的人机交互成为一个热点话题，各种生理数据传感器的普及，也进一步推动了新的交互方式的探索。在新的交互场景下采集的用户数据更加丰富多样，如心电图、肌电图、眼动、呼吸、体温、加速度、方位等。这些神经生理信号数据能客观描述用户的行为和环境特征，对评估、设计交互界面具有重要的价值，但是在数据的采集、分析和结果解释方面也带来了挑战。采集身体数据不像常规的数据采集过程那样方便，而是需要将采集设备和用户的身体接触，一些生理数据如温度、加速度和方位只需要将设备佩戴在身上，但是一些采用表面电极（如心电和肌电）或者需要在胸部安装传感器的设备要复杂得多，这些电极要准确安装到合适的位置才能保证采集数据的质量。数据采集人员需要经过专门的培训和拥有丰富的经验，甚至还需要得到专业的医务人员的帮助才能完成数据采集工作。对接受采集的参与者来讲，这些设备的使用会引起他们的担心、紧张甚至排斥，尽管因研究伦理需要他们在参与实验前有足够的知情权，但是招募到合适的参与者，以及参与者的焦虑是否引起实验结果的误差这些都是需要注意的问题。生理数据还面临着如何和用户的行为动作同步采集的问题，以眼动追踪技术为例，如果研究者想使用眼动数据来识别视觉所受到的刺激如何引起对计算机的特定交互动作，那么需要在采集眼动数据的同时，采集到用户的鼠标点击数据，这不仅对实验装置提出新的要求，而且因为不同数据流在结构方面的异构性也带来如何将多模态数据整合分析的挑战。在解释生理信号数据的含义方面，研究人员也常面临着特定的困难。客观的生理数据如何反映出参与者的认知或者情绪上的反应，在解释标准上可能具有挑战性。例如，常见的眼动分析指标中使用的注视时间既可以表明提取信息的困难程度，又可以表明用户对该信息更感兴趣，同一个指标有不同的解释含义，如何能准确地理解可能需要结合其他的生理指标或者采用观察、发声思维等方法进行三角论证。

在医疗健康领域的用户交互行为研究中，Blandford（2019）强调数字技术对人机交互提出了挑战，因为我们现在生活在一个变化的时代，从医疗专家提供的医疗保健服务转变到每个人都可以参与到和健康相关的决策的时代。作为人机交互的一个重要应用领域，医疗健康数据是对人类各种医疗相关活动的记录（如人口统计数据、投诉数据、症状、病史、体检、实验室测试等），与人类健康息息相关。然而，医疗健康数据存在数据不完整、系统可用性低、交互方法与用户的心智模型不匹配等问题，影响了进一步分析其数据价值。一项研究（Asan and Montague，2014）采用录像或录音手段对电子病历的使用进行了分析，但是只能够从粗略的程度上识别出患者在看什么以及是如何与电子病历进行互动，对细节缺少刻画。Ekaterina 等（2016）在调查使用电子病历时人机交互常见的挑战和错误类别，从临床和数据科学的角度讨论了这些错误可能引起的后果，提出改善电子病历中的人机交互不仅需要技术解决方案，而且还需要促进医生了解此类系统对其日常实践的重要性，并进一步使用此类系统中存储的数据。

大数据的出现为人类和计算机之间的协作开辟了新的途径。通过跟踪我们的日常活动，大数据分析技术能提供更多人类的情境信息，从而分析人类的运动模式和行为动机。随着传感器、爬虫等技术运用于数据采集，大数据方法也出现在人机交互研究人员的视野。然而大数据集用于研究人类行为面临的主要问题是，即使研究人员能够获得万名以上的用户数据，但是并不意味着这万名用户在与研究人员进行交流，在把他们的想法、观点、情感反馈给研究人员，他们甚至没有意识到自己的数据正在被纳入研究。因此，研究人员无法清楚理解数据背后的含义。用 Lehikoinen 和 Koistinen（2014）的观点来讲，大数据可以帮助我们确定相关性，但可能无法帮助我们确定因果关系。因此他们建议，将大数据方法和研究者互动与小样本用户（通过访谈或焦点小组）相结合，可以提供两种数据收集方法的一些好处，不仅了解相关性，而且还了解因果关系。

最后一个数据引起的挑战是来自纵向数据的需求。在一些学科，纵向研究或者历时研究是常见的研究设计，如可以通过跟踪几十年的人口健康数据来反映一个地区的人民健康状况的变化，再如人口普查周期性收集人口数据，为社会学家分析人类社会变迁提供了丰富的数据来源。然而，在人机交互领域，很少有条件开展纵向研究，更多的是横截面研究。事实上，跟踪调查人机交互随时间的发展趋势也是重要的学科研究任务，通过纵向研究能解决两个人机交互关心的问题：一个是描述人类与计算机交互的发展趋势，另一个是揭示引起不同的交互行为或交互心理发生的原因。例如，Kraut 和 Burke（2015）在 15 年的时间里研究了互联网使用如何影响心理健康，以及交流类型和趋势如何随时间而变化。还有其他类似的纵向研究也非常有用，例如，Perrin（2015）的纵向调研记录了 2015 年 65%的美国成年人使用社交网络工具，高于 2005 年的 7%。数字时代，人们需要更多的纵向数据来描述人类的数字生活的变迁，比如一个人在 20 年内每天发送工作邮件的生活。缺乏人机交互方面的纵向研究是一个需要正视的不足，因为这个不足在某些情况下，限制了计算机科学以外的研究社区对人机交互领域的认同。纵向研究面临的困难比一个通常只需要几个小时就能完成的实验或者访谈项目更多，很难找到主动愿意配合研究的参与者，参与者中途退出、设备中断或丢失等问题都可能影响到纵向研究的进展。对这些挑战，要求研究人员要采取一些激励措施来留住参与者，本书中在 6.9 节中提到的一些激励参加者能坚持完成日记研究项目的做法可以用来借鉴。

## 8.3　研究的跨学科性

自人机交互诞生之刻起，学者对它属于哪个学科，就产生了激烈的争论。Tosi（2020）强调，人机交互包括人类努力的所有领域，因为它关注交互式计算系统的评估、设计和实施。这种跨学科性的特征在早期主要体现在计算机科学、心理学、工效学等学科对人机交互相关问题的涉足，而随着人机交互的发展，越来越多的学科如数学、生物学、图书情报学、人工智能等开始表现出对这一领域的兴趣。研究内容的交叉汇集，多种学科研究方法的融合、研究队伍的不同思想的碰撞拓宽了人机交互研究的范围和视野，更有助于解释复杂的现实世界、更能深入地分析现实问题、更准确地预测未来发展。与此同时，跨学科性这把双刃剑也预示着这一领域的发展需要面临各种问题和挑战。

首先，不同背景的学者之间如何进行有效的科学交流。Blackwell（2015）提到人机交互的学科社区可以是一个交叉学科社区（interdisciplinary community），或是一个多学科的社区（multidisciplinary community），或是拥有自己的学科社区（own disciplinary community）。无论如何看待人机交互这个领域的学科属性，都需要解决有效的科学交流问题。学术会议或者学术期刊在很大程度上承担了科学交流，实现学术对话的功能。然而这在人机交互领域引起的问题是不同的学科对科学交流的方式呈现出不同的公共模式，如在计算机科学领域，科学家热衷于将自己的研究成果发表在顶级的会议上（如 ACM CHI 会议），而管理学、社会学、信息科学这类背景的研究人员则更看重在本专业的顶级期刊上发表论文。专注于管理信息系统的人机交互研究者将技术接受模型看作核心理论之一，但是对于计算机科学领域却并不熟悉这个模型。这种科学交流的障碍还体现在学界和业界之间，工业界领域对人机交互的兴趣在于产品的设计和使用功效，学界则注重理论研究和实证研究。设计和评估是人机交互领域的两个主要阵营，人机交互问题不仅是项科学议题，也是一个实践命题，因为通过研究人机交互的行为规律，有助于设计人员理解人们为何有不同的行为表现，为什么会产生不同的情感体验，人们在操作和交互产品时会形成怎样的心智模型，他们是如何作出行为决策、为什么愿意使用 A 产品而放弃 B 产品，人为什么会在交互过程中犯错等问题。这些问题在学术界深入探讨的结果，能为实践产品设计提供指导。此外，人机交互的跨学科性还引起了多学科领域的合作问题。一项针对北欧波罗的海区域人机交互研究的计量学分析表明，常见的合作形式是同一机构的研究人员或者与美国、英国等国家机构的人员的合作，区域内或者国家之间的合作较少。在顶级的人机交互会议上（如 CHI），合作是非常普遍的，顶级会议论文的被引率也高于一般的区域会议或者入门级的会议（如 HCI international），但是仍低于期刊论文的被引率（Sandnes，2021）。

其次，如何认识跨学科下的研究方法和范式的差异性。跨学科的人机交互研究可能会有不同的研究视角、价值体系和研究预期。例如，技术导向的人机交互研究侧重于界面的构建，行为导向的人机交互研究侧重于认知心理分析，两者之间的研究范式和研究方法存在差异，在对待参与研究的用户数量和背景、工具或界面的开发以及结果方面有不同的期望（Hudson and Mankoff，2014）。从人机交互研究方法体系来看，当前主要有三个研究取向：一是以计算机科学为代表的算法研究取向，注重界面研究的实际结果；二是以管理信息系统为代表的结构化研究取向，注重理论模型的检验和解释；三是以社会学领域为代表的探索性研究取向，注重人文思想。信息资源管理学科领域的学者在研究人机交互问题时吸收了上述三种学科研究方法。其他学科的研究人员看到某一学科领域的研究方法时，可能无法理解这种研究范式是如何被应用于人机交互研究中的。例如，在社会学研究中大范围的社会调研能产生高质量、高量级的数据集，因为这一数据采集流程是严格控制的。但在人机交互领域很少能存在这类可以复用的数据集，除了本书中介绍的利用标准化可用性测试问卷能够形成这样的数据集外，我们能够看到的人机交互大部分的研究都是基于小范围的样本数据采集。再如，社会科学研究方法运用于人机交互研究时注重对参与者的人口统计特征的分析，强调抽样的代表性。在计算机科学领域的研究人员看来，这不是一个关键问题，他们的研究选择的用户更多是基于便利性原则，身边的同事或者学生都可用于产品的测试。技术导向和人文导向一直在人机交互研究中同时存在，不同的学科专注特定的研究阶段，这是人机交互领域值得关注的现象。

## 8.4　情境的多元化

未来的人类将身处何种情境下来和界面进行交互？这一问题引发了各界的热烈探讨，技术的革新、社会的进步、文化的渗透似乎对人机交互领域的研究和实践构成严峻的挑战。Mohammed 和 Karagozlu（2021）在回顾了与现代信息系统设计中人机交互界面设计方法相关的文献后，指出目前的人机交互领域主要是基于桌面情境的，对于移动、云计算、人工智能等新兴技术情境缺少足够的支持。

移动设备在我们今天的生活中已经是不可或缺。全球移动通信系统协会发布了《2023 年移动互联网报告》，该报告显示全球 54%的人口（约 43 亿人）拥有智能手机，其中出现很多儿童用户、老年人群以及残障人士。如今，移动交互应用几乎满足了人们在运动健康、营养保健、购物娱乐、数字阅读等工作和生活的各方面需要。移动交互情境与传统的桌面情境在“视觉注意”“触觉反馈”“屏幕尺寸”等特性方面有很大的差异，用户与移动设备的交互过程不同于台式计算机的桌面交互。因而用户对移动设备有了新的需求，如希望使用移动设备能够得到感觉反馈、克服屏幕范围限制、图片的质量更好（Nishant et al.，2020），还希望随时随地使用移动设备。这些基于移动交互情境产生的需求对产品的界面设计提出了新的挑战，然而，现有的设计模式大多是基于桌面模式标准的（Punchoojit and Hongwarittorrn，2017），不能完全解决“移动环境”（Islam et al.，2020）的交互要求。Nazir 等（2014）指出移动交互的挑战主要来自两方面，一是移动计算自身带来的通病，如连接性、数据的存储和访问、屏幕显示界面要求；二是移动设备使用引起的特定问题，如用户数据的实时变更、用户场景的多变、对以前环境的兼容性以及用户任务的多样性。

2020 年 8 月 29 日，马斯克正式发布 Neuralink 新一代脑机接口产品，通过在大脑植入一枚硬币大小的芯片，就能够让人们通过自己的思想与计算机等设备实现交互操作。这一轰动世界的发明似乎预示未来的人机交互将可能朝着智能交互发展，人工智能技术将为人机交互带来突破性发展。中国科学院软件研究所的学者将智能时代的人机交互的核心思想转变概括为四个方面（范俊君等，2018）：应用场景从图形用户界面过渡到自然用户界面，更迫切需要人性化的交互界面；研究层面从微观上升到宏观，使用技术媒介促使个人参与到社会管理活动成为人机交互关注的重点；研究重心从交互导向转到实践导向，从分析个体交互行为上升到日常的社会实践活动；研究范围在人类、计算机的二元空间基础上增加了人类自身的环境，组成了一个三元空间。传统的交互定义已经无法满足人机交互发展的需求，人机交互朝着感知交互发展，人类主要的交互行为将表现在感知自然现象、感知人类行为、感知环境特征等方面，并将这种感知能力用来指导行为。在人工智能应用日益广泛的今天，未来人机交互中的人将会逐渐成为“交互人”的角色，与技术和交互设备融为一体，实现六十多年前利克莱德提出的“人机共生”的概念。一方面人工智能技术能够帮助计算机更好感知人类的交互意图，扩展人的能力，但是如何使得计算机能够智能化理解用户意图以配合其进行高效的人机交互是面临的挑战之一。另一方面在人类使用智能技术的同时，要想使得人工智能高效地为人类服务，人机交互需要对人类使用智能技术的特性进行探讨，研究人类对智能技术的使用体验，促进人类智能和人工智能彼此互补、相互促进，共同在智能社会中协调共生。

近年来，“元宇宙”成为热门话题，越来越频繁地出现在人们的视野里。这个概念来自 1992 年美国著名科幻大师尼尔·斯蒂芬森在《雪崩》中描述的世界：“人们戴上耳机和目镜，找到连接终端，就能够以虚拟分身的方式进入由计算机模拟、与真实世界平行的元宇宙”。英伟达宣布为元宇宙建立提供基础的模拟和协作平台，日本社交平台 GREE 开展元宇宙业务，微软努力打造“企业元宇宙”，Facebook 改名为“元”(meta)，国内腾讯开始“全真互联网”建设计划……众多的科技公司在元宇宙赛道上争相布局。在元宇宙的虚拟世界应用了各种交互技术，如虚拟现实技术（VR）、增强现实技术（AR）、混合现实技术（MR）、全息影像技术、脑机交互技术、传感器技术，人们不仅要和各种元宇宙的元素交互，而且还要和生活在元宇宙中的虚拟人交互，在现实和虚拟世界之间切换、对接和融合。这种交互情境颠覆了人们对人机关系的想象，开创了新的交互体验。

总之，多元化的交互情境对人机交互的设计、开发和评估提出了严峻的挑战。人机交互的内部和外部环境在不断地变化，这将导致用户和交互性质发生变化，对社会也产生了影响。人机交互范式从用户的注意力集中在计算机上的显性模式开始转向用户主动驱动注意力这种隐性模式。人机交互的研究不仅应该对变化的环境作出及时的反应，而且应该成为这些变化情境的创造者。Righi 等（2017）强调，过去认为不同的用户有一致需求的假设在当前的用户界面设计方面不再有效，因为“许多利益相关者有不同的观点和兴趣”。通过越来越精细化的用户研究来洞悉用户在不同的情境下的需求以及行为模式，采用以人为中心的参与式的设计方法（human-centered design approach），重视用户体验将成为人机交互领域的未来趋势（Mohammed and Karagozlu，2021）。以往基于实验室或者设计情境下的用户研究将更多地转向原生态的真实世界，追求对自然情境下的交互现象的研究，这对自动化的研究工具和研究方法提出了更高的要求。

## 8.5 研究伦理的挑战

作为本书的结尾，最后涉及但并不意味着不重要的一个议题是人机交互的伦理问题。人的参与是人机交互研究的重要特征之一，在看待以人或动物为研究对象的科学研究问题上，科学界有着严格的伦理制度。许多学术组织、大学研究机构纷纷制定了相关的科研伦理规范或者守则，人机交互的跨学科性也带来实际研究中需要借鉴和遵循不同的科研伦理规范的问题。西方伦理规范最早可追溯到古希腊，在对好与坏的标准探讨中，发展了 5 个概念：自治（autonomy）、善意（benefiance）、正义（justice）、非男权（non-malefiance）以及忠诚（fidelity）。Cairns 和 Thimbleby（2003）指出："HCI 是一门规范科学，旨在提高可用性。三个传统的规范科学分别为美学、伦理学和逻辑。宽泛地说，人机交互的方法可以分为以下几类：逻辑对应于人机交互中的形式化方法以及计算机科学问题；现代方法，比如有劝导界面和情感冲击是美学；而 HCI 的核心是符合伦理的……人机交互是为了让用户有良好体验。" Punchoojit 和 Hongwarittorrn（2015）调研了在人机交互领域中伦理问题的研究主题，将其概括为 13 个议题：人类和机器人；自主和自决；参与者和研究人员的福利；隐私；个人差异；欺骗；强迫和限制行为；使用潜意识暗示；道德要求和研究批准；职业道德；参与者的角色；儿童参与者；动物和电脑互动。Friedman 和 Kahn（2003）将人机交互中的伦理问题归纳为有责任（accountability）、自治（autonomy）、冷静（calmness）、环境可持续性（environmental sustainability）、无偏见（freedom from bias）、人类福利（human welfare）、身份（identity）、知情同意（informed consent）、所有权和财产（ownership and property）、隐私（privacy）、信任（trust）、通用可用性（universal usability）。

不同的国家、文化和研究机构对伦理要求存在差异，国内科研机构除了心理学等学科外，其他社会科学领域的研究虽然很少建立类似于机构审查委员会（Institution Review Board，IRB）这种专门用于对研究伦理进行审查的部门或委员会，但是随着国际学术交流的推进，人机交互领域对伦理规范的呼声越来越高，提出以下的主要伦理。

（1）福利保护。在很多的研究中都强调保护参与者的福利和权利的重要性。Ingram 等（2010）提到必须尊重和保护参与者，避免任何可能影响他们身心健康的事件。在实验室之外进行的研究尤其需要注意，如要求参与者移动（如步行、跑步、使用公共交通），使用一些明亮或者闪烁的灯光或者刺耳的声音刺激等情况下，要特别保证参与者不会受到身体上的伤害。心理健康包括敏感问题、情感状态和参与者的自尊。人机交互研究可能直接或间接涉及参与者的心理健康，研究人员需要理智地处理。例如，健康保健相关的研究问题一直是人机交互领域的重要方向，无论是患者或者他们的照顾者都可能会因为一些疾病而产生痛苦的情绪，研究者需要小心地询问敏感的问题。除了保护参与者的福利外，研究人员的福利保护也不可忽视，尤其是他们的情感状态。当研究涉及敏感问题，如生命终结或者种族灭亡时，研究人员需要和参与者建立融洽的关系，他们对参与者的同情会影响自身的心理健康，也会影响到研究的有效性（Moncur，2013）。

（2）知情同意和自愿。很多人机交互研究项目中通常要求每位参与者需要在一份同意书上签名。在某些情况下，如在公共场所简短访谈或者用问卷调查采集数据，可以不需要或者仅需伦理委员会口头同意就足够了。对于儿童群体或者存在理解和交流障碍的群体还需要其监护人签署的同意书。知情同意书中除了简单介绍研究目的外，还要强调参与者的自主和自决的权利；应告知所有参与者在研究开始之前，他们有权随时退出；应告知研究过程中可能存在的不适或者风险以便潜在的参与者能决定是否参加研究。用户的自主参与权还体现在不受权威的影响，如作为教师或者雇主不能强迫自己的学生或者员工参与到研究中。近年来，人机交互的研究中引起关注的一个问题是无意识的数据采集，用户在社交媒体上分享个人信息或者在网络行为中留下日志痕迹，这些数据未经用户的知情同意就被爬取采集，被用于广告公司的个性化营销推送，严重违反了参与者的知情权和自主权，因为用户不知道个人数据被采集而且也没有授权被使用。

（3）隐私保护。所谓隐私保护，是指对搜集来的能识别出个人身份的敏感信息进行保护，保证信息的匿名性和保密性。有很多研究都是在实际情境下进行的，如家庭空间、工作空间、生活空间；数据的采集有时候未经同意就进入研究者的视野，如为保证数据的真实有效性，在超市观察顾客的购物行为以及意识，或者利用可穿戴设备以一种非干涉的方式来收集数据；一些数据处理可以通过众包的方式来完成等。这些行为带来的问题是隐私侵犯越来越容易。因此，作为研究者需要保障数据以匿名和安全的方式存储，防止或避免这种侵犯。

随着社交网站的兴起，现实身份和虚拟身份的关联成为研究者使用在线数据时的挑战。目前，许多研究使用社交媒体数据作为数据源，如用户的生活日志数据（出生日期、性别、教育背景、职业、家庭成员、婚姻状况、财务信息等）被用于软件个性化、推荐系统和市场营销等领域，也给用户的隐私保护带来风险。以至于有学者建议（Rawassizadeh，2012）将对生活日志数据的权利、责任和义务让用户知晓，由用户来决定向服务提供商提供和管理数据的权限。

（4）个人差异。个人差异包括文化差异、年龄差异、身体损伤差异等一系列范畴。人机交互也是一门以设计用户产品为目的的学科，而个体差异的伦理规范也体现在没有普遍适用的设计框架。为一种文化背景开发的信息产品不一定适应另外一种文化，许多在国外流行的互联网产品到了中国，存在水土不服的现象，无法与本土产品抗衡。例如，世界电商巨头 eBay 能在美国、欧洲等国西方背景取得很好的业绩，但是到了中国，文化差异成了短板，竞争不过淘宝。文化差异既是人机交互领域的研究热点之一，同时也给研究带来了挑战。不同文化背景下的用户有着不同的交流模式、敏感问题、手势和社交礼仪，这些都是人机交互需考虑的因素。

（5）普遍服务。人机交互的研究伦理还体现在对特殊群体尤其是弱势群体的关怀。我们的周围还存在一些特殊的群体，如残障人群和弱势人群，他们可能是由于听力、视力、行动、认知或者言语受到损伤，也可能是因为某些特殊疾病或者衰老而失去某些机能，失去了使用信息产品的自由。普遍服务是指任何人在任何地点和任何时间都可以访问和使用的信息技术。普遍接入旨在开发出具有普遍可接入和可使用的产品或服务使得人们能平等和主动地参与到现有的计算机辅助的人类活动中，这些产品和服务能适应用户的不同情境下的需求，无论何时、何地、何种运行环境。“信息无障碍”强调任何人在任何情况下都能平等、方便、无障碍地获取信息并利用信息，人机交互的研究关注能设计出具有普遍可达性的系统，克服生理或者心理缺陷。

## 思考与实践

1. 分析促进人机交互跨学科性研究的1～2个学科的角色，该学科是如何应用于人机交互研究领域，并促使学科之间的知识转移和交叉的？

2. 大数据能解决哪些人机交互问题，不能解决哪些人机交互问题，给人机交互带来什么机遇和挑战？

3. 分析目前人机交互领域的用户研究的趋势和热点。

4. 分析神经生理信号数据用于人机交互研究的优势和挑战。

5. 调查目前人机交互领域开展纵向研究的实例，并提出一些可以进行纵向研究的问题。

6. 多元化的交互情境对人机交互带来哪些挑战？

7. 人机交互研究的主要伦理有哪些？可结合搜集到的研究文献进行具体分析。

## 参考文献

范俊君，田丰，杜一，等. 2018. 智能时代人机交互的一些思考. 中国科学：信息科学，48（4）：361-375.

Ahmad A，Mozelius P. 2019. Critical factors for human computer interaction of eHealth for older adults// The 2019 the 5th International Conference on e-Society，e-Learning and e-Technologies（ICSLT 2019）. Vienna：ACM：58-62.

Asan O，Montague E. 2014. Technology-mediated information sharing between patients and clinicians in primary care encounters. Behaviour & Information Technology，33（3）：259-270.

Bannon L. 1991. From human factors to human actors：the role of psychology and human-computer interaction studies in system design//Greenbaum J，Kyng M. Design at work：cooperative design of computer systems table of contents. Mahwah：Lawrence Erlbaum Associates.

Blackwell A F. 2015. HCI as an inter-discipline// The 33rd Annual ACM Conference Extended Abstracts on Human Factors in Computing Systems. Seoul：ACM：503-516.

Blandford A. 2019. HCI for health and wellbeing：challenges and opportunities. International Journal of Human-Computer Studies，131：41-51.

Bouazza A. 1989. Information user studies. Encyclopedia of Library and Information Science，44（9）：144-164.

Cairns P，Thimbleby H. 2003. The diversity and ethics of HCI. http://citeseerx.ist.psu.edu/viewdoc/download?doi = 10.1.1.109.2585&rep = rep1&type = pdf. [2021-11-23].

Choo C W. 1998. The knowing organization：how organizations use information to construct meaning，create knowledge，and make decisions. New York：Oxford University Press.

Clemmensen T，Roese K. 2010. An overview of a decade of journal publications about culture and human-computer interaction（HCI）//Katre D，Orngreen R，Yammiyavar P，et al. IFIP Advances in Information and Communication Technology. Berlin：Springer.

Crouser R J，Chang R. 2012. An affordance-based framework for human computation and human-computer collaboration. IEEE Transactions on Visualization & Computer Graphics，18（12）：2859-2868.

Demiris G，Hensel B K. 2008. Technologies for an aging society：a systematic review of "smart home" applications. Yearb Med Inform，3：33-40.

Dervin B. 1989. Users as research inventions：how research categories perpetuate inequities. Journal of Communication，39（3）：216-232.

Dohr A，Modre-Opsrian R，Drobics M，et al. 2010. The Internet of things for ambient assisted living//7th International Conference on Information Technology：New Generations. Washington D C：IEEE Computer Society：804-809.

Bologva E V，Prokusheva D I，Krikunov A V，et al. 2016. Human-computer interaction in electronic medical records：from the perspectives of physicians and data scientists. Procedia Computer Science，100：915-920.

Friedman B，Kahn P. 2003. Human values，ethics，and design//Jacko J，Sears A. The HCI handbook：Fundamentals，Evolving Technologies and Emerging Applications. Mahwah：Lawrence Erlbaum Associates.

Gibson J. 1986. The theory of affordances//Gibson J. The Ecological Approach to Visual Perception. New York：Psychology Press：127-143.

Gutiérrez F，Htun N N，Schlenz F，et al. 2019. A review of visualisations in agricultural decision support systems：an HCI perspective. Computers and Electronics in Agriculture，163：104844.

Hawthorn D. 2000. Possible implications of aging for interface designers. Interacting with Computers，12（5）：507-528.

Heimgärtner R. 2013. Reflections on a model of culturally influenced human-computer interaction to cover cultural contexts in HCI design. International Journal of Human-computer Interaction，29（4）：205-219.

Hudson S E，Mankoff J. 2014. Concepts，values，and methods for technical human-computer interaction research//Olson J，Kellogg W. Ways of Knowing in HCI. New York：Springer：69-93.

Ingram B，Jones D，Lewis A，et al. 2010. A code of ethics for robotics engineers//HRI 10：International Conference on Human Robot Interaction，March 2. Osaka：IEEE：103-104.

Islam M N，Karim M M，Inan T T，et al. 2020. Investigating usability of mobile health applications in Bangladesh. BMC Medical Informatics and Decision Making，20（1）：1-13.

Jia P，Lu Y，Wajda B. 2015. Designing for technology acceptance in an ageing society through multi-stakeholder collaboration. Procedia Manufacturing，3：3535-3542.

Kraut R，Burke M. 2015. Internet use and psychological well-being. Communications of the ACM，58（12）：94-100.

Kurniawan S，Zaphiris P. 2005. Research-derived web design guidelines for older people//Proceedings of the 7th International ACM SIGACCESS Conference on Computers and Accessibility. Baltimore：ACM：129-135.

Lazar J. 2014. Engaging in information science research that informs public policy. The Library Quarterly，84（4）：451-459.

Lazar J，Abascal J，Barbosa S，et al. 2016. Human-computer interaction and international public policymaking：a framework for understanding and taking future actions. Foundations and Trends in Human-Computer Interaction，9（2）：69-149.

Le Q，Nguyen H B，Barnett T. 2012. Smart homes for older people：positive aging in a digital world. Future Internet，4（2）：607-617.

Lee C，Coughlin J F. 2015. Perspective：older adults' adoption of technology：an integrated approach to identifying determinants and barriers. Journal of Product Innovation Management，32（5）：747-759.

Lehikoinen J，Koistinen V. 2014. In big data we trust? Interactions，21（5）：38-41.

Mohammed Y B，Karagozlu D. 2021. A Review of human-computer interaction design approaches towards information systems development. Broad Research in Artificial Intelligence and Neuroscience，12（1）：229-250.

Moncur W. 2013. The emotional wellbeing of researchers：considerations for practice. CHI Conference on Human Factors in Computing Systems. Paris：ACM：1883-1890.

Nazir M，Iqbal I，Shakir H，et al. 2014. Future of mobile human computer interaction research -a review//IEEE 17th International Multi Topic Conference（INMIC）. Karachi：IEEE：20-25.

Nishant R，Srivastava S C，Bahli B. 2020. Does virtualization capability maturity influence information systems development performance? Theorizing the non-linear payoffs// The 53rd Hawaii International Conference on System Sciences，Jan 7-10. Maui：5503-5512.

Perrin A. 2015. Social media usage：2005-2015. Pew Research Center. www.pewinternet.org/files/2015/10/PI_2015-10-08_Social-Networking-Usage-2005-2015_FINAL.pdf .[2021-11-3].

Punchoojit L，Hongwarittorrn N. 2015. Research ethics in human-computer interaction：a review of ethical concerns in the past five years//2015 2nd National Foundation for Science and Technology Development Conference on Information and Computer

Science（NICS）. Ho Chi Minh City：IEEE：180-185.

Punchoojit L，Hongwarittorrn N. 2017. Usability studies on mobile user interface design patterns：a systematic literature review. Advances in Human Computer Interaction. doi: 10.1155/2017/6787504.

Qiu S，Han T，Osawa H，et al. 2018. HCI design for people with visual disability in social interaction//Streitz N，Konomi S. Distributed，Ambient and Pervasive Interactions：Understanding Humans. Las Vegas：Springer Cham：124-134.

Rawassizadeh R. 2012. Towards sharing life-log information with society. Behavior & Technology，31（11）：1057-1067.

Righi V，Sayago S，Blat J. 2017. When we talk about older people in HCI，who are we talking about? Towards a 'turn to community' in the design of technologies for a growing ageing population. International Journal of Human Computer Studies，108：15-31.

Russell M A.2013.Mining the social web：data mining Facebook，Twitter，LinkedIn，Google+，GitHub，and More. Sebastopol：O'Reilly Media，Inc.

Sandnes F E. 2021. A bibliometric study of human-computer interaction research activity in the Nordic-Baltic Eight countries. Scientometrics，126（6）：4733-4767.

Sharma R，Nah F F H，Sharma K，et al. 2016. Smart living for elderly：design and human-computer interaction considerations//Zhou J，Salvendy G. Human Aspects of IT for the Aged Population. Healthy and Active Aging. Toronto：Springer Cham：112-122.

Talja S. 1997. Constituting "information" and "user" as research objects：a theory of knowledge formations as an alternative to the information man theory//Vakkari R S，Dervin B. Information seeking in context：proceedings of a meeting in Finland. London，UK：Taylor Graham.

Torok A. 2016. From human-computer interaction to cognitive infocommunications：a cognitive science perspective//7th IEEE International Conference on Cognitive Infocommunications(CogInfoCom). Wroclaw：IEEE：433-438.

Tosi F. 2020. From user-centred design to human-centred design and the user experience. Design for Ergonomics. Florence：Springer Cham：47-59.

van Biljon J，Renaud K. 2019. Human-computer interaction for development(HCI4D)：the southern African landscape//Nielsen P，Kimaro H. Information and Communication Technologies for Development. Strengthening Southern-Driven Cooperation as a Catalyst for ICT4D. Dar es Salaam：Springer Cham：253-266.